计算机网络经典教材系列

# 计算机网络
## 释疑与习题解答

谢希仁　编著

电子工业出版社
Publishing House of Electronics Industry
北京·BEIJING

## 内 容 简 介

本书是《计算机网络（第 8 版）》的配套参考书。全书共 9 章，每一章都与《计算机网络（第 8 版）》的内容相对应。习题编号前有星号（*）的是教材中未收录的，可供参考。每一章都有教材中全部习题和补充习题的详细解答，以及教学中的常见问题和解答。本书可供使用《计算机网络（第 8 版）》教材的教师和学生参考。

未经许可，不得以任何方式复制或抄袭本书之部分或全部内容。
版权所有，侵权必究。

图书在版编目（CIP）数据

计算机网络释疑与习题解答 / 谢希仁编著. —北京：电子工业出版社，2021.9 (2025.9 重印)
ISBN 978-7-121-35905-7

Ⅰ. ①计… Ⅱ. ①谢… Ⅲ. ①计算机网络—高等学校—教学参考资料 Ⅳ. ①TP393

中国版本图书馆 CIP 数据核字（2021）第 183655 号

责任编辑：牛晓丽　刘御廷
印　　刷：三河市鑫金马印装有限公司
装　　订：三河市鑫金马印装有限公司
出版发行：电子工业出版社
　　　　　北京市海淀区万寿路 173 信箱　　邮编：100036
开　　本：787×1092　1/16　　印张：19　　字数：486.4 千字
版　　次：2021 年 9 月第 1 版
印　　次：2025 年 9 月第 11 次印刷
印　　数：37501~38500 册
定　　价：49.80 元

凡所购买电子工业出版社图书有缺损问题，请向购买书店调换。若书店售缺，请与本社发行部联系，联系及邮购电话：（010）88254888，88258888。
质量投诉请发邮件至 zlts@phei.com.cn，盗版侵权举报请发邮件至 dbqq@phei.com.cn。
本书咨询联系方式：QQ 9616328。

# 再 版 前 言

《计算机网络（第 8 版）》出版了，现在相应的习题解答也进行了修订。

本次修订的目的是使习题与教材保持一致：删除了一些过时的习题，增加了少量新的习题。《计算机网络（第 8 版）》教材的习题多半取自国外出版的著名教材。如果读者希望找到更多的习题进行演算，可在教材的附录 C 所列举的一些教材中查找。

编者在这里再次强调一下，仅靠看习题解答是很难培养出自己的学习能力的。习题解答的作用是在自己演算完毕后进行一下核对，看自己的演算是否正确。如不正确，可重新演算。这样就能较好地培养出自己的解题能力。自己不进行思考就把习题解答照抄一份来应付老师布置的课外作业，对自己学习能力的提高并不会有多大的作用。

有些习题编号前面加上了一个星号（*），表示这些习题还是较好的，可供参考，但在教材中并没有收录。

吴自珠副教授参与了本书的编写工作。

限于水平，难免有些问题没有讲清楚，甚至解答错了，诚恳希望读者及时指出。发来的邮件务请在主题栏(Subject)中简要写明来意，否则可能会被当作垃圾邮件而删除。至于读者自己遇到的各种难题，编者没有足够的精力给出解答，恳请读者谅解。

编者声明：本书已独家授权电子工业出版社出版发行。目前在图书市场上销售的、自称是与作者编著的教材《计算机网络》配套的各种辅导书，均未得到作者授权或审阅，请广大读者注意。

编者的电子邮件地址：xiexiren@tsinghua.org.cn。

谢希仁

2021 年 4 月

于前解放军理工大学，南京

# 目 录

## 第 1 章 概述 ... 1
- 常见问题索引 ... 1
- 常见问题与解答 ... 2
- 习题与解答 ... 17

## 第 2 章 物理层 ... 35
- 常见问题索引 ... 35
- 常见问题与解答 ... 35
- 习题与解答 ... 42

## 第 3 章 数据链路层 ... 52
- 常见问题索引 ... 52
- 常见问题与解答 ... 53
- 习题与解答 ... 65

## 第 4 章 网络层 ... 81
- 常见问题索引 ... 81
- 常见问题与解答 ... 83
- 习题与解答 ... 98

## 第 5 章 运输层 ... 135
- 常见问题索引 ... 135
- 常见问题与解答 ... 136
- 习题与解答 ... 151

## 第 6 章 应用层 ... 190
- 常见问题索引 ... 190
- 常见问题与解答 ... 191
- 习题与解答 ... 205

**第 7 章　网络安全** .................................................................................................. 230

　　常见问题索引 ........................................................................................................ 230

　　常见问题与解答 .................................................................................................... 230

　　习题与解答 ............................................................................................................ 240

**第 8 章　互联网上的音频/视频服务** ...................................................................... 253

　　常见问题索引 ........................................................................................................ 253

　　常见问题与解答 .................................................................................................... 253

　　习题与解答 ............................................................................................................ 256

**第 9 章　无线网络和移动网络** .................................................................................. 278

　　常见问题索引 ........................................................................................................ 278

　　常见问题与解答 .................................................................................................... 279

　　习题与解答 ............................................................................................................ 285

# 第 1 章 概 述

## 常见问题索引

问题 1-1. 怎样理解"网络的网络"？
问题 1-2. 为什么我们要区分小写 i 的 internet 和大写 I 的 Internet？
问题 1-3. 有人把 Internet 译为"国际互联网"。这样的译名是否准确？
问题 1-4. 为什么 internet 有两种不同的译名——"互联网"和"互连网"？
问题 1-5. 名词 node 应当译为"节点"还是"结点"？
问题 1-6. "主机"和"计算机"一样不一样？
问题 1-7. 名词 ISP (Internet Service Provider)应当译为"互联网服务提供商"还是"互联网服务提供者"？
问题 1-8. 在 C/S 方式中，为什么 C（即 Client）有时译为"客户"而有时却译为"客户机"？
问题 1-9. 能否说："电路交换就是面向连接的，而分组交换就是无连接的"？
问题 1-10. 我们能否在同一时间、在不同的层次使用不同的连接方式（面向连接和无连接方式）？
问题 1-11. 一个主机能否同时连接到两种不同的网络上，其中的一个网络采用面向连接的方式通信，而另一个网络采用无连接方式？
问题 1-12. 在计算机网络中，经常遇到"面向连接"这样的名词。应当怎样理解"面向"所代表的意思？
问题 1-13. 在物理层的"连接"是否就是"使用导线的连接"？
问题 1-14. 互联网使用的 IP 协议是无连接的，因此其传输是不可靠的。这样容易使人们感到互联网很不可靠。那么为什么当初不把互联网的传输设计为可靠的？
问题 1-15. 在具有五层协议的体系结构中，如果下面的一层使用面向连接服务或无连接服务，那么上面的一层是否也必须使用同样性质的服务呢？或者说，我们是否可以在各层任意使用面向连接服务或无连接服务呢？
问题 1-16. 在运输层应根据什么原则来确定使用面向连接服务还是无连接服务？
问题 1-17. 在数据链路层应根据什么原则来确定使用面向连接服务还是无连接服务？
问题 1-18. TCP/IP 的体系结构到底是四层还是五层？
问题 1-19. 我们常说**分组**交换，但又常说"路由器转发 IP **数据报**"或"路由器转发**帧**"，"分组"一词究竟应当用在什么场合？
问题 1-20. 到商店购买一个希捷公司生产的 4 TB 的硬盘。当安装到电脑上以后，我们使用 Windows 资源管理器在该磁盘的"属性"中发现只有 3.63 TB。是什么地方出了差错吗？

问题 1-21. 字节(byte)和八位位组(octet)有没有区别？

问题 1-22. 英文名词 bit 应当译为"比特"还是"位"？

问题 1-23. 有这样的说法：习惯上，人们都将网络的"带宽"作为网络所能传送的"最高数据率"的同义语。这样的说法有何根据？

问题 1-24. 有时可听到人们将"带宽为 10 Mbit/s 的以太网"说成是"速率（或速度）为 10 Mbit/s 的以太网"或"10 兆速率（或速度）的以太网"。试问这样的说法正确否？

问题 1-25. 有人说，宽带信道相当于高速公路车道数目增多了，可以同时并行地跑更多数量的汽车，虽然汽车的时速并没有提高（这相当于比特在信道上的传播速率没有提高），但整个高速公路的运输能力却提高了，相当于能够传送更多数量的比特。这种比喻合适否？

问题 1-26. 如果将**时延带宽积管道**比作传输链路，那么是否宽带链路对应的时延带宽积管道就比较宽呢？

问题 1-27. 网络的吞吐量与网络的时延有何关系？

问题 1-28. 什么是"无缝的""透明的"和"虚拟的"？

问题 1-29. 我们知道，协议有三个要素，即**语法**、**语义**和**同步**。语义是否已经包括了同步的意思？

问题 1-30. 为什么协议不能设计成 100%可靠的？

问题 1-31. 什么是互联网的摩尔定律？

问题 1-32. 假定从节点 A 发送一个很短的分组到节点 B，B 收到后立即发送很短的应答分组给 A（这就表示双方的发送时延均可忽略不计）。A 测量出往返时间 RTT。试问这个 RTT 是否就是 A 和 B 之间的传输媒体的往返传播时延？

# 常见问题与解答

问题 1-1. 怎样理解"网络的网络"？

**解答：** 大家知道，网络有三个要素，即计算机、节点（如计算机、集线器、交换机或路由器等）和链路。可用以下方式来表述：

$$网络 = \{计算机，节点，链路\}$$

这里的"节点"起把各计算机黏合起来的作用。

网络的网络是把许多网络连接起来，因此，网络的网络也有三个要素，即网络、节点（这里的节点就是路由器）和链路。因此，网络的网络可用以下方式来表述：

$$网络的网络 = 互连网 = \{网络，路由器，链路\}$$

下面的图 Q-1-1 说明了上述概念。

因此，我们必须建立这样的概念：

**网络把许多计算机连接在一起，而互连网则把许多网络连接在一起。**

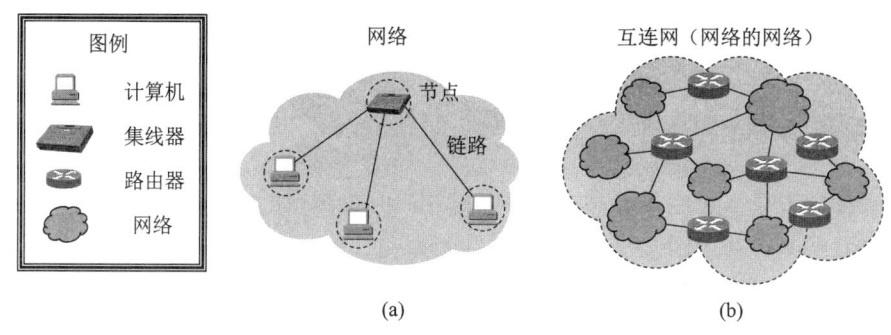

图 Q-1-1　简单的网络(a)和由网络构成的互连网(b)

**问题 1-2.** 为什么我们要区分小写 i 的 internet 和大写 I 的 Internet？

**解答**：中文没有什么大写和小写的问题，是创建互联网的美国人强调了这种区分。他们在 RFC 1208 中强调了这两个名词的意思是很不一样的。即：

以小写字母 i 开始的 **internet（互联网）是一个通用名词，它泛指由多个计算机网络互连而成的网络**。在这些网络之间的通信协议（即通信规则）可以是任意的。

以大写字母 I 开始的 **Internet（互联网）则是一个专用名词，它指当前全球最大的、开放的、由众多网络相互连接而成的特定计算机网络，它采用 TCP/IP 协议族作为通信的规则，且其前身是美国的 ARPANET**。顺便指出，现在世界上一百多个国家都把自己建造的网络连接到互联网上，因此现在说"互联网是美国的"则是错误的。凡连接到互联网的国家，都能够享受互联网所提供的各种服务。从享受服务的意义上讲，互联网可以说是属于全世界的。当然，每一个国家所建造的网络的主权，还是属于各自国家的。

虽然"因特网"曾被推荐为 Internet 的译名，但因多种原因未能被各界采用。因此本教材也不再采用"因特网"这一译名。

上面是讲这两种网络（internet 和 Internet）的区别，但这两种网络却有一个共同点，它们都是"网络的网络"。

**问题 1-3.** 有人把 Internet 译为"国际互联网"。这样的译名是否准确？

**解答**：不太准确！这是因为互联网本来就是国际性的，没有必要再加上"国际"这样的定语。没有"本国的"互联网。

**问题 1-4.** 为什么 internet 有两种不同的译名——"互联网"和"互连网"？

**解答**：作者认为，这里的原因是我们的译名标准化的工作滞后，结果各种不同的译名都出现了。

在《现代汉语辞典》修订本（中国社会科学院语言研究所辞典编辑室编，商务印书馆 1996 年出版）第 782 页上有："【连接】也作联接"。

在《现代汉语辞典》785 页上有："【联接】同'连接'"。

这表明"连接"和"联接"基本上是一样的意思。

在全国自然科学名词审定委员会公布的《计算机科学技术名词》（科学出版社 1994 年 12 月出版）一书中，英文名词 Connection 确定译为"连接"，Interconnection 确定译为"互连"，

Internetworking 确定译为"网际互连"。这样的译名是很准确的。

1997 年 7 月 18 日，"全国科学技术名词审定委员会推荐名（一）"公布了。其中的第一个名词就是"互联网"，它对应的英文名为：internet, internetwork, interconnection network。在**现有名**一栏中有"互联网""互连网""网际网"和"网间网"，在**注释**栏中有这样几个字："又称互连网"。

但是，使用"互连网"的好处是可以和《计算机科学技术名词》早已制定过的一些名词衔接得更好些。

不过请注意，把所有的"互连"统统改为"互联"则是不恰当的。

总之，现在普遍的用法是这样的："互连网"表示通用名词 internet，而"互联网"表示专用名词 Internet。

我们在学习计算机网络时，应当清楚地了解这一现实。

**问题 1-5.** 名词 node 应当译为"节点"还是"结点"？

**解答：** 名词 node 的标准译名有两个。在科学出版社 1994 年出版的《计算机科学技术名词》的第 112 页是这样写的：

node   节点   08.078，   结点   12.023

上面的 08.078 代表的意思是：

08 —— 指《计算机科学技术名词》一书中的第 8 分支学科，即"语言与编译"学科，而 078 表示本学科中的第 78 个名词。再看看这个名词前面的两个名词（语义树、伪语义树），我们就更加清楚地看到，在涉及"树"的时候，node 应当译为"节点"。其实，在通信学科，在天线领域，当 node 用来指天线上驻波电场强度等于零的地方时，就应当用"节点"（很像竹竿上的一个个节点）。

上面的 12.023 代表的意思是：

12 —— 指《计算机科学技术名词》一书中的第 12 分支学科，即"计算机网络"学科，而 023 表示本学科中的第 23 个名词。

可见网络上的 node 应当译为"结点"（很像打鱼的网上面的结点）。

但不知是什么原因，一开始就有很多人把网络上的 node 译为"节点"。也许是因为在《计算机科学技术名词》中"节点"写在前面，而"结点"写在后面，因而误认为应当优先使用写在前面的译名。结果习惯成自然。尽管有很多专家提出，对于网络，应当使用准确的译名"结点"，但据估计，目前国内的教科书和文献中，绝大多数人仍然习惯于使用不大准确的译名"节点"。为此，本书也按照国内大多数人的用法，现在采用"节点"，不再使用"结点"。

**问题 1-6.** "主机"和"计算机"一样不一样？

**解答：** "主机"(host)就是"计算机"(computer)，因此"主机"和"计算机"应当是一样的意思。

不过在互联网中，"主机"是指任何连接在互联网上的（也就是连接在互联网中某一个物理网络上的）、可以运行应用程序的计算机系统。主机可以小到 PC，也可以大到巨型机。主机的 CPU 可以很慢也可以很快，其存储器可以很小也可以很大。但 TCP/IP 协议族可以使互联网上的任何一对主机都能进行通信，而不管它们的硬件有多大区别。

**问题 1-7.** 名词 ISP (Internet Service Provider)应当译为"互联网服务提供商"还是"互联网服务提供者"？

**解答：** 有人把 ISP 译为"互联网服务提供商"，理由是因为很多 ISP 都是要收费的，是运营商。

但作者认为 ISP 并不都是运营商。有的 ISP 是学校（如有的比较大的大学就是一个 ISP，它负责分配本大学内部的 IP 地址），但这个 ISP 并非以营利为目的。

因此，ISP 中的 Provider 还是译为"提供者"比较准确。

**问题 1-8.** 在 C/S 方式中，为什么 C（即 Client）有时译为"客户"而有时却译为"客户机"？

**解答：** 我们不把 Client 译为"客户机"而是译为"客户"，是为了强调这是个软件，不是机器。同样地，服务器(Server)也是软件，不是机器。

然而有时我们也要谈到运行这些软件的机器。客户端的机器（Client machine），则译为"客户端"或"客户机"。服务器端的机器，英文仍然是 Server，因此中文就仍然叫作"服务器"。因此"服务器"有时指软件，但有时指硬件。

这里最重要的概念就是：**客户**(Client)和**服务器**(Server)都是指通信中所涉及的应用进程。客户-服务器方式所描述的是进程之间服务和被服务的关系。**客户是服务请求方，服务器是服务提供方**。

当然，"器"也不一定是硬件。例如，软件中的编译程序也可叫作编译器。所以关键是要弄清是硬件还是软件。

**问题 1-9.** 能否说："电路交换就是面向连接的，而分组交换就是无连接的"？

**解答：** 不行。这在概念上是很不一样的。现举例说明如下。

电路交换就是在 A 和 B 要通信之前，必须先建立一条从 A 到 B 的连接（中间可能经过很多的交换结点）。当 A 到 B 的连接建立后，通信就沿着这条路径进行。A 和 B 在通信期间始终占用这条信道（全程占用），即使在通信的信号暂时不在通信路径上流动时（例如打电话时双方暂时停止说话），也同样占用信道。通信完毕时就释放所占用的信道，即断开连接，将通信资源还给网络，以便让其他用户可以使用。因此电路交换使用面向连接的服务。

分组交换也可以使用面向连接服务。例如 X.25 网络、帧中继网络或 ATM 网络都属于分组交换网。然而这种面向连接的分组交换网在传送用户数据之前必须先建立连接。数据传送完毕后还必须释放连接。

因此，使用面向连接服务的可以是电路交换，也可以是分组交换。

换言之，电路交换肯定是面向连接的，但面向连接的也可以是分组交换。传统的电路交换是面向连接的，而 IP 这种分组交换是无连接的。

使用分组交换时，分组在哪条链路上传送就占用了哪条链路的信道资源，但分组尚未到达的链路则暂时还不占用这部分网络资源（这时，这些资源可以让其他用户使用）。因此分组交换不是全程占用资源而是在一段时间占用一段资源。可见，分组交换方式是很灵活的。

现在的互联网所使用的分组交换采用 IP 协议，IP 协议使用无连接的 IP 数据报来传送数据，即不需要先建立连接就可以立即发送数据。当数据发送完毕后也不存在释放连接的问题。因此，使用无连接的数据报进行通信既简单又灵活。

面向连接和无连接强调的是通信必须经过什么样的阶段。**面向连接必须经过三个阶段：" 建立连接→传送数据→释放连接 "，而无连接则只有一个阶段：" 传送数据 "。**

电路交换和分组交换强调的则是在通信时用户对网络资源的占用方式。**电路交换在连接建立后到连接释放前全程占用信道资源，而分组交换则强调在数据传送时断续占用信道资源**（分组在哪一条链路上传送就占用哪一条链路的信道资源）。

面向连接和无连接往往可以在不同的层次上来讨论。例如，在数据链路层，HDLC 和 PPP 协议是面向连接的，而以太网使用的 CSMA/CD 则是无连接的（见教材 3.3.2 节）。在网络层，X.25 协议是面向连接的，而 IP 协议则是无连接的。在运输层，TCP 是面向连接的，而 UDP 则是无连接的。但是我们却不能说："TCP 是电路交换"，而应当说："TCP 可以向应用层提供面向连接的服务"。需要注意的是，在运输层的面向连接中的"连接"，并非是"物理上的连接"。这点我们将在讨论运输层时再深入研究。

**问题 1-10.** 我们能否在同一时间、在不同的层次使用不同的连接方式（面向连接和无连接方式）？

**解答：** 当然可以。例如，当我们发送电子邮件时，电子邮件协议需要使用面向连接的 TCP 协议，但 TCP 协议要使用下面的无连接的 IP 协议。IP 协议又使用数据链路层的 PPP 协议，而 PPP 协议是面向连接的。

**问题 1-11.** 一个主机能否同时连接到两种不同的网络上，其中的一个网络采用面向连接的方式通信，而另一个网络采用无连接方式？

**解答：** 可以。一个主机可以使用两个不同的接口。一个接口连接到面向连接的分组交换网（例如 X.25 网），而另一个接口连接到无连接的分组交换网（如使用 IP 协议的互联网）。具有多个网络接口的主机叫作"多归属主机"(multi-homed host)。

**问题 1-12.** 在计算机网络中，经常遇到"面向连接"这样的名词。应当怎样理解"面向"所代表的意思？

**解答：**"面向连接"是英文术语"connection-oriented"的标准译名。"面向连接"的意思实际上就是"基于连接"。

**问题 1-13.** 在物理层的"连接"是否就是"使用导线的连接"？

**解答：** 在早期的电话通信中，从主叫用户到被叫用户的确存在一条真正的物理连接，即用导线的连接。

但采用了时分复用(TDM)后，在交换机中实现的时隙交换和以前的物理上的连接并不一样。比特从交换机的入口写入到某个时隙，然后隔了非常短的时间后（电话用户根本不会感觉到这种时间滞后），又在另一个时隙读出，从交换机的出口发送到下一个交换机。这样，从主叫用户到被叫用户的连接，已经不再是真正的使用导线的物理连接了。像这样的通信仍然属于电路交换。在这种情况下，我们仍然说，在主叫和被叫的通话期间，他们一直占用着这条连接的整个通信资源（其他用户不能共享这条连接的通信资源）。

当移动通信出现后，从主叫用户手机到基站，以及从另一个基站到被叫用户手机，都占用了相应的无线链路的连接。因此，从主叫用户到被叫用户的连接，既包含了无线连接，也包含了有线连接（铜线或光纤）。显然，无线连接就不是使用导线的连接。

因此，在物理层的连接不一定是使用导线的连接。

**问题 1-14**. 互联网使用的 IP 协议是无连接的，因此其传输是不可靠的。这样容易使人们感到互联网很不可靠。那么为什么当初不把互联网的传输设计为可靠的？

**解答**：这个问题很重要，需要多一些篇幅来讨论。

先打一个比方。邮局寄送的平信很像无连接的 IP 数据报。每封平信可能走不同的传送路径，同时邮局对平信也不保证不丢失。当收信人没有收到寄出的平信时，去找邮局索赔是没有用的。邮局会说："平信不保证不丢失。怕丢失就请你寄挂号信。"但是大家并不会将所有的信件都用挂号方式邮寄，这是因为邮局并不会随意地将平信丢弃，而平信丢失的概率也不大，况且寄挂号信要多花些钱，还要去邮局排队，太麻烦。总之，尽管寄平信有可能会丢失，但绝大多数的信件还是平信，因为寄平信方便、便宜。

我们知道，传统电信网的最主要用途是进行电话通信。普通的电话机很简单，没有什么智能。因此电信公司就不得不把电信网设计得非常好，这种电信网可以保证用户通话时的通信质量。这点对使用非常简单的电话机的用户则是非常方便的。但电信公司为了建设能够确保传输质量的电信网则付出了巨大的代价（使用昂贵的程控交换机和网管系统）。

数据的传送显然必须是非常可靠的。当初美国国防部在设计 ARPANET 时有一个很重要的讨论内容就是："谁应当负责数据传输的可靠性？"这时出现了两种对立的意见。一种意见主张应当像电信网那样，**由通信网络负责数据传输的可靠性**（因为电信网的发展历史及其技术水平已经证明了人们可以把网络设计得相当可靠）。但另一种意见则坚决主张**由用户的主机负责数据传输的可靠性**。这里最重要的理由是：这样可以使计算机网络便宜、灵活，同时还可以满足军事上的各种特殊的需求。下面用一个简单例子来说明这一问题。

设主机 A 通过互联网向主机 B 传送文件（如图 Q-1-14 所示）。怎样才能实现文件数据的可靠传输呢？

如按照电信网的思路，就应当设法把不可靠的互联网做成可靠的互联网（这需要花费相当多的钱）。

但设计计算机网络的人采用另外一种思路，即设法实现**端到端的可靠传输**。

提出这种思路的人认为，计算机网络和电信网的一个重大区别就是**终端设备的性能差别很大**。电信网的终端是非常简单的、没有什么智能的电话机。因此电信网的不可靠必然会严重地影响人们利用电话的通信。但计算机网络的终端是有很多智能的主机，这样就使得计算机网络和电信网有两个重要区别。第一，即使传送数据的互联网有一些缺陷（如造成比特差错或分组丢失），但具有很多智能的终端主机仍然有办法实现可靠的数据传输（例如，能够及时发现差错并通知发送方重传刚才出错的数据）。第二，即使网络可以实现 100%的无差错传输，端到端的数据传输仍然有可能出现差错。我们可以用一个简单的例子来说明这个问题。这就是主机 A 向主机 B 传送一个文件的情况。

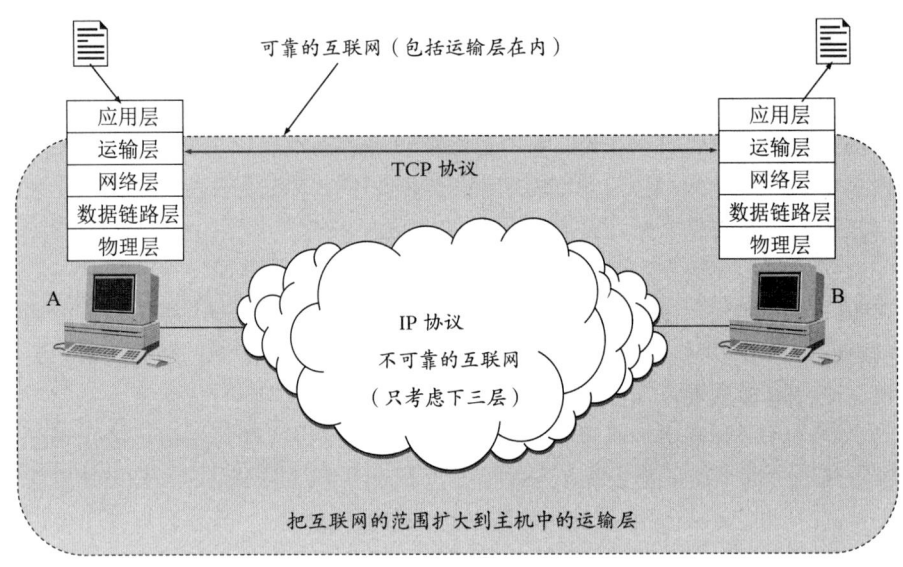

图 Q-1-14 互联网的范围

文件通过一个文件系统存储在主机 A 的硬盘中。主机 B 也有一个文件系统,用来接收和存储从 A 发送过来的文件。应用层使用的应用程序现在就是文件传送程序,这个程序的一部分在主机 A 运行,另一部分在主机 B 运行。现在讨论文件传送的大致步骤。

(1) 主机 A 的文件传送程序调用文件系统把文件从硬盘中读出,然后文件系统把文件传递给文件传送程序。

(2) 主机 A 请求数据通信系统把文件传送到主机 B。这里包括使用一些通信协议和把数据文件划分为适当大小的分组。

(3) 通信网络把这些数据分组逐个传送给主机 B。

(4) 在主机 B,数据通信协议把收到的数据传递给文件传送程序在主机 B 运行的那一部分。

(5) 在主机 B,文件传送程序请求主机 B 的文件系统把收到的数据写到主机 B 的硬盘中。

在以上的几个步骤中,都存在使数据受到损伤的一些因素。例如:

(1) 虽然文件原来是正确地写在主机 A 的硬盘上的,但在读出后可能出现差错(如在磁盘存储系统中的硬件出现了故障)。

(2) 文件系统、文件传送程序或数据通信系统的软件在对文件中的数据进行缓存或复制的过程中都有可能出现故障。

(3) 主机 A 或 B 的硬件处理机或存储器在主机 A 或 B 进行数据缓存或复制的过程中也有可能出现故障。

(4) 通信系统在传输数据分组时有可能产生检测不出来的比特差错,甚至丢失某些分组。

(5) 主机 A 或 B 都有可能在进行数据处理的过程中突然崩溃。

由此可看出,即使对于这样一个简单的文件传送任务,仅仅使通信网络非常可靠并不能保证文件从主机 A 硬盘到主机 B 硬盘的传送是可靠的。也就是说,花费很多的钱把数据传输网络做成非常可靠的,对传送计算机数据来说是得不偿失的。既然现在的终端设备有智能,就应当**把数据传输网络设计得简单些,而让具有智能的终端来完成"使传输变得可靠"的任务**。

于是,计算机网络的设计者采用了一种策略,这就是"**端到端的可靠传输**"。更具体些说,就是在运输层使用面向连接的 TCP 协议,它可保证端到端的可靠传输。只要主机 B 的 TCP 发现数据的传输有差错,就告诉主机 A 把出现差错的那部分数据重传,直到这部分数据正确传送到主机 B 为止(见教材第 5 章)。而 TCP 发现不了数据有差错的概率是很小的。采用这样的建网策略,既可以使网络部分**价格便宜和灵活可靠**,又能够保证端到端的**可靠传输**。

这样,我们可以想象,把互联网的范围稍微扩大一些,即不仅包括网络层,而且扩大到主机中的运输层(见图 Q-1-14)。由于运输层使用了 TCP 协议,使得端到端的数据传输成为可靠的,这样**扩大了范围的互联网就成为可靠的网络**。

因此,"互联网提供的数据传输是不可靠的"或"互联网提供的数据传输是可靠的"这两种说法都可以在文献中找到,问题是怎样界定互联网的范围。如果说互联网提供的数据传输是不可靠的,那么这里的互联网指的是不包括主机在内的网络(仅有下三层)。说互联网提供的数据传输是可靠的,就表明互联网的范围已经扩大到主机的运输层。

再回到通过邮局寄平信的例子。当我们寄出一封平信后,可以等待收信人的确认(通过他的回信)。如果隔了一些日子还没有收到回信,我们可以将该信件再寄一次。这就是将"端到端的可靠传输"的原理用于寄信的例子。

**问题 1-15.** 在具有五层协议的体系结构中,如果下面的一层使用面向连接服务或无连接服务,那么上面的一层是否也必须使用同样性质的服务呢?或者说,我们是否可以在各层任意使用面向连接服务或无连接服务呢?

**解答**:实际上,在五层协议栈中,并非在所有的层次上都存在这两种服务方式的选择问题。

网络层现在都使用 IP 协议,它只提供一种服务,即无连接服务。在使用 IP 协议的网络层的下面和上面,都可以使用面向连接服务或无连接服务。

已经过时的 OSI 体系结构在网络层使用面向连接的 X.25 协议。但在互联网成为主流计算机网络后,即使还有很少量的 X.25 网在使用,那也往往是在 X.25 协议上面运行 IP 协议,即 IP 网络把 X.25 网当作一种面向连接的链路使用。

在网络层下面的数据链路层可以使用面向连接服务(如使用拨号上网的 PPP 协议),即 IP 可运行在面向连接的网络之上。

但网络层下面也可以使用无连接服务(如使用以太网,见教材 3.3 节),即 IP 可运行在无连接网络之上。

网络层的上面是运输层。运输层可以使用面向连接的 TCP,也可以使用无连接的 UDP。

**问题 1-16.** 在运输层应根据什么原则来确定使用面向连接服务还是无连接服务?

**解答**:根据上层应用程序的性质来确定使用哪种连接服务。

例如,在传送文件时要使用文件传送协议 FTP,而文件的传送必须是可靠的,因此在运输层就必须使用面向连接的 TCP 协议。但是若应用程序要传送分组话音或视频点播信息,那么为了保证信息传输的实时性,在运输层就必须使用无连接的 UDP 协议。

另外,选择 TCP 或 UDP 时还需考虑对连接资源的控制。若应用程序不希望在服务器端同时建立太多的 TCP 连接,可考虑采用 UDP。

**问题 1-17**. 在数据链路层应根据什么原则来确定使用面向连接服务还是无连接服务？

**解答**：在设计硬件时就能够确定。例如，若采用拨号电路，则数据链路层将使用面向连接服务。但若使用以太网，则数据链路层使用的是无连接服务。

**问题 1-18**. TCP/IP 的体系结构到底是四层还是五层？

**解答**：在一些书籍和文献中的确有这两种不同的说法。作者认为，四层或五层都关系不大。因为 TCP/IP 体系结构中**最核心的部分就是靠上面的三层**：应用层、运输层和网络层。至于最下面的是一层——网络接口层，还是两层——网络接口层和物理层，这都不太重要，因为 TCP/IP 本来没有为网络层以下的层次制定什么标准。TCP/IP 的思路是：形成 IP 数据报后，只要交给下面的网络去发送就行了，不必再考虑得太多。用 OSI 的概念，将下面的两层称为数据链路层和物理层是比较清楚的。

**问题 1-19**. 我们常说"**分组**交换"，但又常说"路由器转发 IP **数据报**"或"路由器转发**帧**"，"分组"一词究竟应当用在什么场合？

**解答**："**分组**"(packet)也就是"**包**"，它是一个不太严格的名词，意思是将若干个比特加上首部的控制信息封装在一起，组成一个在网络上传输的数据单元。在数据链路层这样的数据单元叫作"**帧**"。而在 IP 层（即网络层）这样的数据单元叫作"**IP 数据报**"。在运输层这样的数据单元叫作"**TCP 报文段**"或"**UDP 用户数据报**"。但在不需要十分严格和不致弄混的情况下，有时也都可笼统地采用"**分组**"这一名词。这点请读者注意。

OSI 为了使数据单元的名词准确，就创造了"**协议数据单元**"PDU 这一名词。在数据链路层的 PDU 叫作 DLPDU，即"**数据链路协议数据单元**"。在网络层的 PDU 叫作"**网络协议数据单元**"NPDU。在运输层的 PDU 叫作"**运输协议数据单元**"TPDU。虽然这样做十分严谨，但过于烦琐，现在已没有什么人愿意使用这样的名词了。

**问题 1-20**. 到商店购买一个希捷公司生产的 4 TB 的硬盘。当安装到电脑上以后，我们使用 Windows 资源管理器在该磁盘的"属性"中发现只有 3.63 TB。是什么地方出了差错吗？

**解答**：不是。这个因为希捷公司的硬盘标记中的 T 表示 $10^{12}$，而微软公司 Windows 软件中的 T 表示 $2^{40}$。$3.63 \times 2^{40} \approx 4 \times 10^{12}$，即希捷公司的 4 TB 和微软公司的 3.63 TB 相等。

**问题 1-21**. 字节(byte)和八位位组(octet)有没有区别？

**解答**：严格说来，这两个名词是有区别的。"字节"与具体的计算机有关。有的计算机（如以前的 CDC 大型机）定义一个字节等于 6 bit，但也有的计算机（如 BBN 的 C 型计算机）则定义一个字节等于 10 bit。但一个八位位组严格地等于 8 bit。可见，当计算机使用的字节定义为 8 bit 时，"字节"和"八位位组"是一样的。但是现在绝大多数的计算机工作者都已经把"字节"和"八位位组"当作同义词了。总之，当需要使用各种不同的计算机时，区分"字节"和"八位位组"是必要的。我们的教材主要讲授基本原理，因此可以认为"字节"和"八位位组"都表示 8 bit。

**问题 1-22.** 英文名词 bit 应当译为"比特"还是"位"？

**解答：** 在《计算机科学技术名词》的第 90 页上面给出了 bit 的标准译名：

bit　　　[二进制]位　01.128，　　　比特　12.070

可见 bit 有两个标准译名 ——"位"和"比特"。

这里要注意的是，本来 bit 就是从"binary digit"衍生出来的名词。在英语世界的国家中，不论是计算机学科，还是通信学科，都使用 bit 这个名词，从来没有产生过什么不明确的地方。但在翻译成中文时出现了不同的译名。计算机界愿意用"位"，而通信界则愿意用"比特"。这样就产生了两个不同的译名。

我们还应当注意的是，严格来讲，"位"其实应当是指**二进制**的位。我们有时可能还会用到八进制或十六进制的"位"，那么这时的"位"就不应当是 bit 了。

还要指出的是，在《计算机科学技术名词》中的"位"后面的 01.128 代表的意思是：

01 —— 指《计算机科学技术名词》一书中的第 1 分支学科，即"总论"学科，而 128 表示本学科中的第 128 个名词。

在《计算机科学技术名词》中的"比特"后面的 12.070 代表的意思是：

12 —— 指《计算机科学技术名词》一书中的第 12 分支学科，即"计算机网络"学科，而 070 表示本学科中的第 70 个名词。

这样看来，在计算机网络中，把 bit 译为"比特"应当是没有问题的。但计算机网络是通信与计算机相结合的学科。因此，在涉及计算机较多的地方，很多人又喜欢使用"位"这个名词，如"32 bit 的 IP 地址"译为"32 位的 IP 地址"。当然，用"32 比特的 IP 地址"也是可以的。

又如，"10 Mbit/s 的速率"则应当译为"每秒 10 兆比特的速率"，而不应当译为"每秒 10 兆位的速率"。

**问题 1-23.** 有这样的说法：习惯上，人们都将网络的"带宽"作为网络所能传送的"最高数据率"的同义语。这样的说法有何根据？

**解答：** 还没有找到这种说法出自哪一个国际标准或重要的 RFC 文件（欢迎读者告诉作者）。但是在一些著名国外教材中可以找到类似的说法。例如，在教材附录 C 的[PETE11]一书的第 45 页上写着：

If you see the word "bandwidth" used in a situation in which it is being measured in hertz, then it probably refers to the range of signals that can be accommodated.

（如果你见到"带宽"使用在用赫兹度量的情况下，那么它很可能就是指可提供的信号的范围。）

When we talk about the bandwidth of a communication link, we normally refer to the number of bits per second that can be transmitted on the link.

（当我们谈到一条通信链路的带宽时，我们通常是指在这条链路上每秒所能传送的比特数。）

**问题 1-24**. 有时可听到人们将"带宽为 10 Mbit/s 的以太网"说成是"速率（或速度）为 10 Mbit/s 的以太网"或"10 兆速率（或速度）的以太网"。试问这样的说法正确否？

**解答**：这种说法在网络界的确很常见。

例如，当 10 Mbit/s 以太网升级到 100 Mbit/s 时，这种 100 Mbit/s 的以太网就称为快速以太网，表明速率提高了。当调制解调器每秒能够传送更多的比特时就称为高速调制解调器。当网络中的链路带宽增加时，也常说成是链路的速率提高了。因此在计算机网络领域，"速率"和"带宽"**有时**代表同样的意思。

但我们必须对网络的"速度"有正确的理解。

我们早已在物理课程中学过，速率（或速度）的单位是"米/秒"。我们谈到"高速火车"是指这种火车在单位时间内行驶的距离增大了。但"**网络提速**"并不是指信号在网络上传播得更快了（更多的"米/秒"），而是说网络的传输速率（更多的"比特/秒"）提高了。

这里特别要注意，"**传播**"(propagation 或 propagate)和"**传输**"(transmission 或 transmit)这两个中文名词仅一字之差，但意思却差别很大。

**传播速率**：信号比特在传输媒体上的**传播速率**就是电磁波在单位时间内能够在传输媒体上走的距离。这个速率大约只有电磁波在真空中的传播速率的 2/3 左右。或者说，信号比特在传输媒体上 1 微秒可传播 200 米左右的距离。

**传输速率**：计算机每秒可以向所连接的媒体或网络**注入**（也就是**发送**）多少个比特则是**传输速率**。若计算机在单位时间内能够发送更多的比特也就是"发送速率提高了"，但一定要弄清，这里的"速率"指的是"比特/秒"而不是指"米/秒（传播速率）"。

由此可见，当我们使用"速率"表示"比特/秒"时，就应当将其理解为主机向链路（或网络）发送比特的速率。这也就是比特进入链路（或网络）的速率，而不是比特在链路上（或在网络上）传播的速率。

同理，传播时延和传输时延的意思也是完全不同的。由于传输时延很容易和传播时延弄混，因此最好使用发送时延来代替传输时延这个名词。请记住：

**发送时延 = 传输时延 ≠ 传播时延**

**问题 1-25**. 有人说，宽带信道相当于高速公路车道数目增多了，可以同时并行地跑更多数量的汽车，虽然汽车的时速并没有提高（这相当于比特在信道上的传播速率没有提高），但整个高速公路的运输能力却提高了，相当于能够传送更多数量的比特。这种比喻合适否？

**解答**：这样比喻是很不恰当的，很容易产生误解。请注意：汽车可以提高在高速公路上的行驶速度，但我们却无法提高比特在网络上的传播速率。

如果一定要用汽车在高速公路上跑和比特在通信线路上的传输相比较，那么可以这样来想象：低速信道对应的数据发送速率较低，相当于汽车进入高速公路的时间间隔较长。例如，每隔 1 分钟有一辆汽车进入高速公路。"高速率信道"对应的数据发送速率较高，相当于进入高速公路的汽车的时间间隔缩短了，例如，现在每隔 6 秒就有一辆汽车进入高速公路。虽然汽车在高速公路上行驶的速度没有变化，但在同样时间内，进入高速公路的汽车总数却增多了（每隔 1 分钟进入高速公路的汽车现在增加到 10 辆），因而吞吐量也就增大了。

图 Q-1-25 可帮助理解这一概念。

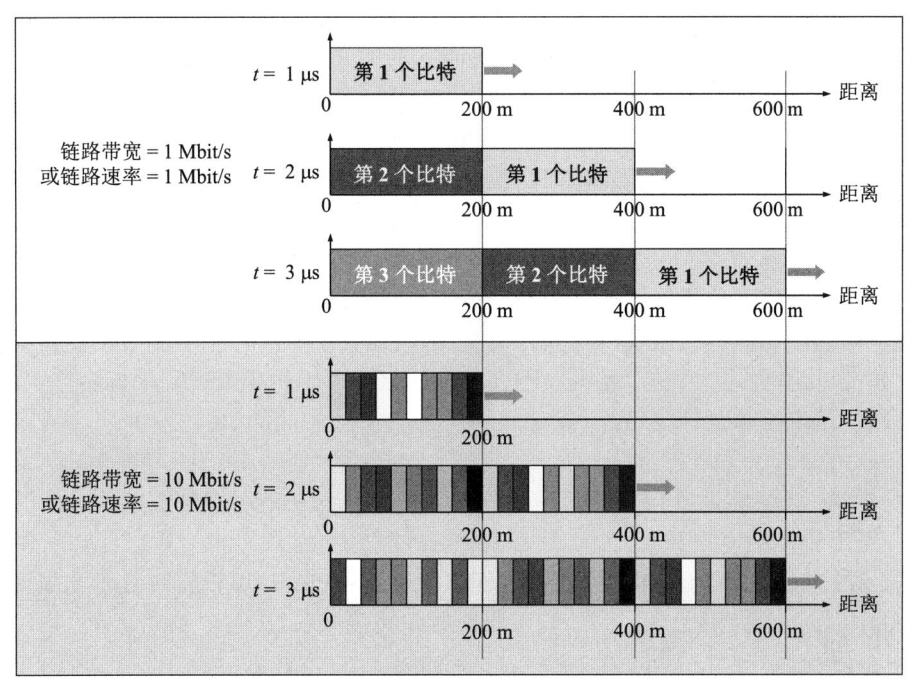

图 Q-1-25 链路带宽对信号传输速率的影响

假定一条链路的传播速率为 $2 \times 10^8$ m/s。这相当于电磁波在该媒体上 1 μs 可向前传播 200 m。若链路带宽为 1 Mbit/s，则主机在 1 μs 内可向链路发送 1 bit 数据。

图中用横坐标表示**距离**（请注意，**横坐标不是时间**）。当 $t=0$ 时开始向链路发送数据。这样，我们有：

当 $t=1$ μs 时，信号传播到 200 m 处。注入到链路上 1 个比特。
当 $t=2$ μs 时，信号传播到 400 m 处。注入到链路上共 2 个比特。
当 $t=3$ μs 时，信号传播到 600 m 处。注入到链路上共 3 个比特。

现在将链路带宽提高到 10 倍，即达到 10 Mbit/s。这相当于 1 μs 内可向链路发送 10 bit 数据。显然，**发送速率提高了**。然而这些数据比特在链路上的传播速率(m/s)并没有任何变化，即传播速率仍然是 200 m/μs。这点从图的上下两部分对比即可看出：

当 $t=1$ μs 时，信号仍然是传播到 200 m 处。但注入到链路上已有 10 个比特。
当 $t=2$ μs 时，信号仍然是传播到 400 m 处。但注入到链路上已有 20 个比特。
当 $t=3$ μs 时，信号仍然是传播到 600 m 处。但注入到链路上已有 30 个比特。

也就是说，当带宽或发送速率提高后，比特在链路上向前传播的速率并没有提高，只是每秒钟注入到链路的比特数增加了。"速率提高"就体现在**单位时间内发送到链路上的比特数增多了**，而并不是比特在链路上跑得更快。

但是我们不能认为，在通信线路上的所有传输都只是串行传输，而没有并行传输。

例如，在一条光缆中可以放入多条光纤并行传输。这样就可使整条光缆的数据传输速率比每一条光纤的数据传输速率提高好几倍。这就是并行传输的一个例子。这相当于多个车道的公路。

又如，采用先进的调制方法，可以在一条通信线路上划分出很多条子信道并行地传输数据。

这样就使通信线路的数据率提高很多。在后面第 2 章的习题【2-18】（关于 ADSL 的工作原理）的图 T-2-18 中对这个问题有比较详细的介绍。

目前在无线局域网中广泛使用的正交频分复用技术 OFDM，也是使用多个子信道并行地传输数据的，因而使数据的传输速率大大提高。

但这种复杂的调制技术，无法使用高速公路来进行简单的对比。

如果我们的主机连接到一条 100 Mbit/s 的宽带线路上，那么主机就能以 100 Mbit/s 的速率向宽带线路发送数据。这些数据肯定是以串行传输的方式进入宽带线路的。在这种情况下，我们往往可以简单地把这种通信线路看成是一条串行传输的线路，虽然实际上数据进入通信线路后有可能是用划分子信道的方式进行并行传输的，但这些细节在许多情况下可能是我们并不关心的（例如在讨论网络协议时，就可以不去深究通信线路中所采用的复杂调制技术）。因此，不宜用高速公路来比喻宽带线路。

**问题 1-26.** 如果将**时延带宽积管道**比作传输链路，那么是否宽带链路对应的时延带宽积管道就比较宽呢？

**解答：** 对的。我们可以用**时延带宽积管道**来表示传输链路。可以将时延带宽积管道画成如图 Q-1-26(a)所示的长方形管道，它的长度是时延，宽度是带宽。

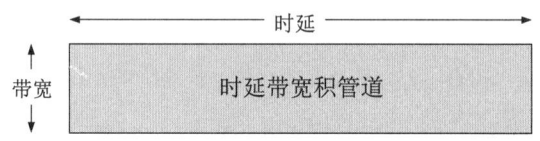

图 Q-1-26(a) 时延带宽积管道

对于图 Q-1-25 的例子，时延以微秒(μs)作为单位，因此 600 m 长度的链路相当于时延 3 μs 长的管道。管道的宽度是带宽，现在以 Mbit/s 作为单位。图 Q-1-26(b)显示的是在不同时间、链路带宽为不同数值时，时延带宽积管道中的比特填充情况。

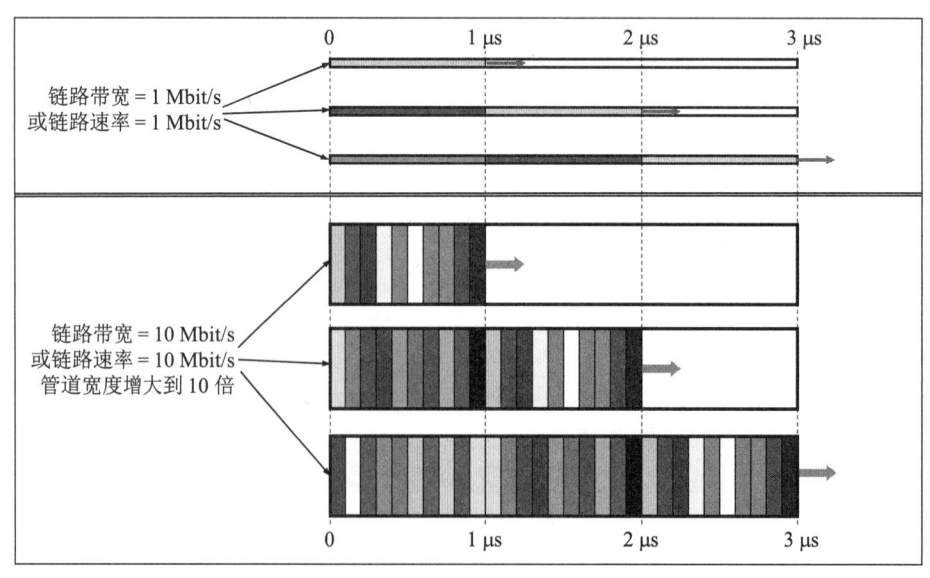

图 Q-1-26(b) 时延带宽积管道中的比特填充情况

图 Q-1-26(b)中上面的部分是链路带宽为 1 Mbit/s 的情况,下面的部分是链路带宽为 10 Mbit/s 的情况。对比这两部分就可看出,当链路速率提高到 10 倍时,时延带宽积管道的宽度也相应地增大到 10 倍。对比图中的上、下两部分,我们可以看出:

当 $t = 1\ \mu s$ 时,管道中的比特数(即注入到链路上的比特数)分别为 1 bit 和 10 bit。

当 $t = 2\ \mu s$ 时,管道中的比特数(即注入到链路上的比特数)分别为 2 bit 和 20 bit。

当 $t = 3\ \mu s$ 时,管道中的比特数(即注入到链路上的比特数)分别为 3 bit 和 30 bit。

对于图 Q-1-25 的例子,600 m 长度的链路相当于时延 3 μs,在图 Q-1-26(b)上、下两部分的时延带宽积分别为 3 bit 和 30 bit。

**问题 1-27.** 网络的吞吐量与网络的时延有何关系?

**解答:** 本来吞吐量和时延是两个完全不同的概念,它们似乎应当是彼此无关的。然而,吞吐量和时延却是密切相关的。

当网络的吞吐量增大时,分组在路由器中等待转换时就会经常处在更长的队列中,因而增加了排队的时间。这样,时延就会增大。当吞吐量进一步增加时,还可能产生网络的拥塞(见教材的 5.8 节)。这时整个网络的时延将大大增加。可见吞吐量与时延的关系是非常密切的。

**问题 1-28.** 什么是"无缝的""透明的"和"虚拟的"?

**解答:** "无缝的"(seamless)用于网络领域时,表示几个网络的互连对用户来说就好像一个网络。这是因为互连的各网络都使用统一的网际协议 IP,都具有统一的 IP 地址,就好像所有网络上的主机和路由器都连接在一个大的互连网上。用户看不见各个不同的网络相连接的"缝",因此称这种连接为"无缝的"。在这个意义上讲,"无缝的"和"透明的"意思很相近。

当"无缝的"用于计算机程序时,表示有几个程序联合起来完成一项任务,但对用户来说只有一个接口,这样的接口叫作"无缝的用户接口",表示程序之间的其他一些接口对用户是不可见的。

"透明的"(transparent)表示实际上存在的东西对我们却好像看不见一样。例如,网络的各层协议都是相当复杂的。当我们在电脑上编辑好一封邮件后,只要用鼠标点击一下"发送"按钮,这封邮件就发送出去了。实际上,我们的电脑要使用好几个网络协议。可是这些复杂的过程我们都看不见。因此,这些复杂的网络协议对网络用户来说都是"透明的"。意思是:这些复杂的网络协议虽然都存在于电脑中,但用户却看不见(如果要看,就要使用专门的网络软件)。

我们在使用调制解调器上网时使用 PPP 协议。不管我们发送什么样的字符,PPP 协议都可以进行传输。这种传输方式叫作"透明传输"。

有时我们也说网络是透明的。这表示对应用程序来说,只要将要做的事情交给应用层下面的应用编程接口 API,后面的事情就不必管了。网络程序会将应用程序传送到远地的目的进程。因此这个网络的复杂机制对端用户来说也是看不见的,因而是透明的。

"虚拟的"(virtual)表示看起来好像存在但实际上并不存在。"虚拟的"有时可简称为"虚"。如"虚电路"就表示看起来好像有这样一条电路,但在现实世界并没有这样的一条电路存在。"虚拟局域网"VLAN 表示看起来这几个工作站组成了一个局域网,但实际上并没有这样的一个局域网存在。

读者应当注意,从字典上看,英文单词 virtual 还有"实际上的""实质上的""现实的"等意思,这正好和"虚拟的"相差很大。

**问题 1-29**. 我们知道，协议有三个要素，即**语法**、**语义**和**同步**。语义是否已经包括了同步的意思？

**解答**："语义"并不包括"同步"。"语义"指出需要发出何种控制信息、完成何种动作以及做出何种响应。但"语义"并没有说明应当在什么时候做这些动作。而"同步"则详细说明这些事件实现的顺序（例如，若出现某个事件，则接着做某个动作）。

**问题 1-30**. 为什么协议不能设计成100%可靠的？

**解答**：设想某一个要求达到100%可靠的协议需要 A 和 B 双方交换信息共 $N$ 次，而这 $N$ 次交换信息都是必不可少的。也就是说，在所交换的 $N$ 次信息中是没有冗余的。

假定第 $N$ 次交换的信息是从 B 发送给 A 的。

B 发送给 A 的这个信息显然是需要 A 加以确认的。这是因为：若不需要 A 的确认，则表示 B 发送这个信息丢失了或出现差错都不要紧。这就是说，B 发送的这个信息是可有可无的。如果 B 发送的这个信息是可有可无的，那么最后这次的信息交换就可以取消，因而这个协议就只需要 A 和 B 交换信息 $N-1$ 次而不是 $N$ 次。这就和原有的假定不符。

如果 B 发送的这个最后的信息是需要 A 加以确认的，那么这个协议需要 A 和 B 交换信息的次数就不是 $N$ 次，而是还要增加一次确认（A 向 B 发送的确认），即总共需要交换信息 $N+1$ 次。

但这就和原来假定的"双方交换信息共 $N$ 次"相矛盾。

显然，这个矛盾无法解决。这样就证明了协议不能设计成100%可靠的。

然而在非常重要的任务中，协议可以设计成非常接近于100%可靠的。

**问题 1-31**. 什么是互联网的摩尔定律？

**解答**：互联网的三十年发展历史的统计资料表明，互联网上的通信量大约每年要翻一番（"大约"是指每年大约增长 75%至 150%），见表 Q-1-31，这被称为**互联网的摩尔定律**(Moore's Law)。表 Q-1-31 中的 TB 是 TeraByte 的缩写，即 $2^{40}$ 字节。

表 Q-1-31　互联网上的通信量的增长数据

| 年 | TB/月 | 年 | TB/月 |
|---|---|---|---|
| 1990 | 1.0 | 1995 | 数据缺 |
| 1991 | 2.0 | 1996 | 1500 |
| 1992 | 4.4 | 1997 | 2500~4000 |
| 1993 | 8.3 | 1998 | 5000~8000 |
| 1994 | 16.3 | 1999 | 10000~16000 |
|  |  | 2000 | 20000~35000 |

摩尔定律本来是说明集成电路芯片上的元器件密度平均每隔 18 个月翻一番。摩尔定律不是自然定律，而是来自技术、社会学和经济学等许多复杂因素的相互作用。

顺便要指出，英文名字 Moore 在常用的英汉词典上给出的中文译名有两个，即"穆尔"和"摩尔"。前者在发音方面比较准确，也是词典上首先推荐的。但考虑到目前流行更广的是后者，因此我们现在就采用"摩尔"这个译名。

**问题 1-32**. 假定从节点 A 发送一个很短的分组到节点 B，B 收到后立即发送很短的应答分组给 A（这就表示双方的发送时延均可忽略不计）。A 测量出往返时间 RTT。试问这个 RTT 值是否就是 A 和 B 之间的传输媒体的往返传播时延？

**解答**：如果 A 和 B 是直接连接的，那么这个 RTT 值就是 A 和 B 之间的传输媒体的往返传播时延。但如果 A 和 B 之间还有一个或多个路由器，那么这个 RTT 值还应包括分组经过的所有路由器的排队时间和处理时间。如果遇到网络拥塞，位于途中的某个路由器甚至会丢弃这个分组。在这种情况下，测量出的 RTT 值就是无穷大值（即测不出 RTT 的数值），表明 B 永远收不到应答分组。这时，可能是 A 发送的分组在途中被丢弃，没有到达 B；也可能是 B 发送的应答分组在途中被丢弃，没有到达 A。

# 习题与解答

**【1-01】** 计算机网络可以向用户提供哪些服务？

**解答**：这道题没有现成的标准答案，因为可以从不同的角度来看"服务"。

首先要明确的是，计算机网络可以向用户提供的最重要的功能有两个：连通性和共享。所谓连通性，就是计算机网络使上网用户之间都可以交换信息，**好像**这些用户的计算机都可以彼此直接连通一样。用户之间的距离也似乎因此而变得更近了。所谓共享就是指资源共享。资源共享的含义是多方面的，可以是信息共享、软件共享，也可以是硬件共享。例如，计算机网络上有许多主机存储了大量有价值的电子文档，可供上网的用户自由读取或下载（无偿或有偿）。由于网络的存在，这些资源**好像**就在用户身边一样。

我们知道，互联网允许分布式的应用程序运行在连接到网络上的端系统上。正是因为计算机网络有了上述的两种功能，这些应用程序才能够互相交换数据，因而能够向用户提供各种不同的服务。因此，计算机网络能够向用户提供各种不同的服务，其实也就是这些应用程序能够向用户提供各种不同的服务。

但是应当记住的是，计算机网络是一种基础设施，各种应用程序是在计算机网络之上运行的。由于新的应用程序不断出现，因此计算机网络能够向用户提供的服务也就不是固定不变的，而是不断地有新的服务出现。

目前，用户使用最多的网络服务有：电子邮件（传送信息、文件、图片、视频节目等），网上聊天，网上游戏，网上购物，网上转账，网上检索，远程教育，网上电视节目的播放，等等。

**【1-02】** 试简述分组交换的要点。

**解答**：分组交换最主要的特点就是采用存储转发技术。

我们把要发送的整块数据称为一个报文。在发送报文之前，先把较长的报文划分成一个个更小的等长数据段，例如，每个数据段为 1024 bit。在每一个数据段前面，加上一些必要的控制信息组成的首部后，就构成了一个分组。分组又称为"包"，而分组的首部也可称为"包头"。分组是在互联网中传送的数据单元。分组中的"首部"是非常重要的，正是由于分组的首部包含了诸如目的地址和源地址等重要控制信息，每一个分组才能在互联网中独立地选择传输路径。

互联网的核心部分是由许多网络和把它们互连起来的路由器组成的，而主机处在互联网的边缘部分。主机是为用户进行信息处理的，并且可以和其他主机通过网络交换信息。路由器则是用来转发分组（即进行分组交换）的。路由器每收到一个分组，先临时存储下来（这个存储的时间非常短暂），再检查其首部，查找转发表，按照首部中的目的地址，找到合适的接口转换出去，把这个分组转交给下一个路由器。这样一步一步地经过若干个或几十个不同的路由器，以存储转发的方式，把分组交付最终的目的主机。各路由器之间必须经常交换彼此掌握的路由信息，以便创建和维持在路由器中的转发表，使得转发表能够在整个网络拓扑发生变化时及时更新。

**【1-03】** 试从多个方面比较电路交换、报文交换和分组交换的主要优缺点。

**解答：** 电路交换的主要特点：

(1) 通信之前先要建立连接，通信完毕后要释放连接。也就是说，通信一定要有三个阶段：建立连接、通信、释放连接。

(2) 在整个通信过程中，通信的双方自始至终占用着所使用的物理信道。

因此，对于计算机通信，由于计算机数据是突发性的，因此，从通信线路的利用率来考虑，电路交换的效率就比较低。此外，当通信双方占用的通信线路由很多段链路（通过若干个交换机把这些链路连通）组成时，只有在每一段链路都能接通（每一段链路都有空闲的信道资源还没有被其他用户占用，即有可用资源）时，整个的连接建立才能完成（哪怕只有一段链路没有空闲的信道可供使用，连接建立也无法完成）。当通信网的业务量很繁忙时，电路交换无法保证用户的每一个呼叫都能接通。如果第一阶段的连接建立不能完成，那么后续阶段的通信过程当然也就无法进行。

在电路交换的通信过程中，只要在整个连接中有一个环节（如某段链路或某个交换机）出了故障，那么整个连接就不复存在，接着就是通信的中断。若要重新进行通信，必须重新建立连接。如果能够绕过刚才的故障链路或故障交换机而建立新的连接，那么就可以开始新的通信。这就是说，电路交换系统不能自动从故障中进行恢复。

但电路交换有一个最主要的优点，就是只要连接能够建立，那么双方通信所需的传输带宽就已经分配好而不会再改变。这叫作静态分配传输带宽。通信双方愿意占用通信资源多久，就占用多久（对于公用网，只要按规定付费即可），而不受网络中的其他用户的影响。当网络发生拥塞时，网络中的其他用户很可能反复呼叫都无法建立连接，但这些动作都不会影响已经占用了通信资源的用户的通信质量(除非发生了通信网中的故障,影响到正在进行通信的连接）。

目前最常用的分组交换使用无连接的 IP 协议。这种分组交换以分组作为传输的单位，采用存储转发技术，并且没有连接建立和连接释放这两个阶段，因此传送数据比较迅速。在传输数据的过程中，动态分配传输带宽，对通信链路是逐段占用的。这就是说，若某段链路的带宽较高，分组的传输速率就较快；若另一段链路的带宽较低，传输速率就较慢。不像电路交换那样，从源点到终点都是同样的传输速率。可见，分组交换能够比较合理而有效地利用各链路的传输带宽。

分组交换采用分布式的路由选择协议。当网络中的某个节点或链路出现故障时，分组传送的路由可以自适应地动态改变，使数据的传送能够继续下去。传送数据的源点和接收数据的终点甚至不会感觉到网络中所发生的故障。因此分组交换网络有很好的生存性。

分组交换也有一些缺点。例如，分组在各路由器存储转发时需要排队，这就会造成一定的时延。此外，由于分组交换无法确保通信时端到端所需的带宽，因此当分组交换网的通信量突然增大时，可能会在网络中的某处产生拥塞，从而延长数据的传送时间。当网络拥塞非常严重时，整个网络也可能会瘫痪。分组交换的另一个问题是各分组必须携带控制信息，这也造成了一定的开销。整个分组交换网还需要专门的管理和控制机制。当然，电路交换网也需要网络管理，但电路交换网的交换机都具有很强的网络管理功能，能够对网络进行很有效的管理。分组交换网中的路由器比较简单，无法对整个网络进行管理。必须在网络中由专门的主机来运行专门的网络管理软件，对整个网络进行管理。

报文交换也采用存储转发技术，不同的是，报文交换不再把报文划分为更小的分组，而是把整个报文在网络的节点中存储下来，然后再转发出去。这样做，省去了划分小的分组的步骤，也省去了在终点把分组重装成报文的过程。但报文交换在灵活性上不如分组交换，传送数据的时延较大。本来报文交换是用来传送电报的。现在已经很少有人打电报了，因此报文交换已经很少使用了。

**【1-04】** 为什么说互联网是自印刷术发明以来人类在存储和交换信息领域的最大变革？

**解答：** 自印刷术发明以来，使用书刊和报纸来传播信息，是人类通信的一个很大变革。

在印刷术出现之后，对人类通信起过重要作用的技术有很多，如电报、电话、传真、无线电通信、广播、电视、数字通信、卫星通信、蜂窝无线电通信，等等。这些技术所起的作用，这里就不一一论述了。

但互联网出现后，互联网上的应用的确层出不穷，因而也就出现了许多重大的变革。下面可以通过一些例子来说明这个问题。

最早出现的电子邮件使人们可以非常方便而快捷地进行通信。电子邮件的大量使用，使得传统的电报业务（更贵、更慢，而且更不方便）基本上已无人使用。使用电子邮件，发件人可以非常方便地把同一邮件非常快捷地传递给很多远隔千里的友人。人们在互联网上发布自己创作的文章和视频，可以让成千上万的网民（这里有很多网民是我们并不认识的）在网上看到，而且基本上感觉不到有什么时间上的延迟。网上的 IP 电话既便宜通话质量又好，使得网民们能够随时和异地的友人在网上聊天，还可以进行网上的可视通信。如果愿意支付少量的费用（例如每分钟 2 美分），这种 IP 电话还能够直接拨打远隔重洋的固定电话。万维网的出现，大大地方便了广大网民上网。例如，当我们发现某个网站有很多有用的信息时，我们不必把这些信息一一传送给远地的友人，而是可以仅仅把该网址传送给这些友人，让他们自己上网查询和下载。这就比传统的通信方式效率高出很多。我们从网上还可以免费下载很多的电子图书和文章，大大加快了信息的广泛传播。这相当于一下子就免费得到了很多想看的书籍和文章。

以前当我们遇到一些问题（如见到一个不懂的新名词），我们可以打电话或写信向远地的老师或友人请教。而现在我们利用互联网的搜索引擎上网查询一下，就可以非常快地获得满意的答案。这显然比传统的通信方式进步了很多。

又如，以前大家都有排长队购买火车票的经历。但现在可以上网购买火车票了，免除了亲自去火车票出售点排队的麻烦。由于采用了实名制购票，因此旅客进站和出站都不需要出示火车票，而只需在所购买车次的检票口刷一下本人的有效身份证，即可完成相当于传统的检票过程。列车员查票时，旅客也只需出示有效身份证就行。这样就使得我们的出行更加方便。

互联网在金融、证券、网购、物流、管理等各行各业、各个领域中的应用，更是不胜枚举。

因此，仅仅从以上列举的一些方面就可看出，说互联网是自印刷术发明以来人类通信方面最大的变革，一点也不夸张。

【1-05】 互联网基础结构的发展大致分为哪几个阶段？请指出这几个阶段最主要的特点。

**解答**：互联网的基础结构大体上经历了三个阶段的演进。但这三个阶段在时间划分上并非截然分开而是有部分重叠的，这是因为网络的演进是逐渐的而不是在某个日期突然发生的。

第一阶段是从单个网络 ARPANET 向互联网发展的过程。1969 年美国国防部创建的第一个分组交换网 ARPANET 最初只是一个单个的分组交换网（并不是一个互连的网络）。所有要连接在 ARPANET 上的主机都直接与就近的节点交换机相连。但到了 20 世纪 70 年代中期，人们已认识到不可能仅使用一个单独的网络来解决所有的通信问题。于是 ARPA 开始研究多种网络（如分组无线电网络）互连的技术，这就导致了后来互连网的出现。这样的互连网就成为现在**互联网**(Internet)的雏形。1983 年 TCP/IP 协议成为 ARPANET 上的标准协议，使得所有使用 TCP/IP 协议的计算机都能利用互联网相互通信，因而人们就把 1983 年作为互联网的诞生时间。1990 年 ARPANET 正式宣布关闭，因为它的实验任务已经完成。

第二阶段的特点是建成了**三级结构的互联网**。从 1985 年起，美国国家科学基金会 NSF (National Science Foundation)就围绕 6 个大型计算机中心建设计算机网络，即国家科学基金网（NSFNET）。它是一个三级计算机网络，分为**主干网**、**地区网**和**校园网**（或**企业网**）。这种三级计算机网络覆盖了全美国主要的大学和研究所，并且成为互联网中的主要组成部分。1991 年，NSF 和美国的其他政府机构开始认识到，互联网必将扩大其使用范围，不应仅限于大学和研究机构。世界上的许多公司纷纷接入到互联网，使网络上的通信量急剧增大，互联网的容量已满足不了需要。于是美国政府决定将互联网的主干网转交给私人公司来经营，并开始对接入互联网的单位收费。1992 年互联网上的主机超过 100 万台。1993 年互联网主干网的速率提高到 45 Mbit/s（T3 速率）。

第三阶段的特点是逐渐形成了**多层次 ISP 结构的互联网**。从 1993 年开始，由美国政府资助的 NSFNET 逐渐被若干个商用的**互联网主干网**替代，而政府机构不再负责互联网的运营。这样就出现了一个新的名词：**互联网服务提供者 ISP** (Internet Service Provider)。在许多情况下，ISP 就是一个从事商业活动的公司，因此 ISP 又常译为**互联网服务提供商**。ISP 拥有从互联网管理机构申请到的多个 IP 地址，同时拥有通信线路（大的 ISP 自己建造通信线路，小的 ISP 则向电信公司租用通信线路）以及路由器等连网设备，因此任何机构和个人只要向 ISP 交纳规定的费用，就可从 ISP 得到所需的 IP 地址，并通过该 ISP 接入到互联网。我们通常所说的"上网"就是指"（通过某个 ISP）接入到互联网"，因为 ISP 向连接到互联网的用户提供了 IP 地址。IP 地址的管理机构不会把一个单个的 IP 地址分配给单个用户（不"零售"IP 地址），而是把一批 IP 地址有偿分配给经审查合格的 ISP（只"批发"IP 地址）。从以上所讲的可以看出，现在的互联网已不是某个单个组织所拥有而是全世界无数大大小小的 ISP 所共同拥有的。

【1-06】 简述互联网标准制定的几个阶段。

**解答**：制定互联网的正式标准要经过以下三个阶段：

(1) **互联网草案**(Internet Draft)——互联网草案的有效期只有六个月。在这个阶段还不能算是 RFC 文档。

(2) **建议标准**(Proposed Standard)——从这个阶段开始就成为 RFC 文档。

(3) **互联网标准**(Internet Standard)——如果经过长期的检验，证明某个建议标准可以变成互联网标准时，就给它分配一个标准编号，记为 STDxx，这里 STD 是"Standard"的英文缩写，而"xx"是标准的编号（有时也写成 4 位数编号，如 STD0005）。一个互联网标准可以和多个 RFC 文档关联。

原先制定互联网标准的过程是："建议标准"→"草案标准"→"互联网标准"。由于"草案标准"容易和成为 RFC 文档之前的"互联网草案"混淆，从 2011 年 10 月起取消了"草案标准"这个阶段[RFC 6410]。这样，现在制定互联网标准的过程简化为："建议标准"→"互联网标准"。在新的规定以前就已发布的草案标准，将按照以下原则进行处理：若已达到互联网标准，就升级为互联网标准；对目前尚不够互联网标准条件的，则仍称为发布时的旧名称"草案标准"。

**【1-07】** 小写和大写开头的英文名字 internet 和 Internet 在意思上有何重要区别？

**解答**：以小写字母 i 开始的 internet（互连网）是一个通用名词，它泛指由多个计算机网络互连而成的网络。在这些网络之间的通信协议（即通信规则）可以是任意的。

以大写字母 I 开始的 Internet（互联网或因特网）则是一个专用名词，它指当前全球最大的、开放的、由众多网络相互连接而成的特定计算机网络，它采用 TCP/IP 协议族作为通信的规则，且其前身是美国的 ARPANET。

**【1-08】** 计算机网络都有哪些类别？各种类别的网络都有哪些特点？

**解答**：可以从不同的角度回答这个问题。

从网络的作用范围来划分，有：

(1) 广域网 WAN，作用范围通常为几十到几千公里，有时也称为远程网。

(2) 城域网 MAN，作用范围一般是一个城市，可跨越几个街区甚至整个城市，其作用距离约为 5～50 km。

(3) 局域网 LAN，作用范围局限在较小的范围（如 1 km 左右）。

(4) 个人区域网 PAN，也常称为无线个人区域网 WPAN，其作用范围大约在 10 m 左右。

按照使用者来划分，有：

(1) 公用网，这是指电信公司（国有或私有）出资建造的大型网络。"公用"的意思就是所有愿意按电信公司的规定交纳费用的人都可以使用这种网络。因此公用网也可称为公众网。

(2) 专用网，这是某个部门为满足本部门的特殊业务工作的需要而建造的网络。这种网络不向本部门以外的人提供服务。例如，军队、铁路、电力、银行等系统均有本系统的专用网。

按照采用的交换技术来划分，有：

(1) 电路交换网。

(2) 分组交换网。

(3) 混合交换网。

还有一种网络叫作接入网（AN），用来把用户接入到互联网。接入网也叫作本地接入网。

**【1-09】** 计算机网络中的主干网和本地接入网的主要区别是什么？

**解答**：计算机网络中的主干网是计算机网络核心部分的重要组成部分。主干网是由许多高速通信链路组成的，因而能够迅速地传送数据。主干网中还有许多路由器，能够把分组一步一步地转发到正确的目的地。本地接入网的作用仅仅是把用户接入到互联网。当然，接入网应当使用户可以更快地通过计算机网络可靠地下载文件和上传数据。

【1-10】 试在下列条件下比较电路交换和分组交换。要传送的报文共 $x$ (bit)。从源点到终点共经过 $k$ 段链路，每段链路的传播时延为 $d$ (s)，数据率为 $b$ (bit/s)。在电路交换时电路的建立时间为 $s$ (s)。在分组交换时，分组长度为 $p$ (bit)，每个分组所必须添加的首部都很短，对分组的发送时延的影响在题中可以不考虑。此外，各节点的排队等待时间也可忽略不计。问在怎样的条件下，分组交换的时延比电路交换的要小？（提示：画一下草图观察 $k$ 段链路共有几个节点。）

**解答**：电路交换必须先建立连接，需要的时间是 $s$ 秒。

发送 $x$ 比特的报文所需的时间是报文长度除以数据率 $b$。因此发送时延是 $x/b$。

总的传播时延是链路数乘以每段链路的传播时延，即 $kd$。

因此，电路交换的时延由以上三项组成，即：$s + x/b + kd$。

分组交换时延的计算要稍微麻烦一点，见图 T-1-10。请注意，分组经过 $k$ 段链路，中间要经过 $k-1$ 个节点转发。

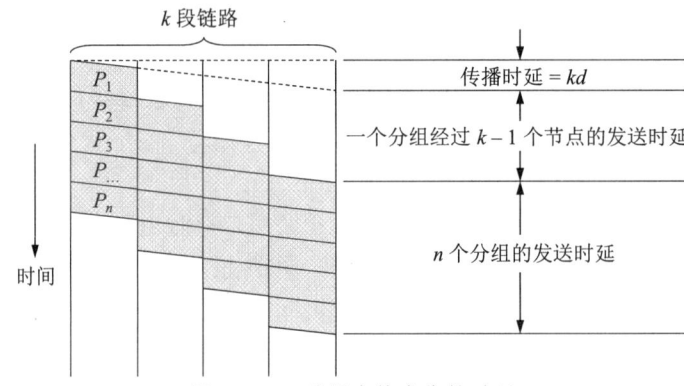

图 T-1-10　分组交换产生的时延

分组交换不需要先建立连接（这里假定了题目中的分组交换使用数据报传送。如果使用虚电路传送则需要先建立连接）。从图 T-1-10 的右边可看出，总时延由三部分组成。

先计算分组交换的传播时延，这和电路交换是一样的，也是 $kd$。

再计算 $n$ 个分组所需的发送时延，这需要知道报文 $x$ 一共划分为多少个分组。将报文长度 $x$ 除以一个分组的长度 $p$ 就得出分组的数目 $n$。在一般情况下，$x$ 除以 $p$ 所得到的商可能不是整数，因此要把得出的商的整数部分加 1 才是分组的数目 $n$。我们知道，符号 $\lceil a \rceil$ 表示 $a$ 的整数部分加 1，例如，$\lceil 3.02 \rceil = 4$。因此，分组的数目

$$n = \left\lceil \frac{x}{p} \right\rceil$$

这样，发送 $n$ 个分组所需的发送时延是：

$$\left\lceil \frac{x}{p} \right\rceil \cdot \frac{p}{b}$$

请注意，最后一个分组的长度一般会小于前面 n – 1 个分组的长度，而小多少我们也无从得知。这样，最后一个分组的发送时延就无法算出。于是，我们这里还需要再使用一个假定，即：所有分组的发送时延都是相同的。这就是认为所有的分组都是等长的。

从图 T-1-10 可以看出，总时延中还有一项，就是一个分组经过 k – 1 个节点的发送时延。当 k = 1 时，就没有这一项。

在一段链路上发送一个分组的发送时延是 p/b，(k – 1) 段链路的发送时延是 (k – 1)p/b，因此把以上三部分时延相加，就得出在分组交换情况下的总时延：

$$kd + \left\lceil \frac{x}{p} \right\rceil \cdot \frac{p}{b} + (k-1)\frac{p}{b}$$

分组交换时延较电路交换时延小的条件为：

$$kd + \left\lceil \frac{x}{p} \right\rceil \cdot \frac{p}{b} + (k-1)\frac{p}{b} < s + \frac{x}{b} + kd$$

当 $x \gg p$ 时，

$$\left\lceil \frac{x}{p} \right\rceil \approx \frac{x}{p}$$

得出分组交换时延较电路交换时延小的条件为：

$$(k-1)p/b < s$$

**【1-11】** 在上题的分组交换网中，设报文长度和分组长度分别为 $x$ 和 $(p + h)$ (bit)，其中 $p$ 为分组的数据部分的长度，而 $h$ 为每个分组所添加的首部长度，与 $p$ 的大小无关。通信的两端共经过 $k$ 段链路。链路的数据率为 $b$ (bit/s)，但传播时延和节点的排队时间均可忽略不计。若打算使总时延为最小，问分组的数据部分长度 $p$ 应取为多大？（提示：参考图 T-1-10，观察总的时延由哪几部分组成。）

**解答**：本题实际上是假定了整个报文恰好可以划分为 $x/p$ 个分组。

现在每一个分组的发送时延是 $(p+h)/b$，因此我们可以写出总时延 $D$ 的表达式：

$$D = \frac{x}{p}\frac{p+h}{b} + (k-1)\frac{p+h}{b} = \frac{x}{b} + (k-1)\frac{h}{b} + \frac{xh}{bp} + \frac{(k-1)p}{b}$$

为了计算 $D$ 的极值，求 $D$ 对 $p$ 的导数，令 $\dfrac{\mathrm{d}D}{\mathrm{d}p} = 0$，得出：

$$\frac{(k-1)}{b} - \frac{xh}{b}\frac{1}{p^2} = 0$$

解出

$$p = \sqrt{\frac{xh}{k-1}}$$

分组长度有一个最佳值的物理意义是这样的：

从 $D$ 的表达式可以看出，若分组很短，则该表达式右端第一项将增大。这表示分组数目很大会导致每个分组的控制信息所引起的时延增大。但若分组很长，则该表达式右端第二项将增大。因此，分组的长度不宜太短或太长。

【1-12】 互联网的两大组成部分（边缘部分与核心部分）的特点是什么？它们的工作方式各有什么特点？

**解答**：互联网的拓扑结构非常复杂，并且在地理上覆盖了全球，但从其工作方式上看，可以划分为以下两大块。

(1) 边缘部分：由所有连接在互联网上的主机组成。这部分是用户直接使用的，用来进行通信（传送数据、音频或视频）和资源共享。

(2) 核心部分：由大量网络和连接这些网络的路由器组成。这部分是为边缘部分提供服务的（提供连通性和交换）。

在网络边缘的端系统之间的通信方式通常可划分为两大类：客户-服务器方式（C/S 方式）和对等方式（P2P 方式）。这两种通信方式的区别见习题 1-13。

在网络核心部分起特殊作用的是路由器。路由器是实现分组交换的关键构件，如果没有路由器，再多的网络也无法构建成互联网。由此可以看出，互联网的核心部分的工作方式其实也就是路由器的工作方式。

路由器的任务是转发收到的分组。当路由器转发分组时，必须查找路由表。因此，互联网中的各路由器必须根据路由选择协议的规定相互交换路由信息，以便使路由表能够及时反映出网络拓扑的变化。

由此可见，互联网的核心部分的工作方式有两种：一种是路由器转发分组（这是直接为主机之间的通信服务的），另一种是路由器之间不断地交换路由信息（这是为了保证路由表的路由信息与网络的实际拓扑一致）。

【1-13】 客户-服务器方式与 P2P 对等通信方式的主要区别是什么？有没有相同的地方？

**解答**：客户-服务器方式所描述的是进程之间服务和被服务的关系。客户是服务请求方，服务器是服务提供方。服务请求方和服务提供方都要使用网络核心部分所提供的服务。

客户程序被用户调用后运行，在通信时主动向远地服务器发起通信（请求服务）。因此，客户程序必须知道服务器程序的地址。客户程序不需要特殊的硬件和很复杂的操作系统。服务器程序是一种专门用来提供某种服务的程序，可同时处理多个远地或本地客户的请求。服务器程序在系统启动后即自动调用并一直不断地运行着，被动地等待并接收来自各地的客户的通信请求。因此，服务器程序不需要知道客户程序的地址，并且一般需要有强大的硬件和高级的操作系统支持。

客户与服务器的通信关系建立后，通信可以是双向的，客户和服务器都可发送和接收数据。

对等连接（或 P2P 方式）是指两个主机在通信时并不区分哪一个是服务请求方哪一个是服务提供方。只要两个主机都运行了对等连接软件（P2P 软件），它们就可以进行平等的对等连接通信。

实际上，对等连接方式从本质上看仍然使用客户-服务器方式，只是对等连接中的每一个主机既是客户又是服务器。

【1-14】 计算机网络有哪些常用的性能指标？

**解答**：计算机网络常用的性能指标如下。

(1) 速率：指的是连接在计算机网络上的主机在数字信道上传送数据的速率，也称为数据率或比特率。

(2) 带宽：用来表示网络的通信线路传送数据的能力，网络带宽表示在单位时间内（一般是每秒钟）从网络中的某一点到另一点所能通过的"最高数据率"。

(3) 吞吐量：表示在单位时间内（一般是每秒钟）通过某个网络（或信道、接口）的数据量。

(4) 时延：指数据（一个报文或分组，甚至比特）从网络（或链路）的一端传送到另一端所需的时间。时延包括发送时延、传播时延、处理时延和排队时延等。

(5) 时延带宽积：是传播时延(s)和带宽(bit/s)的乘积。链路的时延带宽积又称为以比特为单位的链路长度。

(6) 往返时间：表示从发送方发送数据开始，到发送方收到来自接收方的确认（接收方收到数据后便立即发送确认），总共经历的时间。有时，往返时间还包括网络各中间节点的处理时延、排队时延以及转发数据时的发送时延。

(7) 利用率：分信道利用率和网络利用率两种。信道利用率指出某信道有百分之几的时间是被利用的（有数据通过）。完全空闲的信道的利用率是零。网络利用率则是全网络的信道利用率的加权平均值。

【1-15】 假定网络的利用率达到了 90%。试估算一下现在的网络时延是它的最小值的多少倍？

**解答**：根据教材中的公式(1-5)，$D/D_0 = 1/(1 - U) = 1/0.1 = 10$

现在的网络时延是最小值的 10 倍。

【1-16】 计算机通信网有哪些非性能特征？非性能特征与性能指标有什么区别？

**解答**：计算机通信网的非性能特征有以下一些：

(1) 费用
(2) 质量
(3) 标准化
(4) 可靠性
(5) 可扩展性和可升级性
(6) 易于管理和维护

非性能特征与性能指标的主要区别就是：性能指标是直接反映网络性能的，而非性能指标则不是网络所特有的指标。例如，非性能特征中的费用，在所有的工程项目中都存在费用的问题。所以费用不能说是网络的性能指标。然而一般说来，网络的速率越高，其价格也越高。当我们要求网络的速率非常高时，其费用就可能达到我们不能承受的数值，而且使我们无法实现这样的性能。也就是说，有时网络的非性能特征能够制约网络性能指标的实现。再例如，某个网络的性能指标都很不错，但很不便于管理和维护，那么这种网络可能就不宜选用。

**【1-17】** 收发两端之间的传输距离为 1000 km，信号在媒体上的传播速率为 $2 \times 10^8$ m/s。试计算以下两种情况的发送时延和传播时延：

(1) 数据长度为 $10^7$ bit，数据发送速率为 100 kbit/s
(2) 数据长度为 $10^3$ bit，数据发送速率为 1 Gbit/s。

从以上计算结果可得出什么结论？

**解答**：两种情况分别计算如下：

(1) 发送时延为 $10^7$ bit / (100 kbit/s) = 100 s，
   传播时延为 $10^6$ m / ($2\times10^8$ m/s) = 5 ms。
   发送时延远大于传播时延。

(2) 发送时延为 $10^3$ bit / (1 Gbit/s) = 1 μs，
   传播时延为 5 ms。
   发送时延远小于传播时延。

若数据长度大而发送速率低，则在总的时延中，发送时延往往大于传播时延。但若数据长度短而发送速率高，则传播时延又可能是总时延中的主要成分。

**【1-18】** 假设信号在媒体上的传播速率为 $2.3 \times 10^8$ m/s。媒体长度 $l$ 分别为：

(1) 10 cm（网络接口卡）
(2) 100 m（局域网）
(3) 100 km（城域网）
(4) 5000 km（广域网）

现在连续传送数据，数据率分别为 1 Mbit/s 和 10 Gbit/s。试计算每一种情况下在媒体中的比特数。（提示：媒体中的比特数实际上无法使用仪表测量。本题是假想我们能够看见媒体中正在传播的比特，能够给媒体中的比特拍个快照。媒体中的比特数取决于媒体的长度和数据率。）

**解答**：计算步骤如下：

先计算 10 cm （即 0.1 m）的媒体上信号的传播时延：
0.1 m / ($2.3 \times 10^8$ m/s) = $4.3478 \times 10^{-10}$ s ≈ $4.35 \times 10^{-10}$ s

再计算 10 cm 线路上正在传播的比特数：

1 Mbit/s 数据率时为：1 Mbit/s × $4.35 \times 10^{-10}$ s = $4.35 \times 10^{-4}$ bit

读者应正确理解在线路上只有 0.000435 个比特到底是什么意思。

10 Gbit/s 数据率时为：10 Gbit/s × $4.35 \times 10^{-10}$ s = 4.35 bit

对于后面的几种情况，计算方法都是一样的。把计算结果填入表 T-1-18 中。

表 T-1-18 计算结果

| | 媒体长度 $l$ | 传播时延 | 媒体中的比特数 | |
|---|---|---|---|---|
| | | | 数据率 = 1 Mbit/s | 数据率 = 10 Gbit/s |
| (1) | 0.1 m | $4.35\times10^{-10}$ s | $4.35\times10^{-4}$ | 4.35 |
| (2) | 100 m | $4.35\times10^{-7}$ s | 0.435 | $4.35\times10^3$ |
| (3) | 100 km | $4.35\times10^{-4}$ s | $4.35\times10^2$ | $4.35\times10^6$ |
| (4) | 5000 km | 0.0217 s | $2.17\times10^4$ | $2.17\times10^8$ |

【1-19】 长度为 100 字节的应用层数据交给运输层传送，需加上 20 字节的 TCP 首部。再交给网络层传送,需加上 20 字节的 IP 首部。最后交给数据链路层的以太网传送，加上首部和尾部共 18 字节。试求数据的传输效率。数据的传输效率是指发送的应用层数据除以所发送的总数据（即应用数据加上各种首部和尾部的额外开销）。若应用层数据长度为 1000 字节，数据的传输效率是多少？

解答：数据长度为 100 B（B 表示字节）时，以太网的帧长为：100 + 20 +20 +18 = 158 B

数据传输效率 = 100 B / (158 B) = 63.29% ≅ 63.3%

数据长度为 1000 B 时，以太网的帧长为：1000 + 20 +20 +18 = 1058 B

传输效率 = 1000 B / (1058 B) = 94.52% ≈ 94.5%。传输效率明显提高了。

【1-20】 网络体系结构为什么要采用分层次的结构？试举出一些与分层体系结构的思想相似的日常生活的例子。

解答：网络体系结构采用分层次的结构，是因为"分层"可以把庞大而复杂的问题转化为若干较小的局部问题，而这些较小的局部问题比较易于研究和处理。

在日常生活中，经常会遇到与分层体系结构的思想相似的情况。例如，A 有一个急件要尽快地交付到远地（例如，在美国）的友人 B。如果 A 自己买机票亲自送去，那么这就是一个不分层的交付。

但是，我们可以请快递公司帮我们做这件事。这样就有了两个层次，如图 T-1-20(a)所示。

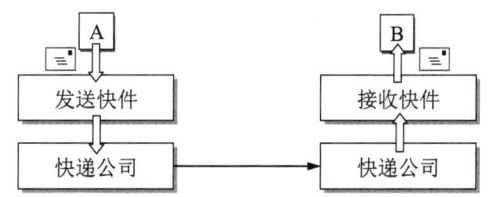

图 T-1-20(a)　两个层次的快件传送

像这样的层次划分方法并不是唯一的。我们还可以把快递公司这一层再划分得细一些。例如，快递公司可以雇用业务员到发件人 A 的家中收取快件，然后汇总起来交给运输部门。运输部门把快件运送到终点。快递公司同样雇用业务员把快件送到收件人 B 的家中。这种层次的划分对顾客来说完全是透明的。发件人 A 把快件交给快递公司的业务员以后，就不用管快递公司内部的事了。A 就把业务员看成是快递公司。图 T-1-20(b)表示了这种情况。

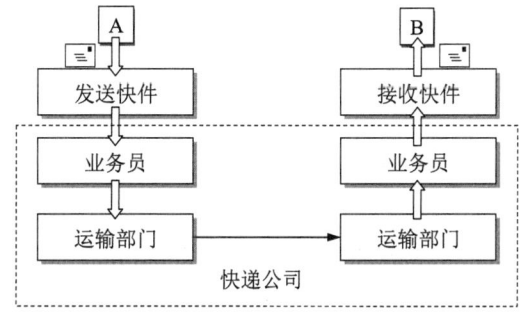

图 T-1-20(b)　三个层次的快件传送

实际上，快递公司还可以继续划分自己公司的层次。更重要的是，快递公司可以使用非本公司的运输工具。也就是说，把快件的运输交给其他公司来承担。而这一点，对用户 A 和 B 来说，都是透明的。用户 A 和 B 并不知道快件是由哪个运输部门传送的（也不必要知道）。这就是分层带来的好处。

总之，划分层次可以把复杂的问题划分成多个比较简单的较小的问题。这样做实现起来比较方便，也比较容易分工协作。

【1-21】 协议与服务有何区别？有何关系？

**解答**：为进行网络中的数据交换而建立的规则、标准或约定称为网络协议，简称为协议。网络协议是计算机网络不可缺少的组成部分。

协议是控制两个对等实体（或多个实体）进行通信的规则的集合。协议的语法方面的规则定义了所交换的信息的格式，而协议的语义方面的规则定义了发送者或接收者所要完成的操作。

在协议的控制下，两个对等实体间的通信使得本层能够向上一层提供服务。要实现本层协议，还需要使用下面一层所提供的服务。

协议和服务在概念上是很不一样的。

首先，协议的实现保证了能够向上一层提供服务。使用本层服务的实体只能看见服务而无法看见下面的协议。下面的协议对上面的实体是透明的。

其次，协议是"水平的"，即协议是控制对等实体之间通信的规则。但服务是"垂直的"，即服务是由下层向上层通过层间接口提供的。另外，并非在一个层内完成的全部功能都称为服务，只有那些能够被高一层实体"看得见"的功能才能称为"服务"。

【1-22】 网络协议的三个要素是什么？各有什么含义？

**解答**：网络协议主要由以下三个要素组成：
(1) 语法，即数据与控制信息的结构或格式。
(2) 语义，即需要发出何种控制信息，完成何种动作以及做出何种响应。
(3) 同步，即事件实现顺序的详细说明。

【1-23】 为什么一个网络协议必须把各种不利的情况都考虑到？

**解答**：如果一个网络协议只考虑了一些正常的、有利的情况，那么当各种情况都很正常时，这种协议当然能够顺利地工作。但是，情况不可能永远都是正常的，总有一些时候会出现异常情况。我们知道，出现异常情况的概率一般是不大的，但这并非绝对不可能出现。因此，如果网络协议没有考虑到一些不利情况（这些当然都是小概率事件），那么一旦这些不利情况出现，协议就会失败。

【1-24】 试述具有五层协议的网络体系结构的要点，包括各层的主要功能。

**解答**：我们知道，OSI 的体系结构是七层协议。TCP/IP 的体系结构是四层协议，而真正有具体内容的只是上面三层。在学习计算机网络的原理时往往采取折中的办法，即综合 OSI 和 TCP/IP 的优点，采用一种有五层协议的体系结构。图 T-1-24 给出了五层协议的结构。

图 T-1-24 五层协议的结构

这五层协议的主要功能如下。

(1) 物理层——在物理层上所传数据的单位是比特（bit）。物理层的任务就是透明地传送比特流。物理层还要确定连接电缆的插头应当有多少根引脚以及各条引脚应如何连接。当然，哪几个比特代表什么意思，则不是物理层所要管的。请注意，传递信息所利用的一些物理媒体，如双绞线、同轴电缆、光缆、无线信道等，并不在物理层协议之内而是在物理层协议的下面。因此也有人把物理媒体当作第 0 层。

(2) 数据链路层——常简称为链路层。在两个相邻节点之间（主机和路由器之间或两个路由器之间）传送数据是直接传送的（即不需要经过转发的点对点通信）。这时就需要使用专门的链路层的协议。数据链路层将网络层交下来的 IP 数据报组装成帧，在两个相邻节点间的链路上"透明"地传送帧中的数据。每一帧包括数据和必要的控制信息（如同步信息、地址信息、差错控制等）。

在接收数据时，控制信息使接收端能够知道一个帧从哪个比特开始和到哪个比特结束。这样，数据链路层在收到一个帧后，就可从中提取出数据部分，上交给网络层。

控制信息还使接收端能够检测到所收到的帧中有无差错。如发现有差错，数据链路层就简单地丢弃这个出了差错的帧，以免继续传送下去白白浪费网络资源。如果需要改正错误，就由运输层的 TCP 协议来完成。

(3) 网络层——网络层负责为分组交换网上的不同主机提供通信服务。在发送数据时，网络层把运输层产生的报文段或用户数据报封装成分组或包进行传送。在 TCP/IP 体系中，由于网络层使用 IP 协议，因此分组也叫作 IP 数据报，简称为数据报。

网络层的另一个任务就是选择合适的路由，使源主机运输层所传下来的分组能够通过网络中的路由器找到目的主机。

对于由广播信道构成的分组交换网，路由选择的问题很简单，因此这种网络的网络层非常简单，甚至可以没有。

(4) 运输层——运输层的任务就是向两个主机中进程之间的通信提供服务。由于一个主机可同时运行多个进程，因此运输层有复用和分用的功能。复用就是多个应用层进程同时使用下面运输层的服务，分用则是运输层把收到的信息分别交付上面应用层中相应的进程。

运输层主要使用以下两种协议：一个是传输控制协议 TCP，是面向连接的，数据传输的单位是报文段，能够提供可靠的交付。另一个是用户数据报协议 UDP，是无连接的，数据传输的单位是用户数据报，不保证提供可靠的交付，只能提供"尽最大努力交付"。

(5) 应用层——应用层是体系结构中的最高层。应用层直接为用户的应用进程提供服务。这里的进程就是指正在运行的程序。互联网中的应用层协议很多，如支持万维网应用的 HTTP 协议、支持电子邮件的 SMTP 协议、支持文件传送的 FTP 协议，等等。

【1-25】 试举出日常生活中有关"透明"这一名词的例子。

**解答**："透明"表示：某一个实际存在的事物看起来却好像不存在一样（例如，你看不见在你前面有100%透明的玻璃存在）。"在数据链路层透明传送数据"表示无论什么样的比特组合的数据都能够通过这个数据链路层。因此，对所传送的数据来说，这些数据就"看不见"数据链路层。或者说，数据链路层对这些数据来说是透明的。

在日常生活中，打电话就是一种透明传输。假定 A 和 B 通电话。A 说，B 听。A 所发送的所有话音信号，都能够通过电话传输系统传送到 B。只要是符合电话传输标准的电话系统，B 都能听清楚 A 所说的话。

又如，银行给储户的利息是非常透明的。这就是说，根据银行的公告，储户就能够很准确地知道自己将能够获得多少利息（取决于储户存款的种类和期限）。但银行如何处理储户的存款（贷款给什么人？投资到什么地方去？），则对储户是不透明的，即储户看不见这些信息，好像被什么东西挡住了。

【1-26】 试解释以下名词：协议栈、实体、对等层、协议数据单元、服务访问点、客户、服务器、客户-服务器方式。

**解答**：各名词含义如下。

**协议栈**：由于计算机网络的体系结构采用了分层结构，因此不论是在主机中还是在路由器中协议都有好几层。这些一层一层的协议画起来很像堆栈的结构，因此就把这些协议层称为协议栈。

**实体**：表示任何可发送或接收信息的硬件或软件进程。在许多情况下，实体就是一个特定的软件模块。

**对等层**：在网络体系结构中，通信双方实现同样功能的层。例如，A 向 B 发送数据，那么 A 的第 $n$ 层和 B 的第 $n$ 层就构成了对等层。

**协议数据单元**：通常记为 PDU，它是对等实体之间进行信息交换的数据单元。

**服务访问点**：通常记为 SAP，在同一系统中相邻两层的实体进行交互(即交换信息)的地方，通常称为服务访问点。

**客户**：在计算机网络中进行通信的应用进程中的服务请求方。

**服务器**：在计算机网络中进行通信的应用进程中的服务提供方。但在很多情况下，服务器也常指运行服务器程序的机器。

**客户-服务器方式**：这种方式所描述的是进程之间服务的请求方和服务的提供方的关系。服务的请求方是主动进行通信的一方，而服务器是被动接受通信的一方。系统启动后即自动调用服务器程序，并一直不断地运行着，被动地等待并接收来自各地的客户的通信请求。客户与服务器的通信关系建立后，通信可以是双向的，客户和服务器都可发送和接收数据。关于客户-服务器方式更详细的解释，见前面的 1-13 题。

【1-27】 试解释 everything over IP 和 IP over everything 的含义。

**解答**：TCP/IP 协议可以为各式各样的应用提供服务。从协议栈来看，在 IP 层上面可以有很多应用程序。这就是 everything over IP。

另一方面，TCP/IP 协议也允许 IP 协议在各式各样的网络构成的互联网上运行。在 IP 层以上看不见下层究竟是什么样的物理网络。这就是 IP over everything。

**【1-28】** 假定要在网络上传送 1.5 MB 的文件。设分组长度为 1 KB，往返时间 RTT = 80 ms。传送数据之前还需要有建立 TCP 连接的时间，这时间是 $2 \times$ RTT = 160 ms。试计算在以下几种情况下接收方收完该文件的最后一个比特所需的时间。

(1) 数据发送速率为 10 Mbit/s，数据分组可以连续发送。

(2) 数据发送速率为 10 Mbit/s，但每发送完一个分组后要等待一个 RTT 时间才能再发送下一个分组。

(3) 数据发送速率极快，可以不考虑发送数据所需的时间。但规定在每一个 RTT 往返时间内只能发送 20 个分组。

(4) 数据发送速率极快，可以不考虑发送数据所需的时间。但在第 1 个 RTT 往返时间内只能发送 1 个分组，在第 2 个 RTT 内可发送 2 个分组，在第 3 个 RTT 内可发送 4 个分组（即 $2^{3-1} = 2^2 = 4$ 个分组）（这种发送方式见教材第 5 章"TCP 的拥塞控制"部分）。

**解答**：题目的已知条件中的 M = $2^{20}$ = 1048576，K = $2^{10}$ = 1024。

(1) 1.5 MB = $1.5 \times 1048576$ B = $1.5 \times 1048576 \times 8$ bit = 12582912 bit。

发送这些比特所需时间 = $12582912 / 10^7$ = 1.258 s

最后一个分组的传播时间还需要 $0.5 \times$ RTT = 40 ms。

总共需要的时间 = $2 \times$ RTT + $1.258 + 0.5 \times$ RTT = $0.16 + 1.258 + 0.04 = 1.458$ s。

(2) 需要划分的分组数 = 1.5 MB / 1 KB = 1536。

第一个分组以后的 1535 个分组需要等待的时间是：$1535 \times$ RTT = $1535 \times 0.08 = 122.8$ s。

因此本题总共需要的时间 = $1.458 + 122.8 = 124.258$ s。

(3) 在每一个 RTT 往返时间内只能发送 20 个分组。1536 个分组，需要 76 个 RTT（76 个 RTT 可以发送 $76 \times 20 = 1520$ 个分组），最后剩下 16 个分组，一次发送完。但最后一次发送的分组到达接收方也需要 $0.5 \times$ RTT。

因此，总共需要的时间 = $76.5 \times$ RTT + $2 \times$ RTT = $6.12 + 0.16 = 6.28$ s。

(4) 在两个 RTT 后就开始传送数据。1.5 MB 共需 1536 个分组来传送。

经过 $n$ 个 RTT，发送了 $1 + 2 + 4 + \ldots + 2^{n-1} = 2^n - 1$ 个分组。

若 $n = 10$，那么只发送了 $2^{10} - 1 = 1023$ 个分组。可见 10 个 RTT 不够。

若 $n = 11$，那么可发送 $2^{11} - 1 = 2047$ 个分组。可见剩下的分组（513 个分组）都可以在 $0.5 \times$ RTT 的时间内到达接收方。

因此，接收方收到该文件最后一个比特所需的时间= $(2 + 10 + 0.5) \times$ RTT = $12.5 \times 0.08 = 1$ s。

**【1-29】** 有一个点对点链路，长度为 50 km。若数据在此链路上的传播速率为 $2 \times 10^8$ m/s，试问链路的带宽应为多少才能使传播时延和发送 100 字节的分组的发送时延一样大？如果发送的是 512 字节长的分组，结果又应如何？

**解答**：整条链路的传播时延是 50 km / ($2 \times 10^8$ m/s) = 250 μs。

如果在 250 μs 把 100 字节发送完，则发送速率应为 800 bit / (250 μs) = 3.2 Mbit/s。这也是链路带宽应有的数值。

如果改为发送 512 字节的分组，则发送速率应为 $512 \times 8$ bit / (250 μs) = 16.38 Mbit/s。这也是链路带宽应有的数值。

【1-30】 有一个点对点链路，长度为 20000 km。数据的发送速率是 1 kbit/s，要发送的数据有 100 bit。数据在此链路上的传播速度为 $2 \times 10^8$ m/s。假定我们可以看见在线路上传输的比特，试画出我们看到的线路上的比特（画两张图，一张是在 100 bit 刚刚发送完时，另一张是再经过 0.05 s 后）。

**解答**：100 bit 的发送时间 = 100 bit / (1000 bit/s) = 0.1 s。

如图 T-1-30 所示，0.1 秒的时间可以传播 20000 km，正好是线路的长度。因此，当发送的第一个比特到达终点时，发送方也正好把 100 bit 发送完毕，整个线路上都充满了所传输的 100 bit。

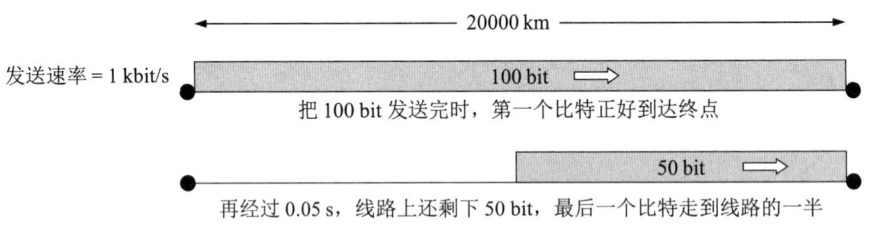

图 T-1-30 在 20000 km 长的线路上"看见"的比特，发送速率为 1 kbit/s

再经过 0.05 s 后，所有的比特都向前走了 10000 km。这就是说，发送的前 50 bit 已经到达终点了，剩下的 50 bit 还在线路上传播。最后一个比特正好走了一半（10000 km），在线路的正中间。

【1-31】 条件同上题，但数据的发送速率改为 1 Mbit/s。和上题的结果相比较，你可以得出什么结论？

**解答**：100 bit 的发送时间 = 100 bit / (1000000 bit/s) = 0.0001 s，只有上一题的千分之一。

如图 T-1-31 所示，0.0001 秒的时间可以传播 20 km，只有线路长度的千分之一。因此现在整个 100 bit 都在线路靠发送端的位置（图没有按比例画）。

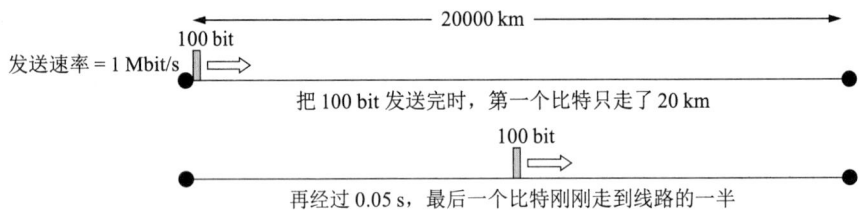

图 T-1-31 在 20000 km 长的线路上"看见"的比特，发送速率为 1 Mbit/s

再经过 0.05 s 后，所有的比特都向前走了 10000 km。这时，整个 100 bit 都在线路上传播。最后一个比特正好走了一半（10000 km），在线路的正中间。

和上题相比较，我们可以看出，同样是在一条线路上传送 100 bit 的数据，在较低速的线路上（例如，1 kbit/s 的发送速率），100 bit 的数据看起来像是"数据流"，而在较高速的线路上（例如，1 Mbit/s 的发送速率），100 bit 的数据看起来像是"小分组"。

【1-32】 以 1 Gbit/s 的速率发送数据。试问在以距离或时间为横坐标时，一个比特的宽度分别是多少？

**解答**：当我们在某一个位置上观察信号随时间的变化规律时，我们往往需要以时间为横坐标来看信号的变化。当以 1 Gbit/s 的速率发送数据时，每一个比特的持续时间是 $10^{-9}$ s，也就是 0.001 μs = 1 ns（ns 表示纳秒，即 $10^{-9}$ s）。因此，在以时间为横坐标的图上，每一个比特的宽度是 1 ns（见图 T-1-32 上面的一个）。

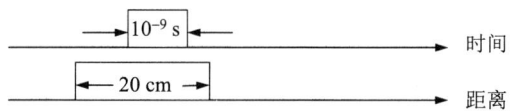

图 T-1-32 以时间或距离为横坐标时，一个比特的宽度

现在看以时间为横坐标的情况。

假定信号在线路上的传播速度是 $2 \times 10^8$ m/s（即 2/3 的光速），那么在一个比特时间内（即 $10^{-9}$ s）信号可以前进 20 cm。图 T-1-32 中下面的一个即表示这种情况——当时间为某一数值时信号在线路上的"快照"。请注意，这两种表示信号的方法都很有用，但这两个横坐标的量纲不同，我们不能说哪一个信号更宽一些或更窄一些。这样相比是没有意义的。

【1-33】 我们在互联网上传送数据经常是从某个源点传送到某个终点，而并非传送过去又再传送回来。那么为什么往返时间 RTT 是个很重要的性能指标呢？

**解答**：我们在传送数据时，经常要使用 TCP 协议。TCP 连接的建立需要消耗时间，这与 RTT 有密切关系（在教材第 5 章中有详细讲述）。在传输数据时也常常需要对方的确认。在发送数据后要经过多少时间才能收到对方的确认，这也取决于往返时间 RTT 的大小。

另外，在计算吞吐率时，有时也要考虑到往返时间 RTT。例如，一个 $10^6$ 字节的文件在 1 Gbit/s 的发送速率下，发送只需要 8 ms。但如果我们通过网络向远方某个主机请求把这样大的文件发送过来，RTT = 100 ms，那么总共需要的时间至少为 100 + 8 = 108 ms，是原来发送时间的十几倍。

【1-34】 主机 A 向主机 B 发送一个长度为 $10^7$ 比特的报文，中间要经过两个节点交换机，即一共经过三段链路。设每段链路的传输速率为 2 Mbit/s。忽略所有的传播、处理和排队时延。

(1) 如果采用报文交换，即整个报文不分段，每台节点交换机收到整个的报文后再转发。问从主机 A 把报文传送到第一个节点交换机需要多少时间？从主机 A 把报文传送到主机 B 需要多少时间？

(2) 如果采用分组交换。报文被划分为 1000 个等长的分组（这里忽略分组首部对本题计算的影响），并连续发送。节点交换机能够边接收边发。问从主机 A 把第一个分组传送到第一个节点交换机需要多少时间？从主机 A 把第一个分组传送到主机 B 需要多少时间？从主机 A 把 1000 个分组传送到主机 B 需要多少时间？

(3) 就一般情况而言，比较用整个报文来传送和划分多个分组传送的优缺点。

**解答**：(1) A 把报文传送到第一个节点交换机需要的时间 = $10^7 \div (2 \times 10^6)$ = 5 s。
主机 A 把报文传送到主机 B 要经过 3 段链路，因此需要 3 × 5 = 15s。

(2) 报文被划分为 1000 个分组，每个分组的长度为 10000 bit。

A 发送一个分组所需的时间 $= 10^4 \div (2 \times 10^6) = 0.005$s。这也是 A 把第一个分组传送到第一个节点交换机需要的时间。

A 把第一个分组传送到 B 需要的时间 $= 3 \times 0.005 = 0.015$s。

A 把 1000 个分组传送到 B 需要的时间 $= 0.015 + 999 \times 0.005 = 5.01$s。

(3) 一般来讲，使用分组传送会更快些。如果整个报文存储转发，只要其中有一个比特出错，整个报文就必须重传，这很浪费网络资源。使用分组交换，只需要重传出了差错的那个分组即可。在复杂的网络中，使用分组交换还可以使有些分组通过不太拥塞的路径传送，这就加快了数据的传输。但在使用分组交换时，在目的主机所收到的分组中，只要缺少了一个，就无法重装成原来的报文，这就使所收到的分组都没有用处。此外，分组首部造成的开销有时并不能忽略不计。

【1-35】 主机 A 向 B 连续传送一个 600000 bit 的文件。A 和 B 之间有一条带宽为 1 Mbit/s 的链路相连，距离为 5000 km，在此链路上的传播速率为 $2.5 \times 10^8$ m/s。

(1) 链路上的比特数目的最大值是多少？
(2) 链路上每比特的宽度（以米来计算）是多少？
(3) 若想把链路上每比特的宽度变为 5000 km（即整条链路的长度），这时应把发送速率调整到什么数值？

**解答**：(1) 传播时延 = 链路长度 ÷ 传播速率 $= 5 \times 10^6$ m $\div 2.5 \times 10^8$ m/s $= 0.02$s。

时延带宽积 $= 0.02$s $\times 10^6$ bit/s $= 2 \times 10^4$ bit。

由于文件长度大于这个时延带宽积，因此链路上的比特数目的最大值是 $2 \times 10^4$ bit。

如果文件长度只有 2000 bit，那么链路上的比特数目的最大值就是 2000 bit。

(2) 链路上每比特的宽度 = 传播速率 ÷ 发送速率 = 传播速率 ÷ 链路带宽
$$= 2.5 \times 10^8 \text{ m/s} \div 10^6 \text{ bit/s} = 250 \text{ m/bit}，$$

即每比特的宽度为 250 m。

(3) 发送速率 = 传播速率 ÷ 链路上每比特的宽度
$$= 2.5 \times 10^8 \text{ m/s} \div 5 \times 10^6 \text{ m/bit} = 50 \text{ bit/s}。$$

当发送速率调整为 50 bit/s 时，链路上每比特的宽度正好等于 5000 km。

【1-36】 主机 A 到主机 B 的路径上有三段链路，其速率分别为 2 Mbit/s，1 Mbit/s 和 500 kbit/s。现在 A 向 B 发送一个大文件。试计算该文件传送的吞吐量。设文件长度为 10 MB，而网络上没有其他的流量。试问该文件从 A 传送到 B 大约需要多少时间？为什么这里只是计算大约的时间？

**解答**：文件传送的吞吐量由瓶颈链路决定。因此吞吐量是 500 kbit/s。

文件长度为 10 MB。但文件长度的 M 不是 $10^6$ 而是 $2^{20}$。1 B = 8 bit。因此文件长度为 $10 \times 8 \times 2^{20}$ bit = 83886080 bit。

文件传送时间 = 文件长度 ÷ 吞吐量 = 83886080 ÷ 500 kbit/s = 167.77 s，即约为 168 s。

这就是大约的传送时间，因为有很多细节都没有考虑，如划分为多大的分组、每个分组首部的开销，在链路上的传播时延，在每个节点的处理时延和排队时延，等等。

# 第 2 章 物 理 层

## 常见问题索引

问题 2-1. "规程""协议"和"规约"都有何区别？
问题 2-2. 在许多文献中经常见到人们将"模拟"与"仿真"作为同义语。那么，"模拟信道"能否说成是"仿真信道"？
问题 2-3. 为什么电话信道的标准带宽是 3.1 kHz？
问题 2-4. 奈氏准则和香农公式的主要区别是什么？这两个公式对数据通信的意义是什么？
问题 2-5. 传输媒体是物理层吗？传输媒体和物理层的主要区别是什么？
问题 2-6. 同步(synchronous)和异步(asynchronous)的区别是什么？
问题 2-7. 同步通信和异步通信的区别是什么？
问题 2-8. 位同步（比特同步）和帧同步的区别是什么？
问题 2-9. 既然有密集波分复用 DWDM，那么有没有非密集的波分复用呢？
问题 2-10. 能否简单说明一下码元和比特的区别？
问题 2-11. 在讨论调制的信号时，常见到星座图这一名词。请用星座图说明几种常用的调制方式。

## 常见问题与解答

**问题 2-1.** "规程""协议"和"规约"都有何区别？

**解答**：在数据通信的早期，对通信所使用的各种规则都称为"**规程**"(procedure)。后来具有体系结构的计算机网络开始使用"**协议**"(protocol)这一名词。以前的"规程"其实就是"协议"，但由于习惯，对以前制定好的规程有时仍用旧的名称"规程"。

"规约"则是另一个名词。根据《现代汉语辞典》，"**规约**"是：经过相互协议规定下来的共同遵守的条款。因此按这种解释，"规约"和"协议"应当是可以混用的。但是，在全国自然科学名词审定委员会公布的《计算机科学技术名词》中已经明确规定了：

protocol 的标准译名是"协议"。

specification 的标准译名是"规约"，又称"规格说明"（这里的"又称"是"不推荐用名"）。

因此最好不要用"规约"来表示 protocol。

在《计算机科学技术名词》中，procedure 的标准译名是"规程"。

**问题 2-2.** 在许多文献中经常见到人们将"模拟"与"仿真"作为同义语。那么,"模拟信道"能否说成是"仿真信道"?

**解答**:在《计算机科学技术名词》中规定了:

"**仿真**"对应的英文名词是"emulation"和"simulation"。

"**模拟**"对应的英文名词是"simulation"和"analogy"。

可见,在计算机仿真领域里,"仿真"和"模拟"是同义语。

但是,"模拟"却对应了两个不同的英文名词。所以,见到"模拟"二字还不能立即确定它的意思是"simulation"还是"analogy",必须看上下文。

"**模拟信道**"(analog channel)是和"**数字信道**"(digital channel)相比较而言的。因此,将这里的"模拟信道"说成是"仿真信道"是不可以的。

**问题 2-3.** 为什么电话信道的标准带宽是 3.1 kHz?

**解答**:人耳所能够听到的声音范围约在 16～20000 Hz 之间(实际上,很多人能够听到的声音范围只有 20～16000 Hz,甚至还小于这个范围)。经过实际测量,发现只要保留话音频谱中 300～3400 Hz 这段较窄范围内的声音(即切除频率在 300 Hz 以下和 3400 Hz 以上的声音信号),仍可以相当清晰地听清楚话音信号(完全可辨别是哪一个人的说话声音)。这就是说,反映话音主要特征的能量集中在 300～3400 Hz 这一范围内。于是人们就将电话信道的标准带宽定为 3400 Hz – 300 Hz = 3100 Hz。

在传输电话信号时由于只需传输 3100 Hz 的信号,可节省很多传输带宽,使得同一个传输媒体可以同时传输更多路数的电话信号。由于过去的电话传输都采用频分复用,为了使每一路电话信号不干扰相邻的话路,在每一路电话信号的频谱两侧要留有几百赫兹的保护带宽。因此实际上每一个话路占用的标准带宽是 4000 Hz,即 4 kHz。这样,我们可能见到关于电话带宽的两种说法,即 3.1 kHz 和 4 kHz。这两种说法实质上是一样的,即一个不包含保护带宽而另一个包含保护带宽。为了便于讨论问题,"4 kHz 带宽"这种说法使用得非常广泛。

必须指出,上述规定用在早期电路交换的模拟通信系统中。现在流行的 4G 无线移动通信系统采用全分组交换的 IP 网络,已经没有原来模拟通信系统中采用的"标准话路带宽"的概念了。4G LTE 所使用的 VoLTE 话音信号已全部数字化,其相应的频率范围是 50～7000 Hz,话音质量已超过传统的模拟电话。

**问题 2-4.** 奈氏准则和香农公式的主要区别是什么?这两个公式对数据通信的意义是什么?

**解答**:**奈氏准则**指出,码元传输的速率是受限的,不能任意提高,否则在接收端就无法正确判定码元是 1 还是 0(因为有码元之间的相互干扰)。

奈氏准则是在理想条件下推导出的。在实际条件下,最高码元传输速率要比理想条件下得出的数值还要小些。电信工程技术人员的任务就是在实际条件下,寻找出较好的传输码元波形,将比特转换为较为合适的传输信号。

需要注意的是,奈氏准则并没有对**信息传输速率**(bit/s)给出限制。要提高信息传输速率就必须使每一个传输的码元能够代表许多个比特的**信息**。这就需要有很好的编码技术。

**香农公式**给出了信息传输速率的极限,即对于一定的传输带宽(以赫兹为单位)和一定的信噪比，信息传输速率的上限就确定了。这个极限是不能够突破的。要想提高信息传输速率，或者必须设法提高传输线路的带宽，或者必须设法提高所传信号的信噪比，此外没有其他任何办法。至少到现在为止，还没有听说有谁能够突破香农公式给出的信息传输速率的极限。

香农公式告诉我们，若要得到无限大的信息传输速率，只有两个办法：要么使用无限大的传输带宽（这显然不可能），要么使信号的信噪比为无限大，即采用没有噪声的传输信道或使用无限大的发送功率（当然这些也都是不可能的）。

**问题 2-5.** 传输媒体是物理层吗？传输媒体和物理层的主要区别是什么？

**解答：传输媒体并不是物理层**。传输媒体在物理层的下面。由于物理层是体系结构的第一层，因此有时称传输媒体为 0 层。在传输媒体中传输的是信号，但传输媒体并不知道所传输的信号代表什么意思。也就是说，传输媒体不知道所传输的信号什么时候是 1 什么时候是 0。但物理层由于规定了电气特性，因此能够识别所传送的比特流。图 Q-2-5 说明了上述概念。

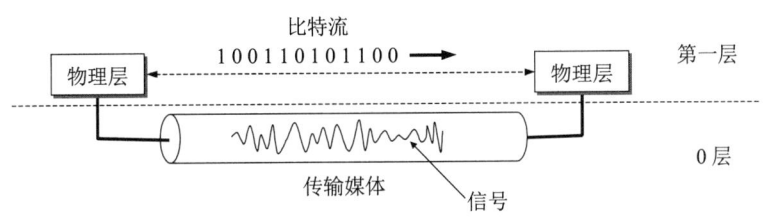

图 Q-2-5  传输媒体中传输的是信号

**问题 2-6.** 同步(synchronous)和异步(asynchronous)的区别是什么？

**解答：** 按照 Webster 字典的解释：

synchronous: 1. happening at the same time; occurring together; simultaneous. 2. having the same period between movements, occurrences, etc.; having the same rate and phase, as vibrations.

"异步"可理解为"不是同步"。

在计算机网络中，"同步"的意思很广泛，它没有一个简单的定义。在很多地方都用到了"同步"的概念。例如在协议的定义中，协议的三个要素之一就是"同步"。在网络通信编程中常提到的"同步"，则主要指某函数的执行方式，即函数调用者需等待函数执行完成后才能进到下一步。在数据通信中的同步通信则与异步通信有很大的区别（见问题 2-7）。

**问题 2-7.** 同步通信和异步通信的区别是什么？

**解答：**"异步通信"是一种很常用的通信方式。异步通信在发送字符时，所发送的字符之间的时间间隔可以是任意的。当然，接收端必须时刻做好接收的准备（如果接收端主机的电源都没有接通，那么发送端发送字符就没有意义，因为接收端根本无法接收）。发送端可以在**任意时刻**开始发送字符，因此必须在**每一个字符**的开始和结束的地方加上标志，即加上**开始位**和**停止位**，以便使接收端能够正确地将每一个字符接收下来。异步通信的好处是通信设备简单、便宜，但传输效率较低（因为开始位和停止位的开销所占比例较大）。

异步通信也可以以**帧**作为发送的单位。接收端必须随时做好接收帧的准备。这时，帧的首部必须设有一些特殊的比特组合，使得接收端能够找出一帧的开始。这也称为**帧定界**。帧定界还包含确定帧的结束位置。这有两种方法，一种是在帧的尾部设有某种特殊的比特组合来标志帧的结束，另一种是在帧首部中设有帧长度的字段。需要注意的是，在异步发送帧时，并不要求发送端必须对帧中的每一个字符都加上开始位和停止位后再发送出去，而是说，**发送端可以在任意时间发送一个帧，而帧与帧之间的时间间隔也可以是任意的**（见图 Q-2-7）。在一帧中的所有比特是连续发送的。发送端不需要在发送一帧之前和接收端进行协调（不需要先进行比特同步）。

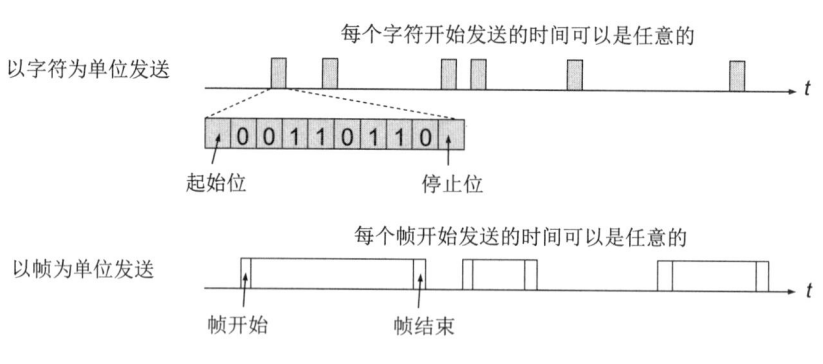

图 Q-2-7　异步通信的特点

"**同步通信**"的通信双方必须先建立同步，即双方的时钟要调整到同一个频率。收发双方不停地发送和接收连续的同步比特流。但这时还有两种不同的同步方式。一种是使用**全网同步**，用一个非常精确的主时钟对全网所有节点上的时钟进行同步。另一种是使用**准同步**，各节点的时钟之间允许有微小的误差，然后采用其他措施实现同步传输。

**问题 2-8**. 位同步（比特同步）和帧同步的区别是什么？

**解答**：在数据通信中最基本的同步方式就是"**位同步**"(bit synchronization)，也称为**比特同步**。比特是数据传输的最小单位。位同步（比特同步）是指接收端时钟已经调整到和发送端时钟完全一样，因此接收端收到比特流后，能够在每一位的中间位置进行判决（如图 Q-2-8(a)所示）。位同步（比特同步）的目的是为了将发送端发送的每一个比特都正确地接收下来。这就要在正确的时刻（通常就是在每一位的中间位置）对收到的电平根据事先已约定好的规则进行判决。例如，电平若超过一定数值则为 1，否则为 0。

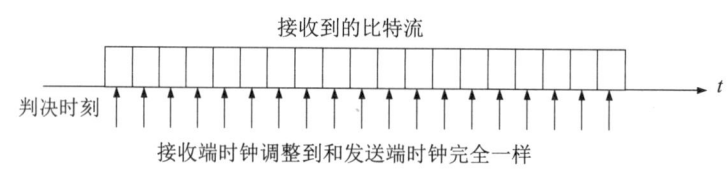

图 Q-2-8(a)　接收端在每一位的中间位置进行判决

但仅仅有位同步还不够，因为数据要以帧为单位进行发送。若某一个帧有差错，以后就重传这个出错的帧。因此一个帧应当有明确的界限，也就是说，要有**帧定界符**。接收端在收到比特流后，必须能够正确地找出帧定界符，以便知道哪些比特构成一个帧。接收端找到帧定界符并确定帧的准确位置，就完成了"**帧同步**"(frame synchronization)。

在使用 PCM 的时分复用通信中（这种通信都采用**同步通信**方式），接收端仅仅能够正确接收比特流是不够的。接收端还必须准确地将一个个时分复用帧区分出来。因此要利用特殊的时隙（包含一些特殊的比特组合），使接收端能够把每一个时分复用帧的位置确定出来。这也叫作**帧同步**。图 Q-2-8(b)给出了这两种不同的帧同步的示意图。

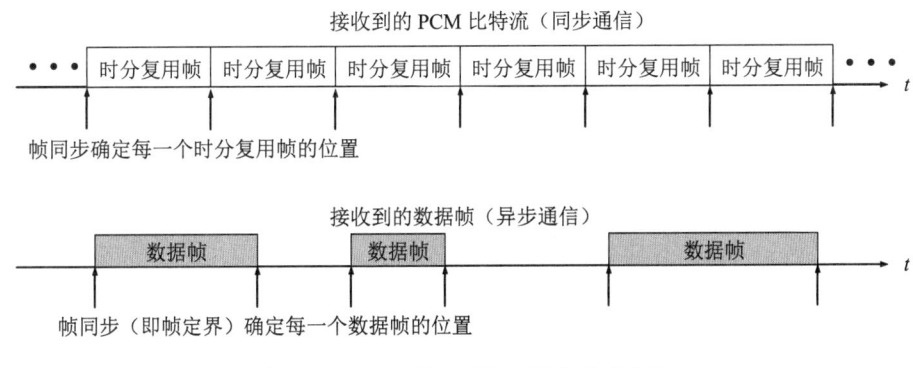

图 Q-2-8(b)　两种不同的帧同步的示意图

图中上面部分的**同步通信方式**在电信网中使用得非常广泛，其中的一个重要特点是在发送端**连续不断地**发送的比特流中，即使有的时隙没有被用户使用，但用于同步的时隙也要保留在时分复用帧中的相应位置上。在同步通信中，帧同步的任务就是使接收端能够从收到的连续比特流中确定出每一个时分复用帧的位置。

图中下面部分的**异步通信方式**在计算机网络中使用得较多。我们可以注意到，数据帧在接收端出现的时间是不规则的。因此在接收端必须进行**帧定界**。但帧定界也常称为**帧同步**。因此，当我们看到"帧同步"时，应当弄清这是同步通信中的帧同步，还是异步通信中的帧定界。

这里我们要强调一下，在异步通信中，接收端即使找到了数据帧的开始处，也还必须将数据帧中的所有比特逐个接收下来。因此，**接收端必须和数据帧中的各个比特进行比特同步**（这就是**异步通信中的同步问题**）。试想：如果接收端不知道每一个比特要持续多长时间，那么怎样能将一个个比特接收下来呢？因此，不管是同步通信还是异步通信，要想接收比特流中的每一个比特，就必须和比特流中的比特进行**位同步**（**比特同步**）。然而在异步通信中，位同步（比特同步）的方法和同步通信时并不完全一样。

在同步通信中，最精确的同步方法是使全网时钟精确同步。全网的主时钟的长期精度要求达到 $\pm 1.0 \times 10^{-11}$，因此必须采用原子钟（例如，铯原子钟），但这样的同步网络的价格很高（如 SDH/SONET 网络）。实际上，在同步通信中，也可以采用比较经济的方法实现同步。这种方法就是在接收端设法从收到的比特流中将位同步的时钟信息提取出来（发送端在发送比特流时，发送时钟的信息就已经在所发送的比特流之中了）。这种同步方式常称为**准同步**(plesiochronous)。教材的图 3-16 中介绍的曼彻斯特编码就能够使接收端很方便地从收到的比特流中将时钟信息提取出来，这样就能够很容易地实现位同步。在以帧为传送单位的异步通信中，接收端通常也是采用从收到的比特流中提取时钟信息的方法来实现位同步的。

在以字符为单位的异步通信中，由于每一个字符只有 8 个比特，因此只要收发双方的时钟频率相差不太大，在开始位的触发下，这 8 个比特的位同步很容易做到，因此不需要采取其他措施来实现位同步（但不等于说可以不要位同步）。

**问题 2-9.** 既然有密集波分复用 DWDM，那么有没有非密集的波分复用呢？

**解答：** 有非密集的波分复用。这就是稀疏波分复用 CWDM (Coarse Wavelength Division Multiplexing)。我们知道，DWDM 的确可以复用大量的波长，使一条光纤能够传送非常高的数据率。例如，可以把 160 个 10 Gbit/s 速率复用到一条光纤上（即复用的波长数达到 160 个），从而达到在一根光纤上实现 1.6 Tbit/s 的光传输速率。但 DWDM 的价格还是较高的。这是因为 DWDM 必须采用很窄的信道间隔（1.6～1.8 nm），而要做到这点，要使用精细滤波器、冷却激光器等设备。因此，DWDM 对某些边缘网络来说，就显得太贵了。在这种情况下，CWDM 问世了。CWDM 在同一根光纤上只能复用 5～6 个左右的光波，它使用的器件成本较低，不需要使用精细滤波器、冷却激光器等设备，因而大幅度地降低了成本，使整个 CWDM 系统的成本只有 DWDM 的 30%左右。CWDM 适合于短距离、高带宽、接入点密集的通信应用场合，例如一个大楼内或几个大楼之间的网络通信。

**问题 2-10.** 能否简单说明一下码元和比特的区别？

**解答：** 在数字通信中经常要画出信号的波形图。我们常用时间间隔相同的符号表示一个二进制数字。在这种时间间隔中的信号就是二进制码元（如图 Q-2-10(a)所示）。这样，一个码元就是一个比特，如图中的 5 个码元所对应的比特是 1 0 1 0 1。但是，为了提高数据的传输效率，现在常采用多进制编码。但这种多进制码元通常还是简称为码元，如图 Q-2-10(b)所示。

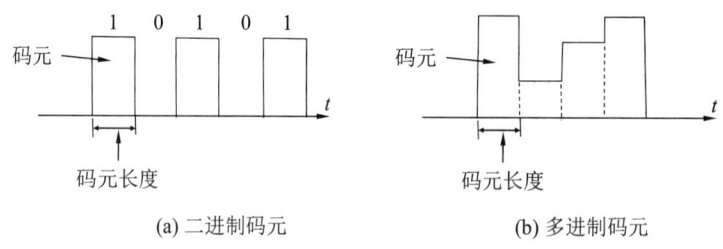

(a) 二进制码元　　　　　(b) 多进制码元

图 Q-2-10　码元和码元长度

在图-2-10(b)中，我们并不知道这里究竟是多少进制。因此 1 个码元相当于几个比特也就无法知道了。假如这里采用的是八进制编码，也就是用 8 种不同的高度（振幅）来表示 1 个码元，那么 1 个码元就含有 3 个比特的信息量。更具体些，这 8 种不同的比特组合就是：000, 001, 010, 011, 100, 101, 110 和 111。采用多进制（这里是八进制）编码的好处是发送 1 个码元就相当于发送了 3 个比特，这样就提高了发送效率。如图 Q-2-10(b)中的 4 个码元，可以表示 111 011 101 111 共 12 比特。

**问题 2-11.** 在讨论调制的信号时，常见到星座图这一名词。请用星座图说明几种常用的调制方式。

**解答：** 图 Q-2-11(a)画的是几种常用的相移键控的星座图。最左边的是二进制相移键控 (Binary Phase Shift Keying，BPSK)，或称 2PSK。正弦波的振幅是 A，初始相位（常简称为初相）取为 0 或 π，分别代表信息是 0 或 1。这在直角坐标中的位置分别就是(+A, 0)和(−A, 0)。

在图中标志出的这样的点称为信号点。由于信号的取值只有两种可能,因此看不出与"星座图"有什么联系。BPSK 调制方式的 1 个码元就表示 1 个比特。

图 Q-2-11(a)中间的图是四相相移键控（4PSK）。这时使用极坐标来表示是最合适的。4PSK 的 1 个码元含有 2 个比特的信息量,共有 4 种可能的排列,这里信号的振幅都是固定值 $A$,初始相位记为 $\theta$。现在 $\theta$ 的可能取值有 4 种,即 $\pi/4, 3\pi/4, -\pi/4$ 和 $-3\pi/4$。这样的 4 个信号点均匀分布在半径为 $A$ 的圆周上。这些信号点的分布就有点像个星座图了。

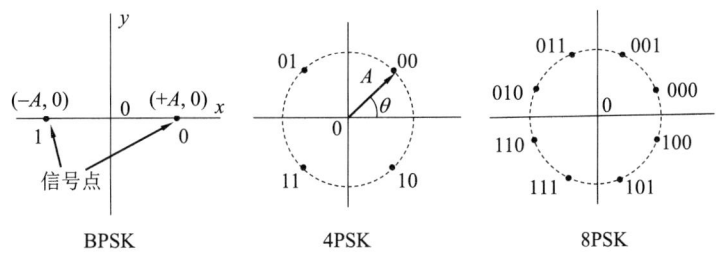

图 Q-2-11(a)   PSK 的星座图

图 Q-2-11(a)最右边的图是八相相移键控（8PSK）的星座图。8PSK 的 1 个码元含有 3 个比特的信息量,共有 8 种可能的排列,其信号点也均匀分布在一个圆上。

如果要让一个码元表示更多的比特,就要使用正交幅度调制 QAM,使信号的振幅也携带信息。

图 Q-2-11(b)给出了 16QAM, 64QAM 和 256QAM 的星座图。最左边的是 16QAM,它的 1 个码元含有 4 个比特的信息量。4 个比特可以有 16 种不同的排列,因此在 16QAM 又称为 16 阶 QAM,其星座图中共有 16 个信号点。而在图 Q-2-11(b)中间的 64QAM 中,1 个码元含有 6 个比特的信息量。6 个比特可以有 64 种不同的排列,因此星座图中就有 64 个信号点,各信号点的振幅和初始相位都不同。图 Q-2-11(b)中最右边的是 256QAM,这时 1 个码元含有 8 个比特的信息量,而与此对应的星座图有 256 个信号点。现在使用的还有更高阶的 1024QAM,它的 1 个码元含有 10 个比特的信息量,而星座图中的信号点有 1024 个,这里就不再画出了。

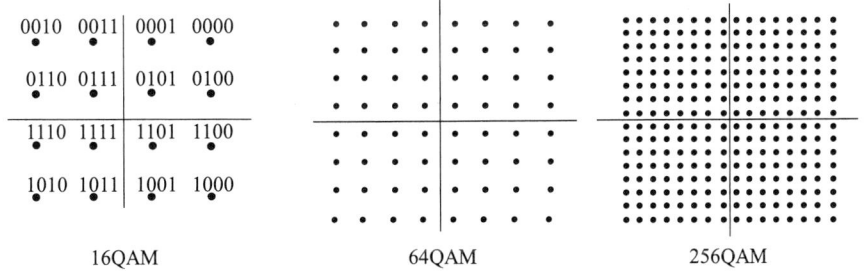

图 Q-2-11(b)   16QAM, 64QAM 和 256QAM 的星座图

教材中图 2-13 上 BPSK 的数据率是 1 Mbit/s,16QAM 的数据率是 4 Mbit/s,而 256QAM 的数据率是 8 Mbit/s。数据率有这样的差别,是因为 16QAM 的 1 个码元含有 4 个比特的信息量,而 256QAM 的 1 个码元含有 8 个比特的信息量。因此,同样是传送 1 个码元,实际上传送的比特数增加了。

从 256QAM 的星座图可以看出，QAM 调制的阶数越高，信号点就越密集。我们知道，任何实际的传输信道都不是理想的，都是有噪声干扰的。因此，在接收端所收到的信号点不可能像图 Q-2-11(b)中的星座图那样排列得非常正确，这些信号点受噪声干扰的影响，其位置会或多或少地偏离原来的位置。当信号点偏离原来位置太多时，最后的判决就会出错。因此，当 QAM 的调制阶数很高时，只有信噪比足够小才能使误码率达到正常通信的要求。可见，不能认为 QAM 的调制阶数越高越好，而必须根据具体信道的好坏来选择 QAM 的调制阶数。

## 习题与解答

**【2-01】** 物理层要解决哪些问题？物理层的主要特点是什么？

**解答**：物理层考虑的是怎样才能在连接各种计算机的传输媒体上传输数据比特流，而不是具体的传输媒体。现有的计算机网络中的硬件设备和传输媒体的种类非常繁多，而通信也有许多不同方式。物理层的作用正是尽可能地屏蔽掉这些差异，使物理层上面的数据链路层感觉不到这些差异，这样就可使数据链路层只需要考虑本层的协议和服务，而不必考虑网络具体的传输媒体是什么。

在物理层上所传数据的单位是比特。物理层的任务就是透明地传送比特流。也就是说，发送方发送 1（或 0）时，接收方应当收到 1（或 0）而不是 0（或 1）。因此物理层要考虑用多大的电压代表"1"或"0"，以及接收方如何识别出发送方所发送的比特。物理层还要确定连接电缆的插头应当有多少根引脚以及各引脚应如何连接。当然，哪几个比特代表什么意思，则不是物理层所要管的。传递信息所利用的一些传输媒体，如双绞线、同轴电缆、光缆、无线信道等，并不在物理层协议之内而在物理层协议的下面。因此也有人把传输媒体当作第 0 层。

**【2-02】** 规程与协议有什么区别？

**解答**：规程这个名词仅用于物理层，在其他层不用"规程"，而用"协议"。

用于物理层的协议也常称为物理层规程(procedure)。其实，物理层规程就是物理层协议。只是在"协议"这个名词出现之前人们就先使用了"规程"这一名词。因此，在物理层，这两个名词并没有多大区别。

**【2-03】** 试给出数据通信系统的模型并说明其主要组成构件的作用。

**解答**：一个数据通信系统可划分为三大部分，即源系统（或发送端、发送方）、传输系统（或传输网络）和目的系统（或接收端、接收方）。图 T-2-03 就是这样的通信系统模型。

源系统一般包括以下两个部分。

(1) 源点：源点设备产生要传输的数据，例如，从计算机键盘输入汉字，计算机产生输出的数字比特流。源点又称为源站或信源。

(2) 发送器：通常源点生成的数字比特流要通过发送器编码后才能够在传输系统中进行传输。典型的发送器就是调制器。现在很多计算机使用内置的调制解调器（包含调制器和解调器），用户在计算机外面看不见调制解调器。

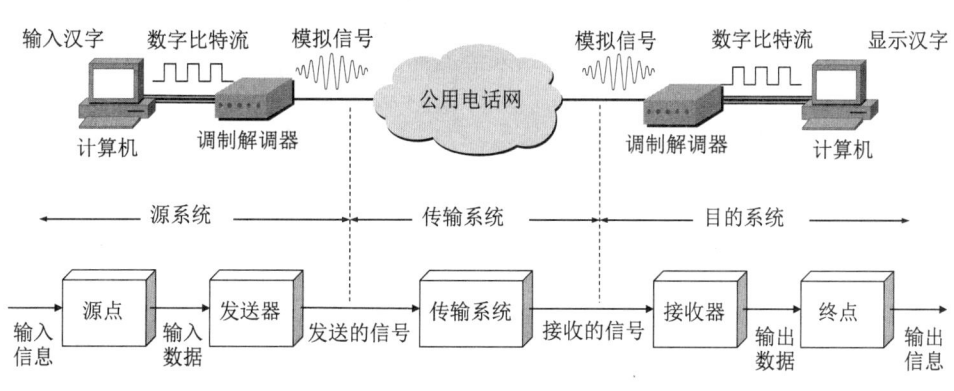

图 T-2-03 数据通信系统的模型

目的系统一般包括以下两个部分。

(1) 接收器：接收传输系统传送过来的信号，并把它转换为能够被目的设备处理的信息。典型的接收器就是解调器，它对来自传输线路上的模拟信号进行解调，提取出在发送端置入的消息，还原出发送端产生的数字比特流。

(2) 终点：终点设备从接收器获取传送来的数字比特流，然后把信息输出（例如，把汉字在计算机屏幕上显示出来）。终点又称为目的站或信宿。

在源系统和目的系统之间的传输系统可以是简单的传输线，也可以是连接在源系统和目的系统之间的复杂网络系统。

【2-04】 试解释以下名词：数据、信号、模拟数据、模拟信号、基带信号、带通信号、数字数据、数字信号、码元、单工通信、半双工通信、全双工通信、串行传输、并行传输。

**解答**：各名词含义如下。

**数据**：是运送消息的实体。

**信号**：是数据的电气或电磁表现。

**模拟数据**：即连续数据，数据的变化是连续的。例如，我们人说话的声音数据（声波）就是连续变化的。

**模拟信号**：即连续信号，其特点是代表消息的参数的取值是连续的。当我们打电话时，模拟数据（声波）通过电话机的话筒后，变成了连续变化的电信号（模拟信号）。

**基带信号**：即来自信源的信号，也就是基本频带信号。计算机输出的代表各种文字或图像文件的数据信号都属于基带信号。

**带通信号**：把基带信号的频率范围搬移到较高的频段以便在信道中传输。经过载波调制后的信号称为带通信号。这种信号仅在一段频率范围内（即频带）能够通过信道。

**数字数据**：即离散数据，数据的变化是不连续的（离散的）。例如，计算机键盘输出的就是数字数据。但在经过调制解调器后，就转换成模拟信号（连续信号）了。

**数字信号**：即离散信号，其特点是代表消息的参数的取值是离散的。

**码元**：码(code)是信号元素和字符之间的事先约定好的转换。例如，A 的 ASCII 码的表示就是 1000001，而这里的每一个二进制数字（1 或 0）都可称为码元(code element)。码元实际上就是码所包含的元素。上面的例子说明 A 的 ASCII 码包含 7 个码元。在采用最简单的二进制编码时，一个码元就是一个比特。但在比较复杂的编码中，一个码元可以包含多个比特。

**单工通信**：又称为单向通信，即只有一个方向的通信而没有反方向的交互。无线电广播或有线电广播以及电视广播就属于这种类型。

**半双工通信**：又称为双向交替通信，即通信的双方都可以发送信息，但不能双方同时发送（当然也就不能同时接收）。这种通信方式是一方发送另一方接收，过一段时间后再反过来。

**全双工通信**：又称为双向同时通信，即通信的双方可以同时发送和接收信息。

**串行传输**：数据在传输时是逐个比特按照时间顺序依次传输的。

**并行传输**：数据在传输时采用了 $n$ 个并行的信道。在每一个信道上，数据仍然是串行传输的，即逐个比特按照时间顺序依次传输。但把这 $n$ 个信道放在一起观察时，就可看出，数据的传输是每次 $n$ 个比特。

【2-05】物理层的接口有哪几个方面的特性？各包含些什么内容？

**解答**：物理层的接口有以下四个方面的特性：

(1) 机械特性：指明接口所用接线器的形状和尺寸、引脚数目和排列、固定和锁定装置等。平时常见的各种规格的接插件都有严格的标准化的规定。

(2) 电气特性：指明在接口电缆的各条线上出现的电压的范围。

(3) 功能特性：指明某条线上出现的某一电平的电压表示何种意义。

(4) 过程特性：指明对于不同功能的各种可能事件的出现顺序。

【2-06】数据在信道中的传输速率受哪些因素的限制？信噪比能否任意提高？香农公式在数据通信中的意义是什么？"比特/秒"和"码元/秒"有何区别？

**解答**：数据在信道中的传输速率是受限制的。首先，具体的信道所能通过的频率范围总是有限的。信号中的许多高频分量往往不能通过信道。如果信号中的高频分量在传输时受到衰减，那么接收端收到的波形前沿和后沿就变得不那么陡峭了，每一个码元所占的时间界限也不再是很明确的，而是前后都拖了"尾巴"。也就是说，扩散了的码元波形所占的时间也变得更宽了。这样，在接收端收到的信号波形就失去了码元之间的清晰界限。这种现象叫作码间串扰。严重的码间串扰使得本来分得很清楚的一串码元变得模糊而无法识别。为了避免码间串扰，码元的传输速率就受到了限制。其次，所有的电子设备和通信信道中都存在噪声。由于噪声是随机产生的，它的瞬时值有时会很大，因此噪声会使接收端对码元的判决产生错误（1 判决为 0 或 0 判决为 1）。但噪声的影响是相对的。如果信号相对较强，那么噪声的影响就相对较小。对于一定的信噪比，码元的传输速率越大就越容易出现接收时的判决错误。如果增大信噪比，那么码元的传输速率就可以提高而不至于使判决错误的概率增大。

在实际的传输环境中，信噪比不可能做到任意大。一方面，我们的信号传输功率是受限的（经济问题、器件问题、材料的绝缘问题，等等），而任何电子设备的噪声也不可能做到任意小（任何电子设备都有其固有噪声）。因此，在实际的传输环境中，信噪比不可能做到任意大。

香农公式的意义就在于，只要信息传输速率低于信道的极限信息传输速率，就一定可以找到某种办法来实现无差错的传输。不过，香农没有告诉我们具体的实现方法。这要由研究通信的专家去寻找。

"比特/秒"和"码元/秒"是不完全一样的，因为比特和码元所代表的意思并不相同。在使用二进制编码时，一个码元对应于一个比特。在这种情况下，"比特/秒"和"码元/秒"在数值上是一样的。但一个码元不一定总是对应于一个比特。根据编码的不同，一个码元可以对应于几个比特，但也可以是几个码元对应于一个比特。

**【2-07】** 假定某信道受奈氏准则限制的最高码元速率为 20000 码元/秒。如果采用振幅调制，把码元的振幅划分为 16 个不同等级来传送，那么可以获得多高的数据率 (bit/s)？

**解答**：如果我们用二进制数字来表示这 16 个不同等级的振幅，那么需要使用 4 个二进制数字，即 0000, 0001, 0010, 0011, 0100, 0101, 0110, 0111, 1000, 1001, 1010, 1011, 1100, 1101, 1110, 1111。可见现在用一个码元就可以表示 4 个比特。因此，当码元速率为 20000 码元/秒时，我们得到的数据率就是 4 倍的码元速率，即 80000 bit/s。

**【2-08】** 假定要用 3 kHz 带宽的电话信道传送 64 kbit/s 的数据（无差错传输），试问这个信道应具有多高的信噪比（分别用比值和分贝来表示）？这个结果说明什么问题？

**解答**：将以上数据代入香农公式，得出：$C = 3 \text{ kHz} \times \log_2(1 + S/N) = 64 \text{ kbit/s}$

解出  $1 + S/N = 2^{64/3}$

$S/N = 2.64 \times 10^6$

或用分贝表示：$(S/N)_{dB} = 10 \log_{10}(2.64 \times 10^6) = 64.2 \text{ dB}$

这个结果说明：这个信道应该是个信噪比很高的信道。

**【2-09】** 用香农公式计算一下，假定信道带宽为 3100 Hz，最大信息传输速率为 35 kbit/s，那么若想使最大信息传输速率增加 60%，问信噪比 $S/N$ 应增大到多少倍？如果在刚才计算出的基础上将信噪比 $S/N$ 再增大到 10 倍，问最大信息传输速率能否再增加 20%？

**解答**：将以上数据代入香农公式，得出：$35000 = 3100 \log_2(1 + S/N)$

$\log_2(1 + S/N) = 35000 / 3100 = 350 / 31 = \lg(1 + S/N) / \lg 2$

请注意：以 10 为底的对数通常就记为 lg。

$\lg(1 + S/N) = \lg 2 \times 350 / 31$

$1 + S/N = 10^{\lg 2 \times 350/31}$

$S/N = 10^{\lg 2 \times 350/31} - 1 = 2505$

使最大信息传输速率增加 60% 时，设信噪比 $S/N$ 应增大到 $x$ 倍，则

$35000 \times 1.6 = 3100 \log_2(1 + xS/N)$

$\log_2(1 + xS/N) = 35000 \times 1.6 / 3100 = 350 \times 1.6 / 31$

$\lg(1 + xS/N) / \lg 2 = 350 \times 1.6 / 31$

$1 + xS/N = 10^{\lg 2 \times 350 \times 1.6/31}$

$xS/N = 10^{\lg 2 \times 350 \times 1.6/31} - 1$

$x = (10^{\lg 2 \times 350 \times 1.6/31} - 1) / (10^{\lg 2 \times 350/31} - 1) = (10^{5.438} - 1) / (10^{3.399} - 1) \approx 10^{5.438} / 10^{3.399}$
$= 10^{2.039} = 109.396$

信噪比应增大到约 100 倍。

设在此基础上将信噪比 $S/N$ 再增大到 10 倍，而最大信息传输速率可以再增大到 $y$ 倍，则利用香农公式，得出

$35000 \times 1.6 \times y = 3100 \log_2(1 + 2505 \times 109.396 \times 10)$

$y = 3100 \log_2(1 + 2505 \times 109.396 \times 10) / 35000 \times 1.6$

$= (3100 \lg 2740370.8 / \lg 2) / 35000 \times 1.6 = 1.184$

即最大信息速率只能再增加 18.4%左右。

**【2-10】** 常用的传输媒体有哪几种？各有何特点？

**解答：** 传输媒体可分为两大类，即导向传输媒体和非导向传输媒体。在导向传输媒体中，电磁波被导向沿着固体媒体（铜线或光纤）传播；而非导向传输媒体就是指自由空间，在非导向传输媒体中电磁波的传输常称为无线传输。

常用的导向传输媒体有以下几种。

(1) 双绞线：也称为双扭线，它的结构比较简单，就是把两根互相绝缘的铜导线并排放在一起，然后用规则的方法绞合起来。双绞线的价格便宜，性能也不错，其通信距离一般为几到十几公里，使用十分广泛。双绞线又可分为无屏蔽双绞线和屏蔽双绞线两大类。前者更加便宜，但传输距离和抗干扰性能比不上后者。

(2) 同轴电缆：由内导体铜质芯线（单股实心线或多股绞合线）、绝缘层、网状编织的外导体屏蔽层（也可以是单股的）以及保护塑料外层所组成。由于外导体屏蔽层的作用，同轴电缆具有很好的抗干扰特性，被广泛用于传输较高速率的数据。目前同轴电缆主要用在有线电视网的居民小区中。同轴电缆的带宽取决于电缆的质量。目前高质量的同轴电缆的带宽已接近 1 GHz。

(3) 光纤：光纤是光纤通信的传输媒体。在发送端有光源，可以采用发光二极管或半导体激光器，它们在电脉冲的作用下能产生出光脉冲。在接收端利用光电二极管做成光检测器，在检测到光脉冲时可还原出电脉冲。光纤有多模光纤和单模光纤之分，现在多模光纤已经很少使用了。单模光纤的衰耗较小，过去在 2.5 Gbit/s 的高速率下可传输数十公里而不必采用中继器，但随着光纤的制造工艺不断进步，单根光纤的传输速率已提高到 10 Gbit/s，甚至 40 Gbit/s。如果采用密集波分复用技术，例如使用 160 的波分复用，那么一根光纤的传输速率就可达到 1.6 Tbit/s。光纤不仅具有通信容量非常大的优点，而且还具有其他的一些特点：传输损耗小、抗雷电和电磁干扰性能好、无串音干扰、保密性好、体积小、重量轻。现在光纤通信的性价比越来越高，光纤已经成为非常普及的一种传输媒体。

(4) 架空明线：虽然铺设容易，但通信质量差，受气候环境等影响较大，目前已经很少使用。

非导向传输媒体实际上就是利用自由空间来传播电磁波的。由于信息技术的发展，社会各方面的节奏变快了，人们不仅要求能够在运动中进行电话通信（即移动电话通信），而且还要求能够在运动中进行计算机数据通信（俗称上网）。因此最近无线电通信发展得特别快，因为利用无线信道进行信息传输，是在运动中通信的唯一手段。

无线传输可使用的频段很广。人们现在已经利用了好几个波段进行通信。例如：

(1) 短波波段：通信距离远，但通信质量较差。

(2) 微波波段：微波在空间是直线传播的，因此传播距离受到限制，一般只有 50～100 km。不过，可用接力的方法把信号传送到很远的地方。卫星通信实质上也是一种微波接力通信，其频带很宽，通信容量很大，信号所受到的干扰较小，通信比较稳定，但信号的迟延较大。

**【2-11】** 假定有一种双绞线的衰减是 0.7 dB/km（在 1 kHz 时），若容许有 20 dB 的衰减，试问使用这种双绞线的链路的工作距离有多长？如果要使这种双绞线的工作距离增大到 100 km，问应当使衰减降低到多少？

**解答**：使用这种双绞线的链路的工作距离是：20 / 0.7 = 28.6 km。

若工作距离增大到 100 km，则衰减应降低到 20 / 100 = 0.2 dB/km。

**【2-12】** 试计算工作在 1200～1400 nm 之间以及工作在 1400～1600 nm 之间的光波的频带宽度。假定光在光纤中的传播速率为 $2 \times 10^8$ m/s。

**解答**：频率=光速/波长，在光纤中光速为 $2 \times 10^8$ m/s。

1200～1400 nm：

带宽 = 与 1200 nm 波长对应的频率减去与 1400 nm 波长对应的频率

= $2 \times 10^8 / 1200 \times 10^{-9} - 2 \times 10^8 / 1400 \times 10^{-9} = 23.8 \times 10^{12}$ Hz = 23.8 THz

1400～1600 nm：

带宽 = $2 \times 10^8 / 1400 \times 10^{-9} - 2 \times 10^8 / 1600 \times 10^{-9} = 17.86 \times 10^{12}$ Hz = 17.86 THz

**【2-13】** 为什么要使用信道复用技术？常用的信道复用技术有哪些？

**解答**：许多用户通过复用技术就可以共同使用一个共享信道来进行通信。虽然复用要付出一定代价（共享信道由于带宽较大因而费用也较高，再加上复用器和分用器也要增加成本），但如果复用的信道数量较大，那么总的来看在经济上还是合算的。

常用的复用技术有：频分复用、时分复用（包括统计时分复用）、波分复用（包括密集波分复用和稀疏波分复用）和码分复用（即码分多址）。

**【2-14】** 试写出下列英文缩写的全称，并进行简单的解释。

FDM, FDMA, TDM, TDMA, STDM, WDM, DWDM, CDMA, SONET, SDH, STM-1, OC-48。

**解答**：简单解释如下。

FDM（Frequency Division Multiplexing，频分复用）：给每个信号分配唯一的载波频率并通过单一媒体来传输多个独立信号的方法。组合多个信号的硬件称为复用器，分离这些信号的硬件称为分用器。这里只强调了复用的方式，而并不关心复用的这些信道是来自多个用户还是来自一个用户。

FDMA（Frequency Division Multiple Access，频分多址）：强调这种复用信道可以让多个用户（可以在不同地点）使用不同频率的信道接入到复用信道。这里当然采用了复用技术，只不过省略了"复用"二字。如果把译名改为"频分复用多址"，就太不简练了。因此，"频分多址"

强调多址；译名中虽然没有提到"复用"，但是使用了频分复用技术。

TDM（Time Division Multiplexing，时分复用）：把多个信号复用到单个硬件传输信道，它允许每个信号在一个很短的时隙使用信道，接着的时隙再让下一个信号使用。这里只是说明了复用的方式，而并不关心复用的每个时隙的信号是来自多个用户还是来自一个用户。

TDMA（Time Division Multiple Access，时分多址）：强调这种复用信道可以让多个用户（可以在不同地点）使用不同的时隙接入到复用信道，即强调的是多址；译名中虽然没有提到"复用"，但是使用了时分复用技术。

STDM（Statistic TDM，统计时分复用）：又称为异步时分复用，是一种改进的时分复用，它能明显地提高信道的利用率。STDM 帧不是固定分配时隙，而是按需动态地分配时隙。因此统计时分复用可以提高线路的利用率。

WDM（Wavelength Division Multiplexing，波分复用）：就是光的频分复用。人们借用传统的载波电话的频分复用的概念，就能做到使用一根光纤来同时传输多个频率很接近的光载波信号。这样就使光纤的传输能力成倍地提高了。由于光载波的频率很高，因此习惯上用波长而不用频率来表示所使用的光载波。

DWDM（Dense WDM，密集波分复用）：是波分复用的一种具体表现形式。DWDM 的波长间隔很小，不到 2 nm，甚至小于 0.8 nm。因此现在可以把几十路甚至一百多路的光载波信号复用到一根光纤中来传输。由于 DWDM 的普及应用，现在人们谈论的 WDM 系统几乎全都是 DWDM 系统。

CDMA（Code Division Multiple Access，码分多址）：使用码分复用的一种共享信道的多址方法。每一个用户可以在同样的时间使用同样的频带进行通信。由于各用户使用经过特殊挑选的不同码型，各用户之间并不会造成干扰，因此这种系统发送的信号有很强的抗干扰能力。译名中虽然没有提到"复用"，但是使用了码分复用技术。

SONET（Synchronous Optical Network，同步光纤网）：美国在 1988 年首先推出的一个数字传输标准。整个同步网络的各级时钟都来自一个非常精确的主时钟。SONET 为光纤传输系统定义了同步传输的线路速率等级结构，其传输速率以 51.84 Mbit/s 为基础倍增。当这个倍数是 768 时，传输速率近似为 40 Gbit/s。

SDH（Synchronous Digital Hierarchy，同步数字系列）：ITU-T 以美国标准 SONET 为基础制定出的国际标准。SDH 的基本速率为 155.52 Mbit/s，称为 STM-1。

STM-1（Synchronous Transfer Module-1，第 1 级同步传递模块）：通过光纤传输数据的一系列标准。SDH 标准规定第 1 级同步传递模块（即 STM-1）的传输速率是 155.52 Mbit/s，然后把 $n$ 倍的速率记为 STM-$n$。

OC-48 (Optical Carrier-48)：OC (Optical Carrier)的意思就是光载波，是 SONET 标准的表示方法。此标准规定第 1 级光载波（即 OC-1）的传输速率是 51.84 Mbit/s，然后把 $n$ 倍的速率记为 OC-$n$。例如，OC-48 的传输速率是 48 倍的 OC-1 速率，即 2488.32 Mbit/s，一般写为 2.5 Gbit/s。

【2-15】码分多址 CDMA 为什么可以使所有用户在同样的时间使用同样的频带进行通信而不会互相干扰？这种复用方法有何优缺点？

**解答**：CDMA 系统的一个重要特点就是这种体制给每一个站分配的码片序列不仅必须各

不相同，还必须互相正交。两个不同站的码片序列正交，就是这两个码片向量的规格化内积等于 0。任何一个码片向量和该码片向量自己的规格化内积都是 1。而一个码片向量和该码片反码的向量的规格化内积是 –1。

现在假定在一个 CDMA 系统中有很多个站在相互通信，每一个站所发送的都是数据比特和本站的码片序列的乘积，因而是本站的码片序列（这个码片序列相当于发送比特 1）和该码片序列的二进制反码（这个码片序列相当于发送比特 0）的组合序列，或什么也不发送（相当于没有数据发送，既不是发送比特 1 也不是发送比特 0）。我们还假定所有的站所发送的码片序列都是同步的，即所有的码片序列都在同一个时刻开始。

现假定有一个 X 站要接收 S 站发送的数据。X 站必须知道 S 站所特有的码片序列。X 站使用它得到的码片向量 $S$ 与接收到的未知信号进行求内积的运算。X 站接收到的信号是各个站发送的码片序列之和。X 站在接收机中有一个重要步骤，就是要进行求内积的计算。计算后的结果是：所有其他站的信号都被过滤掉（其内积的相关项都是 0），而只剩下 S 站发送的信号。当 S 站发送比特 1 时，在 X 站计算内积的结果是 +1，当 S 站发送比特 0 时，内积的结果是 –1。这样就收到了 S 站发送的数据。可见其他站对 X 站与 S 站的通信不会产生干扰。

采用码分多址 CDMA 所发送的信号有很强的抗干扰能力，其频谱类似于白噪声，不易被"黑客"发现。随着技术的进步，CDMA 设备的价格已大幅度下降，体积也大大减小，因而现在已广泛使用在民用的移动通信中，特别是无线局域网中。采用 CDMA 可提高通信的话音质量和数据传输的可靠性，减少干扰对通信的影响，增大通信系统的容量（是使用 GSM 的 4~5 倍），降低手机的平均发射功率，等等。

**【2-16】** 共有四个站进行码分多址 CDMA 通信。四个站的码片序列为：
　　A: (–1 –1 –1 +1 +1 –1 +1 +1)　　　B: (–1 –1 +1 –1 +1 +1 +1 –1)
　　C: (–1 +1 –1 +1 +1 +1 –1 –1)　　　D: (–1 +1 –1 –1 –1 –1 +1 –1)
　　现收到这样的码片序列：(–1 +1 –3 +1 –1 –3 +1 +1)。问哪个站发送数据了？发送数据的站发送的是 1 还是 0？

**解答：** A 站的内积：(–1 +1 –3 +1 –1 –3 +1 +1) • (–1 –1 –1 +1 +1 –1 +1 +1) / 8
　　　　　　　　= (+1 –1 +3 +1 –1 +3 +1 +1) / 8 = 1
　　B 站的内积：(–1 +1 –3 +1 –1 –3 +1 +1) • (–1 –1 +1 –1 +1 +1 +1 –1) / 8
　　　　　　　　= (+1 –1 –3 –1 –1 –3 +1 –1) / 8 = –1
　　C 站的内积：(–1 +1 –3 +1 –1 –3 +1 +1) • (–1 +1 –1 +1 +1 +1 –1 –1) / 8
　　　　　　　　= (+1 +1 +3 +1 –1 –3 –1 –1) / 8 = 0
　　D 站的内积：(–1 +1 –3 +1 –1 –3 +1 +1) • (–1 +1 –1 –1 –1 –1 +1 –1) / 8
　　　　　　　　= (+1 +1 +3 –1 +1 +3 +1 –1) / 8 = 1
　　因此，A 和 D 发送 1，B 发送 0，而 C 未发送数据。

**【2-17】** 试比较 ADSL，HFC 以及 FTTx 接入技术的优缺点。

**解答：** 使用 ADSL 最大的好处就是可以利用现有电话网中的用户线，不需要重新布线。用户可以根据自己的情况使用不同速率的宽带接入（按带宽付费）。这种接入的缺点是对用户线的质量有较高的要求。如果用户住宅距离电话交换局较远，或线路的噪声较大，那么宽带接入的速率就会适当地降低。

HFC 的优点是覆盖面很广，并且其带宽也很高，可以传送很高速率的数据；缺点是必须对现有单向传输的有线电缆进行改造，使其变为可双向通信的电缆。用户家中需要增加一个机顶盒，用来观看电视和传送上行信号（在点播节目时使用）。此外，为了解决信号传输时有衰减的问题，在有线电缆中每隔一定距离就要加入一个放大器。大量放大器的接入将使整个网络的可靠性下降。在我国利用 HFC 接入到互联网并未得到普遍使用。

光纤接入 FTTx 是解决宽带接入最理想的方案，因为光纤可传送的数据率很高，且通信质量最好。随着光纤接入的价格越来越便宜，现在我国宽带接入的主流已经是光纤接入了。尤其是新建造的高层建筑或居民小区，采用光纤接入已是用户实现高速宽带上网的首选。现在速率为 100 Mbit/s 的光纤接入已相当普遍，而 ADSL 在我国宽带接入中所占的比例已经非常小了。

**【2-18】** 在 ADSL 技术中，为什么在不到 1 MHz 的带宽中却可以使传送速率高达每秒几个兆比特？

**解答**：靠先进的编码，使得每秒传送一个码元就相当于每秒传送多个比特。下面更为具体地回答这个问题。

教材上的图 2-21 画出了 ADSL 所采用的 DMT 技术的频谱分布。我们可以用另外的图来说明这个问题。图 T-2-18 表示在电话用户线中共有三个信道。第一个信道是传统电话使用的双向通信的电话信道，在这个信道上传输的是模拟电话信号。第二个信道是上行数据信道，是单向信道，共划分为 25 个子信道。第三个信道是下行数据信道，也是单向信道，共划分为 249 个子信道。

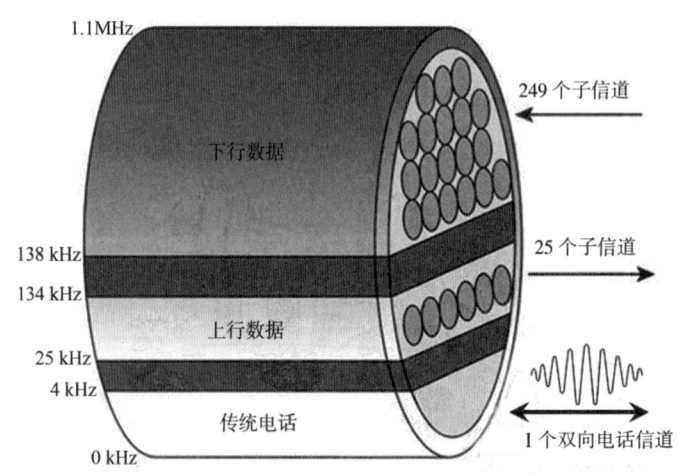

图 T-2-18　DMT 的信道划分

数据信道的每一个子信道都占据 4 kHz 的带宽（严格讲是 4.3125 kHz），并使用不同的载波（即不同的音调）进行数字调制。这种做法相当于在一对用户线上使用许多小的调制解调器**并行地**传送数据。由于用户线的具体条件往往相差很大（距离、线径、受到相邻用户线的干扰程度等都不同），因此 ADSL 采用自适应调制技术使用户线能够传送尽可能高的数据率。现在 DMT 技术采用正交幅度调制 QAM。每一个子信道的数据率并不固定，取决于该子信道的信噪比，在最好的情况下（即信噪比很高时），每一个子信道可获得高达 60 kbit/s 的数据率。这样，249 个下行子信道在理论上可得到的下行极限总数据率是 249 × 60 kbit/s = 14.94 Mbit/s。不过在实际中这样高的理论数据率是达不到的。现在 ADSL 用户最常用的下行数据率是 2 Mbit/s。

当 ADSL 启动时，用户线两端的 ADSL 调制解调器就测试可用的频率、各子信道受到的干扰情况，并在每一个频率上测试信号的传输质量。对具有较高信噪比的频率，ADSL 就选择一种调制方案使得每个码元对应于更多的比特。反之，对信噪比较低的频率，ADSL 就选择一种调制方案使得每个码元对应于较少的比特。因此，ADSL **不能保证固定的数据率**。对于质量很差的用户线，甚至无法开通 ADSL。因此，电信局需要定期检查用户线的质量，以保证能够提供向用户承诺的 ADSL 数据率。

【2-19】什么是 EPON 和 GPON？

EPON (Ethernet PON)是以太网无源光网络，已在 2004 年 6 月形成了 IEEE 的标准 802.3ah。在链路层使用以太网协议，利用 PON 的拓扑结构实现以太网的接入。EPON 的优点是：与现有以太网的兼容性好，并且成本低，扩展性强，管理方便。

GPON (Gigabit PON)是吉比特无源光网络，其标准是 ITU 在 2003 年 1 月批准的 ITU-T G.984。GPON 采用**通用封装方法** GEM (Generic Encapsulation Method)，可承载多业务，对各种业务类型都能够提供服务质量保证，是很有潜力的宽带光纤接入技术。

# 第 3 章  数据链路层

# 常见问题索引

问题 3-1.　旧版《计算机网络》认为：数据链路层的任务是在两个相邻节点间的线路上无差错地传送以帧(frame)为单位的数据。数据链路层可以把一条有可能出差错的实际链路转变成让网络层向下看起来好像是一条不出差错的链路。

但新版《计算机网络》（第 4 版到第 8 版）中对数据链路层的提法**改变了**：数据链路层的传输不能让网络层向下看起来好像是一条不出差错的链路。

到底哪一种说法是正确的？

问题 3-2.　当数据链路层使用 PPP 协议或 CSMA/CD 协议时，既然不保证可靠传输，那么为什么要对所传输的帧进行差错检验呢？

问题 3-3.　为什么旧版教材在"数据链路层"一章中讲授可靠传输，但新版教材取消了可靠传输的内容？

问题 3-4.　通过普通的电话用户线拨号上网时（使用调制解调器），试问一对用户线可容许多少个用户同时上网？

问题 3-5.　除了差错检测，面向字符的数据链路层协议还必须解决哪些特殊的问题？

问题 3-6.　为什么计算机进行通信时总是需要发送缓存和接收缓存？

问题 3-7.　以太网使用载波监听多点接入碰撞检测协议 CSMA/CD。频分复用 FDM 使用载波。以太网有没有使用频分复用？

问题 3-8.　在以太网中，不同的传输媒体会产生不同的传播时延吗？

问题 3-9.　在以太网中发生碰撞是否说明这时出现了某种故障？

问题 3-10.　从什么地方可以查阅到以太网帧格式中的"类型"字段？它是怎样分配的？

问题 3-11.　是什么原因使以太网有一个最小帧长和最大帧长？

问题 3-12.　在双绞线以太网中，其连接导线只需要两对线：一对线用于发送，另一对线用于接收。但现在的标准使用 RJ-45 连接器。这种连接器有 8 根针脚，一共可连接 4 对线，这是否有些浪费？是否可以不使用 RJ-45 而使用 RJ-11？

问题 3-13.　RJ-45 连接器对 8 根针脚的编号有什么规定？

问题 3-14.　剥开 5 类线的外塑料保护套管就可以看见不同颜色的 4 对双绞线。哪一根线应当连接到哪一个针脚呢？

问题 3-15.　将 5 类线电缆与 RJ-45 插头连接起来的具体操作步骤是怎样的？

问题 3-16.　不用集线器或以太网交换机，能否将两台计算机用带有 RJ-45 插头的 5 类线电缆直接连接起来？

问题 3-17.　使用屏蔽双绞线电缆 STP 安装以太网，是否可获得更好的效果？

问题 3-18. 如果将已有的 10 Mbit/s 以太网升级到 100 Mbit/s，试问原来使用的连接导线是否还能继续使用？

问题 3-19. 使用 5 类线的 10BASE-T 以太网的最大传输距离是 100 m。但听到有人说，他使用 10BASE-T 以太网传送数据的距离达到 180 m。这可能吗？

问题 3-20. 粗缆以太网有一个单独的收发器。细缆以太网和双绞线以太网有没有收发器？如果有，都在什么地方？

问题 3-21. 什么叫作"星形总线(star-shaped bus)"或"盒中总线(bus-in-a-box)"？

问题 3-22. 以太网的覆盖范围受限的一个原因是：如果站点之间的距离太大，那么由于信号传输时会衰减得很多因而无法对信号进行可靠的接收。试问：如果我们设法提高发送信号的功率，是否就可以增大以太网的通信距离？

问题 3-23. 一个大学能否只使用一个很大的局域网，而不使用许多相互连接的较小的局域网？

问题 3-24. 一个 10 Mbit/s 以太网若工作在全双工状态，那么其数据率是发送和接收各为 5 Mbit/s 还是发送和接收各为 10 Mbit/s？

问题 3-25. 一个单个的以太网上所使用的网桥数目有没有上限？

问题 3-26. 当我们在 PC 上插上以太网适配器（网卡）后，是否还必须编制以太网所需的 MAC 协议的程序？

问题 3-27. 使用网络分析软件可以分析出所捕获到的每一个帧的首部中各个字段的值，但是有时却无法找出 LLC 帧首部的各字段的值。这是什么原因？

问题 3-28. 整个 IEEE 802 委员会现在一共有多少个工作组？

问题 3-29. 在一些文献和教材中，可以见到关于以太网的"前同步码"(preamble)有两种不同的说法。一种说法是：前同步码共 8 个字节。另一种说法是：前同步码共 7 个字节，而在前同步码后面还有一个字节的"帧开始定界符"SFD (Start-of-Frame Delimiter)。那么哪一种说法是正确的呢？

问题 3-30. 802.3 标准共包含多少种协议？

问题 3-31. 在 802.3 标准中有没有对**人为干扰信号**(jamming signal)制定出标准呢？

问题 3-32. 在以太网中，有没有可能在发送了 512 bit (64 B) 以后才发生碰撞？

问题 3-33. 在有的文献中会见到 Runt 和 Jabber 这两个名词，它们是什么意思？

问题 3-34. 当局域网刚刚问世时，总线型以太网被认为可靠性比星形结构的网络好。但现在以太网又回到了星形结构，使用集线器作为交换节点。那么以前的看法是否有些不正确？

## 常见问题与解答

问题 3-1. 旧版《计算机网络》认为：数据链路层的任务是在两个相邻节点间的线路上无差错地传送以帧(frame)为单位的数据。数据链路层可以把一条有可能出差错的实际链路转变成让网络层向下看起来好像是一条不出差错的链路。

但新版《计算机网络》（第 4 版到第 8 版）中对数据链路层的提法**改变了**：数据链路层的

传输不能让网络层向下看起来好像是一条不出差错的链路。

到底哪一种说法是正确的？

**解答**：旧版《计算机网络》对数据链路层的阐述是基于 OSI 体系结构的。OSI 体系结构的数据链路层采用的是面向连接的 HDLC 协议，它提供可靠传输的服务。因此，旧版《计算机网络》的提法是与 OSI 体系结构一致的。

新版《计算机网络》更加突出了 TCP/IP 体系结构。现在互联网的数据链路层协议使用得最多的就是 PPP 协议和 CSMA/CD 协议（这种情况就是使用拨号入网或使用以太网入网）。这两种协议**都不使用序号和确认机制**，因此也就**不能**"让网络层向下看起来好像是一条不出差错的链路"。所以，新版《计算机网络》的提法**符合当前计算机网络的现状**。当接收端通过差错检测发现帧在传输中出了差错时，或者**默默丢弃**(silently discard)而不进行任何其他处理（当使用 PPP 协议或 CSMA/CD 协议时），这是现在的大多数情况；或者使用重传机制要求发送方重传（当使用 HDLC 协议时），但这种情况现在很少使用。

如果需要可靠传输，那么就由高层的 TCP 协议负责重传，但数据链路层并不知道这是重传的帧。

然而现在情况又出现了重大的变化。这就是由于移动通信的迅速发展，无线信道现在使用得非常多，但无线信道的可靠性又远远不如有线信道，因此在无线信道的链路层，必须使用确认机制。这样，无线信道使用的链路层的传输就变成可靠传输了。教材中第 3 章的数据链路层仅局限于有线信道。

**问题 3-2．**当数据链路层使用 PPP 协议或 CSMA/CD 协议时，既然不保证可靠传输，那么为什么要对所传输的帧进行差错检验呢？

**解答**：当数据链路层使用 PPP 协议或 CSMA/CD 协议时，在数据链路层的接收端对所传输的帧进行差错检验是为了不将已经发现的有差错的帧（不管是什么原因造成的）收下来。如果在接收端不进行差错检测，那么接收端上交给主机的帧就可能包括传输中出了差错的帧，而这样的帧对接收端主机是没有用处的。

换言之，接收端进行差错检测的目的是："上交主机的帧都是没有传输差错的，有差错的都已经丢弃了。"或者更加严格地说，应当是："我们以很接近于 1 的概率认为，凡是上交主机的帧，都是没有传输差错的。"

**问题 3-3．**为什么旧版教材在"数据链路层"一章中讲授可靠传输，但新版教材取消了可靠传输的内容？

**解答**：保证可靠传输的停止等待协议是计算机网络协议的基础内容之一。新版教材只是挪动了可靠传输这部分内容的位置，而不是取消这部分内容。

把这部分放在前面的"数据链路层"一章中讲的优点是，可以更早些建立可靠传输的概念（因为我们是自下而上，先讲数据链路层，后讲运输层），但缺点是实际上的数据链路层现在基本上并不使用可靠传输，因此放在数据链路层中讲可靠传输有些不符合实际。况且，以后到运输层用到可靠传输时，学生可能又遗忘了。

把这部分内容放在运输层中讨论的好处是比较符合实际情况,讲完简单的可靠传输的概念后，接着就介绍比较复杂的滑动窗口概念，可以取得更好的效果。这也是作者试图改变一下整个教材结构的一种尝试。

在前面的问题 3-1 中已经谈到了目前情况的变化。把可靠传输协议改在第 3 章中讲授也是一种可行的方法。不过在第 8 版的教材中，可靠传输协议仍然放在第 4 章中介绍。

**问题 3-4.** 通过普通的电话用户线拨号上网时（使用调制解调器），试问一对用户线可容许多少个用户同时上网？

**解答：** 这并没有限制。但用户数目越多，每一个用户的上网速率就越低。

多个用户共同使用一对电话线拨号上网有时是很有用的。例如，一个办公室内只有一对电话用户线可供拨号上互联网，但办公室内有多人在办公，他们都有自己的 PC，而且都想同时使用拨号上网。这时可将所有用户的 PC 都用以太网连接起来（当然每一台 PC 都必须安装一个以太网卡）。只有一台 PC 要特殊些，即需要同时安装以太网卡和拨号上网卡（或使用外置的调制解调器）。这台特殊的 PC 通常叫作代理服务器，它通过调制解调器用拨号方式与本地的 ISP 相连。代理服务器必须安装专门的软件（如 Wingate 2.0），同时还要完成一些必要的配置，这样就能使连接在以太网上的各 PC 用共享一个调制解调器的方式同时上网了。ISP 并不知道有多少人共享一个调制解调器。ISP 只知道现在是这台代理服务器在使用拨号上网。ISP 只需分配一个临时的 IP 地址给此代理服务器暂时使用。

**问题 3-5.** 除了差错检测，面向字符的数据链路层协议还必须解决哪些特殊的问题？

**解答：** 最主要的就是要解决**帧定界**和**透明传输**的问题。

**帧定界**就是要使接收端知道每一帧在什么地方开始和结束。面向字符的数据传输就是所传输的数据全都是一个个的字符，例如 ASCII 字符。因此，在每一帧开始和结束的地方，必须有一个特殊的字符来作为标志，如下所示。

| SOH | | EOT |
|---|---|---|

字符 SOH 代表 Start Of Header（首部开始），而 EOT 代表 End Of Transmission（传输结束）。请注意，SOH 和 EOT 都是 ASCII 码中的控制字符。SOH 的十六进制编码是 01，而 EOT 的十六进制编码是 04。不要误认为 SOH 是"S""O""H"三个字符，也不要误认为 EOT 是"E""O""T"三个字符。

解决了帧定界问题后，在接收端就可以确定一个帧的开始和结束位置了，剩下的问题就是透明传输了。

**透明传输**实际上就是随便什么字符都可以传输。但设想一下，我们在帧中传送的字符中出现了一个控制字符"EOT"，那么接收端收到这样的数据后，就会将原来的 SOH 和数据中的"EOT"错误地解释为一个帧，这样一来对后面剩下的字符根本就无法解释了（如图 Q-3-5(a)所示）。

像这样的传输显然就不是"透明传输"，因为当遇到数据中的字符"EOT"时就传不过去了，它被接收端解释为控制字符。实际上，此处的字符"EOT"并非控制字符而是一般数据。

为了解决透明传输问题，就必须设法将**数据中**可能出现的"SOH"和"EOT"在接收端不解释为控制字符。方法是：当数据中出现字符"SOH"或"EOT"时，就将其**转换为另一个字符**，而这个字符是不会被错误解释的。但所有字符都有可能在数据中出现。于是就想出了这样的办法：将数据中出现的字符"SOH"转换为"ESC""x"这样两个字符，将数据中出现的字符"EOT"转换为"ESC""y"这样两个字符。而当数据中出现了控制字符"ESC"时，就将其转换为"ESC""z"这样两个字符。这种转换方法能够使接收端将收到的数据正确地还原为原来的数据。"ESC"是**转义符**，它的十六进制编码是 1B。

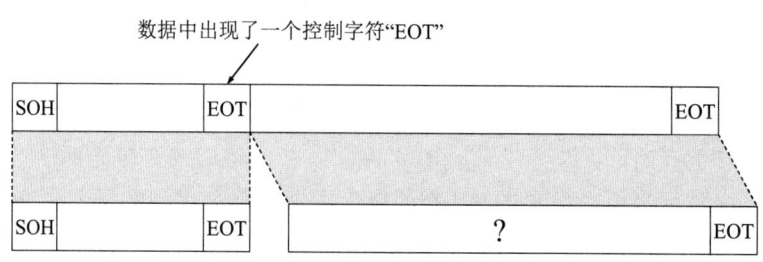

图 Q-3-5(a)　出现无法解释的帧

下图表示在数据中出现了四个控制字符"ESC""EOT""ESC""SOH"。按以上规则转换后的数据如图 Q-3-5(b)所示。

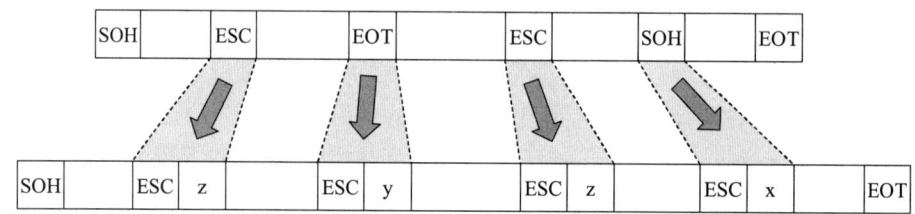

图 Q-3-5(b)　插入控制字符 ESC

读者可以很容易地看出，在接收端只要按照以上转换规则进行相反的转换，就能够还原出原来的数据（例如遇到"ESC""z"就还原为"ESC"）。

以上就是实现透明传输的原理。

**问题 3-6**．为什么计算机进行通信时总是需要发送缓存和接收缓存？

**解答**：当计算机的两个进程（在同一台机器中或在两个不同的机器中）进行通信时，如果发送进程将数据直接发送给接收进程，那么这两个动作（一个是发送，另一个是接收）是非常难以协调好的。这是因为计算机的动作很快，如果在某一时刻接收进程开始执行接收的动作，但发送进程的发送动作稍微早了一点或稍微晚了一点（在收发双方事先未进行同步的情况下，发送时刻不可能**恰好**和接收时刻**精确地重合**），都会使接收失败。因此，在计算机进程之间的通信过程中，广泛使用缓存。

缓存就是在计算机的存储器中设置的一个临时存放数据的空间。发送进程将欲发送的数据先写入缓存，然后接收进程在合适的时机读出这些数据。

缓存有点像邮局在街上设立的邮筒。我们可以在方便时将欲发送的信件丢到邮筒中。邮局的邮递员按照他的计划在适当时候打开邮筒，将大家投入的信件取走，交到邮局，进行下一步处理。

缓存可以很好地解决发送速率和接收速率不一致的矛盾，还可以很方便地进行串并转换，即比特流串行写入并行读出，或并行写入串行读出。

缓存也可称为"缓冲"或"缓冲区"。英文就是 buffer。

**问题 3-7**．以太网使用载波监听多点接入碰撞检测协议 CSMA/CD。频分复用 FDM 使用载波。以太网有没有使用频分复用？

**解答**：在通信领域，在大多数情况下，Carrier 的标准译名是"载波"。但对于以太网，总线上根本没有采用频分复用 FDM，因此也没有什么"载波"。其实英语 Carrier 有多种意思，如"承运器""传导管"或"运载工具"等。因此在以太网中，把 Carrier 译为"**载体**"或"**媒体**"可能更加准确些。也就是说，Carrier Sense 更加准确的译名应当是"载体检测"或"媒体检测"。但考虑到"载波"这个译名已经在我国广泛流行了好几十年，本书也就继续使用这个不太准确的译名。

**问题 3-8**．在以太网中，不同的传输媒体会产生不同的传播时延吗？

**解答**：是的。在以太网中，不同的传输媒体会产生不同的传播时延。表 Q-3-8 是典型的测量结果。

表 Q-3-8　电磁波在不同传输媒体中的传播速度

| 传输媒体 | 电磁波在该媒体中的传播速度 |
|---|---|
| 粗缆（同轴电缆） | $0.77c$ ($2.31 \times 10^5$ km/s) |
| 细缆（同轴电缆） | $0.65c$ ($1.95 \times 10^5$ km/s) |
| 双绞线 | $0.59c$ ($1.77 \times 10^5$ km/s) |
| 光纤 | $0.66c$ ($1.98 \times 10^5$ km/s) |
| AUI 电缆 | $0.65c$ ($1.95 \times 10^5$ km/s) |

表中，c 是光在真空中的传播速度，即 $3.0 \times 10^5$ km/s。

**问题 3-9**．在以太网中发生碰撞是否说明这时出现了某种故障？

**解答**：还不能这样看。

以太网中发生碰撞是很正常的现象。发生碰撞只是表明在以太网上同时有两个或更多的站在发送数据。碰撞的结果是这些站所发送的数据都没有用了，都必须进行重传。以太网上发生碰撞的机会是多还是少，与以太网上的通信量强度有很大的关系。这并没有一个绝对的定量的准则，很难说具有多大的碰撞次数就属于坏的以太网。

**问题 3-10**．从什么地方可以查阅到以太网帧格式中的"类型"字段？它是怎样分配的？

**解答**：可到下面的 URL 查阅：

http://www.iana.org/assignments/ethernet-numbers

**问题 3-11**．是什么原因使以太网有一个最小帧长和最大帧长？

**解答**：我们知道，在以太网上发送一个帧时，并非全网都能瞬时地检测出这个帧的发送。

这是因为电磁波在以太网上的传播速度是有限的。当某个站刚刚发送数据后不久就检测到发生冲突时，就必须丢弃这个受到损伤的帧。这种帧就是因发生碰撞而异常中止的短帧。如果一个站只有非常少的数据要发送，帧就会很短。如果让这种帧在以太网上传送，那么就无法和因发生碰撞而异常中止的短帧相区分。前者是有用的帧，而后者是无用的帧。

设置最小帧长就是为了区分开这两种情况。对于有用的非常短的帧，以太网标准规定要在数据部分进行填充，使其长度达到以太网标准规定的最小帧长的长度。因发生碰撞而异常中止的短帧的长度肯定都小于最小帧长的长度。

如果以太网上偶尔出现噪声，也会形成很短的帧，其长度也小于以太网标准规定的最小帧长的长度。规定了最小帧长就可以把由噪声产生的短帧丢弃。

设置最大帧长是为了保证各个站都能公平竞争接入到以太网。因为如果某个站发送特长的数据帧，则其他的站就必须等待很长的时间才能发送数据。

**问题 3-12.** 在双绞线以太网中，其连接导线只需要两对线：一对线用于发送，另一对线用于接收。但现在的标准使用 RJ-45 连接器。这种连接器有 8 根针脚，一共可连接 4 对线，这是否有些浪费？是否可以不使用 RJ-45 而使用 RJ-11？

**解答：** 对于 10BASE-T 以太网，的确只使用两对线。这样在 RJ-45 连接器中就空出来 4 根针脚。对于 100BASE-T4 快速以太网，则要用到 4 对线，即 8 根针脚都要用到。

顺便指出，采用 RJ-45 而不采用电话线的 RJ-11 也是为了避免将以太网的连接线插头错误地插进电话线的插孔内。另外，RJ-11 只有 6 根针脚，而 RJ-45 有 8 根针脚。这两种连接器在形状上的区别如图 Q-3-12 所示。可以看出，插头 RJ-45 要比插头 RJ-11 略大一些。

图 Q-3-12　插头 RJ-45 和插头 RJ-11

**问题 3-13.** RJ-45 连接器对 8 根针脚的编号有什么规定？

**解答：** RJ-45 连接器包括一个插头和一个插孔（或插座）。插孔安装在机器上，而插头和连接导线（这里以无屏蔽双绞线的 5 类线为例）相连。EIA/TIA 制定的布线标准规定了 8 根针脚的编号。

如果看插孔，使针脚接触点在插孔上方，那么最左边是①，最右边是⑧（如图 Q-3-13(a) 所示）。

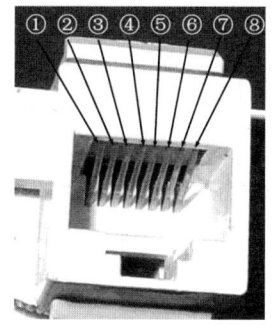

图 Q-3-13(a)　RJ-45 的插孔

如果看插头,将插头的末端面对眼睛,使针脚接触点在插头的下方,那么最左边是①,最右边是⑧(如图 Q-3-13(b)所示)。请注意,有的文献将插头编号的①指定为最右边的针脚,这是因为他们将插头的针脚接触点画在插头上方(和我们给出的图相比正好旋转了 180 度),但实际上指的还是同样的针脚。

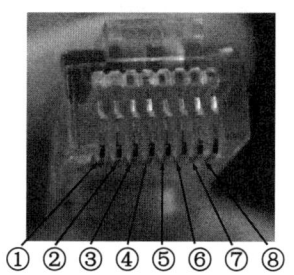

图 Q-3-13(b)　RJ-45 的插头

在 10 Mbit/s 和 100 Mbit/s 以太网中只使用两对导线。也就是说,只使用 4 根针脚。那么我们应当将导线连接到哪 4 根针脚呢?

现在标准规定使用表 Q-3-13 中的 4 根针脚(1,2,3 和 6),1 和 2 用于发送,3 和 6 用于接收。

表 Q-3-13　RJ-45 的针脚的用途

| 针脚 1 | 发送+ | 针脚 5 | 不使用 |
|---|---|---|---|
| 针脚 2 | 发送− | 针脚 6 | 接收− |
| 针脚 3 | 接收+ | 针脚 7 | 不使用 |
| 针脚 4 | 不使用 | 针脚 8 | 不使用 |

**问题 3-14.** 剥开 5 类线的外塑料保护套管就可以看见不同颜色的 4 对双绞线。哪一根线应当连接到哪一个针脚呢?

**解答:** EIA/TIA-568 标准规定了两种连接标准(并没有实质上的差别),即 EIA/TIA-568A 和 EIA/TIA-568B。这两种标准的连接方法如图 Q-3-14 所示。

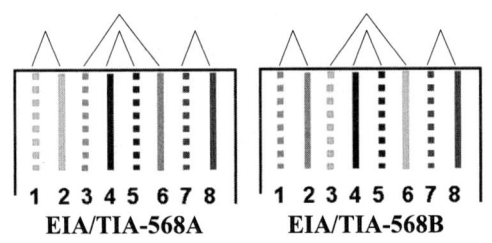

图 Q-3-14 两种连接标准的连接方法

图中上方的折线表示这两根针脚连接的是一对双绞线。
EIA/TIA-568A 规定的连接方法是：

1—— 白–绿（就是白色的外层上有些绿色，表示和绿色的是一对线）

2—— 绿色

3—— 白–橙（就是白色的外层上有些橙色，表示和橙色的是一对线）

4—— 蓝色

5—— 白–蓝（就是白色的外层上有些蓝色，表示和蓝色的是一对线）

6—— 橙色

7—— 白–棕（就是白色的外层上有些棕色，表示和棕色的是一对线）

8—— 棕色

EIA/TIA-568B 规定的连接方法是：

1—— 白–橙

2—— 橙色

3—— 白–绿

4—— 蓝色

5—— 白–蓝

6—— 绿色

7—— 白–棕

8—— 棕色

在通常的工程实践中，EIA/TIA-568B 使用得较多。不管使用哪一种标准，一根 5 类线的两端必须都使用同一种标准。

这里特别要强调一下，线序是不能随意改动的。例如，从上面的连接标准来看，1 和 2 是一对线，而 3 和 6 又是一对线。但如果我们将以上规定的线序弄乱，例如，将 1 和 3 用作发送的一对线，而将 2 和 4 用作接收的一对线，那么这些连接导线的抗干扰能力就会下降，误码率就可能增大，这样就不能保证以太网的正常工作。

**问题 3-15.** 将 5 类线电缆与 RJ-45 插头连接起来的具体操作步骤是怎样的？

**解答：** 这要按照以下步骤进行（见图 Q-3-15）。

> 关于 RJ-45 连接器 8 根针脚的编号规定见问题 3-13。
> 关于不同颜色的 4 对双绞线应当连接到哪一个针脚的规定见问题 3-14。

步骤 1：准备好 5 类线、RJ-45 插头和一把专用的压线钳。

步骤 2：用压线钳的剥线刀口将 5 类线的外保护套管划开（小心不要将里面的双绞线的绝缘层划破），刀口距 5 类线的端头至少 2 厘米。
步骤 3：将划开的外保护套管剥去（旋转、向外抽）。
步骤 4：露出 5 类线电缆中的 4 对双绞线。
步骤 5：按照 EIA/TIA-568B 标准和导线颜色将导线按规定的序号排好。
步骤 6：将 8 根导线平坦整齐地平行排列，导线间不留空隙。
步骤 7：准备用压线钳的剪线刀口将 8 根导线剪断。
步骤 8：剪断导线。请注意：一定要剪得很整齐，剥开的导线长度不可太短（可以先留长一些），不要剥开每根导线的绝缘外层。
步骤 9：将剪断的导线放入 RJ-45 插头试试长短（要插到底），导线的外保护层最后应能够在 RJ-45 插头内的凹陷处被压实。反复进行调整。
步骤 10：在确认一切都正确后（特别要注意不要将导线的顺序排列反了），将 RJ-45 插头放入压线钳的压头槽内，准备最后压实。
步骤 11：双手紧握压线钳的手柄，用力压紧。
步骤 12：在上一步骤完成后，插头的 8 个针脚接触点就穿过导线的绝缘外层，分别和 8 根导线紧紧地压接在一起。
步骤 13：完成。

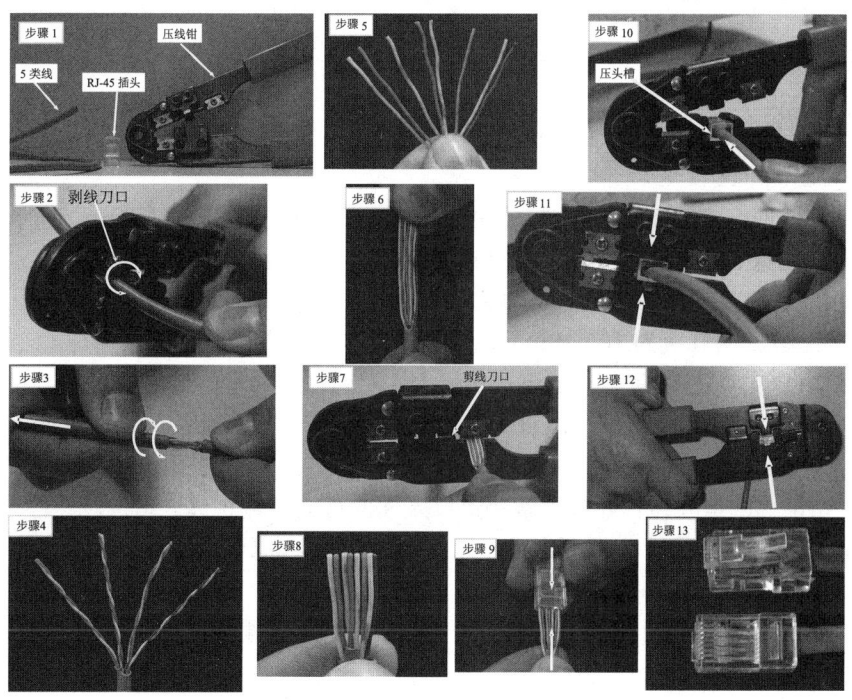

图 Q-3-15　将 5 类线电缆与 RJ-45 插头连接起来的步骤

问题 3-16．不用集线器或以太网交换机，能否将两台计算机用带有 RJ-45 插头的 5 类线电缆直接连接起来？

**解答**：可以。但应当注意的是，在这种情况下，电缆线两个 RJ-45 插头中的一个与导线的连接方法要改变一下,使得从一台计算机发送出来的信号能够直接进入到另一台计算机的接收针脚。具体的连接方法如图 Q-3-16 所示。

电缆线的一端　　　电缆线的另一端
针脚 1————针脚 3
针脚 2————针脚 6
针脚 3————针脚 1
针脚 6————针脚 2

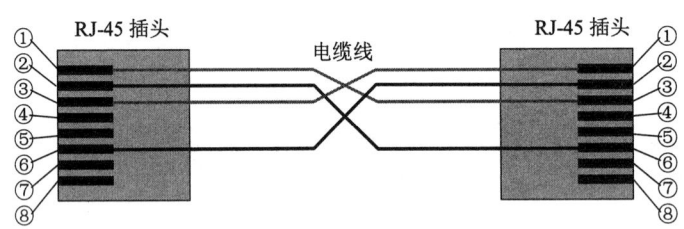

图 Q-3-16　两个 RJ-45 插头交叉连接的方法

**问题 3-17．** 使用屏蔽双绞线电缆 STP 安装以太网,是否可获得更好的效果？

**解答：** 是的。但屏蔽双绞线电缆比无屏蔽双绞线电缆贵,在施工安装上难度较大,而且需要提供屏蔽接地,因此使用的插头与 RJ-45 不同,安装也要复杂些。

**问题 3-18．** 如果将已有的 10 Mbit/s 以太网升级到 100 Mbit/s,试问原来使用的连接导线是否还能继续使用？

**解答：** 只要原来 10 Mbit/s 以太网使用的是 5 类线,就可以继续用在 100 Mbit/s 中。

但一定要注意 RJ-45 连接线的线序必须是符合标准规定的。如果不按照标准线序制作网线,那么在某些情况下（例如网线很短的 10 Mbit/s 以太网）,也许还勉强可以工作；但在这种情况下将 10 Mbit/s 以太网升级为 100 Mbit/s 以太网,就很可能无法正常工作。

**问题 3-19．** 使用 5 类线的 10BASE-T 以太网的最大传输距离是 100 m。但听到有人说,他使用 10BASE-T 以太网传送数据的距离达到 180 m。这可能吗？

**解答：** 可能。这是因为有许多因素决定以太网的最大传输距离。当一些具体条件（如导线的电阻、实际的信噪比等）发生变化时,以太网的最大传输距离就会变化。

**问题 3-20．** 粗缆以太网有一个单独的收发器。细缆以太网和双绞线以太网有没有收发器？如果有,都在什么地方？

**解答：** 细缆以太网和双绞线以太网都把收发器做在网卡上。

**问题 3-21．** 什么叫作"星形总线(star-shaped bus)"或"盒中总线(bus-in-a-box)"？

**解答：** 这都是指使用集线器的双绞线以太网,因为这种以太网在逻辑上和总线以太网一样,都使用 CSMA/CD 协议,而总线是看不见的,因为集线器中的逻辑电路（好像装在一个盒子中）实现了总线的功能。

**问题 3-22.** 以太网的覆盖范围受限的一个原因是：如果站点之间的距离太大，那么由于信号传输时会衰减得很多因而无法对信号进行可靠的接收。试问：如果我们设法提高发送信号的功率，是否就可以增大以太网的通信距离？

**解答：** 不行。能否正确接收信号并非取决于信号的绝对功率大小，而是取决于信噪比。以太网信道中的噪声主要是其他双绞线中的信号通过电磁感应所造成的。如果所有的站都提高信号的发送功率，那么这种噪声功率也随之增大，结果信噪比并未提高，因而并没有降低误码率，所以增大信号的发送功率是不能增大以太网的通信距离的。

**问题 3-23.** 一个大学能否只使用一个很大的局域网，而不使用许多相互连接的较小的局域网？

**解答：** 一般不会使用一个很大的局域网。这是因为使用一个很大的局域网有许多问题：
(1) 一个局域网可能无法覆盖整个大学的地理范围。
(2) 一个大学需要联网的计算机数量可能超过一个局域网所容许接入的计算机的最大数量。
(3) 很大的局域网不便于管理。
(4) 过大的局域网常常会产生"广播风暴"，影响局域网的正常工作。

因此，一个大学的校园网通常并不是一个单个的大局域网而是一个互连网，这个互连网是由许多较小的局域网通过一些路由器互连而成的。

**问题 3-24.** 一个 10 Mbit/s 以太网若工作在全双工状态，那么其数据率是发送和接收各为 5 Mbit/s 还是发送和接收各为 10 Mbit/s？

**解答：** 各为 10 Mbit/s。

**问题 3-25.** 一个单个的以太网上所使用的网桥数目有没有上限？

**解答：** 网桥仍然使用 CSMA/CD 协议，因此，从原理上讲，以太网似乎不应当对网桥的数目有什么限制。但是要知道，每一个网桥会引入一帧的时延。因此，以太网上的网桥太多就会影响到以太网的性能。

**问题 3-26.** 当我们在 PC 上插上以太网适配器（网卡）后，是否还必须编制以太网所需的 MAC 协议的程序？

**解答：** 不需要。以太网所需的 MAC 协议的程序都已经固化在适配器（网卡）上的 ROM 中，而且也无法更改。不过现在所有的 PC（包括笔记本电脑在内）都已经在主板上包含了以太网适配器，因此不用从外部插入以太网适配器（网卡）了。

**问题 3-27.** 使用网络分析软件可以分析出所捕获到的每一个帧的首部中各个字段的值，但是有时却无法找出 LLC 帧首部的各字段的值。这是什么原因？

**解答：** 当 MAC 帧的长度/类型字段的值大于 0x0600（相当于十进制的 1536）时，长度/类型字段表示类型，而这样的帧就不使用 LLC 帧，当然也就无法得出 LLC 帧首部的各字段的值。例如，在互联网中的 IP 数据报从 TCP/IP 体系中的网络层传送到下面的以太网时，往往直接将 IP 数据报封装到 MAC 帧中，而不使用 LLC 子层。

**问题 3-28**. 整个 IEEE 802 委员会现在一共有多少个工作组？

**解答**：整个 IEEE 802 委员会下属的工作组(Working Group，WG)先后共有二十来个，但大部分均已过时，即不再活动了。截至 2020 年 7 月，仍在活动的工作组只剩下以下 5 个。

802.1：高层局域网协议工作组(Higher Layer LAN Protocols Working Group)；
802.3：以太网工作组(Ethernet Working Group)；
802.11：无线局域网工作组(Wireless LAN Working Group)；
802.15：无线个人区域网工作组(Wireless Personal Area Network (WPAN) Working Group)；
802.19：无线共存工作组(Wireless Coexistence Working Group)。

**问题 3-29**. 在一些文献和教材中，可以见到关于以太网的"前同步码"(preamble)有两种不同的说法。一种说法是：前同步码共 8 个字节。另一种说法是：前同步码共 7 个字节，而在前同步码后面还有一个字节的"帧开始定界符"SFD (Start-of-Frame Delimiter)。那么哪一种说法是正确的呢？

**解答**：都正确。

前一种说法出自最初的以太网标准（即 DIX 标准），在这个标准中定义了以太网的前同步码的 8 个字节。

但以后 IEEE 的 802.3 标准将原来 8 个字节的前同步码拆为两个字段。前一个字段仍叫作**前同步码**，共 7 个字节，它就是原来 8 个字节的前同步码中的前 7 个字节。后一个字段叫作**帧开始定界符** SFD，只有一个字节长，它就是原来 8 个字节的前同步码中的最后一个字节。

这两种定义只是字段的名字不同，而 8 个字节的值都是完全一样的。

**问题 3-30**. 802.3 标准共包含多少种协议？

**解答**：802.3 标准太多了，网上很容易查到。例如，下面的链接就可查到 802.3 有哪些工作组，以及有哪些协议，等等。

http://www.ieee802.org/3/

**问题 3-31**. 在 802.3 标准中有没有对**人为干扰信号**(jamming signal)制定出标准呢？

**解答**：没有。但很多厂家采用 32 位或 48 位长的 1 和 0 交替的比特块作为人为干扰信号（1010…或 0101…）。

**问题 3-32**. 在以太网中，有没有可能在发送了 512 bit (64 B)以后才发生碰撞？

**解答**：有可能。但这是一种不正常的情况（发生一般的碰撞，属于网络正常工作的情况），叫作"**迟到的碰撞**"(late collision)。

产生迟到的碰撞是因为网络覆盖的地理范围太大了，以致人为干扰信号在网络上传播的时间太长，使得有的站在发送 512 bit (64 B)以后才知道在以太网上发生了碰撞。这时该站就立即停止发送数据，但已经发送出去的数据长度却超过了以太网规定的最短长度(64 B)。这种大于

64 字节的 MAC 帧属于合法的帧，接收端必须将它收下来。当然，在进行差错检测后就可发现这是个有差错的帧，最后还是会将它丢弃。这时，要由高层来进行重传，结果浪费了时间。如果能够及时发现碰撞，则 MAC 层协议会自动对该帧进行重传，这显然要节省一些时间。

**问题 3-33.** 在有的文献中会见到 Runt 和 Jabber 这两个名词，它们是什么意思？

**解答：** Runt 一词的意思是：发育不全的矮小的植物（或动物）。在以太网中就是指长度小于 64 字节的无效帧（因为及时检测到碰撞而终止继续发送数据）。

Jabber 一词的意思是：急促不清的话，闲聊。在以太网中就是指长度超过 1518 字节的无效帧（其 CRC 检验也是有差错的）。这种帧的出现一般是由于网卡有硬件故障导致的。

**问题 3-34.** 当局域网刚刚问世时，总线型以太网被认为可靠性比星形结构的网络好。但现在以太网又回到了星形结构，使用集线器作为交换节点。那么以前的看法是否有些不正确？

**解答：** 不是这样的。

最初大家认为星形结构的网络的可靠性较差。但那是 20 世纪 70 年代中期的看法。那时大规模集成电路刚刚起步，集成度还不高，因此若要制作出非常可靠的星形结构的网络交换机，则其费用将是很高的。这就是说，在当时的历史条件下，还很难用廉价的方法实现高可靠性的网络交换机。所以，在 20 世纪 70 年代中期采用无源总线结构的以太网确实是比较经济实用的。因此，总线型以太网一问世就受到广大用户的欢迎，并获得了很快的发展。

然而，随着以太网上站点数目的增多，由接头数目增多而造成的可靠性下降的问题逐渐暴露出来了。与此同时，大规模集成电路以及专用芯片的发展使得星形结构的集中式网络可以做得既便宜又可靠。在这种情况下，星形结构的集中式网络终于又成为以太网的首选拓扑。现在已很少有人使用老式的总线型以太网了。

# 习题与解答

**【3-01】** 数据链路（即逻辑链路）与链路（即物理链路）有何区别？"链路接通了"与"数据链路接通了"的区别何在？

**解答：** 所谓链路就是从一个节点到相邻节点的一段物理线路，而中间没有任何其他的交换节点。在进行数据通信时，两个计算机之间的通信路径往往要经过许多段这样的链路。可见链路只是一条路径的组成部分。链路接通了，表示物理链路接通了。

数据链路则是另一个概念。这是因为当需要在一条线路上传送数据时，除了必须有一条物理线路，还必须有一些必要的通信协议来控制这些数据的传输。若把实现这些协议的硬件和软件加到链路上，就构成了数据链路。现在最常用的方法是使用网络适配器（如拨号上网使用拨号适配器，以及通过以太网上网使用局域网适配器）来实现这些协议的硬件和软件。一般的适配器都包括了数据链路层和物理层这两层的功能。

也有人采用另外的术语。这就是把链路分为物理链路和逻辑链路。物理链路就是上面所说的链路，而逻辑链路就是上面的数据链路，是物理链路加上必要的通信协议。

**【3-02】** 数据链路层中的链路控制包括哪些功能？试讨论数据链路层做成可靠的链路层有哪些优点和缺点。

**解答：** 链路控制的主要功能有三个：(1) 封装成帧；(2) 透明传输；(3) 差错检测。

数据链路层做成可靠的链路层，就表示从源主机到目的主机的整个通信路径中的每一段链路的通信都是可靠的。这样做的优点是可以使网络中的某个节点及早发现传输中出了差错，因而可以通过数据链路层的重传来纠正这个差错。如果数据链路层不做成可靠的链路层，那么当网络中的某个节点发现收到的帧有差错时（不管数据链路层是否做成可靠的，这个检查差错的步骤总是要有的），就仅仅丢弃有差错的帧，而并不通知发送节点重传出现差错的帧。只有当目的主机的高层协议（例如，运输层协议 TCP）发现了这个错误时，才通知源主机重传出现差错的数据。但这时已经较迟了，可能要重传较多的数据（包括没有出差错的数据），对网络资源有些浪费。

但是，有时高层协议使用的是不可靠的传输协议 UDP。UDP 并不要求重传有差错的数据。在这种情况下，如果数据链路层做成可靠的链路层，那么在某些情况下并不会带来更多的好处（例如，当高层传送实时音频或视频信号时）。换言之，增加了可靠性，牺牲了实时性，有时反而是不合适的。

**【3-03】** 网络适配器的作用是什么？网络适配器工作在哪一层？

**解答：** 适配器又称为网络接口卡或简称为"网卡"。在适配器上面装有处理器和存储器（包括 RAM 和 ROM）。适配器和局域网之间的通信是通过电缆或双绞线以串行传输方式进行的，而适配器和计算机之间的通信则是通过计算机主板上的 I/O 总线以并行传输方式进行的。因此，适配器的一个重要功能就是要进行数据串行传输和并行传输的转换。由于网络上的数据率和计算机总线上的数据率并不相同，因此在适配器中必须装有对数据进行缓存的存储器。若在主板上插入适配器时，还必须把管理该适配器的设备驱动程序安装在计算机的操作系统中。这个驱动程序以后就会告诉适配器，应当从存储器的什么位置把多长的数据块发送到局域网，或者应当在存储器的什么位置把局域网传送过来的数据块存储下来。适配器还要能够实现以太网协议。

适配器接收和发送各种帧时不使用计算机的 CPU。这时 CPU 可以处理其他任务。当适配器收到有差错的帧时，就把这个帧丢弃而不必通知计算机。当适配器收到正确的帧时，它就使用中断来通知该计算机并交付协议栈中的网络层。当计算机要发送 IP 数据报时，就由协议栈把 IP 数据报向下交给适配器，组装成帧后发送到局域网。

**【3-04】** 数据链路层的三个基本问题（封装成帧、透明传输和差错检测）为什么都必须加以解决？

**解答：** 封装成帧就是在一段数据的前后分别添加首部和尾部（在首部和尾部里面有许多必要的控制信息），这样就构成了一个帧。接收端在收到物理层上交的比特流后，就能根据首部和尾部的标记，从收到的比特流中识别帧的开始和结束。

所谓"透明传输"就是上层交下来的数据，不管是什么形式的比特组合，都必须能够正确传送。由于帧的开始和结束标记使用专门指明的控制字符，因此，所传输的数据中的任何比特组合一定不允许和用作帧定界的控制字符的比特编码一样，否则就会出现帧定界的错误。数据链路层不应当对要传送的数据提出限制，即不应当规定某种形式的比特组合不能够传送。

如果数据链路层没有差错检测，那么当目的主机收到其他主机发送来的数据时，在交给高层后，如果应用程序要求收到的数据必须正确无误，那么目的主机的高层软件可以对收到的数据进行差错检测。如果发现数据中有差错，就可以请求源主机重传这些数据。这样做就可以达到正确接收数据的目的。但这种工作方式有一个很大的缺点，就是一些在传输过程中出现了错误的数据（请注意，这些已经是没有用处的数据）还会继续在网络中传送，这样就浪费了网络的资源。例如，源主机到目的主机的路径中共有 20 个节点。在传送数据时，第一个节点就检测出了差错。如果数据链路层有差错检测的功能，就可以把这个有差错的帧丢弃，以后就不再传送了。否则这个没有用处的帧还要在网络上继续传送，还要陆续通过后面的 19 个节点，这就造成了网络资源的浪费。

【3-05】 如果在数据链路层不进行封装成帧，会发生什么问题？

**解答**：如果在数据链路层不进行封装成帧，那么数据链路层在收到一些数据时，就无法知道对方传送的数据中哪些是数据，哪些是控制信息，甚至数据中有没有差错也不清楚（因为无法进行差错检测）。数据链路层也无法知道数据传送结束了没有，因此不知道应当在什么时候把收到的数据交给上一层。

【3-06】 PPP 协议的主要特点是什么？为什么 PPP 不使用帧的编号？PPP 适用于什么情况？为什么 PPP 协议不能使数据链路层实现可靠传输？

**解答**：PPP 协议具有以下特点。

(1) 简单：PPP 协议很简单。接收方每收到一个帧，就进行 CRC 检验。如 CRC 检验正确，就收下这个帧；反之，就丢弃这个帧，其他什么也不做。

(2) 封装成帧：PPP 协议规定了特殊的字符作为帧定界符，以便使接收端能从收到的比特流中准确地找出帧的开始和结束位置。

(3) 透明性：PPP 协议能够保证数据传输的透明性。如果数据中碰巧出现了和帧定界符一样的比特组合，PPP 规定了一些措施来解决这个问题

(4) 支持多种网络层协议：PPP 协议支持多种网络层协议（如 IP 和 IPX 等）在同一条物理链路上的运行。当点对点链路所连接的是局域网或路由器时，PPP 协议必须同时支持在链路所连接的局域网或路由器上运行的各种网络层协议。

(5) 支持多种类型链路：PPP 能够在多种类型的链路上运行。例如，串行的（一次只发送一个比特）或并行的（一次并行地发送多个比特），同步的或异步的，低速的或高速的，电的或光的，交换的（动态的）或非交换的（静态的）点对点链路。

PPP 不使用帧的编号，因为帧的编号是为了出错时可以有效地重传，而 PPP 并不需要实现可靠传输。

PPP 适用于线路质量不太差的情况。如果通信线路质量太差，传输就会频频出错。但 PPP 又没有编号和确认机制，这样就必须靠上层的协议（有编号和重传机制）才能保证数据传输正确无误。这样就会使数据的传输效率降低。

【3-07】要发送的数据为 1101011011。采用 CRC 的生成多项式是 $P(X) = X^4 + X + 1$。试求应添加在数据后面的余数。

若要发送的数据在传输过程中最后一个 1 变成了 0，即变成了 1101011010，问接收端能否发现？

若要发送的数据在传输过程中最后两个 1 都变成了 0，即变成了 1101011000，问接收端能否发现？

采用 CRC 检验后，数据链路层的传输是否就变成了可靠的传输？

**解答**：采用 CRC 的生成多项式是 $P(X) = X^4 + X + 1$，用二进制表示就是 $P = 10011$。现在除数是 5 位，因此在数据后面添加 4 个 0 就得出被除数（如图 T-3-07(a)所示）。

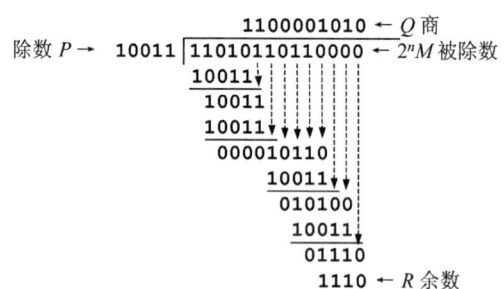

图 T-3-07(a)  计算余数

除法运算得出的余数 $R$ 就是应当添加在数据后面的检验序列：1110。

现在要发送的数据在传输过程中最后一个 1 变成了 0，即 1101011010。把检验序列 1110 接在数据 1101011010 的后面，下一步就是进行 CRC 检验（如图 T-3-07(b)所示）。

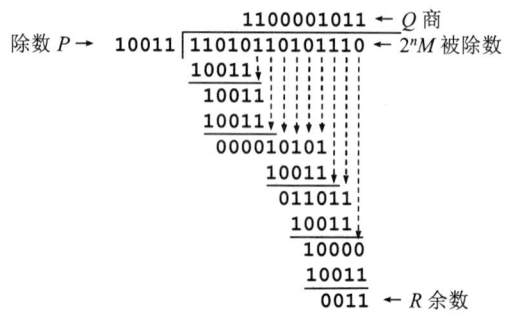

图 T-3-07(b)  出现一个差错的 CRC 检验

从图 T-3-07(b)可看出，余数 R 不为零，因此判定所接收的数据有差错。可见，这里的 CRC 检验可以发现这个差错。

若要发送的数据在传输过程中最后两个 1 都变成了 0，即 1101011000。把检验序列 1110 接在数据 1101011000 的后面，下一步就是进行 CRC 检验（如图 T-3-07(c)所示）。

现在余数 R 不为零，因此判定所接收的数据有差错。可见，这里的 CRC 检验可以发现这个差错。

采用 CRC 检验后，数据链路层的传输并非变成了可靠的传输。当接收方进行 CRC 检验时，如果发现有差错，就简单地丢弃这个帧。数据链路层并不能保证接收方接收到的和发送方发送的完全一样。

```
                    1100001001 ← Q 商
       除数 P → 10011|11010110001110 ← 2ⁿM 被除数
                    10011
                    10011
                    10011
                     000010001
                         10011
                         001011
                         00000
                          10110
                          10011
                           0101 ← R 余数
```

图 T-3-07(c)　出现两个差错的 CRC 检验

**【3-08】** 要发送的数据为 101110。采用 CRC 的生成多项式是 $P(X) = X^3 + 1$。试求应添加在数据后面的余数。

**解答：** CRC 的生成多项式是 $P(X) = X^3 + 1$，因此用二进制表示的除数 $P = 1001$。除数是 4 位，在数据后面要添加 3 个 0。

进行 CRC 运算后，得出余数 $R = 011$（如图 T-3-08 所示）。

```
                 101011 ← Q 商
   除数 P → 1001|101110000 ← 2ⁿM 被除数
                 1001
                  1010
                  1001
                   1100
                   1001
                    1010
                    1001
                     011 ← R 余数
```

图 T-3-08　计算 CRC 检验的余数

**【3-09】** 一个 PPP 帧的数据部分（用十六进制写出）是 7D 5E FE 27 7D 5D 7D 5D 65 7D 5E。试问真正的数据是什么（用十六进制写出）？

**解答：** 把由转义符 7D 开始的 2 字节序列用下画线标出：

<u>7D 5E</u> FE 27 <u>7D 5D</u> <u>7D 5D</u> 65 <u>7D 5E</u>

7D 5E 应当还原成为 7E。

7D 5D 应当还原成为 7D。

因此，真正的数据部分是：7E FE 27 7D 7D 65 7E

**【3-10】** PPP 协议使用同步传输技术传送比特串 0110111111111100。试问经过零比特填充后变成怎样的比特串？若接收端收到的 PPP 帧的数据部分是 0001110111110111110110，试问删除发送端加入的零比特后会变成怎样的比特串？

**解答：** 第一个比特串 0110111111111100：

零比特填充就是在一连 5 个 1 之后必须插入一个 0。

经过零比特填充后变成 011011111<u>0</u>011111<u>0</u>00（加下画线的 0 是填充的）

另一个比特串 0001110111110111110110：

删除发送端加入的零比特，就是把一连 5 个 1 后面的 0 删除。因此，删除发送端加入的零比特后就得出：000111011111-11111-110（连字符表示删除了0）。

**【3-11】** 试分别讨论以下各种情况在什么条件下是透明传输，在什么条件下不是透明传输。（提示：请弄清什么是"透明传输"，然后考虑能否满足其条件。）
(1) 普通的电话通信。
(2) 互联网提供的电子邮件服务。

**解答：** 两种情况分析如下。

(1) 由于电话系统的带宽有限，而且还有失真，因此电话机两端的输入声波和输出声波是有差异的。从"传送声波"这个意义上讲，普通的电话通信并不是透明传输。但从"听懂说话的意思"来讲，则基本上是透明传输。但有时个别语音也会听错，如单个数字 1 和 7 在电话中区别甚小。如果通话的一方说"1"，而另一方听成是"7"，那么这就不能算是透明传输。

(2) 一般说来，电子邮件是透明传输。但有时不是。因为国外有些邮件服务器为了防止垃圾邮件，将来自某些域名（如.cn）的邮件一律阻拦掉。这就不是透明传输。有些邮件的附件在收件人的电脑上打不开。这也不是透明传输。

**【3-12】** PPP 协议的工作状态有哪几种？当用户要使用 PPP 协议和 ISP 建立连接进行通信时，需要建立哪几种连接？每一种连接解决什么问题？

**解答：** PPP 协议的工作状态有六种，这几个状态图之间的关系如图 T-3-12 所示。

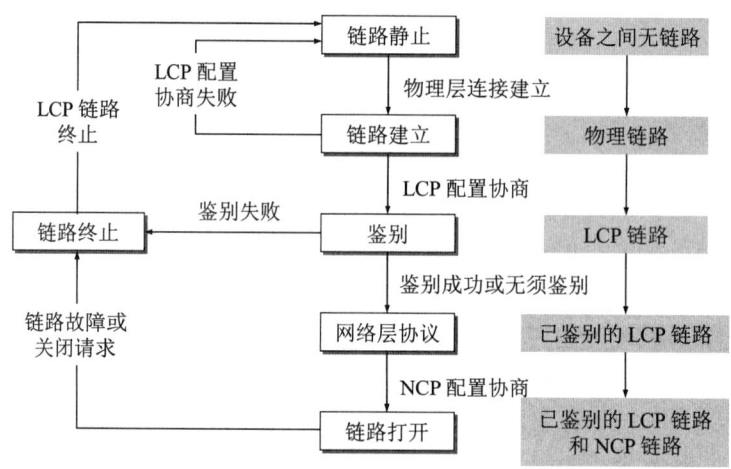

图 T-3-12 PPP 协议的状态转换图

当用户要使用 PPP 协议和 ISP 建立连接进行通信时，需要建立两种连接。

第一种连接是物理层连接，见图 T-3-12 中从"链路静止"到"链路建立"的这一过程。我们知道，只有建立了物理层连接（即物理层链路），上面的数据链路层连接才能建立。

第二种连接是数据链路层连接，即建立 LCP 链路。这时，用户 PC 向 ISP 发送一系列的 LCP 分组（封装成多个 PPP 帧），以便建立 LCP 连接。这时 LCP 开始协商一些配置选项，LCP 配置选项包括链路上的最大帧长、所使用的鉴别协议的规约（如果有的话），以及不使用 PPP 帧中的地址和控制字段（因为这两个字段的值是固定的，没有任何信息量，可以在 PPP 帧的首部中省略)。协商结束后双方就建立了 LCP 链路,接着就进入"鉴别"状态,发起通信的一方发送身份标识符和口令(系统可允许用户重试若干次)。若鉴别成功,则进入"网络层协议"状态。在"网络层协议"状态,PPP 链路两端的网络控制协议 NCP 根据网络层的不同协议互相交换网络层特定的网络控制分组。PPP 协议两端的网络层可以运行不同的网络层协议,但仍然可使用同一个 PPP 协议进行通信。如果在 PPP 链路上运行的是 IP 协议,则对 PPP 链路的每一端配置 IP 协议模块(如分配 IP 地址)时,就要使用 NCP 中支持 IP 的协议——IP 控制协议 IPCP。IPCP 分组也封装成 PPP 帧,在 PPP 链路上传送。在低速链路上运行时,双方还可以协商使用压缩的 TCP 和 IP 首部,以减少在链路上发送的比特数。

当网络层配置完毕后,链路就进入可进行数据通信的"链路打开"状态。链路的两个 PPP 端点可以彼此向对方发送分组。

**【3-13】** 局域网的主要特点是什么?为什么局域网采用广播通信方式而广域网不采用呢?

**解答:** 局域网最主要的特点是:网络为一个单位所拥有,且地理范围和站点数目均有限。局域网刚刚出现时,比广域网具有更高的数据率、更低的时延和更小的误码率。但随着光纤技术在广域网中的普遍使用,现在广域网也具有很高的数据率和很低的误码率。

局域网的地理范围较小,且为一个单位所拥有,采用广播通信方式十分简单方便。但广域网的地理范围很大,如果采用广播通信方式势必造成通信资源的极大浪费,因此广域网不采用广播通信方式。

**【3-14】** 常用的局域网的网络拓扑有哪些种类?现在最流行的是哪种结构?为什么早期的以太网选择总线拓扑结构而不使用星形拓扑结构,但现在却改为使用星形拓扑结构呢?

**解答:** 最初局域网的网络拓扑有星形网、环形网(最典型的就是令牌环形网)和总线网。但现在最流行的是星形网,其他两种已很少见了。

在局域网发展的早期,人们都认为有源器件比较容易出故障,因而无源的总线结构一定会更加可靠。星形拓扑结构的中心使用了有源器件,人们就认为这比较容易出故障,而要使这个有源器件少出故障,必须使用非常昂贵的有源器件。然而实践证明,连接有大量站点的总线型以太网,由于接插件的接口较多,反而很容易出现故障。现在使用专用的 ASIC 芯片可以把星形结构的集线器做得非常可靠,因此现在的以太网一般都使用星形结构的拓扑。

**【3-15】** 什么叫作传统以太网?以太网有哪两个主要标准?

**解答:** 传统以太网就是最早流行的 10 Mbit/s 速率的以太网。

以太网有两个标准,即 DIX Ethernet V2 标准和 IEEE 802.3 标准。

1980 年 9 月,DEC 公司、英特尔(Intel)公司和施乐公司(Xerox)联合提出了 10 Mbit/s 以太网规约的第一个版本 DIX V1 (DIX 是这三个公司名称的缩写)。1982 年又修改为第二版规约(实际上也就是最后的版本),即 DIX Ethernet V2,它成为世界上第一个局域网产品的规约。符合这个标准的局域网称为以太网。

在此基础上,IEEE 802 委员会的 802.3 工作组于 1983 年制定了第一个 IEEE 的局域网标准 IEEE 802.3（这个标准更准确的名字是 IEEE 802.3 CSMA/CD），数据率为 10 Mbit/s。802.3 局域网对以太网标准中的帧格式做了很小的一点改动,但允许基于这两种标准的硬件在同一个局域网上互操作。符合这个标准的局域网称为 802.3 局域网。

DIX Ethernet V2 标准与 IEEE 802.3 标准只有很小的差别,因此很多人也常把 802.3 局域网称为"以太网"或"基于 DIX Ethernet 技术的**类以太网**(Ethernet like)的系统"。

【3-16】数据率为 10 Mbit/s 的以太网在物理媒体上的码元传输速率（即码元/秒）是多少？

**解答**：以太网发送的数据都使用曼彻斯特**编码**的信号（如图 T-3-16 所示）。

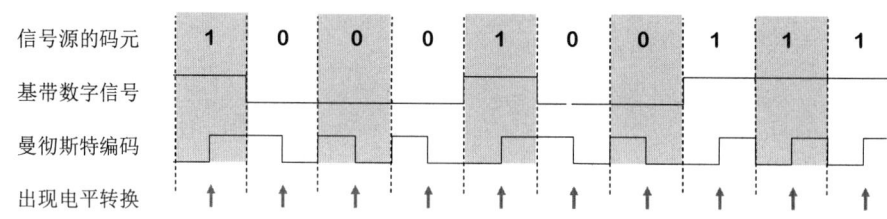

图 T-3-16　曼彻斯特**编码**的信号

从图 T-3-16 可以看出,数据率为 10 Mbit/s 的以太网就表明,在以太网适配器中,在进行曼彻斯特编码之前,基带信号每秒发送 $10 \times 10^6$ 个码元。但是经过曼彻斯特编码之后,原来的信号源的每一个码元都变成了两个码元。因此,最后经过网络适配器发送到线路上的码元速率是每秒 $20 \times 10^6$ 个码元,即速率是每秒 20 兆码元。

请注意,也有的曼彻斯特编码出现电平转换的规定正好与图 T-3-16 所示的相反,也就是说,1 对应于曼彻斯特编码的负跳变,而 0 对应于曼彻斯特编码的正跳变。

【3-17】为什么 LLC 子层的标准已制定出来了但现在却很少使用？

**解答**：当 IEEE 在 1983 年制定 802.3 标准时,已经流行了几种不同的局域网。因此 802 委员会决定把局域网的数据链路层协议再划分为两个子层,一个是媒体接入控制 MAC 子层,另一个是与具体的媒体无关的逻辑链路控制 LLC 子层。然而到现在,过去曾流行过的令牌环形网、令牌总线局域网以及光纤分布式数据接口 FDDI 局域网,都已经在市场上消失了。因此,在现在只剩下一种局域网（以太网）的情况下,LLC 子层显然没有存在的价值了。现在 IP 数据报都是直接放入到以太网中作为以太网的数据部分的。

【3-18】试说明 10BASE-T 中的"10""BASE"和"T"所代表的意思。

**解答**："10"代表这种以太网具有 10 Mbit/s 的数据率,BASE 表示连接线上的信号是基带信号,T 代表双绞线(Twisted-pair)。

【3-19】以太网使用的 CSMA/CD 协议是以争用方式接入到共享信道的,这与传统的时分复用 TDM 相比有何优缺点？

**解答**：应当说,CSMA/CD 协议与传统的时分复用 TDM 各有优缺点。

网络上的负荷较轻时,CSMA/CD 协议很灵活,哪个站想发送就可以发送,而且发生碰撞的概率很小。如使用时分复用 TDM，效率就比较低。当很多站没有信息要发送时，分配到的时隙也浪费了。但网络负荷很重时，CSMA/CD 协议引起的碰撞很多，重传经常发生，因而效率大大降低。这时，TDM 的效率就很高。

这好比在一个城市中的交叉路口的红绿灯系统。当车辆很少时，红绿灯可能会产生一些不必要的红灯等待。但车辆的流量很大时，使用红绿灯系统就是非常必要的，可以使车辆的通行有条不紊。

**【3-20】** 假定 1 km 长的 CSMA/CD 网络的数据率为 1 Gbit/s。设信号在网络上的传播速率为 200000 km/s。求能够使用此协议的最短帧长。

**解答：** 1 km 长的 CSMA/CD 网络的端到端传播时延 $\tau$ = (1 km) / (200000 km/s) = 5 μs。$2\tau$ = 10 μs，在此时间内要发送(1 Gbit/s)×(10 μs) = 10000 bit。

只有经过这样一段时间后，发送端才能收到碰撞的信息（如果发生碰撞的话），也才能检测到碰撞的发生。

因此，最短帧长为 10000 bit，或 1250 字节。

**【3-21】** 什么叫作比特时间？使用这种时间单位有什么好处？100 比特时间是多少微秒？

**解答：** 比特时间就是发送 1 比特所需的时间，而不管数据率是多少。需要注意的是，发送 1 比特的时间长短显然与数据率密切相关。

采用比特时间的好处是方便。如果不采用比特时间，那么当我们讨论某个站发送数据时，若所发送的数据共有 6400 比特，那么发送这 6400 比特所需的时间就是 6400 除以发送速率。例如，若发送速率是 10 Mbit/s，则发送这 6400 比特所需的时间是：

$$6400 / 10000000 = 640 \times 10^{-6} \text{ s} = 640 \text{ μs}$$

但如果以"比特时间"为单位，那么不管发送速率是多少，发送 6400 比特所需的时间一定是 6400 比特时间。这显然要方便得多。

要把"比特时间"换算成"秒"或"微秒"，就必须先知道数据率是多少。因此，要回答"100 比特时间是多少微秒？"这样的问题，不给出数据率是无法回答的。

**【3-22】** 假定在使用 CSMA/CD 协议的 10 Mbit/s 以太网中某个站在发送数据时检测到碰撞，执行退避算法时选择了随机数 $r$ = 100。试问这个站需要等待多长时间后才能再次发送数据？如果是 100 Mbit/s 的以太网呢？

**解答：** 对于 10 Mbit/s 的以太网，争用期是 512 比特时间。现在 $r$ = 100，因此退避时间是 51200 比特时间。

这个站需要等待的时间是 51200 / 10 = 5120 μs = 5.12 ms。

对于 100 Mbit/s 的以太网，争用期仍然是 512 比特时间，退避时间是 51200 比特时间。

因此，这个站需要等待的时间是 51200 / 100 = 512 μs。

**【3-23】** 教材上的公式(3-3)表示，以太网的极限信道利用率与连接在以太网上的站点数无关。能否由此推论出：以太网的利用率也与连接在以太网上的站点数无关？请说明你的理由。

**解答**：以太网的利用率应当与连接在以太网上的站点数有关。我们知道，以太网各站发送数据的时刻应当是随机的。但公式(3-3)表述的以太网的**极限**信道利用率基于这样的假定：这个以太网使用了特殊的调度方法，一个站发送完数据后，另一个站就接着发送。结果是各站点的发送都不会发生碰撞。这样就使以太网的利用率达到最大值。但我们注意到，这已经不再是采用 CSMA/CD 协议的以太网了。

**【3-24】** 假定站点 A 和 B 在同一个 10 Mbit/s 以太网网段上。这两个站点之间的传播时延为 225 比特时间。现假定 A 开始发送一帧，并且在 A 发送结束之前 B 也发送一帧。如果 A 发送的是以太网所容许的最短的帧，那么 A 在检测到和 B 发生碰撞之前能否把自己的数据发送完毕？换言之，如果 A 在发送完毕之前并没有检测到碰撞，那么能否肯定 A 所发送的帧不会和 B 发送的帧发生碰撞？（提示：在计算时应当考虑到每一个以太网帧在发送到信道上时，在 MAC 帧前面还要增加若干字节的前同步码和帧定界符。）

**解答**：设在 $t = 0$ 时 A 开始发送。A 发送的最短帧长是 64 字节 = 512 bit。实际上在信道上传送的还有 8 字节（= 64 bit）的前同步码和帧开始定界符，因此，如果不发生碰撞，那么在 $t = 512 + 64 = 576$ 比特时间时，A 应当发送完毕。

在 $t = 225$ 比特时间后，B 就收到了 A 发送的比特。因此，现在假定 B 在 $t = 224$ 比特时间时发送了数据，看是否发送碰撞。

在 $t = 225$ 比特时间时，B 检测出碰撞（如图 T-3-24 所示）。

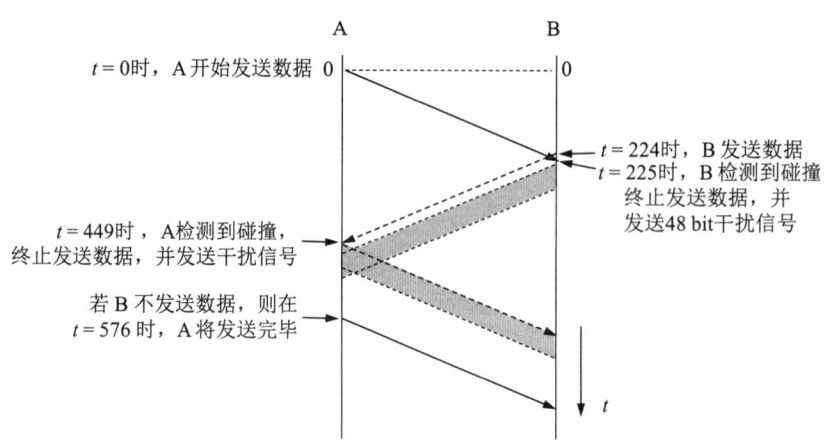

图 T-3-24　A 向 B 发送数据，传播时延是 225 比特时间

因此，在 $t = 225$ 比特时间以后 B 就终止发送数据了。接着，B 发送 48 bit 的干扰信号。

B 在 $t = 224$ 比特时间时发送的第一个比特将在 $t = 224 + 225 = 449$ 比特时间时到达 A，因此，在 $t = 224 + 225 = 449$ 比特时间时，A 检测到碰撞，终止发送数据，并发送 48 bit 的干扰信号。

A 在检测到和 B 发送的数据发生碰撞之前显然还没有发送完毕（因为 449 小于上面算出的 576）。因此，A 在检测到和 B 发生碰撞之前，不能把自己的数据发送完毕。

但如果 A 在发送完毕之前（即在 $t = 512 + 64 = 576$ 比特时间之前）没有检测到碰撞，那么就能表明：这个以太网上没有其他站点在发送数据，当然 A 所发送的帧不会和其他站点以后再发送的数据发生碰撞。

【3-25】 上题中的站点 A 和 B 在 $t = 0$ 时同时发送了数据帧。当 $t = 225$ 比特时间时，A 和 B 同时检测到发生了碰撞，并且在 $t = 225 + 48 = 273$ 比特时间时完成了干扰信号的传输。A 和 B 在 CSMA/CD 算法中选择不同的 $r$ 值退避。假定 A 和 B 选择的随机数分别是 $r_A = 0$ 和 $r_B = 1$。试问 A 和 B 各在什么时间开始重传其数据帧？A 重传的数据帧在什么时间到达 B？A 重传的数据会不会和 B 重传的数据再次发生碰撞？B 会不会在预定的重传时间停止发送数据？

**解答：** 图 T-3-25 给出了在几个主要时间所发生的事件。所有的时间单位都是"比特时间"。

$t = 0$ 时，A 和 B 开始发送数据。

$t = 225$ 比特时间时，A 和 B 都检测到碰撞。

$t = 273$ 比特时间时，A 和 B 结束干扰信号的传输。A 和 B 都马上执行退避算法。

因为 $r_A = 0$ 和 $r_B = 1$，所以 A 可以立即发送数据。但根据协议，发送前必须检测信道，遇到忙则必须等待，要等到信道空闲才能发送。而 B 要推迟 512 比特时间后才检测信道。

也就是说，A 在 $t = 273$ 比特时间时就开始检测信道，但 B 要等到 $t = 785$ 比特时间时才检测信道。

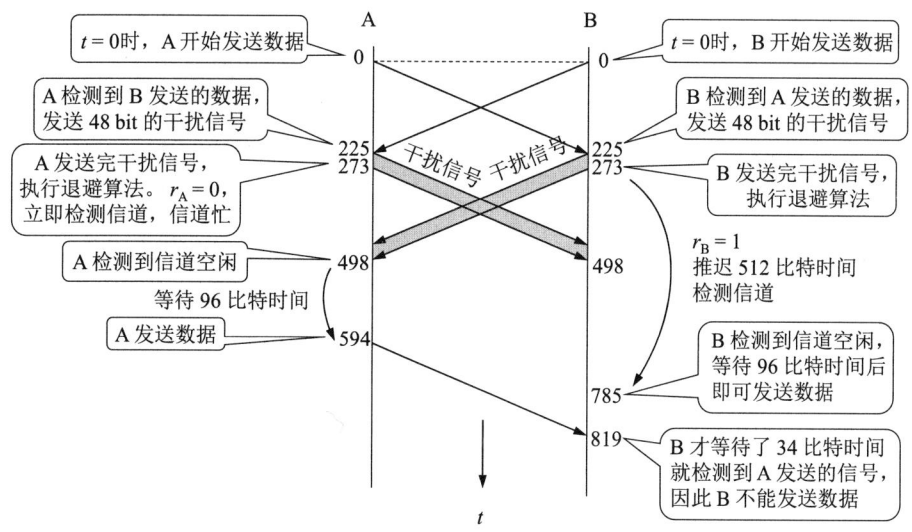

图 T-3-25　在几个主要时间所发生的事件

当 $t = 273 + 225 = 498$ 比特时间时，B 的干扰信号中的最后一个比特到达 A；A 检测到信道空闲。但 A 还不能马上发送数据，必须等待 96 比特时间后才能发送数据（我们应当注意到，以太网的帧间最小间隔就是 9.6 μs，相当于 96 比特时间）。

这样，当 $t = 498 + 96 = 594$ 比特时间时，A 开始发送数据。

再看一下 B 什么时候可以发送数据。当 $t = 273 + 512 = 785$ 比特时间（B 从 273 比特时间算起，经过 1 个争用期 512 比特时间）时，再次检测信道。如空闲，则 B 在 96 比特时间后，即在 $t = 785 + 96 = 881$ 比特时间时发送数据。请注意，只有从 785 比特时间一直到 881 比特时间 B 一直检测到信道是空闲的，B 才能在 881 比特时间时发送数据。

当 $t = 594 + 225 = 819$ 比特时间时，A 在 594 比特时间时发送的数据到达 B。

可见从 785 比特时间算起，才经过了 34 比特时间，B 就检测到信道忙，因此 B 在预定的 881 比特时间时不能发送数据。

【3-26】 以太网上只有两个站，它们同时发送数据，产生了碰撞。于是按截断二进制指数退避算法进行重传。重传次数记为 $i$，$i = 1, 2, 3, \cdots$。试计算第 1 次重传失败的概率、第 2 次重传失败的概率、第 3 次重传失败的概率，以及一个站成功发送数据之前的平均重传次数 $I$。

**解答**：将第 $i$ 次重传失败的概率记为 $P_i$，显然

$$P_i = (0.5)^k, \quad k = \min[i, 10]$$

故第 1 次重传失败的概率 $P_1 = 0.5$，

第 2 次重传失败的概率 $P_2 = 0.5^2 = 0.25$，

第 3 次重传失败的概率 $P_3 = 0.5^3 = 0.125$。

P[传送 $i$ 次才成功] = P[第 1 次传送失败] · P[第 2 次传送失败] ··· · P[第 $i$ – 1 次传送失败] · P[第 $i$ 次传送成功]

P[传送 1 次成功] = 0.5

P[传送 2 次才成功] = P[第 1 次传送失败] · P[第 2 次传送成功]
= P[第 1 次传送失败] (1 – P[第 2 次传送失败]) = 0.5 (0.75) = 0.375

P[传送 3 次才成功] = P[第 1 次传送失败] · P[第 2 次传送失败] · P[第 3 次传送成功]
= P[第 1 次传送失败] · P[第 2 次传送失败] (1 – P[第 3 次传送失败])
= 0.5 (0.25) (1 – 0.125) = 0.5 (0.25) (0.875) = 0.1094

P[传送 4 次才成功] = 0.5 (0.25) (0.125) (1 – 0.0625) = 0.5 (0.25) (0.125) (0.9375) = 0.0146

求 P[传送 $i$ 次才成功]的统计平均值，得出

平均重传次数 = 1 (0.5) + 2 (0.375) + 3 (0.1094) + 4 (0.0146) + ···
= 0.5 + 0.75 + 0.3282 + 0.0586 + ··· ≈ 1.64

【3-27】 有 10 个站连接到以太网上。试计算以下三种情况下每一个站所能得到的带宽。

(1) 10 个站都连接到一个 10 Mbit/s 以太网集线器。

(2) 10 个站都连接到一个 100 Mbit/s 以太网集线器。

(3) 10 个站都连接到一个 10 Mbit/s 以太网交换机。

**解答**：每一个站所能得到的带宽如下：

(1) 假定以太网的利用率基本上达到 100%，那么 10 个站共享 10 Mbit/s，即平均每一个站可得到 1 Mbit/s 的带宽。

(2) 假定以太网的利用率基本上达到 100%，那么 10 个站共享 100 Mbit/s，即平均每一个站可得到 10 Mbit/s 的带宽。

(3) 每一个站独占交换机的一个接口的带宽 10 Mbit/s。这里我们假定这个交换机的总带宽不小于 100 Mbit/s。

**【3-28】** 10 Mbit/s 以太网升级到 100 Mbit/s，1 Gbit/s 和 10 Gbit/s 时，都需要解决哪些技术问题？为什么以太网能够在发展的过程中淘汰掉自己的竞争对手，并使自己的应用范围从局域网一直扩展到城域网和广域网？

**解答**：IEEE 802.3u 的 10 Mbit/s 以太网标准未包括对同轴电缆的支持。这意味着想从 10 Mbit/s 细缆以太网升级到 100 Mbit/s 快速以太网的用户必须重新布线。现在 10 Mbit/s 以太网和/100 Mbit/s 以太网多使用无屏蔽双绞线布线。

在 100 Mbit/s 以太网中，保持最短帧长不变，把一个网段的最大电缆长度减小到 100 m。但最短帧长仍为 64 字节，即 512 比特。因此 100 Mbit/s 以太网的争用期是 5.12 μs，帧间最小间隔现在是 0.96 μs，都是 10 Mbit/s 以太网的 1/10。

100 Mbit/s 以太网的新标准还规定了以下三种不同的物理层标准。

(1) 100BASE-TX：使用两对 UTP 5 类线或屏蔽双绞线 STP，其中一对用于发送，另一对用于接收。

(2) 100BASE-FX：使用两根光纤，其中一根用于发送，另一根用于接收。

在标准中把上述的 100BASE-TX 和 100BASE-FX 合在一起称为 100BASE-X。

(3) 100BASE-T4：使用 4 对 UTP 3 类线或 5 类线，这是为已使用 UTP 3 类线的大量用户而设计的。它使用 3 对线同时传送数据（每一对线以 $33\frac{1}{3}$ Mbit/s 的速率传送数据），用 1 对线作为碰撞检测的接收信道。

吉比特以太网（1 Gbit/s 的速率）的标准是 IEEE 802.3z，它有以下几个特点：

(1) 允许在 1 Gbit/s 下以全双工和半双工两种方式工作。

(2) 使用 IEEE 802.3 协议规定的帧格式。

(3) 在半双工方式下使用 CSMA/CD 协议（全双工方式不需要使用 CSMA/CD 协议）。

(4) 与 10BASE-T 和 100BASE-T 技术向后兼容。

吉比特以太网可用作现有网络的主干网，也可在高带宽（高速率）的应用场合中（如医疗图像或 CAD 的图形等）用来连接工作站和服务器。

吉比特以太网的物理层使用两种成熟的技术：一种来自现有的以太网，另一种则是 ANSI 制定的**光纤通道** FC (Fibre Channel)。采用成熟技术能大大缩短吉比特以太网标准的开发时间。

吉比特以太网的物理层有以下两个标准：

(1) 1000BASE-X（IEEE 802.3z 标准）。

(2) 1000BASE-T（802.3ab 标准）。

吉比特以太网工作在半双工方式时，必须进行碰撞检测。吉比特以太网仍然保持一个网段的最大长度为 100 m，但采用了"载波延伸"的办法，使最短帧长仍为 64 字节（这样可以保持兼容性），同时将争用期增大为 512 字节。凡发送的 MAC 帧长不足 512 字节，就用一些特殊字符填充在帧的后面，使 MAC 帧的发送长度增加到 512 字节，这对有效载荷并无影响。接收端在收到以太网的 MAC 帧后，要把所填充的特殊字符删除后再向高层交付。当原来仅 64 字节长的短帧填充到 512 字节时，所填充的 448 字节就造成了很大的开销。

吉比特以太网还增加了分组突发的功能。当很多短帧要发送时，第一个短帧要采用上面所说的载波延伸的方法进行填充。但随后的一些短帧则可一个接一个地发送，它们之间只需留有必要的帧间最小间隔即可。这样就形成一串分组的突发，直到达到 1500 字节或稍多一些为止。当吉比特以太网工作在全双工方式时，不使用载波延伸和分组突发。

10 吉比特以太网简称为 10GbE，其正式标准是 IEEE 802.3ae，它的帧格式不变。10GbE 还保留了 802.3 标准规定的以太网最小和最大帧长。这就使用户在对其已有的以太网进行升级时，仍能和较低速率的以太网很方便地通信。

由于数据率很高，10GbE 不再使用铜线而只使用光纤作为传输媒体。它使用长距离（超过 40 km）的光收发器与单模光纤接口，以便能够工作在广域网和城域网的范围。10GbE 也可使用较便宜的多模光纤，但传输距离为 65~300 m。

10GbE 只工作在全双工方式，因此不存在争用问题，也不使用 CSMA/CD 协议。这就使得 10GE 的传输距离不再受进行碰撞检测的限制而大大提高了。

10GbE 的物理层则是新开发的。10GbE 有以下两种不同的物理层：

(1) 局域网物理层 LAN PHY。局域网物理层的数据率是 10.000 Gbit/s（这表示是精确的 10 Gbit/s），因此一个 10GbE 交换机正好可以支持 10 个吉比特以太网接口。

(2) 可选的广域网物理层 WAN PHY。为了使 10GbE 的帧能够插入到 OC-192/STM-64 帧的有效载荷中，这种广域网物理层的数据率为 9.95328 Gbit/s。

以太网能从 10 Mbit/s 演进到 10 Gbit/s，是因为以太网具有以下的一些优点：

(1) 可扩展（从 10 Mbit/s 到 10 Gbit/s）。
(2) 灵活（多种媒体、全/半双工、共享/交换）。
(3) 易于安装。
(4) 稳健性好。

**【3-29】** 以太网交换机有何特点？用它怎样组成虚拟局域网？

**解答：** 以太网交换机实质上就是一个多接口的网桥，它与工作在物理层的转发器和集线器有很大的差别。此外，以太网交换机的每个接口都直接与一个主机或集线器相连，并且一般都工作在全双工方式。当主机需要通信时，交换机能同时连通许多对接口，使每一对相互通信的主机都能像独占传输媒体那样，无碰撞地传输数据。以太网交换机和透明网桥一样，也是一种即插即用设备，其内部的帧转发表也是通过自学习算法自动地逐渐建立起来的。当两个站通信完成后就断开连接。以太网交换机由于使用了专用的交换结构芯片，交换速率较高。

对于普通 10 Mbit/s 的共享式以太网，若共有 $N$ 个用户，则每个用户占有的平均带宽只有总带宽(10 Mbit/s)的 $N$ 分之一。在使用以太网交换机时，虽然每个接口到主机的带宽还是 10 Mbit/s，但由于一个用户在通信时独占而不是和其他网络用户共享传输媒体的带宽，因此拥有 $N$ 对接口的交换机的总容量为 $N \times 10$ Mbit/s。这正是交换机的最大优点。

以太网交换机一般都具有多种速率的接口，例如具有 10 Mbit/s，100 Mbit/s 和 1 Gbit/s 的接口的各种组合，大大方便了各种不同情况的用户。

有一些交换机采用直通的交换方式，可以在接收数据帧的同时就立即按数据帧的目的 MAC 地址决定该帧的转发接口，因而提高了帧的转发速度。

利用以太网交换机可以很方便地实现虚拟局域网 VLAN。虚拟局域网其实只是局域网给用户提供的一种服务，并不是一种新型局域网。

虚拟局域网 VLAN 是由一些局域网网段构成的、与物理位置无关的逻辑组，而这些网段具有某些共同的需求。每一个虚拟局域网的帧都有一个明确的标识符，指明发送这个帧的工作站属于哪一个虚拟局域网。1988 年 IEEE 批准了 802.3ac 标准，这个标准定义了以太网的帧格式的扩展,以便支持虚拟局域网。虚拟局域网协议允许在以太网的帧格式中插入一个 4 字节的标识符,称为 VLAN 标记,用来指明发送该帧的工作站属于哪一个虚拟局域网。如果还使用原来的以太网帧格式,显然就无法划分虚拟局域网。

在一个用多个交换机连接起来的较大的局域网中,可以灵活地划分虚拟局域网,不受地理位置的限制。一个虚拟局域网的范围可以跨越不同的交换机。当然,所使用的交换机必须能够识别和处理虚拟局域网。在图 T-3-29 中,在另外一层楼的交换机#2 连接了 5 台计算机,并与交换机#1 相连接。交换机#2 中的两台计算机加入到 VLAN-10,而另外 3 台加入到 VLAN-20。这两个虚拟局域网虽然都跨越了两个交换机,但各自是一个广播域。

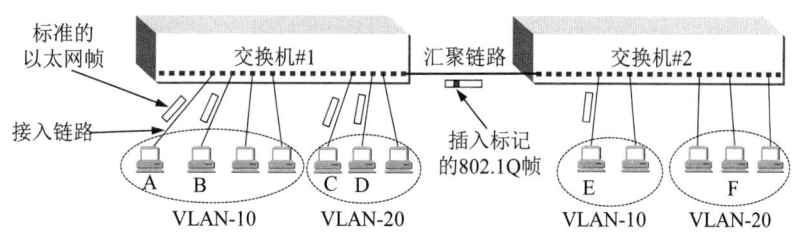

图 T-3-29　利用以太网交换机构成虚拟局域网

连接两个交换机端口之间的链路称为**汇聚链路**(trunk link)或**干线链路**。

现在假定 A 向 B 发送帧。由于交换机#1 能够根据帧首部的目的 MAC 地址,识别 B 属于本交换机管理的 VLAN-10,因此就像在普通以太网中那样直接进行帧的转发,不需要使用 VLAN 标签。这是最简单的情况。

现在假定 A 向 E 发送帧。交换机#1 查到 E 并没有连接到本交换机,因此必须从汇聚链路把帧转发到交换机#2,但在转发之前,要插入 VLAN 标签。不插入 VLAN 标签,交换机#2 就不知道应把帧转发给哪一个 VLAN。因此,在汇聚链路传送的帧是 802.1Q 帧。交换机#2 在向 E 转发帧之前,要拿走已插入的 VLAN 标签,因此 E 收到的帧就是 A 发送的标准以太网帧,而不是 802.1Q 帧。

【3-30】在图 T-3-30 中,某学院的以太网交换机有三个接口分别和学院三个系的以太网相连,另外三个接口分别和电子邮件服务器、万维网服务器以及一个连接互联网的路由器相连。图中的 A, B 和 C 都是 100 Mbit/s 以太网交换机。假定所有链路的速率都是 100 Mbit/s,并且图中的 9 台主机中的任何一台都可以和任何一台服务器或主机通信。试计算这 9 台主机和两台服务器产生的总的吞吐量的最大值。

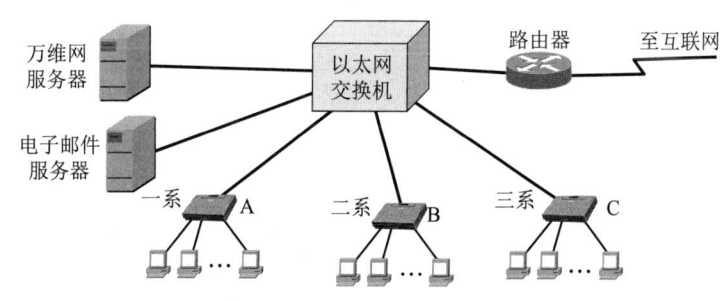

图 T-3-30　习题 3-30 的图

**解答**：这里的 9 台主机和两台服务器都工作时的总吞吐量是 900 + 200 = 1100 Mbit/s。三个系各有一台主机分别访问两台服务器和通过路由器上网。其他主机在系内通信。

**【3-31】** 假定在图 T-3-30 中的所有链路的速率仍然为 100 Mbit/s，但三个系的以太网交换机都换成 100 Mbit/s 的集线器。试计算这 9 台主机和两台服务器产生的总的吞吐量的最大值。

**解答**：这里的每个系是一个碰撞域，其最大吞吐量为 100 Mbit/s。加上每台服务器 100Mbit/s 的吞吐量，得出总的最大吞吐量为 500 Mbit/s。

**【3-32】** 假定在图 T-3-30 中的所有链路的速率仍然为 100 Mbit/s，但所有的以太网交换机都换成 100 Mbit/s 的集线器。试计算这 9 台主机和两台服务器产生的总的吞吐量的最大值。

**解答**：现在整个系统是一个碰撞域，因此最大吞吐量为 100 Mbit/s。

**【3-33】** 在图 T-3-33 中，以太网交换机有 6 个接口，分别接到 5 台主机和一个路由器。

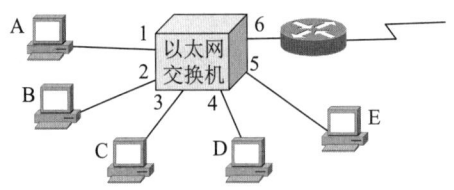

图 T-3-33 习题 3-33 的图

在下面表中的"动作"一栏中，表示先后发送了 4 个帧。假定在开始时，以太网交换机的交换表是空的。试把该表中其他的栏目都填写完。

| 动 作 | 交换表的状态 | 向哪些接口转发帧 | 说 明 |
|---|---|---|---|
| A 发送帧给 D | | | |
| D 发送帧给 A | | | |
| E 发送帧给 A | | | |
| A 发送帧给 E | | | |

**解答**：

| 动 作 | 交换表的状态 | 向哪些接口转发帧 | 说 明 |
|---|---|---|---|
| A 发送帧给 D | 写入(A, 1) | 2, 3, 4, 5, 6 | 开始时交换表是空的，交换机不知道应向何接口转发帧 |
| D 发送帧给 A | 写入(D, 4) | 1 | 交换机已知道 A 连接在接口 1 |
| E 发送帧给 A | 写入(E, 5) | 1 | 交换机已知道 A 连接在接口 1 |
| A 发送帧给 E | 更新(A, 1)的有效时间 | 5 | 交换机已知道 E 连接在接口 5 |

# 第 4 章 网 络 层

## 常见问题索引

问题 4-1. 存在多种异构网络对不同网络之间的通信会造成一些麻烦，但为什么世界上还存在多种异构网络？

问题 4-2. "IP 网关"和"IP 路由器"是否为同义语？

问题 4-3. IP 的英文全称是 Internet Protocol，其标准译名是"网际协议"。那么"IP 协议"是否重复使用了"协议"，即"IP 协议"变成了"网际协议协议"呢？

问题 4-4. 在文献中有时会见到**对等连网**(peer-to-peer networking)，这是什么意思？

问题 4-5. 在互联网中，能否使用一个很大的交换机(switch)来代替全部的路由器？

问题 4-6. 为什么 IP 地址又称为"**虚拟地址**"？

问题 4-7. 有的文献中使用"**虚拟分组**"(virtual packet)这一名词。虚拟分组是什么意思？

问题 4-8. 如图 Q-4-8 所示，五个网络用四个路由器（每一个路由器有两个端口）互连起来。能否改变这种连接方法，使用一个具有五个端口的路由器将这五个网络互连起来？

问题 4-9. 当运行 PING 127.0.0.1 时，这个 IP 数据报将发送给谁？

问题 4-10. 网络前缀是指网络号字段(net-id)中前面的几个**类别位**，还是指整个的**网络号**字段？

问题 4-11. 有的书（如[COME06]）将 IP 地址分为前缀和后缀两大部分，它们和网络号字段及主机号字段有什么关系？

问题 4-12. IP 地址中的前缀和后缀最大的不同是什么？

问题 4-13. IP 数据报中数据部分的长度是可变的（即 IP 数据报不是定长的）。这样做有什么好处？

问题 4-14. IP 地址中各种类别的地址所拥有的地址数目的比例是怎样的？

问题 4-15. 在 IP 地址中，为什么使用最前面的一位或几位来表示地址的类别？

问题 4-16. 全 1 的 IP 地址是否是向整个互联网进行广播的一种地址？

问题 4-17. IP 协议有分片的功能，但广域网中的分组则不必分片。这是为什么？

问题 4-18. 路由表中只给出到目的网络的下一跳路由器的 IP 地址，然后在下一个路由器的路由表中再给出再下一跳路由器的 IP 地址，最后才能到达目的网络进行直接交付。采用这样的方法有什么好处？

问题 4-19. 链路层广播和 IP 广播有何区别？

问题 4-20. 主机在接收广播帧和多播帧时，其 CPU 所要做的事情有何区别？

问题 4-21. 有的路由器在和广域网相连时，在该路由器的广域网接口处并没有 MAC 地址，这怎样解释？

问题 4-22. IP 地址和固定电话的电话号码相比，有何异同之处？

问题 4-23. "尽最大努力交付"(best effort delivery)都有哪些含义？

问题 4-24. 假定在一个局域网中计算机 A 发送 ARP 请求分组，希望找出计算机 B 的 MAC 地址。这时局域网上的所有计算机都能收到这个广播发送的 ARP 请求分组。试问这时由哪一个计算机使用 ARP 响应分组把计算机 B 的 MAC 地址告诉计算机 A？

问题 4-25. 一个主机要向另一个主机发送 IP 数据报，是否使用 ARP 就可以得到该目的主机的 MAC 地址，然后直接用这个 MAC 地址将 IP 数据报发送给目的主机？

问题 4-26. 在互联网中最常见的分组长度大约是多少字节？

问题 4-27. IP 数据报的最大长度是多少字节？

问题 4-28. IP 数据报的首部最大长度是多少字节？典型的 IP 数据报首部是多长？

问题 4-29. IP 数据报在传输的过程中，其首部长度是否会发生变化？

问题 4-30. 当路由器利用 IP 数据报首部中的"首部检验和"字段检测出在传输过程中出现了差错时，就简单地将其丢弃。为什么不发送一个 ICMP 报文给源主机呢？

问题 4-31. RIP 协议的好处是简单，缺点是不够稳定。有的书上介绍"触发更新""分割范围"和"毒性逆转"。能否简单介绍一下它们的要点？

问题 4-32. IP 数据报必须考虑**最大传送单元** MTU (Maximum Transfer Unit)。这是指哪一层的最大传送单元？包括不包括首部或尾部等开销在内？

问题 4-33. 如果一个路由器要同时连接在一个以太网和一个 ATM 网络上，需要有什么样的硬件加到路由器上？

问题 4-34. "交换(switching)"的准确含义是什么？

问题 4-35. 为什么生存时间 TTL (Time To Live)原来用秒作为单位，而现在 TTL 却表示数据报在网络中所能通过的路由器数的最大值？

问题 4-36. 有人认为，不使用 CIDR 也行。例如，使用 CIDR 时，给某单位分配了一个地址块/20，相当于 16 个 C 类地址块。如果不使用 CIDR，而直接给该单位分配 16 个 C 类地址块，那么在效果上不是一样吗？

问题 4-37. 有一个 IPv6 的 60 位长的前缀是 12AB00000000CD3。下面有好几种不同的表示方法，请逐个指出是否正确。如不正确，请说明理由。

(a) 12AB:0:0:CD30:0:0:0:0/60

(b) 12AB::CD30:0:0:0:0/60

(c) 12AB:0:0:CD30:: /60

(d) 12AB:0:0:CD30 /60

(e) 12AB::CD30 /60

(f) 12AB::CD3 /60

问题 4-38. 下面一些说法是否正确？请给出简要的理由。

(a) 协议 BGP 是自治系统 AS 之间的路由选择协议，因此 AS 内部的路由器不需要使用 BGP。

(b) 路由器在收到 BGP 更新报文所通告的 BGP 路由后，必须向其所有的 BGP 连接的对等端转发收到的 BGP 路由。

(c) 路由器在收到 BGP 更新报文所通告的 BGP 路由后，如果按策略的规定进行转发，则应把本路由器所在的 AS 号添加在属性 AS-PATH 的前面。

**问题 4-39.** 试简单解释这两个名词的意思：BGP、BGP 连接。

**问题 4-40.** 为什么我们在讨论协议 BGP 时要使用自治系统 AS，而不在每一个 AS 中画出具体的路由器连接拓扑？

**问题 4-41.** BGP 路由中的 NEXT-HOP 与路由器转发表中的"下一跳"是同样的意思吗？

**问题 4-42.** IPv6 有链路本地地址，IPv4 有这样的地址吗？与 IPv6 的情况完全相似吗？

# 常见问题与解答

**问题 4-1.** 存在多种异构网络对不同网络之间的通信会造成一些麻烦，但为什么世界上还存在多种异构网络？

**解答：** 世界上之所以存在着多种异构网络，就是因为仅用一种体系结构的网络根本无法满足所有用户的需求。

OSI 假定全世界所有的人都在网络层使用 X.25 协议，并希望使用 X.75 协议将全球所有的 X.25 网络互连起来，从而实现全球任意计算机之间的通信。然而事实证明，大家并不愿意这样做，结果 OSI 失败了。这里的原因就是 X.25 网络并不能满足所有用户的需求，大量的用户还需要使用其他类型的网络。

在计算机网络发展初期，许多厂家都生产了具有自己独特体系结构的计算机网络。这些计算机网络就像一个个孤岛一样，它们是不能互相通信的。如果某公司的雇员需要同时接入三个不同厂商的计算机网络，那么他就需要用三台终端（即观看三个不同的屏幕显示）分别连接到不同的计算机网络。这显然是很不方便的。

在客观上存在多种异构计算机网络的现实情况下，**普遍服务**(universal service)的概念被提出来了。一个计算机通信系统若能够提供普遍服务，就表明该系统中的任何一对计算机都能够很方便地进行通信。全世界的电话网就是能够提供普遍服务的一个成功例子。在世界上存在大量异构计算机网络（它们的网络硬件和 MAC 地址的编址方法都不一样）的现实情况下，要获得普遍服务，的确是相当困难的事。但 IP 协议成功地解决了这个难题。不管你使用的具体网络采用什么样的硬件结构，但只要你的网络使用 IP 协议并给连接在网络上的主机分配了合法的 IP 地址，那么连接到这种虚拟的 IP 互联网上的任何一对计算机都可以很方便地进行通信。

**问题 4-2.** "IP 网关"和"IP 路由器"是否为同义语？

**解答：** 当初发明 TCP/IP 的研究人员使用 IP Gateway 作为网际互连的设备。我国的网络工作者曾使用过多种译名，如网间连接器、网闸、信关、联网机等，但最后全国自然科学名词审定委员会（这个委员会现在改名为"全国科学技术名词审定委员会"）在《计算机科学技术名词》中公布 Gateway 的标准译名为"网关"。

但是，在20世纪90年代初期，美国一家厂商认为，将IP Gateway改名为IP Router似乎更加有利于设备的销售。后来其他厂家也跟着改变产品的名称。在《计算机科学技术名词》中，Router的标准译名是"路由器"。现在，大家基本上不再使用"网关"这一名词了。

因此，我们可以认为"IP网关"和"IP路由器"是同义语。

**问题4-3.** IP的英文全称是Internet Protocol，其标准译名是"网际协议"。那么"IP协议"是否重复使用了"协议"，即"IP协议"变成了"网际协议协议"呢？

**解答：** 我们知道，IP中的"P"就代表"协议"，因此仅仅说IP就已经很清楚了。但为了强调IP是一个协议，所以在IP的后面还是加上了"协议"二字。如果完全用汉字来表示"IP协议"，那么当然只能用一个"协议"，即"网际协议"。

和这个问题类似的还有名词PC (Personal Computer)，即个人计算机。但有时为了强调PC是一个计算机，就常常在PC的后面加上一个"机"，变成了"PC机"。这当然不是表示"个人计算机机"，而仍然是"个人计算机"。

在英文的教科书或文献中，有时会遇到current flow这样的写法。我们知道，current是"电流"，而flow是"流"。显然，这里也有些重复，我们不应当把current flow译为"电流流"。

**问题4-4.** 在文献中有时会见到**对等连网**(peer-to-peer networking)，这是什么意思？

**解答：** 这有两重意思。

首先，这表示在互联网中，任何两个计算机都可以平等地进行通信。互联网对通信双方计算机的大小是不关心的。连接在互联网上的可能是一个很小的PC，而通信的对方可能是一个很大的巨型机。这和早期的网络很不一样。早期的网络以一个很大的主机为中心，和这个主机通信的是外围的许多功能上相对较弱的小终端。但后来计算机网络发展为以网络为中心，所有连接到网络（或互联网）上的计算机都是平等的。"对等"也有"对称"的意思，但这并不是说，通信的两个计算机的大小规模必须是相似的，而是说，各种计算机都可以平等地连接到互联网上。

其次，对等连网有时还用来说明计算机的通信方式。计算机网络原来都采用"客户-服务器"的通信方式。客户是通信服务的请求方，而服务器是通信服务的提供方。这两方在功能上显然是不对等的。客户进程比较简单，而服务器进程就比较复杂，运行服务器程序的机器也比较昂贵。但现在新的通信方式出现了，即相互通信的主机，可以互为客户方或服务器方，因此产生了**对等连网**这样的名词。

**问题4-5.** 在互联网中，能否使用一个很大的交换机(switch)来代替全部的路由器？

**解答：** 不行。

交换机和路由器的功能是很不一样的。

交换机可在一个单个的网络中和若干个计算机相连，并且可以将一个计算机发送过来的帧转发给另一个计算机。从这一点上看，交换机具有集线器的转发帧的功能。

但交换机比集线器的功能强很多。集线器在同一时间只允许一个计算机和其他计算机进行通信，但交换机允许多个计算机同时进行通信。

路由器连接两个或几个网络，路由器可在网络之间转发分组（即 IP 数据报）。而且，这些互连的网络可以是异构的。

因此，如果是许多相同类型的网络互连在一起，那么用一个很大的交换机（如果能够找得到）代替原来的一些路由器是可以的。但目前的互联网是非常多的异构网络互连起来的，我们不可能找到一种交换机来代替互联网中的全部路由器。因此，必须使用许多路由器来进行网络互连。

**问题 4-6**. 为什么 IP 地址又称为"虚拟地址"？

**解答**：这是因为 IP 地址是靠软件来维持的，而不是一个 MAC 地址。我们好像构成了一个很大的使用统一 IP 协议的互连网络，但这个 IP 网络是**虚拟的**网络系统，因为从层次上来看，它的通信系统是建造在网络层上的，是抽象的通信系统。虽然许多大小不同的物理网络相互连接起来了，但这些网络有各自不同的物理层。例如，有的是无线网络，有的是光纤网络，并且数据的传送速率也可能相差很大。这些网络的数据链路层协议也是不相同的。如果我们从网络层来看这个庞大的异构网络，那么就好像是构成了一个很大的、统一的 IP 网络。

这种虚拟网络的地址也是虚拟的，因此 IP 地址又称为"**虚拟地址**"。实在的地址就是各网络和各主机的 MAC 地址。

可以打一个比方。例如，我国所有的大学都有具体的、实在的门牌号码。我们通过邮政局给各大学寄信就要使用这样的具体地址。但是，假定教育部为了更加方便地管理这些大学，在一张图上把所有大学都按照一定的规律编上号码，而在这些具有编号的图上大学就构成了一个虚拟的全国大学网络。当教育部发送某个文件时，就可以按照指定的号码发送给一些相关的大学。这就相当于我们在 IP 网络中按 IP 地址进行通信，但是文件的传送还是要按照各大学的具体门牌号码（相当于 MAC 地址）由邮递员来交付。

**问题 4-7**. 有的文献中使用"**虚拟分组**"(virtual packet)这一名词。虚拟分组是什么意思？

**解答**：虚拟分组就是 IP 数据报。

因为互联网是由大量异构的物理网络互连而成的。这些物理网络的帧格式是各式各样的，它们的地址也可能是互不兼容的。路由器无法将一种格式的帧转发到另一种网络，因为另一种网络无法识别与自己格式不同的帧的地址。路由器也不可能对不同的地址格式进行转换。

为了解决这一问题，IP 协议定义了 IP 数据报的格式。所有连接在互联网中的路由器都能识别 IP 数据报的 IP 地址，因此能够对 IP 数据报进行转发（在进行转发时当然要调用 ARP 协议，以便获得相应的 MAC 地址）。我们知道，IP 数据报是物理网络的帧的数据部分。各个物理网络在转发帧时，看的是帧首部中的 MAC 地址而不是（实际上也看不见）帧的数据部分。

由于所有的物理网络都看不见所传送的帧里面的 IP 数据报，就使 IP 数据报得到了"**虚拟分组**"这样的名称。

**问题 4-8**. 如图 Q-4-8 所示，五个网络用四个路由器（每一个路由器有两个端口）互连起来。能否改变这种连接方法，使用一个具有五个端口的路由器将这五个网络互连起来？

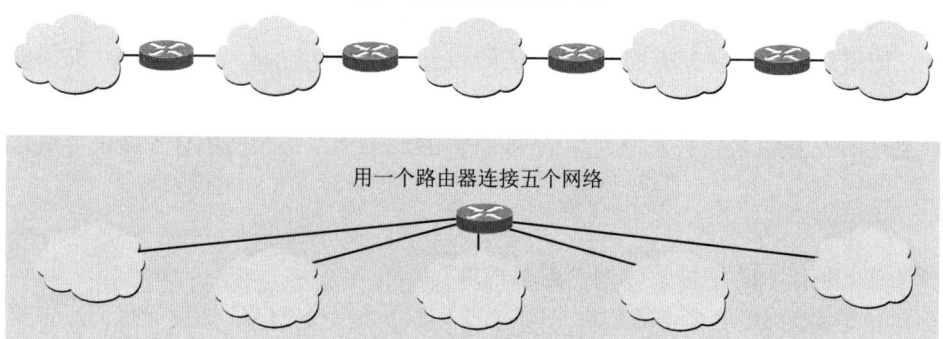

图 Q-4-8　使用四个路由器或一个路由器

**解答**：一般说来，不采用图 Q-4-8 这样的连接方法。这里有两个原因：

(1) 路由器中的 CPU 和存储器是用来对通过该路由器的每一个 IP 数据报进行处理的。假若一个路由器和许多个网络相连接，那么这个路由器的处理器很可能没有足够的能力来处理通过它的所有 IP 数据报。

(2) 冗余度可以提高互联网的可靠性。路由器和网络都有可能出现故障。如果将所有的路由选择功能集中在一个路由器上，则一旦该路由器出故障，整个互连网就无法工作。

因此，在规划互连网时，互连网的具体拓扑结构取决于物理网络的带宽、期望的通信量、对可靠性的需求以及路由器硬件的价格。

**问题 4-9.** 当运行 PING 127.0.0.1 时，这个 IP 数据报将发送给谁？

**解答**：127.0.0.1 是环回地址。主机将测试用的 IP 数据报发送给本主机的 ICMP（而不是发送到互联网上）以便进行环回测试。

**问题 4-10.** 网络前缀是指网络号字段(net-id)中前面的几个**类别位**，还是指整个的**网络号字段**？

**解答**：网络前缀是指**整个的网络号字段**，包括最前面的几个**类别位**在内（这是最早使用的分类地址中的类别位）。网络前缀常常简称为**前缀**。请注意，网络前缀不能把前面的类别位除外。

例如一个 B 类地址 10100000 00000000 00000000 00010000，其**类别位**就是最前面的两位：10，而**网络前缀**就是前 16 位：10100000 00000000。图 Q-4-10 说明了这点。

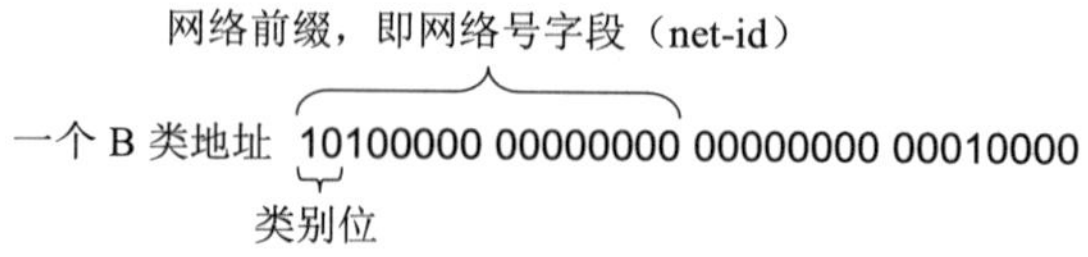

图 Q-4-10　网络前缀与类别位

请注意，不能认为网络前缀是 100000 00000000，也就是说，不能把最前面的两位"10"（类别位）去掉。类别位是包括在网络号字段之内的。

**问题 4-11.** 有的书（如[COME06]）将 IP 地址分为前缀和后缀两大部分，它们和网络号字段及主机号字段有什么关系？

**解答：** 前缀(prefix)就是**网络号**字段(net-id)，而后缀(suffix)就是**主机号**字段(host-id)。图 Q-4-11 以 C 类地址为例说明了前缀和后缀是什么。

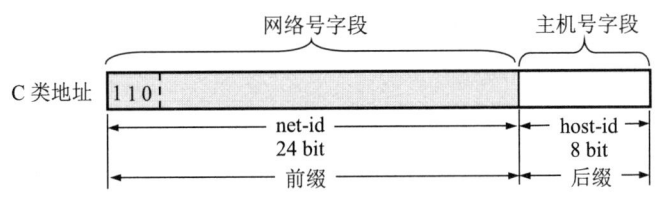

图 Q-4-11  IP 地址中的前缀和后缀

如果网络划分了子网，那么前缀还应包括子网号字段。由于原来分类的 IP 地址已很少使用，CIDR 记法已普遍被接受，因此使用前缀和后缀来描述 IP 地址是现在大量使用的方法。读者应尽快熟悉这种方法。

**问题 4-12.** IP 地址中的前缀和后缀最大的不同是什么？

**解答：** 不同点有：
(1) 前缀是由互联网管理机构进行分配的，而后缀是由分配到前缀的单位自行分配的。
(2) IP 数据报的寻址根据前缀来找目的网络，找到目的网络后再根据后缀找到目的主机。

**问题 4-13.** IP 数据报中数据部分的长度是可变的（即 IP 数据报不是定长的）。这样做有什么好处？

**解答：** 这样做的好处是可以满足各种应用的需要。有时在键盘上键入的一个字符就可以构成一个很短的 IP 数据报。但有的应用程序需要将很长的文件构成一个大的 IP 数据报（最长为 64 KB，包括首部在内）。当然，大多数 IP 数据报的数据部分长度都远大于首部长度。这样做的好处是可以提高传输效率（首部开销所占的比例就较小）。

**问题 4-14.** IP 地址中各种类别的地址所拥有的地址数目的比例是怎样的？

**解答：** IPv4 的各种类别的地址所拥有的地址数目的比例如图 Q-4-14 所示。

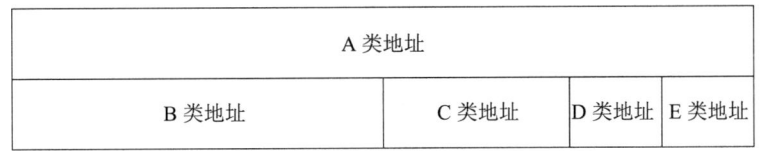

图 Q-4-14  各类地址数目的比例

不难看出，A 类地址占 IP 地址总数的一半，B 类地址数是 A 类地址数的一半，即占 IP 地址总数的 1/4，C 类地址数是 B 类地址数的一半，即占 IP 地址总数的 1/8，而 D 类和 E 类地址数又是 C 类地址数的一半，即各占 IP 地址总数的 1/16。

需要注意的是：尽管 A 类地址的总数等于 4 倍的 C 类地址数，但分配 IP 地址是分配地址前缀而不是分配单个 32 位的 IP 地址，因此 C 类地址可供分配的**地址前缀数目**要比 A 类地址可供分配的**地址前缀数目多一万多倍**（建议读者自己计算一下）。

**问题 4-15**. 在 IP 地址中，为什么使用最前面的一位或几位来表示地址的类别？

**解答**：知道了 IP 地址的类别，就可以很快地将 IP 地址的前缀和后缀区分开来，这是路由器寻找下一跳地址时必须做的一件事。

但是怎样才能尽快地让计算机完成这一动作呢？我们知道，计算机进行位操作（如左移、右移、布尔运算等）要比进行整数运算快得多。因此，IP 地址的类别划分就用地址中最前面的一位或几位来标识地址的类别。

**问题 4-16**. 全 1 的 IP 地址是否是向整个互联网进行广播的一种地址？

**解答**：不是。

设想一下，如果是向整个互联网进行广播的地址，那么一定会在互联网上产生极大的通信量，这样会严重地影响互联网的正常工作，甚至还会使互联网瘫痪。

因此，在 IP 地址中的全 1 地址表示仅**在本网络上**（就是发送这个 IP 数据报的主机所连接的局域网）进行广播。这种广播叫作**受限的广播**(limited broadcast)。

如果 net-id 是具体的网络号，而 host-id 是全 1，就叫作**定向广播**(directed broadcast)，因为这是**对某一个具体的网络**（即 net-id 指明的网络）上的所有主机进行广播的一种地址。

**问题 4-17**. IP 协议有分片的功能，但广域网中的分组则不必分片。这是为什么？

**解答**：IP 数据报可能要经过许多个网络，而源主机事先并不知道数据报后面要经过的这些网络所能通过的分组的最大长度是多少。等到 IP 数据报转发到某个网络时，可能才发现数据报太长了，因此在这时就必须进行分片。

但广域网能够通过的分组的最大长度是该广域网中所有主机都事先知道的，源主机不可能发送网络不支持的过长分组，因此广域网就没有必要将已经发送出的分组再进行分片。

**问题 4-18**. 路由表中只给出到目的网络的下一跳路由器的 IP 地址，然后在下一个路由器的路由表中再给出再下一跳路由器的 IP 地址，最后才能到达目的网络进行直接交付。采用这样的方法有什么好处？

**解答**：这样做的最大好处是使得路由选择成为动态的，十分灵活。当 IP 数据报传送到半途时，若网络的情况发生了变化（如网络拓扑变化或出现了拥塞），由于各路由器中的路由表是经常动态更新的，因此中途的路由器就会适应网络的这种变化，而改变其下一跳路由，从而实现动态路由选择。

**问题 4-19**. 链路层广播和 IP 广播有何区别？

**解答**：链路层广播是用数据链路层协议（在第二层）在一个以太网上实现的对该局域网上所有主机的 MAC 帧广播。

IP 广播则是用 IP 协议（在第三层）通过互联网实现的对一个网络（即目的网络）上所有主机的 IP 数据报广播。

**问题 4-20.** 主机在接收广播帧和多播帧时，其 CPU 所要做的事情有何区别？

**解答：** 在接收广播帧时，主机通过其适配器（即网络接口卡 NIC）接收每一个广播帧，然后将其传递给操作系统。CPU 执行协议软件，并界定是否接收和处理该帧。

在接收多播帧时，CPU 要对适配器进行配置，而适配器根据特定的多播地址表来接收帧。凡与此多播地址表不匹配的帧都将被 NIC 丢弃。因此在多播的情况下，是适配器 NIC 而不是 CPU 决定是否接收一个帧。

**问题 4-21.** 有的路由器在和广域网相连时，在该路由器的广域网接口处并没有 MAC 地址，这怎样解释？

**解答：** 每一个连接到广域网的路由器显然都必须有一个 MAC 地址，否则就无法进行通信，但是具体的细节可能会有相当大的差别。例如，我们的电话机和墙上的电话线路 RJ-11 插孔一连接就可以打电话。这表明电话机一定有一个唯一的电话号码（即 MAC 地址）。但是，这个电话号码并没有存储在电话机的某个地方。有些广域网也采用类似这样的技术。也就是说，每一个连接都有一个唯一的 MAC 地址，但这个地址并不一定存储在路由器的接口上。

**问题 4-22.** IP 地址和固定电话的电话号码相比，有何异同之处？

**解答：** 下面分别介绍异同之处。

**相同之处：**

(1) 唯一性。

每个固定电话机的电话号码(指包括国家码以及区号在内的号码)在电信网上都是唯一的。每个主机的 IP 地址在互联网上也是唯一的。

(2) 分等级的结构。

电话号码：[国家号码] [区号] [局号] [电话机号][分机号]。

IP 地址：[网络前缀] [主机号]。

**不同之处：**

各国的电话号码都是自主设置的，因此号码的位数可以各不相同。请注意，这里的"位"是十进制位。

但 IP 地址则一律是 32 位的固定长度（这是 IPv4 的地址长度。若使用 IPv6，则地址长度为 128 位）。请注意，这里的"位"是二进制位。

因此，电话号码空间是不受限的。当一个城市的电话号码空间不够用时，就可以增加电话号码的位数（例如 6 位不够用了就升级为 7 位，以后又不够用了就再升级为 8 位）。但 IP 地址空间是受限的，全部的 IP 地址用尽后就必须将 IPv4 升级到 IPv6。

电话号码中的"国家号码""区号""局号"都能直接反映出具体的地理位置（或范围），但 IP 地址的"网络前缀"却不能直接反映出具体的地理位置（或范围）。IP 地址的管理机构在分配 IP 地址时并不是先将整个地址空间按国家来分配，而是按网络前缀来分配的（不管这个网络在哪个国家）。

但是有的 IP 地址可以反映出一定的地理范围。例如，顶级域名若采用国家域名，则顶级域名是.cn 的应当在中国，但不知道在中国的什么地方；而二级域名若采用省级域名，则采用.js.cn 的应当在中国的江苏省，但不知道在江苏省的什么地方。然而，在采用通用顶级域名时，如采用.com，.net 或.org 时，则无法知道该主机在哪一个国家或地区。

**问题 4-23.** "尽最大努力交付"(best effort delivery)都有哪些含义？

**解答：**

(1) **不保证**源主机发送出来的 IP 数据报一定**无差错地**交付到目的主机。

(2) **不保证**源主机发送出来的 IP 数据报都**在某一规定的时间内**交付到目的主机。

(3) **不保证**源主机发送出来的 IP 数据报一定按发送时的**顺序**交付到目的主机。

(4) **不保证**源主机发送出来的 IP 数据报不会**重复**交付到目的主机。

(5) **不故意丢弃** IP 数据报。丢弃 IP 数据报的情况是：路由器检测出首部检验和有错误；或由于网络中通信量过大，路由器或目的主机中的缓存已无空闲空间（或接近用尽）。

但是要注意，IP 数据报的首部中有一个"首部检验和"。当它检验出 IP 数据报的首部出现了差错时，就将该数据报丢弃。因此，凡交付目的主机的 IP 数据报都是 IP 数据报的首部没有出现差错的或没有检测出来有差错的。这就是说，传输过程中出现差错的 IP 数据报都被丢弃了。例如，源主机一连发送了 10000 个 IP 数据报，结果有 9999 个 IP 数据报都出现了差错，因而都被丢弃了。这样，只有一个不出错的 IP 数据报最后交付目的主机。这也完全符合"尽最大努力交付"的原则。甚至当所发送的 10000 个 IP 数据报都被丢弃时，我们也不能说这不是"尽最大努力交付"，只要路由器不是故意地丢弃 IP 数据报就行。

现在互联网上绝大多数的通信量都是"尽最大努力交付"的。如果数据必须可靠地交付目的地，那么使用 IP 协议的高层软件就必须负责解决这一问题（例如，使用可靠交付的 TCP 协议）。

**问题 4-24.** 假定在一个局域网中计算机 A 发送 ARP 请求分组，希望找出计算机 B 的 MAC 地址。这时局域网上的所有计算机都能收到这个广播发送的 ARP 请求分组。试问这时由哪一个计算机使用 ARP 响应分组把计算机 B 的 MAC 地址告诉计算机 A？

**解答：** 这要区分两种情况。

如果计算机 B 和计算机 A 都连接在同一个局域网上，那么就是计算机 B 发送 ARP 响应分组。

如果计算机 B 和计算机 A 不是连接在同一个局域网上，那么就必须由一个与 A 连接在同一个局域网上的路由器来转发 ARP 请求分组。这时，该路由器向计算机 A 发送 ARP 回答分组，给出该路由器的 MAC 地址。

**问题 4-25.** 一个主机要向另一个主机发送 IP 数据报，是否使用 ARP 就可以得到该目的主机的 MAC 地址，然后直接用这个 MAC 地址将 IP 数据报发送给目的主机？

**解答：** 有时是这样，但有时也不是这样。

ARP 只能对连接在**同一个网络上**的主机或路由器进行地址解析。我们看图 Q-4-25 的例子。

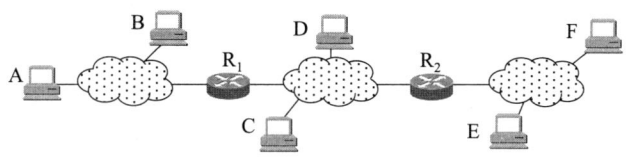

图 Q-4-25　ARP 的应用

由于 A 和 B 连接在同一个网络上,因此主机 A 使用 ARP 协议就可得到 B 的 MAC 地址,然后用 B 的 MAC 地址,将 IP 数据报组装成帧,发送给 B。

但当目的主机是 F 时,情况就不同了。A 无法得到 F 的 MAC 地址,只能先将 IP 数据报发送给本网络上的一个路由器(在本例中就是路由器 $R_1$)。因此,当 A 发送 IP 数据报给 F 时,在地址解析方面要经过以下三个步骤:

(1) A 先通过 ARP 解析出路由器 $R_1$ 的 MAC 地址,将 IP 数据报发送到 $R_1$。
(2) $R_1$ 再通过 ARP 解析出 $R_2$ 的 MAC 地址,将 IP 数据报转发到 $R_2$。
(3) $R_2$ 再通过 ARP 解析出 F 的 MAC 地址,将 IP 数据报交付 F。

因此,A 发送 IP 数据报给 F 要经过三次 ARP 地址解析。A 只知道 F 的 IP 地址,但并不知道 F 的 MAC 地址。

**问题 4-26.** 在互联网中最常见的分组长度大约是多少字节?

**解答:** 以太网的数据字段最多只允许装入 1500 字节,因此在互联网上传送的分组长度一般都不会超过 1500 字节。

电子邮件和万维网都是互联网上常用的应用程序。这两个应用程序都使用 TCP 进行传输,因此经常要用到 TCP 的确认报文段。这种 TCP 确认报文段没有数据,只有 20 字节的首部,再加上 IP 数据报的 20 字节首部,使得 IP 数据报(即分组)的长度只有 40 字节。

根据美国 MCI 主干网上传送的分组的统计数据,大约有 40%的分组为 40 字节长(即它们携带的数据都是 TCP 的确认报文段);大约有 15%的分组为 576 字节左右的长度(即 IP 数据报的默认长度);大约有 10%的分组为 1500 字节长;超过 1500 字节的分组数是很少的。

**问题 4-27.** IP 数据报的最大长度是多少字节?

**解答:** 最大长度是 64 KB (1 K = $2^{10}$),因为其首部的总长度字段只有 16 位长。但实际上最多只能表示 65535 字节而不是 65536 字节,因为二进制中的 16 个 1 表示十进制的($2^{16} - 1$)。

请注意:这里所说的最大长度是指 IP 协议给 IP 数据报长度规定的上限,是不允许超过的。但若 IP 数据报的长度超过了数据链路层的最大传送单元 MTU(见问题 4-32),或超过了路由器和主机能够处理的长度限制,那么在传送这种 IP 数据报时就必须进行分片,而分片将导致 IP 数据报的传输效率下降,应当尽可能避免。

IP 协议规定,所有的主机和路由器能够处理的 IP 数据报长度不得小于 576 字节。这就是说,只要 IP 数据报的长度不超过 576 字节,这样的 IP 数据报通过互联网时就肯定不需要进行分片(数据链路层的 MTU 没有小于 576 字节的,因此不必考虑数据链路层是否能够传送 576 字节长的数据)。

当 IP 数据报的长度超过 576 字节但小于 65535 字节时,肯定是能够通过互联网的,但是否需要进行分片，则取决于：

(1) 这个长度是否超过数据链路层的 MTU 值。

(2) 这个长度是否超过途经路由器的处理能力。

顺便指出，上面提到的 576 字节是这样得到的：考虑要传送的数据长度是 512 字节，加上 20 字节的固定 IP 首部和最多 40 字节的可变 IP 首部，共 572 字节。再考虑有 4 字节的富余量，就得出了 576 字节。请注意，576 字节是 IPv4 规定的数值，现在 IPv6 已经把这个数值提高到了 1280 字节（见 RFC 8200）。这就是说，只要 IP 数据报的长度不超过 1280 字节，在 IPv6 网络中传送时，就肯定不需要进行分片。

**问题 4-28.** IP 数据报的首部最大长度是多少字节？典型的 IP 数据报首部是多长？

**解答**：IP 数据报首部中有一个首部长度字段，4 位长，可表示的最大十进制数字是 15。因此首部长度的最大值是 15 个 4 字节长的字，即 60 字节。

典型的 IP 数据报不使用首部中的选项，因此典型的 IP 数据报首部长度是 20 字节。

**问题 4-29.** IP 数据报在传输的过程中，其首部长度是否会发生变化？

**解答**：不会。但首部中的某些字段（如标志、生存时间、首部检验和等）的数值会发生变化。

**问题 4-30.** 当路由器利用 IP 数据报首部中的"首部检验和"字段检测出在传输过程中出现了差错时，就简单地将其丢弃。为什么不发送一个 ICMP 报文给源主机呢？

**解答**：IP 协议并不要求源主机重传有差错的 IP 数据报。保证无差错传输是由 TCP 协议完成的。另一方面，首部检验和只能检验出 IP 数据报的首部是否出现差错，但不知道首部中的源地址字段有没有出错。如果源地址出现了差错，那么将这种 IP 数据报传送到错误的地址也是没有任何意义的。

**问题 4-31.** RIP 协议的好处是简单，缺点是不够稳定。有的书上介绍"触发更新""分割范围"和"毒性逆转"。能否简单介绍一下它们的要点？

**解答**：现将三者的要点简要介绍如下。

(1) **触发更新**

若网络中没有变化，则按通常的 30 秒间隔发送更新信息；若有变化，路由器就立即发送其新的路由表。这个过程叫作**触发更新**。

触发更新可提高稳定性。每一个路由器在收到有变化的更新信息时就立即发出新的信息，这比平均的 15 秒要少得多。虽然触发更新可大大地改进路由选择，但它不能解决所有的路由选择问题。例如，用这种方法不能处理路由器出故障的问题。

(2) **分割范围**

**分割范围**(split horizon)是提高稳定性的第二种方法（注：有不少人将 split horizon 译为"水平分割"。实际上，这里 horizon 的意思是"范围"，因此译为"分割范围"较为合适）。它在发送路由选择报文时使用了选择性，路由器必须区分不同的接口。如果路由器从一个接口已经收到了到某个网络的路由更新信息，那么到这个同样网络的路由更新信息一定不能再通过这个接口回送过去。如果一个接口通过了给某一个路由器更新的信息，那么这个更新信息一定不能再发送回去。因为这是那个路由器已经知道了的信息，因而是不需要的。分割范围可明显地提高稳定性。图 Q-4-31 就能说明问题。

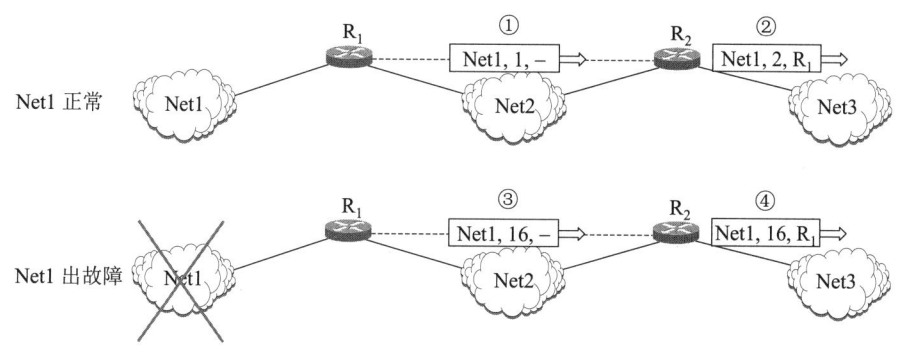

图 Q-4-31  分割范围的说明

$R_1$ 发送[Net1, 1, –]给 $R_2$，表明"我到 Net1 的距离是 1，直接交付"。

$R_2$ 从这个 RIP 报文进来的端口不再发送关于到 Net1 的信息，而只从另外的端口发送[Net1, 2, $R_1$]，表明"我到 Net1 的距离是 2，经过 $R_1$"。

当 Net1 出故障后，$R_1$ 发送[Net1, 16, –]给 $R_2$，表明"我到 Net1 的距离是 16，直接交付"（距离是 16 就表示不能到达）。

$R_2$ 从另外的端口发送[Net1, 16, $R_1$]，表明"我到 Net1 的距离是 16，经过 $R_1$"。

这样就使其他路由器很快都知道 Net1 出了故障。

(3) **毒性逆转**

**毒性逆转**(poison reverse)是分割范围的一种变形。使用这种方法时，路由器收到的信息用来更新路由表，然后通过所有的接口发送出去。但是，已经从一个接口来的一个路由表项目在通过同样的接口发送出去时，就要将其度量置为 16。

**问题 4-32.** IP 数据报必须考虑**最大传送单元** MTU (Maximum Transfer Unit)。这是指哪一层的最大传送单元？包括不包括首部或尾部等开销在内？

**解答**：这是指 IP 层下面的**数据链路层的最大传送单元**，也就是下面的 MAC 帧的数据字段，不包括 MAC 帧的首部和尾部的各字段。因为 IP 数据报是装入到 MAC 帧中的数据字段，因此数据链路层的 MTU 数值就是 IP 数据报所容许的最大长度（是**总长度**，即首部加上数据字段）。

**问题 4-33.** 如果一个路由器要同时连接在一个以太网和一个 ATM 网络上，需要有什么样的硬件加到路由器上？

**解答**：需要有两个适配器，即一个以太网适配器（网卡）和一个 ATM 适配器（网卡）。

**问题 4-34.** "交换(switching)"的准确含义是什么？

**解答**：这个名词并没有统一的精确定义。

根据[COME04](Computer Networks and Internets with Internet Applications, 4ed, 2004)第676页：

**Switching**　A general term used to describe the operation of a switch. Because it is associated with hardware, switching is usually higher speed than routing. Also, switching differs from routing because switching uses the hardware address in a frame.

（交换　用来描述交换机的运行的通用名词。由于交换与硬件相关，因此交换比路由选择要快些。此外，交换与路由选择还有一个区别，就是交换使用一个帧中的 MAC 地址。）

**Switch**　An electronic device that forms the center of a star topology network. A switch uses the destination address in a frame to determine which computer should receive the frame.

（交换机　形成星形网络中心的一种电子设备。交换机使用一个帧中的目的地址来确定哪一个计算机将接收这个帧。）

英文单词 switch 本来是"**开关**"的意思。switch 最初用在电话系统中时，就被译成了"**交换机**"，而表示动作的 switching 被译为"**交换**"。因此，电话系统使用的交换体制就称为"**电路交换**"。

在 Perlman 的[PERL00]一书中的第 531 页也有类似的解释：

**Switch**　Anything that moves data. Somehow the term is applied to imply that the device is fast and cheap. Can be a bridge (layer 2 switch) or router (layer 3 switch), or sometimes used for something that moves ATM cells.

（交换机　可移动数据的任何东西。不知是什么原因，这个名词用来暗示这种设备比较快和比较便宜。交换机可以是网桥（第二层交换机）或路由器（第三层交换机），有时也可以是移动 ATM 信元的 ATM 交换机。）

可以看出，Perlman 对 switch 的定义比 Comer 的定义更广泛一些，因为 switch 在某些情况下还可以表示一个网桥或路由器，同时也不局限于用在星形网络中。

现在需要注意的是 Packet switching 这一名词中的 switching。大家知道，Packet switching 的标准译名是"分组交换"。这里的"交换"完全是为了和电路交换的"交换"相对应的。分组交换的"交换"并没有"使用 MAC 地址"或"比路由选择更快"的含义，而只是一般地表示"可以将数据从一个地方移动到另一个地方"。

**问题 4-35.** 为什么生存时间 TTL (Time To Live)原来用秒作为单位，而现在 TTL 却表示数据报在网络中所能通过的路由器数的最大值？

**解答**：最初 TTL 用秒作为单位，表示一个数据报在网络中的最长生存时间。TTL 可用来防止数据报无限期地在网络中兜圈子（这样会浪费网络资源）。例如，把数据报的 TTL 初始值设置为 70 秒就表示：在该数据报进入网络后，只要经过 70 秒就要把它丢弃，哪怕它就快要到达目的站了。

但后来发现这样做很不方便（互联网中没有时钟同步关系的路由器都要计算通过它的数据报在网络中的逗留时间），于是就改用另一种方法，即让 TTL 表示数据报在网络中所能够通过的路由器数的最大值。例如，把数据报的 TTL 初始值设置为 60 就表示：若该数据报在经过 60 个路由器后还没有到达目的站，则最后到达的那个路由器就立即把这个数据报丢弃，使它不再占用网络资源。每一个路由器在转发数据报时，都应把数据报首部中的 TTL 值减 1。若

TTL 值减为零，就把它丢弃。因此，现在的 TTL 表示数据报在网络传送过程中的最大跳数。

**问题 4-36.** 有人认为，不使用 CIDR 也行。例如，使用 CIDR 时，给某单位分配了一个地址块 /20，相当于 16 个 C 类地址块。如果不使用 CIDR，而直接给该单位分配 16 个 C 类地址块，那么在效果上不是一样吗？

**解答：**在效果上是不一样的！

如果不采用 CIDR，而直接给该单位分配 16 个 C 类地址块，那么就相当于给该单位分配了 16 个 C 类网络。这个单位对外界来说，是 16 个 C 类网络。而每一个 C 类网络都要在本单位外面的路由表中占有一个表项，使得路由表更大了。当本单位内的许多主机相互通信时，由于跨越了不同的网络，因此都必须使用路由器来转发 IP 数据报。可见由此造成的开销是很大的。因此，一般说来，这个单位不愿意接受 16 个 C 类地址块，而希望得到一个 B 类地址块（当然，这很难申请到）。

实际上，一个 B 类地址块太大了。它相当于 256 个 C 类地址块，而这个单位只需要 16 个 C 类地址块，即只用到一个 B 类地址块的 1/16。因此，对于只需要 16 个 C 类地址块的单位，不应当给这个单位分配一个 B 类地址块，而是应当采用 CIDR 给这个单位分配一个地址块/20。

**问题 4-37.** 有一个 IPv6 的 60 位长的前缀是 12AB00000000CD3。下面有好几种不同的表示方法，请逐个指出是否正确。如不正确，请说明理由。

(a) 12AB:0:0:CD30:0:0:0:0/60

(b) 12AB::CD30:0:0:0:0/60

(c) 12AB:0:0:CD30:: /60

(d) 12AB:0:0:CD30 /60

(e) 12AB::CD30 /60

(f) 12AB::CD3 /60

**解答：**(a), (b)和(c)都正确。

(d) 错误。12AB:0:0:CD30 /60 在斜线左边只给出了 64 位，而不是 128 位。

(e) 错误。12AB::CD30 /60 表示 12AB:0:0:0:0:0:0:CD30/60。

(f) 错误。12AB::CD3 /60 表示 12AB:0:0:0:0:0:0:0CD3/60。

**问题 4-38.** 下面一些说法是否正确？请给出简要的理由。

(a) 协议 BGP 是自治系统 AS 之间的路由选择协议，因此 AS 内部的路由器不需要使用 BGP。

(b) 路由器在收到 BGP 更新报文所通告的 BGP 路由后，必须向其所有的 BGP 连接的对等端转发收到的 BGP 路由。

(c) 路由器在收到 BGP 更新报文所通告的 BGP 路由后，如果按策略的规定进行转发，则应把本路由器所在的 AS 号添加在属性 AS-PATH 的前面。

**解答：**(a) 错误。BGP 的名称虽然是外部网关协议，但这并不表示在 AS 的内部不需要运行协议 BGP。即使是 AS 内部每个 iBGP 连接上两端的路由器，都必须运行协议 BGP。否则，AS 内部的路由器就无法知道要到其他 AS 去应当经过哪些 AS。

(b) 这样说是不准确的。路由器在收到 BGP 更新报文通告的 BGP 路由后，应根据已确定的策略，决定转发或删除所收到的 BGP 路由。因此不是"必须"转发。

(c) 这样说是不准确的。只有在 eBGP 连接上把 BGP 更新报文转发到另一个 AS 的路由器时，才把本路由器所在的 AS 号添加在属性 AS-PATH 的前面。

**问题 4-39.** 试简单解释这两个名词的意思：BGP、BGP 连接。

**解答：** BGP 是协议，是外部网关协议，为的是在不同自治系统 AS 之间找到一条较好的路径转发分组。

为了实现协议 BGP，在路由器之间必须先建立 TCP 连接，以获得可靠的传输，这样的 TCP 连接就叫作 BGP 连接。

**问题 4-40.** 为什么我们在讨论协议 BGP 时要使用自治系统 AS，而不在每一个 AS 中画出具体的路由器连接拓扑？

**解答：** 原因就是每一个自治系统 AS 内部的网络连接拓扑可能是非常复杂的，实际上，一个大的 AS 里面有成千上万个网络前缀都是很常见的。有的 AS 还可能分散在不同的地理位置。在讲解协议 BGP 的工作原理时，因为协议 BGP 就是讨论整条路径要通过哪些 AS，而不管 AS 内部细节如何，所以我们就只从整体上看一个 AS。

**问题 4-41.** BGP 路由中的 NEXT-HOP 与路由器转发表中的"下一跳"是同样的意思吗？

**解答：** 不是同样的意思。

路由器转发表中的"下一跳"，一定是直接和该路由器相连接的一个路由器的 IP 地址，是分组要转发到目的网络前缀的下一跳。在所有与内部网关协议有关的文档中，"下一跳"的英文都使用 next hop（小写）。

但 NEXT-HOP 是 BGP 的 UPDATE（更新）报文的 BGP 路由中的一个**属性**，在 BGP 路由的有关文档中，NEXT-HOP 都使用大写（或记为 NEXT_HOP，也有写成 Next Hop 的，但没有使用全部小写的），这就说明 BGP 路由中的属性 NEXT-HOP 是一个专用名词，虽然它有"下一跳"的意思，但有时并非通常意义上的"下一跳"。

例如，在图 Q-4-41(a)中，$AS_1$ 的 $R_1$ 向 $AS_2$ 的 $R_2$ 发送的 UPDATE 报文中，属性 NEXT-HOP = 138.1.1.1。这个地址对 $R_2$ 来说，确实是下一跳的地址。

但在图 Q-4-41(b)中，$AS_3$ 的 $R_2$ 向本 AS 的 $R_3$ 发送的 UPDATE 报文中，属性 NEXT-HOP = 138.1.1.1，仍然是 $R_1$ 的 IP 地址。但这个地址对 $R_3$ 来说，显然不是下一跳的地址。$R_3$ 如果把这个地址写入自己的转发表中，则无法进行分组的转发。这是因为 $AS_3$ 的转发表是根据内部网关协议得出的，而内部网关协议并不知道本 AS 以外的情况。因此，路由器 R3 还必须进行一些递归查找，才能知道到达子网 X 的下一跳地址。

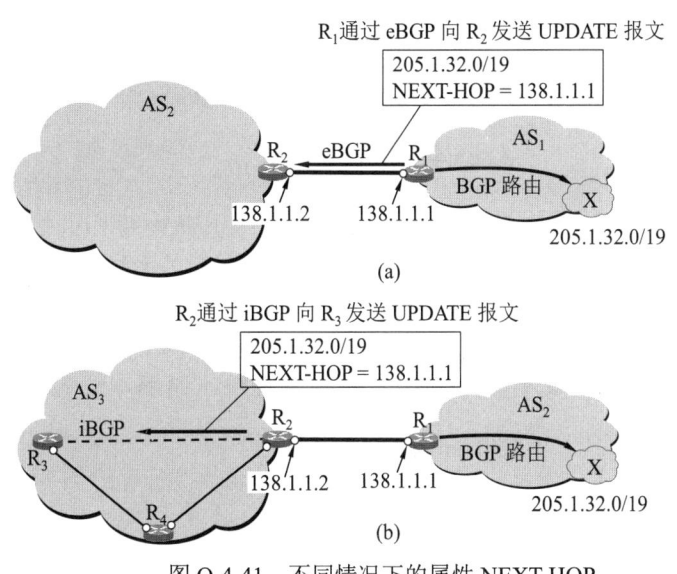

图 Q-4-41 不同情况下的属性 NEXT-HOP

**问题 4-42.** IPv6 有链路本地地址，IPv4 有这样的地址吗？与 IPv6 的情况完全相似吗？

**解答：** IPv4 也有链路本地地址(link-local address)，只是受篇幅限制，在教材中省略了这部分内容。RFC 6890 规定把地址块 169.154.0.0/16 作为 IPv4 的链路本地地址。这就是说，当一个主机无法从 DHCP 获得一个 IP 地址时，仍然可从上面这个地址块中获得一个随机生成的 IP 地址 169.154.x.y（x 和 y 都是 0~255 之间的整数）。当然，这样的地址是不能上网的。互联网上所有的路由器都不转发具有这种地址的分组。因此，这种特殊地址只能在本地局域网（工作在链路层）中使用。这就是"链路本地"的意思。再强调一下，只要 DHCP 工作正常，能够给一个主机分配一个 IPv4 地址，这个主机就不会再生成一个链路本地地址。反之，如果某主机有一个 IPv4 链路本地地址，那么说明该主机所在的网络应当处于工作异常状态。

但 IPv6 则不然。由于 IPv6 的地址空间很大，因此 IPv6 对链路本地地址的处理方法不同。具体来说就是，只要主机一启动，其操作系统就自动生成一个 IPv6 链路本地地址。虽然 IPv6 的链路本地地址的网络前缀规定为 FE80::/10，但实际上，这个地址的前 64 位中的后 54 位其实都是 0，也就是说，IPv6 的链路本地地址的格式一定是下面所示的这样：

| 128 位的 IPv6 链路本地地址 | | |
| --- | --- | --- |
| 1111111010 | 54个连续的 0 | 后 64 位或从 MAC 地址转换出或由系统生成 |

因此，IPv6 的链路本地地址的前缀又常常记为 FE80::/64，也就是只用了标准给出的前缀的很小一部分。

不过，后 64 位的生成方法现在并无统一的标准（因为毕竟这个地址仅仅在本地有效，路由器一律不转发这种地址的分组，所以似乎不必为此制订具体生成标准）。现在有两种方法生成 IPv6 链路本地地址。

采用第一种方法的操作系统有 UNIX，Linux，Android 和 Cisco IOS 等。具体的做法就是在 48 位 MAC 地址的中间插入 16 位（FFFE），变为 64 位，这就构成了 IPv6 链路本地地址的后一半。然后，对后 64 位中的第 7 位取反，即把 0 变成 1 或把 1 变成 0。例如，MAC 地址是 A8-e5-44-22-48-AC，在其中间插入 FFFE 后变为：

A8-e5-44-FFFE-22-48-AC

在改为 IPv6 的记法，即在每 16 位之间用冒号分隔开，这样就变为：

A8e5:44FF:FE22:48AC

再对第 7 位取反，A8（10101000）就变为了 AA（10101010）。因此，最后得出的 IPv6 链路本地地址是：fe80::aae5:44ff:fe22:48ac。这里使用了小写的英文字母，因为许多操作系统愿意使用小写英文字母来表示 IPv6 链路本地地址。

另一种方法是微软 Windows 操作系统所采用的。Windows 操作系统使用自己的算法来生成 IPv6 链路本地地址。例如，某 Windows 10 主机得出的 IPv6 链路本地地址是：

fe80:acba:15cc:9a97:ed82

# 习题与解答

【4-01】 网络层向上提供的服务有哪两种？试比较其优缺点。

**解答**：网络层向上面的运输层提供的服务有两种，即面向连接服务（或虚电路服务）和无连接服务（或数据报服务）。这两种服务的主要区别见下面的表 T-4-01。

表 T-4-01  虚电路服务与数据报服务的对比

| 对比的方面 | 虚电路服务 | 数据报服务 |
| --- | --- | --- |
| 思路 | 可靠通信应当由网络来保证 | 可靠通信应当由用户主机来保证 |
| 连接的建立 | 必须有 | 不需要 |
| 终点地址 | 仅在连接建立阶段使用，每个分组使用短的虚电路号 | 每个分组都有终点的完整地址 |
| 分组的转发 | 属于同一条虚电路的分组均按照同一路由进行转发 | 每个分组独立选择路由进行转发 |
| 当节点出故障时 | 所有通过出故障的节点的虚电路均不能工作 | 出故障的节点可能会丢失分组，一些路由可能会发生变化 |
| 分组的顺序 | 总是按发送顺序到达终点 | 到达终点时不一定按发送顺序 |
| 端到端的差错处理和流量控制 | 可以由网络负责，也可以由用户主机负责 | 由用户主机负责 |

【4-02】 网络互连有何实际意义？进行网络互连时，有哪些共同的问题需要解决？

**解答**：我们知道，不可能让所有的用户都使用相同的网络。虽然这样做可使网络互连变得比较简单，但实际上是不可行的。这是因为用户的需求是多种多样的，没有一种单一的网络能够满足所有用户的需求。另外，网络技术是不断发展的，网络的制造厂家也要经常推出新的网络，在竞争中求生存。因此，在市场上总有很多种不同性能、不同网络协议的网络，供不同的用户选用。因此我们面临的现实就是：在客观上，世界上有很多特性各异的网络，但这些网络又希望能够相互通信，于是网络互连的意义非常重大。

网络互连会遇到许多问题需要解决，如：

- 不同的寻址方案；
- 不同的最大分组长度；

- 不同的网络接入机制；
- 不同的超时控制；
- 不同的差错恢复方法；
- 不同的状态报告方法；
- 不同的路由选择技术；
- 不同的用户接入控制；
- 不同的服务（面向连接服务和无连接服务）；
- 不同的管理与控制方式；等等。

**【4-03】** 作为中间设备，转发器、网桥、路由器和网关有何区别？

**解答**：将网络互相连接起来要使用一些中间设备。根据中间设备所在的层次，有以下四种不同的中间设备：

(1) 物理层使用的中间设备叫作转发器。
(2) 数据链路层使用的中间设备叫作网桥或交换机。
(3) 网络层使用的中间设备叫作路由器。
(4) 在网络层以上使用的中间设备叫作网关。用网关连接两个不兼容的系统需要在高层进行协议的转换。但应注意，在许多旧的文献中，不少路由器也被称为网关。现在，大家一般都用"路由器"代替"网关"这一名词。

**【4-04】** 试简单说明下列协议的作用：
　　　　IP，ARP 和 ICMP。

**解答**：网际协议 IP：使用协议 IP 可以把互连以后的计算机网络看成是一个虚拟互连网络。所谓虚拟互连网络，就是逻辑互连网络，称为互联网。我们知道，各种物理网络的异构性本来是客观存在的，但是我们利用协议 IP 就可以使这些性能各异的网络在网络层上看起来好像是一个统一的网络。这种使用协议 IP 的虚拟互连网络可简称为 IP 网。使用 IP 网的好处是：当 IP 网上的主机进行通信时，就好像在单个网络上通信一样，它们看不见互连的各网络的具体异构细节（如具体的编址方案、路由选择协议，等等）。

地址解析协议 ARP：用来把一个机器（主机或路由器）的 IP 地址转换为相应的 MAC 地址（或硬件地址）。

网际控制报文协议 ICMP：用来使主机或路由器报告差错情况和提供有关异常情况的报告，这样就可以更有效地转发 IP 数据报和提高交付成功的概率。

**【4-05】** IP 地址如何表示？

**解答**：　IP 地址（32 位）可记为：

$$\text{IP 地址} ::= \{<网络号>, <主机号>\}$$

分类的 IP 地址共分为五类。
A 类地址：网络号字段为 1 字节，最前面的 1 位是 0。
B 类地址：网络号字段为 2 字节，最前面的 2 位是 10。

C 类地址：网络号字段为 3 字节，最前面的 3 位是 110。
D 类地址：用于多播，最前面的 4 位是 1110。
E 类地址：保留今后使用，最前面的 4 位是 1111。

无分类地址又称为 CIDR。由"**网络前缀**"(network-prefix)（简称为"**前缀**"）和主机号组成。主机号字段称为**后缀**(suffix)。CIDR 的记法是：

$$\text{IP 地址} ::= \{<\text{网络前缀}>, <\text{主机号}>\}$$

但网络前缀的位数不固定，并且没有 A 类、B 类或 C 类的划分。

图 T-4-5 是两种地址的比较。

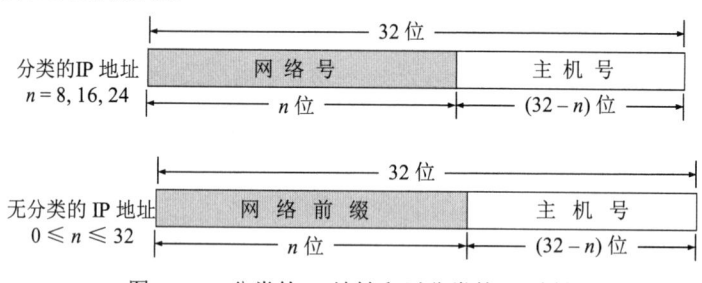

图 T-4-5　分类的 IP 地址和无分类的 IP 地址

【4-06】IP 地址的主要特点是什么？

IP 地址具有以下一些重要特点：

(1) 每一个 IP 地址都由网络前缀和主机号两部分组成。从这个意义上说，IP 地址是一种分等级的地址结构。

(2) 实际上 IP 地址是标志一个主机（或路由器）和一条链路的接口。换言之，IP 地址并不仅仅指明一个主机，同时还指明了主机所连接到的网络。

(3) 按照互联网的观点，一个网络是指具有相同网络前缀的主机的集合，因此，用转发器或网桥连接起来的若干个局域网仍为一个网络，因为这些局域网都具有同样的网络前缀。具有不同网络前缀的局域网必须使用路由器进行互连。

(4) 在 IP 地址中，所有分配到网络前缀的网络（不管是范围很小的局域网，还是可能覆盖很大地理范围的广域网）都是平等的。

【4-07】试说明 IP 地址与 MAC 地址的区别。为什么要使用这两种不同的地址？

**解答：**从层次的角度看，MAC 地址是数据链路层和物理层使用的地址，而 IP 地址是网络层和以上各层使用的地址，是一种逻辑地址（称 IP 地址是逻辑地址是因为 IP 地址是用软件实现的）。

由于全世界存在着各式各样的网络，它们使用不同的 MAC 地址。要使这些异构网络能够互相通信就必须进行非常复杂的 MAC 地址转换工作，因此由用户或用户主机来完成这项工作几乎是不可能的事。但统一的 IP 地址把这个复杂问题解决了。连接到互联网的主机只需拥有统一的 IP 地址，它们之间的通信就像连接在同一个网络上那样简单方便。当需要把 IP 地址转换为 MAC 地址时，调用 ARP 的复杂过程都由计算机软件自动进行，而用户是看不见这种调用过程的。因此，在虚拟的 IP 网络上用 IP 地址进行通信给广大的计算机用户带来很大的方便。

**【4-08】** IP 地址方案与我国电话号码体制的主要不同点是什么？

**解答**：最主要有两个不同点。

首先，IP 地址是定长的，因此在互联网上的 IP 地址总数是一定的。如果 IPv4 的地址用完了，那么就要过渡到具有更大地址空间的 IPv6。对于 IPv4 来说，每一个 IP 地址是固定的 32 位二进制数字。

但我国的固定电话号码是不定长度的，全国电话号码的总容量并没有上限。区号如果不够，就可以增加区号。一个区内的电话局不够了，可以增加电话局的数目。区号的位数可以不一致。我国规定大城市区号是两位的，如北京的区号是 10（请注意，北京的区号不是 010。用固定电话拨打北京的电话时，最前面的 0 是必须加入的，但这个数字 0 是国内长途电话接入码，后面的 10 才是北京的区号）。但有的省各城市的区号都是三位的，没有两位的。而各城市电话号码的位数也是不固定的。根据城市人口的增长情况，电话号码的位数可以逐渐增多。可以从五位增长到六位，再增长到七位或八位。

其次，IP 地址与主机所在的地理位置无关。IP 地址中并未规定哪几位分配给哪个地理位置（但我们应注意到，在 CIDR 体制中，可以按地址块分配给某个地点的某个机构）。在我国的固定电话号码体制中，前面的区号（两位或三位）表示地理位置（按行政划分的城市范围），后面号码中的前三位是电话交换机的编号，也具有固定的地理位置，最后几位则是分配给连接到这个交换机的各电话机的编号。因此，一个固定电话号码 =（区号）+（交换机编号）+（电话机编号）。

**【4-09】** IP 数据报中的首部检验和并不检验数据报中的数据。这样做的最大好处是什么？坏处是什么？

**解答**：好处是，不检验数据部分可以加快检验的过程，使转发分组更快。

坏处是，数据部分出现差错时不能及早发现。即使到达终点，目的主机中的 IP 也仍然不检查数据部分是否正确。当 IP 数据报的数据部分送交上面的运输层时，运输层的 TCP 才检查收到的数据有无差错。

**【4-10】** 当某个路由器发现一个 IP 数据报的首部检验和有差错时，为什么采取丢弃的办法而不是要求源站重传此数据报？计算首部检验和为什么不采用 CRC 检验码？

**解答**：IP 首部中的源地址也可能变成错误的，要求错误的源地址重传数据报是没有意义的。不使用 CRC 可减少路由器进行检验的时间。

**【4-11】** 设 IP 数据报使用固定首部，其各字段的具体数值如图 T-4-11 所示（除 IP 地址外，均为十进制形式表示）。试用二进制运算方法计算应当写入到首部检验和字段中的数值（用二进制形式表示）。

| 4 | 5 | 0 | 28 |
|---|---|---|---|
| 1 | | 0 | 0 |
| 4 | 17 | 首部检验和（待计算后写入） | |
| 10.12.14.5 | | | |
| 12.6.7.9 | | | |

图 T-4-11 IP 数据报首部各字段的数值

**解答：** 把以上的数据写成二进制数字，按每 16 位对齐，然后计算反码运算的和：

| | | | |
|---|---|---|---|
| 4, 5 和 0 | → | 01000101 | 00000000 |
| 28 | → | 00000000 | 00011100 |
| 1 | → | 00000000 | 00000001 |
| 0 和 0 | → | 00000000 | 00000000 |
| 4 和 17 | → | 00000100 | 00010001 |
| 0 | → | 00000000 | 00000000 |
| 10.12 | → | 00001010 | 00001100 |
| 14.5 | → | 00001110 | 00000101 |
| 12.6 | → | 00001100 | 00000110 |
| 7.9 | → | 00000111 | 00001001 |
| 和 | → | 01110100 | 01001110 |
| 检验和 | → | 10001011 | 10110001 |

本题只要仔细一些，就不会算错。但务请注意进位。

例如，最低位相加，一共有 4 个 1，相加后得二进制的 100，把最低位的 0 写下，作为和的最低位。进位中的 0 不必管，进位中的 1 要与右边第 3 位相加。

右边第 2 位相加时，只有一个 1，相加后得 1，没有进位。把 1 写在右边第 2 位上。

右边第 3 位相加时，共有 4 个 1 和一个进位的 1，即总共 5 个 1，相加后得 101。把这个和最右边的 1 写在和的右边第 3 位上。进位的 1 应当与右边第 5 位的数字相加，等等。

**【4-12】** 重新计算上题，但使用十六进制运算方法（每 16 位二进制数字转换为 4 个十六进制数字，再按十六进制加法规则计算）。比较这两种方法。

**解答：**

| | | | | | |
|---|---|---|---|---|---|
| 4, 5 和 0 | → | 4 | 5 | 0 | 0 |
| 28 | → | 0 | 0 | 1 | C |
| 1 | → | 0 | 0 | 0 | 1 |
| 0 和 0 | → | 0 | 0 | 0 | 0 |
| 4 和 17 | → | 0 | 4 | 1 | 1 |
| 0 | → | 0 | 0 | 0 | 0 |
| 10.12 | → | 0 | A | 0 | C |
| 14.5 | → | 0 | E | 0 | 5 |
| 12.6 | → | 0 | C | 0 | 6 |
| 7.9 | → | 0 | 7 | 0 | 9 |
| 和 | → | 7 | 4 | 4 | E |
| 检验和 | → | 8 | B | B | 1 |

我们看到，$8B_{16}$ = 10001011，而 $B1_{16}$ = 10110001。这两种方法得出的结果是一样的。

**【4-13】** 什么是最大传送单元 MTU？它和 IP 数据报首部中的哪个字段有关系？

解答：我们知道，在 IP 层下面的数据链路层规定了一个帧所能传送的数据的最大值。这个数值称为（IP 层下面的数据链路层所能够传送的）最大传送单元 MTU。当 IP 数据报封装成链路层的帧时，此数据报的总长度（即首部加上数据部分）一定不能超过下面的数据链路层的 MTU 值。

显然，MTU 就是 IP 数据报首部中的"总长度字段"的上限值。需要注意的是，这个总长度字段是 16 位，因此这个字段可以表示的最大数值是 $2^{16} - 1$，即 65535 字节。但实际上，下面的数据链路层往往限制了 IP 数据报的总长度，使其远远小于这个数值。

总之，IP 数据报的总长度既不能超过 65535 字节，也不能超过数据链路层容许的 MTU 值，用公式表示为：

$$\text{IP 数据报的总长度} \leq \min\{MTU, 65535\}$$

图 T-4-13 表明 IP 数据报的总长度就是数据链路层的 MAC 帧的数据部分。但 MTU 在这个图中并未表示出来，因为 MTU 是 MAC 帧的数据部分的上限值。

图 T-4-13　IP 数据报的总长度不能超过 MTU

【4-14】在互联网中将 IP 数据报分片传送的数据报在最后的目的主机进行组装。还可以有另一种做法，即数据报片通过一个网络就进行一次组装。试比较这两种方法的优劣。

解答：在目的主机而不是在中间的路由器进行组装是由于：

(1) 在中间的路由器不进行数据报的组装，可使路由器处理数据报更简单些；

(2) 并非所有的数据报片都经过同样的路由器，因此在每一个中间的路由器进行组装可能总会缺少几个数据报片；

(3) 也许分组后面还要经过一个网络，它还要将这些数据报片划分成更小的片，如果在中间的路由器进行组装就可能会组装多次。

【4-15】一个 3200 bit 长的 TCP 报文传到 IP 层，加上 160bit 的首部后成为数据报。下面的互连网由两个局域网通过路由器连接起来，但第二个局域网所能传送的最长数据帧中的数据部分只有 1200 bit，因此数据报在路由器中必须进行分片。试问第二个局域网向其上层要传送多少 bit 的数据（这里的"数据"当然指的是局域网看见的数据）？

解答：第二个局域网所能传送的最长数据帧中的数据部分只有 1200 bit，可见每一个 IP 数据报的最大长度是 1200 bit，故其数据部分（即从 TCP 传下来的数据）最多为：

IP 数据报的总长度 – IP 数据报的首部 = 1200 – 160 = 1040 bit

可以这样划分：TCP 交给 IP 的数据共 3200 bit = (1024 + 1024 + 1024 + 128) bit，因此 3200 bit

的数据必须划分为 4 个数据报, 如图 T-4-15 所示。

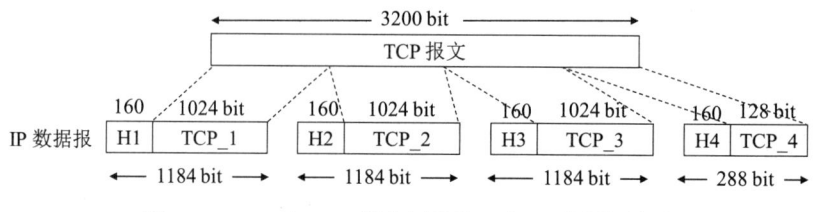

图 T-4-15 一个 TCP 报文划分为 4 个 IP 数据报传送

图中的 H1, H2, H3, H4 分别是这 4 个数据报的首部, 其长度都是 160 bit (但里面的内容并不相同), 而 TCP_1, TCP_2, TCP_3, TCP_4 分别是这四个数据报片的数据部分, 其长度分别为 1024 bit, 1024 bit, 1024 bit 和 128 bit。这 4 个数据报的总长度 (首部加上数据部分) 分别为 1184 bit, 1184 bit, 1184 bit 和 288 bit。

上面这些就是第二个局域网向其上层要传送的数据。

因此, 第二个局域网向上传送 1184 + 1184 + 1184 + 288 = 3840 bit。

【4-16】(1) 试解释为什么 ARP 高速缓存每存入一个项目就要设置 10~20 分钟的超时计时器。这个时间设置得太长或太短会出现什么问题?

(2) 至少举出两种不需要发送 ARP 请求分组的情况 (即不需要请求将某个目的 IP 地址解析为相应的 MAC 地址)。

**解答:**

(1) 当网络中某个 IP 地址和 MAC 地址的映射发生变化时, ARP 高速缓存中相应的项目就要改变。例如, 更换以太网网卡就会发生这样的事件。10~20 分钟更换一块网卡是合理的。超时时间设置得太短会使 ARP 请求和响应分组的通信太频繁, 而超时时间设置得太长会使更换网卡后的主机迟迟无法和网络上的其他主机通信。

(2) 源主机的 ARP 高速缓存中已经有了该目的 IP 地址的项目; 源主机发送的是广播分组; 源主机和目的主机使用点对点链路。

【4-17】主机 A 发送 IP 数据报给主机 B, 途中经过了 5 个路由器。试问在 IP 数据报的发送过程中总共使用了几次 ARP?

**解答:** 6 次。主机发送 IP 数据报时用一次 ARP, 每一个路由器在转发 IP 数据报时各使用一次。

【4-18】设某路由器建立了如下转发表:

| 前缀匹配 | 下一跳 |
| --- | --- |
| 192.4.153.0/26 | $R_3$ |
| 128.96.39.0/25 | 接口 m0 |
| 128.96.39.128/25 | 接口 m1 |
| 128.96.40.0 /25 | $R_2$ |
| *(默认) | $R_4$ |

现共收到 5 个分组，其目的地址分别为：

(1) 128.96.39.10

(2) 128.96.40.12

(3) 128.96.40.151

(4) 192.4.153.17

(5) 192.4.153.90

试分别计算其下一跳。

**解答：** 下面我们只给出每一小题中的一次匹配检查过程。目的是学会方法。

(1) 路由器收到的分组的目的地址 $D_1$ = 128.96.39.10。检查转发表的第 2 行。

```
                       128  .  96  .  39  .  10
目的主机 IP 地址        10000000 01100000 00100111 00001010
第 2 行的子网掩码       11111111 11111111 11111111 10000000
按位 AND 运算           10000000 01100000 00100111 00000000
得出结果                128  .  96  .  39  .  0
                       ←——— 前缀 25 位 ———→
```

所得结果匹配，故选择下一跳为接口 m0。

(2) 路由器收到的分组的目的地址 $D_2$ = 128.96.40.12。检查转发表的第 4 行。

```
                       128  .  96  .  40  .  12
目的主机 IP 地址        10000000 01100000 00101000 00001100
第 4 行的子网掩码       11111111 11111111 11111111 10000000
按位 AND 运算           10000000 01100000 00101000 00000000
得出结果                128  .  96  .  40  .  0
                       ←——— 前缀 25 位 ———→
```

所得结果匹配，故选择下一跳为 $R_2$。

(3) 路由器收到的分组的目的地址 $D_3$ = 128.96.40.151。检查转发表的第 4 行。

```
                       128  .  96  .  40  .  151
目的主机 IP 地址        10000000 01100000 00101000 10010111
第 4 行的子网掩码       11111111 11111111 11111111 10000000
按位 AND 运算           10000000 01100000 00101000 10000000
得出结果                128  .  96  .  40  .  128
                       ←——— 前缀 25 位 ———→
```

所得结果不匹配。再试其他行，都不匹配。因此选择下一跳为默认接口 $R_4$。

(4) 路由器收到的分组的目的地址 $D_4$ = 192.4.153.17。检查转发表的第 1 行。

```
                       192  .  4  .  153  .  17
目的主机 IP 地址        11000000 00000100 10011001 00010001
第 1 行的子网掩码       11111111 11111111 11111111 11000000
按位 AND 运算           11000000 00000100 10011001 00000000
得出结果                192  .  4  .  153  .  0
                       ←——— 前缀 26 位 ———→
```

所得结果匹配，故选择下一跳为 $R_3$。

(5) 路由器收到的分组的目的地址 $D_5$ = 192.4.153.90。检查转发表的第 3 行。

```
                       192  .  4  .  153  .  90
目的主机 IP 地址        11000000 00000100 10011001 01011010
第 3 行的子网掩码       11111111 11111111 11111111 10000000
按位 AND 运算           11000000 00000100 10011001 00000000
得出结果                192  .  4  .  153  .  0
                       ←——— 前缀 25 位 ———→
```

所得结果不匹配。再试其他行，都不匹配。故选择下一跳为默认接口 $R_4$。

【4-19】某单位分配到一个地址块 129.250/16。该单位有 4000 台计算机，平均分布在 16 个不同的地点。试给每一个地点分配一个地址块，并算出每个地址块中 IP 地址的最小值和最大值。

**解答**：4000 台计算机平均分布在 16 个不同的地点，每个地点有 250 台计算机。因此，主机号有 8 位就够了。这样，网络前缀可以选用 24 位。16 个不同地点需要有 16 个地址块。每个地点分到一个/24 地址块就够用了。结果如下：

129.250.1/24，IP 地址范围：129.250.1.0 ~ 129.250.1.255
129.250.2/24，IP 地址范围：129.250.2.0 ~ 129.250.2.255
……
129.250.16/24，IP 地址范围：129.250.16.0 ~ 129.250.16.255

【4-20】一个数据报长度为 4000 字节（固定首部长度）。现在经过一个网络传送，但此网络能够传送的最大数据长度为 1500 字节。试问应当划分为几个短些的数据报片？各数据报片的数据字段长度、片偏移字段和 MF 标志应为何数值？

**解答**：数据报的总长度减去首部长度，得出 IP 数据报的数据部分长度为：

$$4000 - 20 = 3980 \text{ B}$$

划分出一个数据报片（要考虑首部有 20 字节长）：$3980 - 1480 = 2500$ B，剩下的数据长度大于 MTU。

再划分出一个数据报片：$2500 - 1480 = 1020$ B，剩下的数据长度小于 MTU。

故划分为 3 个数据报片，其数据字段长度分别为 1480，1480 和 1020 字节。

片偏移字段的值分别为 0，$1480 / 8 = 185$ 和 $2 \times 1480 / 8 = 370$。

MF 字段的值分别为 1，1 和 0。

【4-21】写出互联网的 IP 层查找路由的算法。

**解答**：IP 层查找路由的算法如下（假定转发表按照网络前缀的长短排列，把网络前缀长的放在前面）：

(1) 从收到的分组的首部提取目的主机的 IP 地址 D（即目的地址）。

(2) 若查找到有特定主机路由（目的地址为 D），就按照这条路由的下一跳转发分组；否则从转发表中下一行（也就是前缀最长的一行）开始检查，执行(3)。

(3) 把这一行的子网掩码与目的地址 D 按位进行 AND 运算。

若运算结果与本行的前缀匹配，则查找结束，按照"下一跳"所指出的进行处理（或直接交付本网络上的目的主机，或通过指定接口发送到下一跳路由器）。

否则，若转发表还有下一行，则对下一行进行检查，重新执行(3)。

否则，执行(4)。

(4) 若转发表中有一个默认路由，则按照指明的接口把分组传送到指明的默认路由器；否则，报告转发分组出错。

【4-22】 有如下的 4 个/24 地址块，试进行最大可能的聚合。
　　　　212.56.132.0/24
　　　　212.56.133.0/24
　　　　212.56.134.0/24
　　　　212.56.135.0/24

**解答**：这几个地址块的前面两个字节都一样，因此，只需要比较第三个字节。
212.56.132.0/24 的第三个字节的二进制表示是 **100001**00；
212.56.133.0/24 的第三个字节的二进制表示是 **100001**01；
212.56.134.0/24 的第三个字节的二进制表示是 **100001**10；
212.56.135.0/24 的第三个字节的二进制表示是 **100001**11。

可以看出，第三个字节仅最后 2 位不一样，而前面 6 位都是相同的（用粗体字加下画线来表示）。这 4 个地址块的共同前缀是 22 位：11010100 00111000 100001。

最大可能的聚合的 CIDR 地址块是：212.56.132.0/22。

【4-23】 有两个 CIDR 地址块 208.128/11 和 208.130.28/22。是否有哪一个地址块包含了另一个地址块？如果有，请指出，并说明理由。

**解答**：写出这两个地址块的二进制表示就可看出。实际上，只要把第一个地址块的前两个字节和第二个地址块的前三个字节写成二进制形式即可。
208.128/11 的网络前缀是有下画线所示的 11 位：<u>11010000 100</u>00000；
208.130.28/22 的网络前缀是有下画线所示的 22 位：<u>11010000 10000010 000111</u>00。
可见，前一个地址块包含了后一个地址块。

【4-24】 已知路由器 $R_1$ 的转发表如表 T-4-24 所示。

表 T-4-24　习题 4-24 中路由器 $R_1$ 的转发表

| 前缀匹配 | 下一跳地址 | 路由器接口 |
|---|---|---|
| 140.5.12.64/26 | 180.15.2.5 | m2 |
| 130.5.8/24 | 190.16.6.2 | m1 |
| 110.71/16 | ----- | m0 |
| 180.15/16 | ----- | m2 |
| 190.16/16 | ----- | m1 |
| 默认 | 110.71.4.5 | m0 |

试画出各网络和必要的路由器的连接拓扑，标注出必要的 IP 地址和接口。对不能确定的情况应当指明。

**解答**：从表 T-4-24 可看出，路由器 $R_1$ 有三个接口：m0, m1 和 m2，如图 T-4-24 所示。

有三个网络直接和 $R_1$ 相连，有两个网络间接和 $R_1$ 相连，这是因为在"下一跳地址"中没有写任何地址。这就表明到了路由器 $R_1$ 后，不需要再转发（没有下一跳），而是直接交付主机。可见这三个网络是直接和路由器 $R_1$ 相连的。

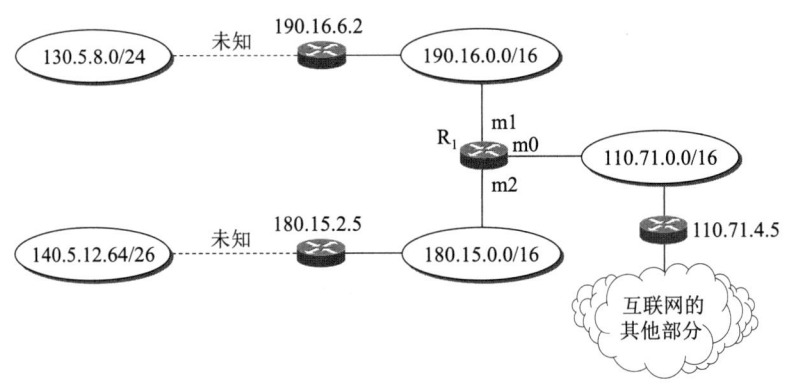

图 T-4-24　和路由器 $R_1$ 的三个接口相连接的网络拓扑

还应当有三个路由器。这从下一跳地址可看出，因为既然给出了下一跳的 IP 地址，那么这个 IP 地址一定是一个路由器。只要看它的 IP 地址就知道是和哪一个网络相连接的。默认路由器一定是和互联网相连的。例如，下一跳地址是 190.16.6.2，具有这个地址的路由器一定是与网络 190.16.0.0 相连接的。

但网络 130.5.8.0 是怎样和路由器 190.16.6.2 连接的，它们之间还要经过多少个路由器，现在都是不知道的。因此，网络 130.5.8.0 和路由器 190.16.6.2 之间用虚线表示。

【4-25】一个自治系统分配到的 IP 地址块为 30.138.118/23，包括 5 个局域网，其连接图如图 T-4-25(a)所示，每个局域网上的主机数标注在图 T-4-25(a)上。试给出每一个局域网的地址块（包括前缀）。

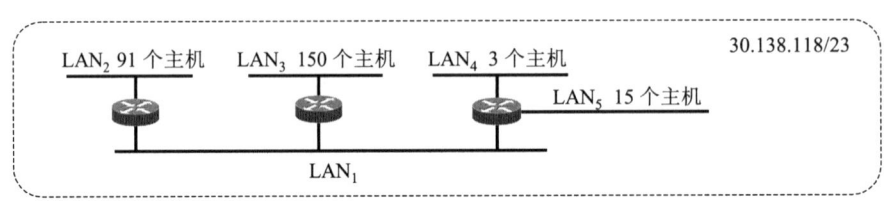

图 T-4-25(a)　包含 5 个局域网的自治系统

**解答**：分配网络前缀时应先分配地址数较多的前缀。题目没有说 $LAN_1$ 上有几个主机，但至少需要 3 个地址给 3 个路由器用。本题的解答有很多种，下面给出两组不同的答案（如表 T-4-25 所示）。

表 T-4-25　两组不同的答案

|  | 第一组答案 | 第二组答案 |
|---|---|---|
| $LAN_1$ | 30.138.119.192/29 | 30.138.118.192/27 |
| $LAN_2$ | 30.138.119.0/25 | 30.138.118.0/25 |
| $LAN_3$ | 30.138.118.0/24 | 30.138.119.0/24 |
| $LAN_4$ | 30.138.119.200/29 | 30.138.118.224/27 |
| $LAN_5$ | 30.138.119.128/26 | 30.138.118.128/27 |

第一组和第二组答案分别用图 T-4-25(b)和图 T-4-25(c)表示，这样可看得清楚些。图中注明有 LAN 的三角形表示在三角形顶点下面所有的 IP 地址都包含在此局域网的网络前缀中。在图中，我们把地址中与分配网络前缀有关的字节用二进制表示，写在括弧中的前两个字节仍用点分十进制表示。这样做是为了说明现在不必观察地址中的前两个字节，而应当把注意力集中在地址中的后面两个字节。

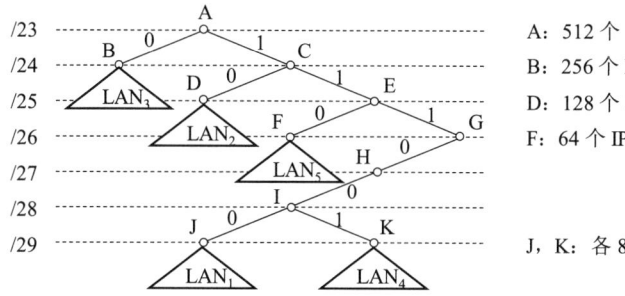

图 T-4-25(b)　第一组答案

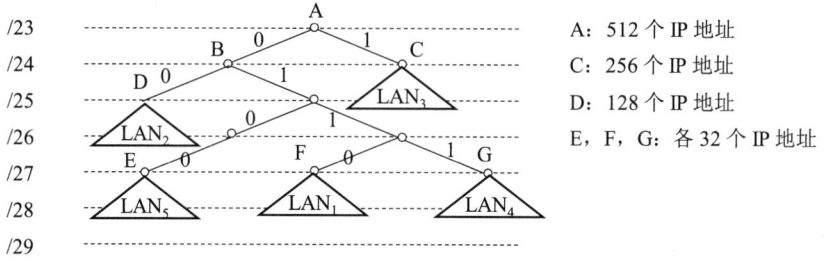

图 T-4-25(c)　第二组答案

我们还可以从另一种角度来看这个问题（如图 T-4-25(d)所示）。

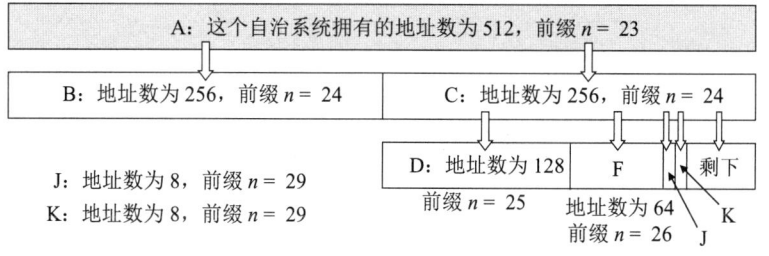

图 T-4-25(d)　从另一种角度来看地址块的分配（和图 T-4-25(b)对应）

我们这个自治系统有地址块 A，即共有 512 个 IP 地址，其网络前缀 $n = 23$。32 位地址中有 23 位是网络前缀，剩下 9 位是主机号，因此共有 $2^9 = 512$ 个 IP 地址。

把总地址块分为两大块，每一块的地址数是 256 个，其网络前缀增加了一位（请注意：网络前缀每增加一位，地址数就减半），即 $n = 24$。这就是图中的 B 和 C 两大块。

把地址块 B 分配给 LAN$_3$，而把地址块 C 继续分下去。

地址块 C 的一半是 D，地址数减半，是 128，网络前缀增加了一位，$n$ = 25。LAN$_2$ 得到了地址块 D。

地址块 C 的另一半的一半是地址块 F，地址数是 64，网络前缀 $n$ = 26。地址块 F 分配给 LAN$_5$。

在其余的 64 个地址中，给 J 和 K 各分配 8 个地址，其网络前缀 $n$ = 29。

最后剩下 48 个地址留到以后再分配。

图 T-4-25(e) 是和第二组答案对应的图解方法。

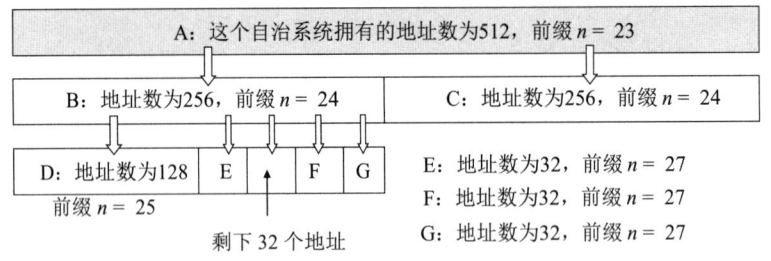

图 T-4-25(e)　和第二组答案对应的地址块的分配（和图 T-4-25(c)对应）

这个分配方案也是先把总地址块分成 B 和 C 两大块，把地址块 C 分配给 LAN$_3$。然后把地址块 B 继续分下去。把地址块 B 的一半 D 分配给 LAN$_2$，共有 128 个地址，其网络前缀 $n$ = 25；把地址块 B 的另一半分成四等分，每一块有 32 个地址，网络前缀 $n$ = 27。把这四块地址中的三块（图中的 E，F 和 G）分配给 LAN$_5$，LAN$_1$ 和 LAN$_4$。

【4-26】一个大公司有一个总部和三个下属部门。公司分配到的网络前缀是 192.77.33/24。公司的网络布局如图 T-4-26 所示。总部共有 5 个局域网，其中的 LAN$_1$ ~ LAN$_4$ 都连接到路由器 R$_1$ 上，R$_1$ 再通过 LAN$_5$ 与路由器 R$_2$ 相连。R$_2$ 和远地的三个部门的局域网 LAN$_6$ ~ LAN$_8$ 通过广域网相连。每一个局域网旁边标明的数字是局域网上的主机数。试给每一个局域网分配一个合适的网络前缀。

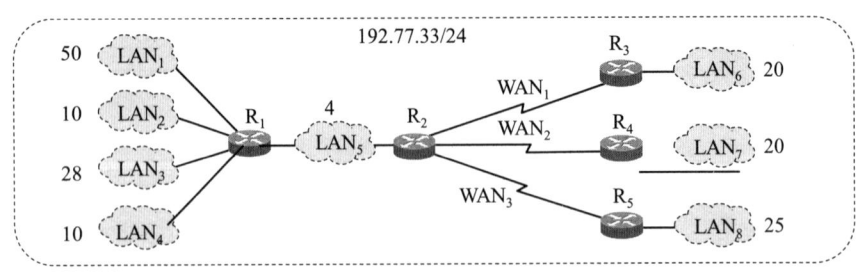

图 T-4-26　一个大公司各部门的网络布局

**解答**：50 个主机的 LAN$_1$ 需要前缀/26（主机号 6 位，62 个主机号，R$_1$ 的接口占用一个号码），28 个主机的 LAN$_3$ 需要前缀/27（主机号 5 位，30 个主机号，R$_1$ 的接口占用一个号码），10 个主机的 LAN$_2$ 和 LAN$_4$ 各需要一个前缀/28（主机号 4 位，14 个主机号，R$_1$ 的接口占用一个号码）。

LAN$_6$～LAN$_8$（加上路由器）各需要一个前缀/27（主机号 5 位，30 个主机号，R$_1$～R$_5$ 的接口各占用一个号码）。3 个 WAN 各有两个端点，各需要一个前缀/30（主机号 2 位，2 个主机号）。LAN$_5$ 需要前缀/30（主机号 2 位，用 2 个号码分配给路由器 R$_1$ 和 R$_2$ 的一个接口），考虑到以太网上可能还要再接几个主机，故留有余地，可分配一个前缀/29（主机号 3 位，6 个主机号）。

本题的解答有很多种，下面给出其中的一种答案：

LAN$_1$：192.77.33.0/26
LAN$_3$：192.77.33.64/27
LAN$_6$：192.77.33.96/27
LAN$_7$：192.77.33.128/27
LAN$_8$：192.77.33.160/27
LAN$_2$：192.77.33.192/28
LAN$_4$：192.77.33.208/28
LAN$_5$：192.77.33.224/29（考虑到以太网上可能还要再接几个主机，故留有余地。）
WAN$_1$：192.77.33.232/30
WAN$_2$：192.77.33.236/30
WAN$_3$：192.77.33.240/30

【4-27】 以下地址中的哪一个和 86.32/12 匹配？请说明理由。

(1) 86.33.224.123；(2) 86.79.65.216；(3) 86.58.119.74；(4) 86.68.206.154。

**解答**：观察地址 86.32/12 的第二个字节 32 = 0b00100000（0b 的意思是：在这后面的是二进制数字），前缀 12 位，说明第二个字节的前 4 位 0010 在前缀中。

把给出的 4 个地址的第二个字节转换成二进制数，看哪一个前 4 位是 0010：

(1) 33 = 0b00100001，二进制数字的前 4 位是：0010；
(2) 79 = 0b01001111，二进制数字的前 4 位是：0100；
(3) 58 = 0b00111010，二进制数字的前 4 位是：0011；
(4) 68 = 0b01000100，二进制数字的前 4 位是：0100。

因此，只有(1)的地址 86.33.224.123 和 86.32/12 匹配。

【4-28】 以下地址前缀中的哪一个地址与 2.52.90.140 匹配？请说明理由。

(1) 0/4；(2) 32/4；(3) 4/6；(4) 80/4。

**解答**：给出的 4 个地址的前缀有 4 位和 6 位两种，因此我们就观察地址 2.52.90.140 的第一个字节。

2.52.90.140/4 是 <u>0000</u>0010，2.52.90.140/6 是 <u>000000</u>10。

(1) 0/4 的前缀是 0000；
(2) 32/4 的前缀是 0010；
(3) 4/6 的前缀是 000001；
(4) 80/4 的前缀是 0101。

因此，只有前缀(1)和地址 2.52.90.140 匹配。

【4-29】 下面前缀中哪一个和地址 152.7.77.159 及 152.31.47.252 都匹配？请说明理由。
(1) 152.40/13； (2) 153.40/9； (3) 152.64/12； (4) 152.0/11。

**解答**：给出的 4 个地址的前缀是 9 位到 13 位，因此我们就观察题目给出的两个地址的第二字节，把第二字节写成二进制数。
题目给出的两个地址的前两个字节二进制表示是：
10011000 00000111 和 10011000 00011111。
(1)的前缀是 13 位：<u>10011000 00101000</u>，与这两个地址不匹配。
(2)的前缀是 9 位：<u>10011001 00101000</u>，与这两个地址不匹配。
(3)的前缀是 12 位：<u>10011000 01000000</u>，与这两个地址不匹配。
(4)的前缀是 11 位：<u>10011000 00000000</u>，与这两个地址都匹配。

【4-30】 与下列掩码相对应的网络前缀各有多少位？
(1) 192.0.0.0； (2) 240.0.0.0； (3) 255.224.0.0； (4) 255.255.255.252。

**解答**：
(1) 192.0.0.0 = <u>11000000</u>(后面还有 24 个 0)，网络前缀：2 位。
(2) 240.0.0.0 = <u>11110000</u>(后面还有 24 个 0)，网络前缀：4 位。
(3) 255.224.0.0 = <u>11111111 111</u>00000(后面还有 16 个 0)，网络前缀：11 位。
(4) 255.255.255.252 = <u>11111111 11111111 11111111 111111</u>00，网络前缀：30 位。

【4-31】 已知地址块中的一个地址是 140.120.84.24/20。试求这个地址块中的最小地址和最大地址。地址掩码是什么？地址块中共有多少个地址？相当于多少个 C 类地址？

**解答**：
最小地址是 <u>10001100 01111000 0101</u>0000 00000000/20 = 140.120.80.0/20；
最大地址是 <u>10001100 01111000 0101</u>1111 11111111/20 = 140.120.95.255/20。
地址掩码是 11111111 11111111 11110000 00000000。
地址数是 $2^{12}$ = 4096，相当于 16 个 C 类地址。

【4-32】 已知地址块中的一个地址是 190.87.140.202/29。重新计算上题。

**解答**：
最小地址是 <u>10111110 01010111 10001100 11001</u>000/29 = 190.87.140.200/29；
最大地址是 <u>10111110 01010111 10001100 11001</u>111/29 = 190.87.140.207/29。
地址掩码是 11111111 11111111 11111111 11111000。
地址数是 8，相当于 1/32 个 C 类地址。

【4-33】 某单位分配到一个地址块 136.23.12.64/26。现在需要进一步划分为 4 个一样大的子网。试问：

(1) 每个子网的网络前缀有多长？
(2) 每一个子网中有多少个地址？
(3) 每一个子网的地址块是什么？
(4) 每一个子网可分配给主机使用的最小地址和最大地址是什么？

**解答：**

(1) 原来网络前缀是 26 位，需要再增加 2 位，才能划分为 4 个一样大的子网。因此，每个子网前缀是 28 位。

(2) 每个子网的地址中有 4 位留给主机用，因此共有 16 个地址（可用的 14 个）。

(3) 4 个子网的地址块分别是：
136.23.12.64/28，136.23.12.80/28，136.23.12.96/28，136.23.12.112/28。

(4) 地址中的前三个字节分别记为 B1，B2 和 B3。

第一个地址块 136.23.12.64/28 可分配给主机使用的最小地址是 136.23.12.65，最大地址是 136.23.12.78。

第二个地址块 136.23.12.80/28 可分配给主机使用的最小地址是 136.23.12.81，最大地址是 136.23.12.94。

第三个地址块 136.23.12.96/28 可分配给主机使用的最小地址是 136.23.12.97，最大地址是 136.23.12.110。

第四个地址块 136.23.12.112/28 可分配给主机使用的最小地址是 136.23.12.113，最大地址是 136.23.12.126。

**【4-34】** IGP 和 EGP 这两类协议的主要区别是什么？

**解答：** IGP 是内部网关协议，即在一个自治系统内部使用的路由选择协议，而这与在互联网中的其他自治系统选用什么路由选择协议无关。目前这类路由选择协议使用得最多，如 RIP 和 OSPF 协议。

EGP 是外部网关协议。若源主机和目的主机处在不同的自治系统中（这两个自治系统可能使用不同的内部网关协议），当数据报传到一个自治系统的边界时，就需要使用一种协议将路由选择信息传递到另一个自治系统中。这样的协议就是外部网关协议 EGP。目前使用最多的外部网关协议是 BGP 的版本 4（BGP-4）。

**【4-35】** 试简述 RIP，OSPF 和 BGP 路由选择协议的主要特点。

**解答：** RIP 是一种分布式的基于距离向量的路由选择协议，是互联网的标准协议，最大优点就是简单。RIP 协议的特点是：

(1) 仅和相邻路由器交换信息。如果两个路由器之间的通信不需要经过另一个路由器，那么这两个路由器就是相邻的。RIP 协议规定，不相邻的路由器不交换信息。

(2) 路由器交换的信息是当前本路由器所知道的全部信息，即自己的路由表。也就是说，交换的信息是："我到本自治系统中所有网络的（最短）距离，以及到每个网络应经过的下一跳路由器"。

(3) 按固定的时间间隔交换路由信息，例如每隔 30 秒。然后，路由器根据收到的路由信息更新路由表。当网络拓扑发生变化时，路由器也及时向相邻路由器通告拓扑变化后的路由信息。

OSPF 最主要的特征就是使用分布式的链路状态协议。OSPF 协议的特点是：

(1) 向本自治系统中的所有路由器发送信息。这里使用的方法是洪泛法，即路由器通过所有输出端口向所有相邻的路由器发送信息，而每一个相邻路由器又将此信息发往其所有的相邻路由器（但不再发送给刚刚发来信息的那个路由器）。这样，最终整个区域中所有的路由器都得到了这一信息的一个副本。

(2) 发送的信息就是与本路由器相邻的所有路由器的链路状态，但这只是路由器所知道的部分信息。所谓"链路状态"，就是说明本路由器都和哪些路由器相邻，以及该链路的"度量"。OSPF 将这个"度量"用来表示费用、距离、时延、带宽，等等。这些都由网络管理人员来决定，因此较为灵活。有时为了方便，称这个度量为"代价"。

(3) 当链路状态发生变化或每隔 30 分钟，路由器用洪泛法发送链路状态信息。

BGP 是不同自治系统的路由器之间交换路由信息的协议，它采用路径向量路由选择协议。BGP 协议的主要特点是：

(1) BGP 在自治系统之间交换"可达性"信息（即"可到达"或"不可到达"）。例如，告诉相邻路由器："到达目的网络 N 可经过 $AS_x$。"

(2) 自治系统之间的路由选择必须考虑有关策略。

(3) BGP 只能力求寻找一条能够到达目的网络且**比较好**的路由（不能兜圈子），而并非要寻找一条最佳路由。

**【4-36】** RIP 使用 UDP，OSPF 使用 IP，而 BGP 使用 TCP。这样做有何优点？为什么 RIP 周期性地和邻站交换路由信息而 BGP 却不这样做？

**解答：**

RIP 只和邻站交换信息，UDP 虽不保证可靠交付，但开销小，可以满足 RIP 的要求。

OSPF 使用可靠的洪泛法，并直接使用 IP，好处是灵活性好、开销更小。

BGP 需要交换整个路由表（在开始时）和更新信息，TCP 提供可靠交付以减少带宽的消耗。

RIP 使用不保证可靠交付的 UDP，因此必须不断地（周期性地）和邻站交换信息，才能使路由信息及时得到更新。但 BGP 使用保证可靠交付的 TCP，因此不需要这样做。

**【4-37】** 假定网络中的路由器 B 的路由表有如下的项目（这三列分别表示"目的网络""距离"和"下一跳路由器"）：

| | | |
|---|---|---|
| $N_1$ | 7 | A |
| $N_2$ | 2 | C |
| $N_6$ | 8 | F |
| $N_8$ | 4 | E |
| $N_9$ | 4 | F |

现在 B 收到从 C 发来的路由信息（这两列分别表示"目的网络"和"距离"）：

| | |
|---|---|
| $N_2$ | 4 |
| $N_3$ | 8 |
| $N_6$ | 4 |
| $N_8$ | 3 |
| $N_9$ | 5 |

试求出路由器 B 更新后的路由表（详细说明每一个步骤）。

**解答**：先把收到的路由信息中的"距离"加1：

$$
\begin{array}{ll}
N_2 & 5 \\
N_3 & 9 \\
N_6 & 5 \\
N_8 & 4 \\
N_9 & 6
\end{array}
$$

路由器 B 更新后的路由表如下：

| | | | |
|---|---|---|---|
| $N_1$ | 7 | A | 无新信息，因此不改变。 |
| $N_2$ | 5 | C | C 到 $N_2$ 的距离增大了，因此必须更新。 |
| $N_3$ | 9 | C | 新的项目，应添加进来。 |
| $N_6$ | 5 | C | 选择 C 为下一跳距离更短（与 F 相比），更新。 |
| $N_8$ | 4 | E | 下一跳是 E 或 C，距离一样，因此不改变，下一跳仍为 E。 |
| $N_9$ | 4 | F | 如下一跳是 C，则距离更大，因此不改变，下一跳仍为 F。 |

**【4-38】** 网络如图 T-4-38 所示。假定 $AS_1$ 和 $AS_4$ 运行协议 RIP，$AS_2$ 和 $AS_3$ 运行协议 OSPF。AS 之间运行协议 eBGP 和 iBGP。目前先假定在 $AS_2$ 和 $AS_4$ 之间没有物理连接（图中的虚线表示这个假定）。

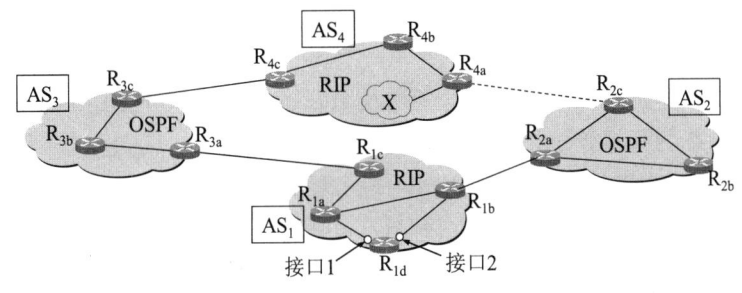

图 T-4-38　习题 4-38 的图

(1) 路由器 $R_{3c}$ 使用哪一个协议知道前缀 X（X 在 $AS_4$ 中）？
(2) 路由器 $R_{3a}$ 使用哪一个协议知道前缀 X？
(3) 路由器 $R_{1c}$ 使用哪一个协议知道前缀 X？
(4) 路由器 $R_{1d}$ 使用哪一个协议知道前缀 X？

**解答**：
(1) 路由器 $R_{3c}$ 使用协议 eBGP 从 $AS_4$ 的 $R_{4c}$ 知道前缀 X。
(2) 路由器 $R_{3a}$ 使用协议 iBGP 从本自治系统的 $R_{3c}$ 知道前缀 X。
(3) 路由器 $R_{1c}$ 使用协议 eBGP 从 $AS_3$ 的 $R_{3c}$ 知道前缀 X。
(4) 路由器 $R_{1d}$ 使用协议 iBGP 从本自治系统的 $R_{1c}$ 知道前缀 X。

**【4-39】** 网络同上题。路由器 $R_{1d}$ 知道前缀 X，并将前缀 X 写入转发表。
(1) 试问路由器 $R_{1d}$ 应当从接口 1 还是接口 2 转发分组呢？请简述理由。
(2) 现假定 $AS_2$ 和 $AS_4$ 之间有物理连接，即图中的虚线变成了实线。假定路由器 $R_{1d}$ 知道到达前缀 X 可以经过 $AS_2$，但也可以经过 $AS_3$。试问路由器 $R_{1d}$ 应当从接口 1 还是接口 2 转发分组呢？请简述理由。

(3) 现假定有另一个 $AS_5$ 处在 $AS_2$ 和 $AS_4$ 之间（图中的虚线之间未画出 $AS_5$）。假定路由器 $R_{1d}$ 知道到达前缀 X 可以经过路由$[AS_2\ AS_5\ AS_4]$，但也可以经过路由$[AS_3\ AS_4]$。试问路由器 $R_{1d}$ 应当从接口 1 还是接口 2 转发分组呢？请简述理由。

**解答：**

(1) 在 $AS_1$ 中，从路由器 $R_{1d}$ 到网关路由器 $R_{1c}$。如果 $AS_1$ 使用协议 RIP，则应选择最短路径到 $R_{1c}$。若从接口 1 转发，要经过两跳。但若经过接口 2 转发，则要经过 3 跳。因此应当从接口 1 转发分组。如果 $AS_1$ 使用协议 OSPF，则应选择代价最小的路径。从 $R_{1d}$ 到 $R_{1c}$ 有两条路径，一条是 $R_{1d}\to R_{1a}\to R_{1c}$，另一条是 $R_{1d}\to R_{1b}\to R_{1a}\to R_{1c}$，不过根据已知条件无法知道哪一条路径的代价更高。

(2) 现在 $AS_2$ 和 $AS_4$ 之间有物理连接。假定路由器 $R_{1d}$ 知道到达前缀 X 可以经过 $AS_2\ AS_4$，但也可以经过 $AS_3\ AS_4$，都是经过 2 跳。但在 $AS_1$ 中，从路由器 $R_{1d}$ 通过接口 1 到网关路由器 $R_{1c}$ 需要经过 2 跳，从路由器 $R_{1d}$ 到网关路由器 $R_{1b}$ 仅需要经过 1 跳。因此，应当从接口 2 转发分组。

(3) 现在 $AS_2$ 和 $AS_4$ 之间有物理连接，并且中间还插入了 $AS_5$。现在应当经过接口 1 转发分组，因为经过的 AS 数量少（$AS_3\ AS_4$）。但若从接口 2 转发分组，则经过的 AS 数量较多（$AS_2\ AS_5\ AS_4$）。

**【4-40】** IGMP 协议的要点是什么？隧道技术在多播中是怎样使用的？

**解答：** IGMP 是网际组管理协议，它不是一个单独的协议，而是整个网际协议 IP 的一个组成部分。IGMP 并非是在互联网范围内对所有多播组成员进行管理的协议。IGMP 不知道 IP 多播组包含的成员数，也不知道这些成员都分布在哪些网络上，等等。IGMP 协议让连接在本地局域网上的多播路由器知道本局域网上是否有主机（严格讲，是主机上的某个进程）参加或退出了某个多播组。

显然，仅有 IGMP 协议是不能完成多播任务的。连接在局域网上的多播路由器还必须和互联网上的其他多播路由器协同工作，以便把多播数据报用最小代价传送给所有的组成员。这就需要使用多播路由选择协议。

从概念上讲，IGMP 的工作可分为两个阶段。

第一阶段：当某个主机加入新的多播组时，该主机应向多播组的多播地址发送一个 IGMP 报文，声明自己要成为该组的成员。本地的多播路由器收到 IGMP 报文后，还要利用多播路由选择协议把这种组成员关系转发给互联网上的其他多播路由器。

第二阶段：组成员关系是动态的。本地多播路由器要周期性地探询本地局域网上的主机，以便知道这些主机是否还继续是组的成员。只要有一个主机对某个组响应，那么多播路由器就认为这个组是活跃的。但一个组在经过几次的探询后仍然没有一个主机响应，多播路由器就认为本网络上的主机已经都离开了这个组，因此也就不再把这个组的成员关系转发给其他多播路由器。

隧道技术适用于多播组的位置在地理上很分散的情况。例如在图 T-4-40 中，网 1 和网 2 都支持多播。现在网 1 中的主机向网 2 中的一些主机进行多播。但路由器 $R_1$ 和 $R_2$ 之间的网络并不支持多播，因而 $R_1$ 和 $R_2$ 不能按多播地址转发数据报。为此，路由器 $R_1$ 就对多播数据报进行再次封装,即再加上普通数据报首部,使之成为向单一目的站发送的单播数据报,然后通过"隧道"从 $R_1$ 发送到 $R_2$。

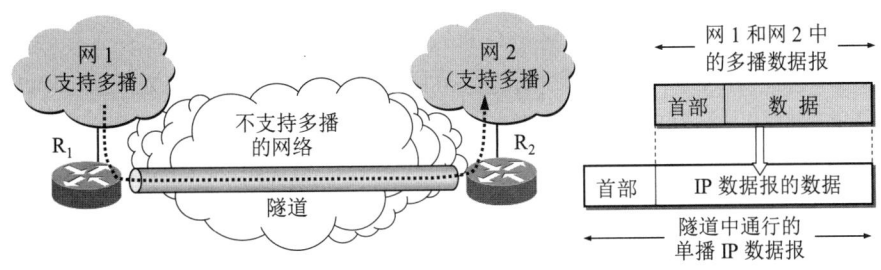

图 T-4-40　在多播中使用隧道技术

单播数据报到达路由器 $R_2$ 后,再由路由器 $R_2$ 剥去其首部,又恢复成原来的多播数据报,继续向多个目的站转发。

【4-41】 什么是 VPN？VPN 有什么特点和优缺点？VPN 有几种类别？

**解答**：VPN 就是虚拟专用网。VPN 的特点就是采用 TCP/IP 技术和利用公用的互联网作为通信载体,使一个机构中分布在不同场所的主机能够像使用一个本机构的专用网那样进行通信。之所以称为"专用网",是因为这种网络是本机构的各主机用于和机构内部的其他主机通信的,而不是用于和网络外非本机构的主机通信的。如果专用网不同网点之间的通信必须经过公用的互联网,但又有保密的要求,那么所有通过互联网传送的数据都必须加密。"虚拟"表示"好像是,但实际上并不是",因为现在并没有使用真正的专用网(这需要使用专线连接),而是通过公用的互联网来连接分散在各场所的本地网络。VPN 只是在效果上起到真正专用网的作用。一个机构要构建自己的 VPN,就必须为其每一个场所购买专门的硬件和软件并进行配置,使每一个场所的 VPN 系统都知道其他场所的地址。

VPN 的优点是在价格上比建造专用网便宜,但缺点是需要比较复杂的技术。当需要进行保密通信时,就需要有更加完善的加密措施。经过公用的互联网通信,不管采用什么样的加密措施,总会令人担心安全性。

常用的 VPN 有以下三种。

(1) 内联网(intranet)或内联网 VPN：由本机构内部网络构成的 VPN。

(2) 外联网(extranet)或外联网 VPN：有某些外部机构(通常就是合作伙伴)参加而构成的 VPN。

(3) 远程接入 VPN：能够使在外地工作的员工通过拨号接入互联网,并和本公司保持联系或开电话会议。

【4-42】 什么是 NAT？什么是 NAPT？NAT 的优点和缺点有哪些？NAPT 有哪些特点？

**解答**：NAT 就是网络地址转换。NAPT 是网络地址与端口号转换,是使用端口号的 NAT。

NAT 的优点就是可以通过使用 NAT 路由器使专用网内部的用户和互联网连接。专用网内部的用户使用的是专用地址(也叫本地地址,如果不使用 NAT 路由器,那么这种地址是不能和互联网相连的),但当 IP 数据报传送到 NAT 路由器后就转换成为全球 IP 地址(NAT 路由器至少要有一个这样的全球 IP 地址）了。于是专用网的用户也就可以和互联网连接了。NAT 的一个缺点是通过 NAT 路由器的通信必须由专用网内的主机发起。设想互联网上的主机要发起通信，当 IP 数据报到达 NAT 路由器时，NAT 路由器就不知道应当把目的 IP 地址转换成专用网内的哪一个本地 IP 地址。NAT 的另一个缺点就是当 NAT 路由器只有一个全球 IP 地址时，专用网内最多只有一个主机可以接入互联网。如果 NAT 路由器有多个全球 IP 地址，那么就可以同时有多个主机和互联网相连（每一个主机占用一个全球 IP 地址）。

由于 NAPT 还使用了运输层的端口号，因此在 NAPT 上的一个全球 IP 地址可以供专用网中的多个主机使用（每一个主机使用不同的端口号）。当 NAPT 路由器收到从互联网发来的应答时，就可以从 IP 数据报的数据部分找出运输层的端口号，然后根据不同的目的端口号，从 NAPT 转换表中找到正确的目的主机。

从层次的角度看，NAPT 的机制有些特殊。普通路由器在转发 IP 数据报时，源 IP 地址或目的 IP 地址都是不改变的。但 NAT 路由器在转发 IP 数据报时，一定要更换其 IP 地址（转换源 IP 地址或目的 IP 地址）。其次，普通路由器在转发分组时，工作在网络层。但 NAPT 路由器还要查看和转换运输层的端口号，而这本来应当属于运输层的范畴。也正因为这样，NAPT 曾遭受了一些人的批评，他们认为 NAPT 的操作没有严格按照层次的关系进行。但不管怎样，NAT（包括 NAPT）已成为互联网的一个重要构件。

**【4-43】** 试把下列 IPv4 地址从二进制记法转换为点分十进制记法。
(1) 10000001 00001011 00001011 11101111
(2) 11000001 10000011 00011011 11111111
(3) 11100111 11011011 10001011 01101111
(4) 11111001 10011011 11111011 00001111

**解答**：把每 8 位一组转换成等值的十进制数，并增加分隔的点，得到：
(1) 129.11.11.239
(2) 193.131.27.255
(3) 231.219.139.111
(4) 249.155.251.15

**【4-44】** 假设一段地址的首地址为 146.102.29.0，末地址为 146.102.32.255，求这个地址段的地址数。

**解答**：从末地址减去首地址，得出的结果是 0.0.3.255，因此地址的数目 $= 3 \times 256^1 + 255 \times 256^0 + 1 = 1024$。

实际上，这段给出的地址块包含了以下 4 个地址块，即：
146.102.29/24，146.102.30/24，146.102.31/24，146.102.32/24，每个地址块包含 256 个地址。

**【4-45】** 已知一个 /27 网络中有一个地址是 167.199.170.82，问这个网络的网络掩码、网络前缀长度和网络后缀长度是多少？网络前缀是多少？

**解答**：网络掩码是 27 个 1 和 5 个 0，即 255.255.255.224。这个网络的网络前缀长度是 27，网络后缀长度是 5。网络前缀是 167.199.170.64/27。

【4-46】 已知条件同上题，试求这个地址块的地址数、首地址以及末地址各是多少？
**解答：** 答案见表 T-4-46。

表 T-4-46 所求地址块的首地址和末地址

| 点分十进制表示的地址 | 167 | 199 | 170 | 82 |
|---|---|---|---|---|
| 二进制表示的地址 | 10100111 | 11000111 | 10101010 | 01010010 |
| 网络掩码（27 个 1） | 11111111 | 11111111 | 11111111 | 11100000 |
| 地址块的首地址 | 10100111 | 11000111 | 10101010 | 01000000 |
| 地址块的末地址 | 10100111 | 11000111 | 10101010 | 01011111 |

从首地址和末地址的数值不难看出，该地址块的地址数为 32 个。

【4-47】 某单位分配到一个地址块 14.24.74.0/24。该单位需要用到三个子网，它们对三个子地址块的具体要求是：子网 $N_1$ 需要 120 个地址，子网 $N_2$ 需要 60 个地址，子网 $N_3$ 需要 10 个地址。请给出地址块的分配方案。

**解答：** 这个单位的地址块的网络前缀是 24 位，因此主机号有 8 位，即一共有 256 个地址。可以拿总地址的一半（128 个）分配给子网 $N_1$（实际上可以使用的地址数是 126 个）。这个地址块的网络前缀是 25 位。

再将剩下地址的一半（64 个）分配给子网 $N_2$（实际上可以使用的地址数是 62 个）。这个地址块的网络前缀是 26 位。

还剩下 64 个地址，可以拿出 1/4（即 16 个地址）分配给子网 $N_3$（实际上可以使用的地址数是 14 个）。这个地址块的网络前缀是 28 位。

最后剩下 48 个地址留给以后再用。

这样，分配给子网 $N_1$（/25）的首地址是 14.24.74.0，末地址是 14.24.74.127。
分配给子网 $N_2$（/26）的首地址是 14.24.74.128，末地址是 14.24.74.191。
分配给子网 $N_3$（/28）的首地址是 14.24.74.192，末地址是 14.24.74.207。
图 T-4-47 显示了上述分配方案。

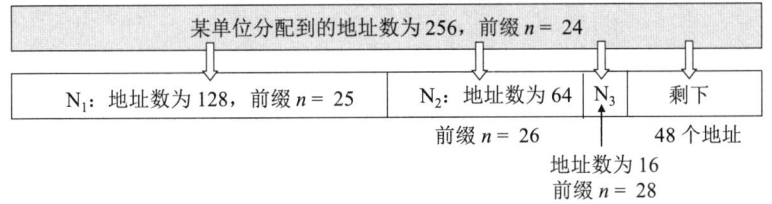

图 T-4-47 某单位的地址分配方案

【4-48】 如图 T-4-48(a)所示，网络 145.13.0.0/16 划分为四个子网 $N_1$, $N_2$, $N_3$ 和 $N_4$。这四个子网与路由器 R 连接的接口分别是 m0, m1, m2 和 m3。路由器 R 的第五个接口 m4 连接到互联网。

(1) 试给出路由器 R 的路由表。

(2) 路由器 R 收到一个分组，其目的地址是 145.13.160.78。试解释这个分组是怎样被转发的。

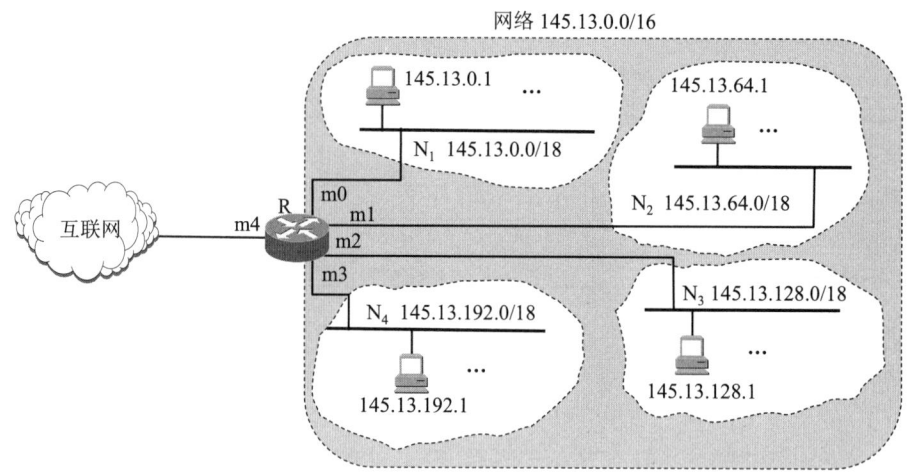

图 T-4-48(a)　网络 145.13.0.0/18 划分为四个子网 $N_1$, $N_2$, $N_3$ 和 $N_4$

**解答**：对上述两个问题给出如下答案。

(1) 路由器 R 的路由表如表 T-4-48 所示。

表 T-4-48　路由器 R 的路由表

| 网络前缀 | 下一跳 |
| --- | --- |
| 145.13.0.0/18 | 直接交付，接口 m0 |
| 145.13.64.0/18 | 直接交付，接口 m1 |
| 145.13.128.0/18 | 直接交付，接口 m2 |
| 145.13.192.0/18 | 直接交付，接口 m3 |
| 0.0.0.0/0 | 默认路由器，接口 m4 |

表 T-4-48 中前四行的子网掩码都是 18 个连 1，接着后面是 14 个连 0。

只要到达的分组的目的地址不在表中给出的前四个地址中，就统统送交默认路由器（通过路由器的接口 m4）。请注意，最后一行的网络前缀是 0.0.0.0/0。这样的网络前缀和任何一个 IP 地址进行按位 AND 运算，其结果都必定是 0，即一定是匹配的。这时就通过接口 m4 交给默认路由器来处理。

(2) 路由器 R 收到一个分组，其目的主机的 IP 地址是 145.13.160.78。

路由表前四行的子网掩码都是 18 个 1。现在用目的主机 IP 地址与路由表第 1 行的子网掩码按位进行 AND 运算，如图 T-4-48(b)所示，得出的结果是 145.13.128.0/18。

```
                         145   .   13    .   160      .    78
目的主机 IP 地址         10010001 00001101 10100000 01001110
第 1 行的子网掩码        11111111 11111111 11000000 00000000
按位 AND 运算            10010001 00001101 10000000 00000000
得出结果                  145   .   13    .   128      .    0    /18
```

图 T-4-48(b)　用目的主机 IP 地址与子网掩码按位进行 AND 运算的结果

结果 145.13.128.0/18 和表 T-4-48 第一行的目的网络地址不匹配。

往下不必再运算了，因为路由表中每一行的子网掩码都是一样的，所以就用此结果和每一行的网络前缀相比较即可。很容易看出，上面的结果与第 3 行的网络前缀匹配。因此，收到的分组应从路由器的接口 m2 转发，实际上就是直接交付连接在网络 $N_3$ 上的目的主机。

【4-49】 收到一个分组，其目的地址 D = 11.1.2.5。要查找的路由表中有这样三项：
路由 1　到达网络 11.0.0.0/8
路由 2　到达网络 11.1.0.0/16
路由 3　到达网络 11.1.2.0/24
试问在转发这个分组时应当选择哪一个路由？

**解答**：把收到的分组的目的地址以及路由 1~3 的目的网络都表示为二进制数字，网络前缀使用粗体字加上下画线（见表 T-4-49）。这里没有把最长前缀放在最前面。

表 T-4-49　用二进制数字表示的目的网络

| 目的地址 D | 11.1.2.5 | 00001011 | 00000001 | 00000010 | 00000101 |
|---|---|---|---|---|---|
| 路由 1 的目的网络 | 11.0.0.0/8 | **00001011** | 00000000 | 00000000 | 00000000 |
| 路由 2 的目的网络 | 11.1.0.0/16 | **00001011** | **00000001** | 00000000 | 00000000 |
| 路由 3 的目的网络 | 11.1.2.0/24 | **00001011** | **00000001** | **00000010** | 00000000 |

当查找路由 1 时，目的网络的掩码是 8 个 1 和 24 个 0，即 255.0.0.0。和 D 进行按位 AND 操作时，得到 11.0.0.0，结果是匹配的。

当查找路由 2 时，目的网络的掩码是 16 个 1 和 16 个 0，即 255.255.0.0。和 D 进行按位 AND 操作时，得到 11.1.0.0，结果也是匹配的。

当查找路由 3 时，目的网络的掩码是 24 个 1 和 8 个 0，即 255.255.255.0。和 D 进行按位 AND 操作时，得到 11.1.2.0，结果也是匹配的。

那么应当选择哪一个路由呢？根据最长前缀匹配准则，应当选择路由 3，因为路由 3 的目的网络前缀为 24，是三个都匹配的结果中前缀最长的一个。

【4-50】 同上题。假定路由 1 的目的网络 11.0.0.0/8 中有一台主机 H，其 IP 地址是 11.1.2.3。当我们发送一个分组给主机 H 时，根据最长前缀匹配准则，上面的这个路由表却把这个分组转发到路由 3 的目的网络 11.1.2.0/24。是最长前缀匹配准则有时会出错吗？

**解答**：最长前缀匹配准则是没有问题的，问题出在主机 H 的 IP 地址上。

请注意，网络 11.1.2.0/24 是网络 11.0.0.0/8 的一个子网，而 IP 地址 11.1.2.3 正是子网 11.1.2.0/24 中的一个合法 IP 地址。网络 11.0.0.0/8 在分配本网络的主机号时，不允许重复使用子网 11.1.2.0/24 中的任何一个地址。因此，网络 11.0.0.0/8 给它的一台主机分配 IP 地址 11.1.2.3 是不被允许的。这样做就和网络 11.1.2.0/24 中的 IP 地址 11.1.2.3 重复了，因而引起了地址上的混乱。

【4-51】 已知一个 CIDR 地址块为 200.56.168.0/21。
(1) 试用二进制形式表示这个地址块。

(2) 这个 CIDR 地址块包括多少个 C 类地址块？

**解答：**

(1) 200.56.168.0/21 = **11001000 00111000 10101**000 00000000（有下画线的粗体数字表示网络前缀）。

(2) C 类地址块的网络号是 24 位，比上面的 CIDR 地址块多 3 位。因此这个 CIDR 地址块包含 $2^3 = 8$ 个 C 类地址块。

【4-52】 建议的 IPv6 协议没有首部检验和。这样做的优缺点是什么？

**解答：** 这样做的优点是对首部的处理更简单。数据链路层已经将有差错的帧丢弃了，因此网络层可省去这一步骤。但其缺点是可能遇到数据链路层检测不出来的差错（此概率极小）。

【4-53】 在 IPv4 首部中有一个"协议"字段，但在 IPv6 的固定首部中却没有。这是为什么？

**解答：** 在 IP 数据报传送的路径上所有路由器都不需要这一字段的信息。只有目的主机才需要协议字段。IPv6 中使用"下一个首部"字段完成 IPv4 中的"协议"字段的功能。

【4-54】 当使用 IPv6 时，协议 ARP 是否需要改变？如果需要改变，那么应当进行概念性的改变还是技术性的改变？

**解答：** IPv6 已经没有 ARP 协议了。但 IPv6 中的 ICMPv6 包括了 IPv4 中 ARP 的功能。也就是说，从概念上讲，ARP 的功能在 IPv6 中仍然是不可缺少的，但在技术上却进行了很多改进。也就是说，IPv4 中的 ARP 协议所完成的功能，在 IPv6 中已由新的邻居发现协议 ND 来完成了。

【4-55】 IPv6 只允许在源点进行分片。这样做有什么好处？

**解答：** 分片与重装是非常耗时的操作。IPv6 把这一功能从路由器中删除，并移到网络边缘的主机中，大大加快了网络中 IP 数据报的转发速度。

【4-56】 设每隔 1 微微秒就分配出 100 万个 IPv6 地址。试计算大约要用多少年才能将 IPv6 地址空间全部用光。可以和宇宙的年龄（大约有 100 亿年）进行比较。

**解答：** IPv6 的地址空间共有 $2^{128}$（或 $3.4 \times 10^{38}$）个地址。

1 微微秒分配出 100 万个地址，相当于 1 秒钟分配 $10^{18}$ 个地址。

1 年 = $365 \times 24 \times 3600 = 31536000$ 秒

$3.4 \times 10^{38}/10^{18} = 3.4 \times 10^{20}$ 秒 = $3.4 \times 10^{20} / 3.1536 \times 10^7 \approx 1.078 \times 10^{13}$ 年

1 秒钟分配 $10^{18}$ 个地址，可分配 $1.078 \times 10^{13}$ 年。大约是宇宙年龄的 1000 倍。地址空间的利用不会是均匀的，但即使只利用整个地址空间的 1/1000，那也是不可能用完的。

【4-57】 试把以下的 IPv6 地址用零压缩方法写成简洁形式：

(1) 0000:0000:0F53:6382:AB00:67DB:BB27:7332

(2) 0000:0000:0000:0000:0000:0000:004D:ABCD

(3) 0000:0000:0000:AF36:7328:0000:87AA:0398

(4) 2819:00AF:0000:0000:0000:0035:0CB2:B271

**解答：**(1) <u>0000:0000:0</u>F53:6382:AB00:67DB:BB27:7332 中有下画线的一串 0 可以用两个冒号表示，即::F53:6382:AB00:67DB:BB27:7332。

(2) <u>0000:0000:0000:0000:0000:0000:00</u>4D:ABCD 中有下画线的一串 0 可以用两个冒号表示，即::4D:ABCD。

(3) <u>0000:0000:0000</u>:AF36:7328:0000:87AA:0398 中有下画线的一串 0 可以用两个冒号表示，即::AF36:7328:0:87AA:398。

以上地址中的一个 0000 可简化为一个 0，而 0398 可简化为 398。

(4) 2819:00AF:<u>0000:0000:0000:00</u>35:0CB2:B271中有下画线的一串0可以用两个冒号表示，即2819:AF::35:CB2:B271。

以上地址中的 00AF 可简化为 AF，而 0CB2 可简化为 CB2。

【4-58】试把以下零压缩的 IPv6 地址写成原来的形式：

(1) 0::0

(2) 0:AA::0

(3) 0:1234::3

(4) 123::1:2

**解答：**被恢复的零压缩用加下画线的 0 表示。

(1) 0<u>000:0000:0000:0000:0000:0000:0000:000</u>0

(2) 0000:00AA:<u>0000:0000:0000:0000:0000:000</u>0，最前面的 0000 原来是用一个 0 表示的，而 00AA 原来被简写为 AA。

(3) 0000:1234:<u>0000:0000:0000:0000:0000:000</u>3，最前面的 0000 原来是用一个 0 表示的。

(4) 0123:<u>0000:0000:0000:0000:0000:000</u>1:0002，最前面的 0123 原来简写为 123，而最后的 0002 原来简写为 2。

【4-59】从 IPv4 过渡到 IPv6 的方法有哪些？

**解答：**由于现在整个互联网上使用 IPv4 的路由器数量太大，因此，"规定一个日期，从这一天起所有的路由器一律都改用 IPv6"，显然是不可行的。这样，向 IPv6 过渡只能采用逐步演进的办法，同时，还必须使新安装的 IPv6 系统能够向后兼容。这就是说，IPv6 系统必须能够接收和转发 IPv4 分组，并且能够为 IPv4 分组选择路由。

下面介绍两种向 IPv6 过渡的策略，即使用双协议栈和隧道技术。

**(1) 双协议栈**

双协议栈(dual stack)是指在完全过渡到 IPv6 之前，使一部分主机（或路由器）装有两个协议栈：IPv4 和 IPv6。因此双协议栈主机（或路由器）既能够和 IPv6 的系统通信，又能够和 IPv4 的系统通信。双协议栈的主机（或路由器）记为 IPv6/IPv4，表明它具有两种 IP 地址：一个 IPv6 地址，一个 IPv4 地址。

双协议栈主机在和 IPv6 主机通信时采用 IPv6 地址，而和 IPv4 主机通信时则采用 IPv4 地址。但双协议栈主机如何知道目的主机是采用哪一种地址的呢？它是使用域名系统 DNS 来查询的。若 DNS 返回的是 IPv4 地址，双协议栈的源主机就使用 IPv4 地址；若 DNS 返回的是 IPv6 地址，源主机就使用 IPv6 地址。

(2) **隧道技术**

向 IPv6 过渡的另一种方法是隧道技术(tunneling)。这种方法的要点就是在 IPv6 数据报要进入 IPv4 网络时，把 IPv6 数据报封装成为 IPv4 数据报（整个 IPv6 数据报变成了 IPv4 数据报的数据部分）。然后，IPv6 数据报就在 IPv4 网络的隧道中传输。当 IPv4 数据报离开 IPv4 网络中的隧道时再把数据部分（即原来的 IPv6 数据报）交给主机的 IPv6 协议栈。

要使双协议栈的主机知道 IPv4 数据报里面封装的数据是一个 IPv6 数据报，就必须把 IPv4 首部的协议字段的值设置为 41（41 表示数据报的数据部分是 IPv6 数据报）。

**【4-60】** 多协议标签交换 MPLS 的工作原理是怎样的？它有哪些主要的功能？

**解答：** 在传统的 IP 网络中，分组每到达一个路由器，都必须查找转发表，并按照"最长前缀匹配"的原则找到下一跳的 IP 地址（请注意，前缀的长度是不确定的）。当网络很大时，查找含有大量项目的转发表要花费很长的时间。在出现突发性的通信量时，往往还会使缓存溢出，这就会引起分组丢失、传输时延增大和服务质量下降。

MPLS 的一个重要特点就是不用长度可变的 IP 地址前缀来查找转发表中的匹配项目，而是给每一个 IP 数据报打上固定长度"标签"，然后对打上标签的 IP 数据报用硬件进行转发，这就使得 IP 数据报转发的过程省去了每到达一个路由器都要上升到第三层用软件查找转发表的过程，因而 IP 数据报的转发速度就大大加快了。

采用硬件技术对打上标签的 IP 数据报进行转发就称为标签交换。"交换"也表示在转发时不再上升到第三层查找转发表，而是根据标签在第二层用硬件进行转发。MPLS 可使用多种链路层协议，如 PPP、以太网、ATM 以及帧中继等。

MPLS 的主要功能可以归纳如下：

(1) 属于一种面向连接的连网技术。

(2) 在 MPLS 域中的各标签交换路由器 LSR，使用专门的标签分配协议 LDP 交换报文，并找出和特定标签相对应的路径。当 IP 数据报进入 MPLS 域时就被打上标签，然后在 MPLS 域的核心部分标签交换路由器 LSR 利用硬件进行转发，这样就加快了 IP 数据报的转发速度。

(3) 在 MPLS 的上面可以采用多种协议，但最常用的是 IP 协议。

(4) 具有转发等价类 FEC 的功能。入口节点并不是给每个 IP 数据报指派一个不同的标签，而是给属于同样 FEC 的 IP 数据报都指派同样的标签，因而都按照同样的方式转发。

(5) MPLS 可以将 FEC 用于负载平衡。网络管理员采用自定义的 FEC 就可以更好地管理网络的资源。这种均衡网络负载的做法也称为流量工程。

**【4-61】** SDN 的广义转发与传统的基于终点的转发有何区别？

**解答：** 对比如表 T-4-61 所示。

表 T-4-61 SDN 的广义转发与传统的基于终点的转发对比

| 传统的基于终点的转发 | SDN 的广义转发 |
| --- | --- |
| 使用路由器进行转发 | 使用分组交换机进行广义转发 |

续表

| 传统的基于终点的转发 | SDN 的广义转发 |
|---|---|
| 基于分组首部的目的地址 | 基于流表中的项目，不限于目的地址 |
| 转发表：匹配 + 转发 | 流表：匹配 + 动作（不限于转发） |
| 每个路由器根据路由选择软件算法得出转发表 | 逻辑上集中控制的远程控制器为每一个流表制定了"匹配 + 动作"的规则 |

【4-62】试举出 IP 数据报首部中能够在 OpenFlow 1.0 中匹配的三个字段。试举出在 OpenFlow 中不能匹配的三个 IP 数据报首部。

**解答**：能够在 OpenFlow 1.0 中匹配的三个 IP 数据报首部字段是：源地址、目的地址和协议字段。不能够在 OpenFlow 1.0 中匹配的三个 IP 数据报首部字段是：版本、生存时间和总长度字段。

【4-63】网络如图 T-4-63 所示。

(1) 假定路由器 $R_1$ 把所有发往网络前缀 123.1.2.16/29 的分组都从接口 4 转发出去。

(2) 假定路由器 $R_1$ 要把 $H_1$ 发往 123.1.2.16/29 的分组从接口 4 转发出去，而把 $H_2$ 发往 123.1.2.16/29 的分组从接口 3 转发出去。

试问，在上述两种情况下，你都能够给出路由器 $R_1$ 的转发表吗？转发表只需要给出发往 123.1.2.16/29 的分组应当从哪一个接口转发出去。

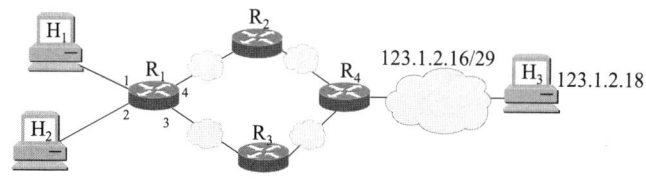

图 T-4-63  习题 4-63 的网络

**解答**：(1) 路由器 $R_1$ 的转发表如表 T-4-63 所示。

表 T-4-63  路由器 $R_1$ 的转发表

| 前缀匹配 | 转发接口 |
|---|---|
| 123.1.2.16/29 | 4 |

(2) 对于传统路由器的转发表，到同一个目的地址的分组不能有两个不同的路由。因此路由器 $R_1$ 无法实现给出的条件。

【4-64】已知一个具有 4 个接口的路由器 $R_1$ 的转发表如表 T-4-64(a)所示，转发表的每一行给出了目的地址的范围，以及对应的转发接口。

T-4-64(a)  习题 4-64 中路由器 $R_1$ 的转发表

| 目的地址范围 | 转发接口 |
|---|---|
| 最小地址 11010000 00000000 00000000 00000000<br>最大地址 11010000 00000001 11111111 11111111 | 0 |

| 目的地址范围 | 转发接口 |
|---|---|
| 最小地址 11010000 00000000 00000000 00000000<br>最大地址 11010000 00000000 11111111 11111111 | 1 |
| 最小地址 11010000 00000010 00000000 00000000<br>最大地址 11010001 11111111 11111111 11111111 | 2 |
| 其他 | 3 |

(1) 试把以上转发表改换为另一形式，其中的目的地址范围改为前缀匹配，而转发表由 4 行增加为 5 行。

(2) 若路由器收到一个分组，其目的地址是：

    (a) 11010000 10000001 01010001 01010101

    (b) 11010000 00000000 11010111 01111100

    (c) 11010001 10010000 00010001 01110111

试给出每一种情况下分组应当通过的转发接口。

**解答：**

(1) 按照最长前缀匹配的方式，得出转发表如表 T-4-64(b)所示。

表 T-4-64(b) 改后的转发表

| 前缀匹配 | 转发接口 |
|---|---|
| 208.0.0.0/16 | 1 |
| 208.0.0.0/15 | 0 |
| 208.0.0.0/7 | 2 |
| 208.0.0.0/5 | 3 |
| 其他 | 3 |

(2) (a) 接口 2；(b) 接口 1；(c) 接口 2。

**【4-65】** 一个路由器连接到三个子网，这三个子网共同的前缀是 205.2.17/24。假定子网 $N_1$ 要有 62 台主机，子网 $N_2$ 要有 105 台主机，而子网 $N_3$ 要有 12 台主机。试分配这三个子网的前缀。

**解答：** 先分配最大的子网 $N_2$。105 台主机需要的主机号的位数是 7 位，因此 $N_2$ 的前缀是：205.2.17.0/25，其地址范围是 205.2.17.0~205.2.17.127。

其次是子网 $N_1$。62 台主机需要的主机号的位数是 6 位，因此 $N_1$ 的前缀是：205.2.17.128/26，其地址范围是 205.2.17.128~205.2.17.191。

最小子网是 $N_3$。12 台主机需要的主机号的位数是 4 位，因此 $N_3$ 的前缀是：205.2.17.192/28，其地址范围是 205.2.17.192~205.2.17.207。

**【4-66】** 图 T-4-66 是一个 SDN OpenFlow 网络。

假定：

- 任何来自 $H_5$ 或 $H_6$、进入端口 1 且发往 $H_1$ 或 $H_2$ 的分组，均应通过端口 2 转发出去；

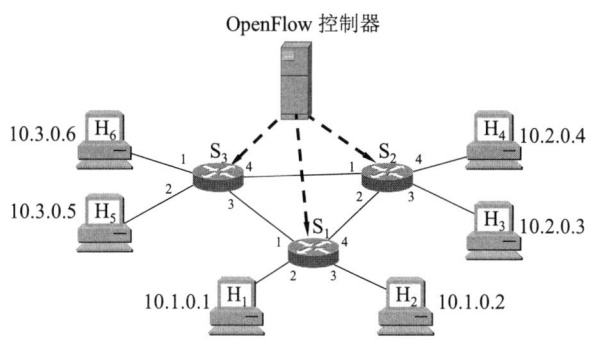

图 T-4-66 一个 SDN OpenFlow 网络

- 任何来自 $H_1$ 或 $H_2$、进入端口 2 且发往 $H_5$ 或 $H_6$ 的分组，均应通过端口 1 转发出去；
- 任何从端口 1 或 2 进入且发往 $H_3$ 或 $H_4$ 的分组，均应交付指明的主机；
- $H_3$ 或 $H_4$ 彼此可以互相发送分组。

试给出交换机 $S_2$ 的流表项（即每一行的"匹配 + 动作"）。

**解答**：在"动作"项目中，"转发"后面括号中的数字是交换机的转发端口号。交换机 $S_2$ 的流表项如表 T-4-66 所示。

表 T-4-66 交换机 $S_2$ 的流表项

| 匹配 | 动作 |
|---|---|
| 入端口 = 1；IP 源地址 = 10.3.\*.\*；IP 目的地址 = 10.1.\*.\* | 转发(2) |
| 入端口 = 2；IP 源地址 = 10.1.\*.\*；IP 目的地址 = 10.3.\*.\* | 转发(1) |
| 入端口 = \*；IP 源地址 = 10.\*.\*.\*；IP 目的地址 = 10.2.0.3 | 转发(3) |
| 入端口 = \*；IP 源地址 = 10.\*.\*.\*；IP 目的地址 = 10.2.0.4 | 转发(4) |
| 入端口 = 3；IP 源地址 = 10.2.0.3；IP 目的地址 = 10.2.0.4 | 转发(4) |
| 入端口 = 4；IP 源地址 = 10.2.0.4；IP 目的地址 = 10.2.0.3 | 转发(3) |
| ……（注：上面最后两行也可省略） | …… |

**【4-67】** SDN OpenFlow 网络同上题。从主机 $H_3$ 或 $H_4$ 发出并到达 $S_2$ 交换机的分组，应遵循以下规则：

- 任何来自 $H_3$ 且发往 $H_1$, $H_2$, $H_5$ 和 $H_6$ 的分组，均应顺时针转发出去；
- 任何来自 $H_4$ 且发往 $H_1$, $H_2$, $H_5$ 和 $H_6$ 的分组，均应逆时针转发出去。

试给出交换机 $S_2$ 的流表项（即每一行的"匹配 + 动作"）。

**解答**：在"动作"项目中，"转发"后面括号中的数字是交换机的转发端口号。交换机 $S_2$ 的流表项如表 T-4-67 所示。

表 T-4-67 交换机 $S_2$ 的流表项

| 匹配 | 动作 |
|---|---|
| IP 源地址 = 10.2.0.3；IP 目的地址 = 10.1.\*.\* | 转发(2) |
| IP 源地址 = 10.2.0.3；IP 目的地址 = 10.3.\*.\* | 转发(2) |
| IP 源地址 = 10.2.0.4；IP 目的地址 = 10.1.\*.\* | 转发(1) |
| IP 源地址 = 10.2.0.4；IP 目的地址 = 10.3.\*.\* | 转发(1) |
| …… | …… |

【4-68】SDN OpenFlow 网络同上题。在交换机 $S_1$ 和 $S_3$ 中有这样的规定：从源地址 $H_3$ 或 $H_4$ 到来的分组将按照分组首部中的目的地址进行转发。试给出交换机 $S_1$ 和 $S_3$ 的流表项。

**解答**：在"动作"项目中，"转发"后面括号中的数字是交换机的转发端口号。

交换机 $S_1$ 的流表项如表 T-4-68(a)所示。

表 T-4-68(a) 交换机 $S_1$ 的流表项

| 匹配 | 动作 |
|---|---|
| IP 源地址 = 10.2.*.*；IP 目的地址 = 10.1.0.1 | 转发(2) |
| IP 源地址 = 10.2.*.*；IP 目的地址 = 10.1.0.2 | 转发(3) |
| IP 源地址 = 10.2.*.*；IP 目的地址 = 10.3.*.* | 转发(1) |
| …… | …… |

交换机 $S_3$ 的流表项如表 T-4-68(b)所示。

表 T-4-68(b) 交换机 S3 的流表项

| 匹配 | 动作 |
|---|---|
| IP 源地址 = 10.2.*.*；IP 目的地址 = 10.1.*.* | 转发(3) |
| IP 源地址 = 10.2.*.*；IP 目的地址 = 10.3.0.5 | 转发(2) |
| IP 源地址 = 10.2.*.*；IP 目的地址 = 10.3.0.6 | 转发(1) |
| …… | …… |

【4-69】SDN OpenFlow 网络同上题。假定我们把交换机 $S_2$ 作为防火墙。防火墙的行为有以下两种：

(1) 对于目的地址为 $H_3$ 和 $H_4$ 的分组，仅可转发从 $H_2$ 和 $H_6$ 发出的分组，也就是说，从 $H_1$ 和 $H_5$ 发出的分组应当被阻挡。

(2) 仅对于目的地址为 $H_3$ 的分组才交付，也就是说，所有发往 $H_4$ 的分组均被阻挡。

试分别对上述的每一种情况给出交换机 $S_2$ 的流表项。对于发往其他路由器的分组可不用管。

**解答**：在"动作"项目中，"转发"后面括号中的数字是交换机的转发端口号。

(1) 交换机 $S_2$ 的流表项如表 T-4-69(a)所示。

表 T-4-69(a) 第(1)种情况下交换机 $S_2$ 的流表项

| 匹配 | 动作 |
|---|---|
| IP 源地址 = 10.1.0.1；IP 目的地址 = 10.2.*.* | 丢弃 |
| IP 源地址 = 10.3.0.5；IP 目的地址 = 10.2.*.* | 丢弃 |
| IP 源地址 = 10.1.0.2；IP 目的地址 = 10.2.0.3 | 转发(3) |
| IP 源地址 = 10.1.0.2；IP 目的地址 = 10.2.0.4 | 转发(4) |
| IP 源地址 = 10.3.0.6；IP 目的地址 = 10.2.0.3 | 转发(3) |
| IP 源地址 = 10.3.0.6；IP 目的地址 = 10.2.0.4 | 转发(4) |
| …… | …… |

(2) 交换机 $S_2$ 的流表项如表 T-4-69(b)所示。

表 T-4-69(b)　第(2)种情况下交换机 $S_2$ 的流表项

| 匹配 | 动作 |
| --- | --- |
| IP 源地址 = *.*.*.*；IP 目的地址 = 10.2.0.3 | 转发(3) |
| IP 源地址 = *.*.*.*；IP 目的地址 = 10.2.0.4 | 丢弃 |
| …… | …… |

*【4-70】如图 T-4-70(a)所示,两个 $ISP_1$ 和 $ISP_2$ 各从地区 ISP 分到自己的前缀。$ISP_1$ 和 $ISP_2$ 的用户分配到的前缀都标注在图上。每个用户都必须让所连接的 ISP 的路由器知道自己的前缀,而 $ISP_1$ 和 $ISP_2$ 要让地区 ISP 的路由器知道这些用户的前缀,地区 ISP 也要让主干ISP 知道这些用户的前缀,这样才能正确地进行分组转发。图中在这些连接线旁边标注了需要通报的前缀。实际上,$ISP_1$ 和 $ISP_2$ 都会拥有很多用户。这样,在 $ISP_1$ 和 $ISP_2$ 连接到地区 ISP 的链路上以及地区 ISP 连接到主干 ISP 的链路上,需要向上通报的前缀数量就会很大。

现在各 ISP 均采用路由聚合。请重新画这张图,并标注路由聚合后在每个链路上需要通报的聚合路由是什么。

**解答**：图 T-4-70(b)画出了路由聚合后链路上需要通报的前缀。

需要注意的是,$ISP_1$ 和 $ISP_2$ 都可以有很多用户分配到一些小块的前缀。不管这样的用户有多少,$ISP_1$ 和 $ISP_2$ 向地区 ISP 通报的前缀都是图上所示的那样。这就是路由聚合的好处。

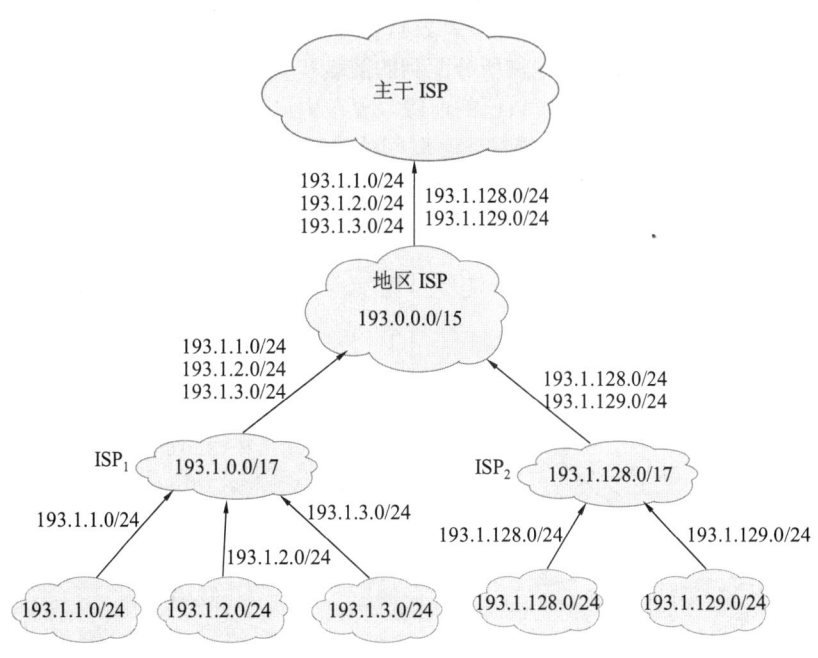

图 T-4-70(a)　未采用路由聚合时所需通报的前缀信息

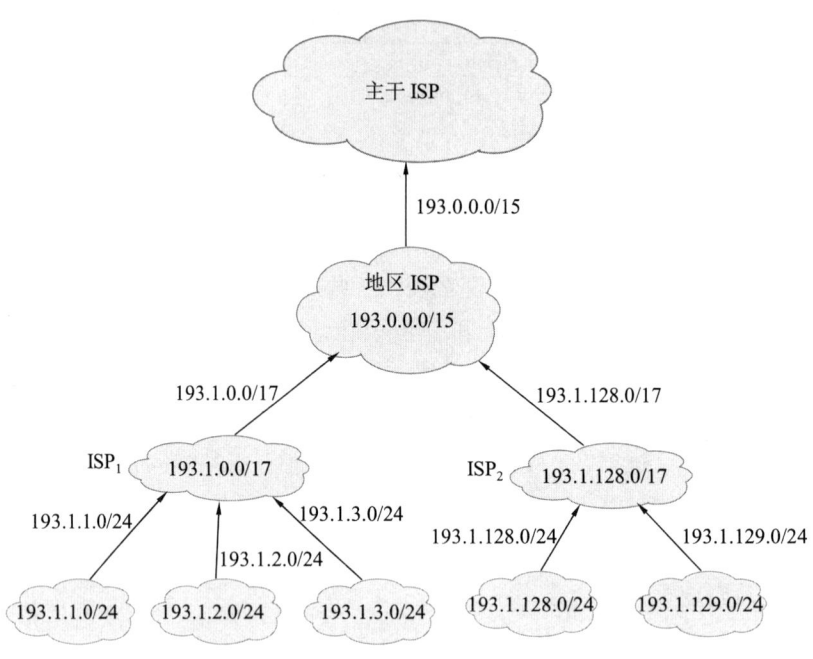

图 T-4-70(b) 路由聚合后在链路上通报的前缀

* 【4-71】 如图 T-4-71 所示，$ISP_1$ 和 $ISP_2$ 从地区 ISP 分配到的网络前缀分别是：193.24.0.0/13 和 193.32.0.0/13。这两个 ISP 都各自有许多用户。图中给出了从 $ISP_1$ 分配到前缀的三个用户 A, B 和 C。他们所分配到的前缀和地址范围也都标注在图上。$ISP_1$ 和 $ISP_2$ 还都向地区 ISP 通报了自己的前缀。现在用户 B 和 C 决定各增加一条和 $ISP_2$ 的连接，这样就可以有两条连接到互联网的路径。$ISP_2$ 要让地区 ISP 知道 B 和 C 已经和自己连接了，因此把 B 和 C 的前缀聚合起来，另外再向地区 ISP 通报前缀 193.24.0.0/18。请用实际的例子说明通报这样的聚合前缀是错误的。

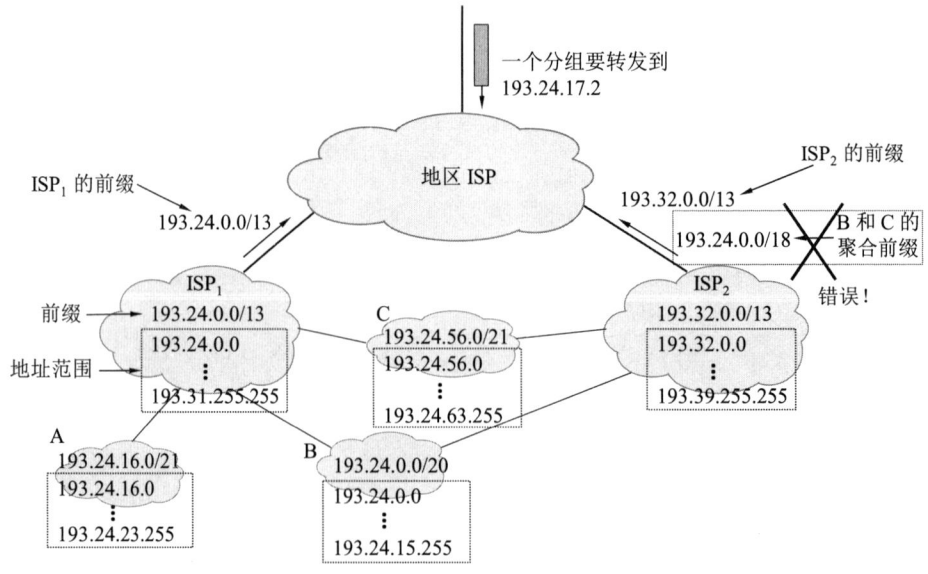

图 T-4-71 用户 B 和 C 同时连接到 $ISP_1$ 和 $ISP_2$

**解答**：先检查一下 B 和 C 的聚合前缀（有下画线的是前缀）。

用户 B 的最小地址：<u>11000001.00011000.0000</u>0000.00000000
用户 B 的最大地址：<u>11000001.00011000.0000</u>1111.11111111
用户 C 的最小地址：<u>11000001.00011000.00</u>111000.00000000
用户 C 的最大地址：<u>11000001.00011000.00</u>111111.11111111

B 和 C 的聚合前缀：<u>11000001.00011000.00</u>*或 193.24.0.0/18，这正是 $ISP_2$ 向地区 ISP 另外再通报的聚合前缀。

现假定有一个分组进入地区 ISP，其目的地址是 193.24.17.2。现在要寻找前缀的匹配。我们需要检查 $ISP_1$ 的 193.24.0.0/13 以及 $ISP_2$ 的 193.32.0.0/13 和 193.24.0.0/18。

目的地址 193.24.17.2 和 $ISP_2$ 的 193.32.0.0/13 显然是不匹配的。

但是，目的地址 193.24.17.2 和另外两项都是匹配的（见下面的演算）。

```
                        193  .  24  .  17  .  2
       目的 IP 地址      11000001 00011000 00010001 00000010
    193.24.0.0/13的掩码  11111111 11111000 00000000 00000000
       按位 AND 运算     11000001 00011000 00000000 00000000
         得出结果         193  .  24  .  0  .  0    /13   匹配

                        193  .  24  .  17  .  2
       目的 IP 地址      11000001 00011000 00010001 00000010
    193.24.0.0/18的掩码  11111111 11111111 11000000 00000000
       按位 AND 运算     11000001 00011000 00000000 00000000
         得出结果         193  .  24  .  0  .  0    /18   匹配
```

根据最长前缀匹配原则，应当选择转发到 $ISP_2$ 的 193.24.0.0/18。

但是，当分组再从 193.24.0.0/18 进一步找地址为 193.24.17.2 的主机时，却找不到了！这是因为在用户 B 或 C 的地址中，根本没有 193.24.17.2 这个地址！

用户 A 的最小地址是：193.24.16.0，最大地址是：193.24.23.255。显然，193.24.17.2 在 A 的地址范围之中。因此，地区 ISP 应当把这个分组转发给 $ISP_1$ 而不是 $ISP_2$。那么，这里为什么会出现路由选择错误的问题呢？

答案是：用户 B 和 C 虽然增加了一条连接到 $ISP_2$ 的链路，但 B 和 C 的前缀并不是从 $ISP_2$ 而是从 $ISP_1$ 分配来的，并且这两个前缀聚合后还包含了 A 的前缀。把并不在 $ISP_2$ 中的 A 的前缀告诉地区 ISP，说"我这里包含 A 的前缀"，这显然是错误的。

正确的做法是：$ISP_2$ 不但要向地区 ISP 通报自己的前缀 193.32.0.0/13，还必须原封不动地通报 B 的前缀 193.24.0.0/20 和 C 的前缀 193.24.56.0/21，而不应通报 B 和 C 的聚合前缀。

这就是说，$ISP_2$ 向地区 ISP 通报的前缀应当是：
193.32.0.0/13，193.24.0.0/20 和 193.24.56.0/21。

需要注意的是，在图 T-4-71 所示的连接情况下，根据最长前缀匹配原则，凡是要发送到 B 或 C 的分组，地区 ISP 都将转发到 $ISP_2$ 而不是 $ISP_1$。可以看出，$ISP_2$ 的负担加重了。

如果 $ISP_1$ 也向地区 ISP 再通报 B 和 C 的前缀，那么在地区 ISP 的路由表中，就有两条前缀长度相同的转发路径（经过 $ISP_1$ 或 $ISP_2$）。这时，地区 ISP 可以任选其中的一个，或根据本自治系统中确定的负载平衡策略进行路由选择。

*【4-72】有三个彼此相互连接的互联网服务提供者 $ISP_1$，$ISP_2$ 和 $ISP_3$，其网络前缀分别为 C1.0.0.0/8，C2.0.0.0/8 和 C3.0.0.0/8。$ISP_1$ 有两个用户，其前缀分别如下：

$U_{1A}$ 的前缀为 C1.A3.0.0/16，

$U_{1B}$ 的前缀为 C1.B0.0.0/12。

$ISP_2$ 有两个用户，其前缀分别如下：

$U_{2A}$ 的前缀为 C2.0A.10.0/20，

$U_{2B}$ 的前缀为 C2.0B.0.0/16。

(1) 试给出 $ISP_1$，$ISP_2$ 和 $ISP_3$ 的转发表。

(2) 假定 ISP 之间的连接有些改变，即 $ISP_1$ 和 $ISP_3$ 不再互相连接了。试给出 $ISP_1$ 和 $ISP_3$ 的转发表。

(3) 假定 $U_{1A}$ 增加一条连接到 $ISP_2$ 的链路，$U_{2A}$ 增加一条连接到 $ISP_1$ 的链路。此时不再考虑 $ISP_3$。试给出 $ISP_1$ 和 $ISP_2$ 的转发表。

**解答：**(1) 各 ISP 和用户的连接情况如图 T-4-72(a)所示。

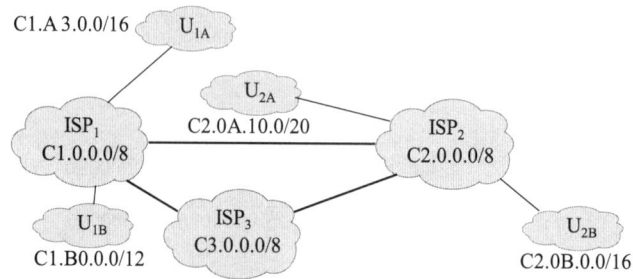

图 T-4-72(a)　各 ISP 和用户的连接情况

根据各 ISP 的连接图，可得出各 ISP 的转发表，如表 4-72(a)、表 4-72(b)、表 4-72(c)所示）。

表 4-72(a)　$ISP_1$ 的转发表

| 匹配前缀 | 下一跳 |
| --- | --- |
| C2.0.0.0/8 | $ISP_2$ |
| C3.0.0.0/8 | $ISP_3$ |
| C1.A3.0.0/16 | $U_{1A}$ |
| C1.B0.0.0/12 | $U_{1B}$ |

表 4-72(b)　$ISP_2$ 的转发表

| 匹配前缀 | 下一跳 |
| --- | --- |
| C1.0.0.0/8 | $ISP_1$ |
| C3.0.0.0/8 | $ISP_3$ |
| C2.0A.10.0/20 | $U_{2A}$ |
| C2.0B.0.0/16 | $U_{2B}$ |

表 4-72(c)　$ISP_3$ 的转发表

| 匹配前缀 | 下一跳 |
| --- | --- |
| C1.0.0.0/8 | $ISP_1$ |
| C2.0.0.0/8 | $ISP_2$ |

(2) 各 ISP 和用户的连接情况如图 T-4-72(b)所示。

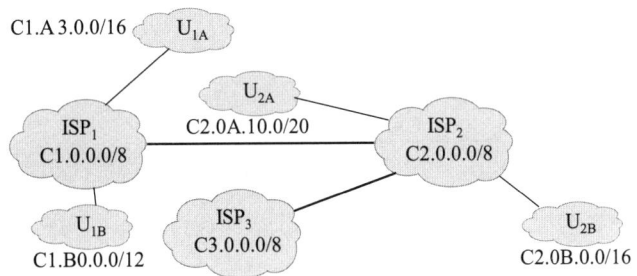

图 T-4-72(b)  各 ISP 和用户的连接情况

这时，与(1)的结果相比较，$ISP_2$ 的转发表不变。$ISP_1$ 的转发表中第 2 行的下一跳应改为 $ISP_2$（原来是 $ISP_3$），而 $ISP_3$ 的转发表中第 1 行的下一跳应改为 $ISP_2$（原来是 $ISP_1$）。

(3) 各 ISP 和用户的连接情况如图 T-4-72(c)所示。

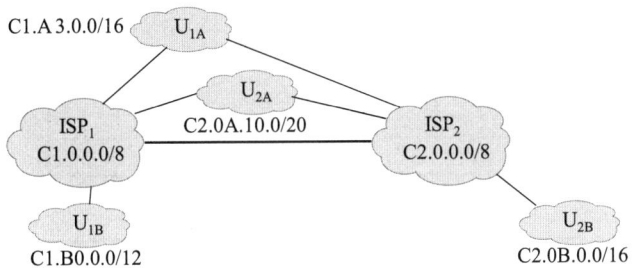

图 T-4-72(c)  各 ISP 和用户的连接情况

$ISP_1$ 和 $ISP_2$ 的转发表如表 4-72(d)和表 4-72(e)所示。

表 4-72(d)  $ISP_1$ 的转发表

| 匹配前缀 | 下一跳 |
| --- | --- |
| C2.0.0.0/8 | $ISP_2$ |
| C2.0A.10.0/20 | $U_{2A}$ |
| C1.A3.0.0/16 | $U_{1A}$ |
| C1.B0.0.0/12 | $U_{1B}$ |

表 4-72(e)  $ISP_2$ 的转发表

| 匹配前缀 | 下一跳 |
| --- | --- |
| C1.0.0.0/8 | $ISP_1$ |
| C1.A3.0.0/16 | $U_{1A}$ |
| C2.0A.10.0/20 | $U_{2A}$ |
| C2.0B.0.0/16 | $U_{2B}$ |

*【4-73】把图 T-4-72 改动为如图 T-4-73 所示，即 $U_{1A}$ 不连接到 $ISP_1$ 而连接到 $ISP_2$，$U_{2B}$ 不连接到 $ISP_2$ 而连接到 $ISP_3$。试着重新给出三个 ISP 的转发表。

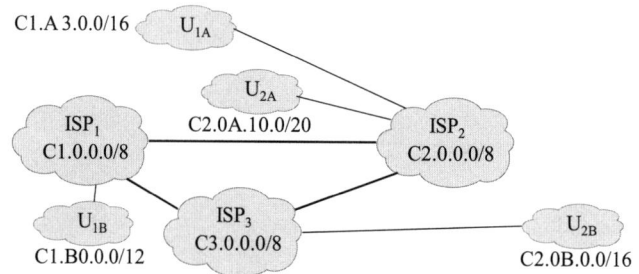

图 T-4-73　各 ISP 和用户的连接情况

**解答**：各 ISP 的转发表如表 4-73(a)、表 4-73(b)、表 4-73(c)所示。

表 4-73(a)　$ISP_1$ 的转发表

| 匹配前缀 | 下一跳 |
| --- | --- |
| C2.0.0.0/8 | $ISP_2$ |
| C3.0.0.0/8 | $ISP_3$ |
| C1.A3.0.0/16 | $ISP_2$ |
| C1.B0.0.0/12 | $U_{1B}$ |
| C2.0B.0.0/16 | $ISP_3$ |

表 4-73（b）　$ISP_2$ 的转发表：

| 匹配前缀 | 下一跳 |
| --- | --- |
| C1.0.0.0/8 | $ISP_1$ |
| C3.0.0.0/8 | $ISP_3$ |
| C1.A3.0.0/16 | $U_{1A}$ |
| C2.0A.10.0/20 | $U_{2A}$ |
| C2.0B.0.0/16 | $ISP_3$ |

表 4-73（c）　$ISP_3$ 的转发表：

| 匹配前缀 | 下一跳 |
| --- | --- |
| C1.0.0.0/8 | $ISP_1$ |
| C2.0.0.0/8 | $ISP_2$ |
| C1.A3.0.0/16 | $ISP_2$ |
| C2.0B.0.0/16 | $U_{2B}$ |

# 第 5 章 运 输 层

# 常见问题索引

问题 5-1. TCP 协议是面向连接的,但 TCP 使用的 IP 协议却是无连接的。这两种协议有哪些主要的区别?

问题 5-2. 从通信的起点和终点来比较,TCP 和 IP 的不同点是什么?

问题 5-3. IP 和 UDP 的一个共同点就是它们都是无连接的。IP 和 UDP 最主要的区别是什么?

问题 5-4. 端口(port)和套接字(socket)的区别是什么?

问题 5-5. 一个套接字能否同时与远地的两个套接字相连?

问题 5-6. 数据链路层的 HDLC 协议和运输层的 TCP 协议都使用滑动窗口技术。从这方面来进行比较,数据链路层协议和运输层协议的主要区别是什么?

问题 5-7. TCP 协议能够实现可靠的端到端传输。在数据链路层和网络层还有没有必要保证可靠传输呢?

问题 5-8. 在 TCP 报文段的首部中只有端口号而没有 IP 地址。当 TCP 将其报文段交给 IP 层时,IP 协议怎样知道目的 IP 地址呢?

问题 5-9. TCP 传送数据时,有没有规定一个最大重传次数?

问题 5-10. TCP 都使用哪些计时器?

问题 5-11. TCP 和 UDP 是否都需要计算往返时间 RTT?

问题 5-12. 假定 TCP 开始进行连接建立。当 TCP 发送第一个 SYN 报文段时,显然无法利用教材 5.6.2 节中所介绍的方法计算往返时间 RTT。那么这时 TCP 又怎样设置重传计时器呢?

问题 5-13. 糊涂窗口综合征产生的条件是什么?是否只有在接收方才产生这种症状?

问题 5-14. 能否更详细地讨论一下糊涂窗口综合征及其解决方法?

问题 5-15. 为什么 TCP 在建立连接时不能每次都选择相同的、固定的初始序号?

问题 5-16. 能否利用 TCP 发送端和接收端交换报文段的图来说明慢开始的特点?

问题 5-17. 对于拥塞避免是否也能够用发送端和接收端交换的报文段来说明其工作原理?

问题 5-18. TCP 连接很像一条连接发送端和接收端的双向管道。当 TCP 在连续发送报文段时,若要管道得到充分的利用,则发送窗口的大小应怎样选择?

问题 5-19. 假定在互联网中,所有链路的传输都不出现差错,所有节点也都不会发生故障。试问在这种情况下,TCP 的"可靠交付"功能是否就是多余的?

问题 5-20. TCP 是通信协议还是软件?

问题 5-21. 在计算 TCP 的往返时间 RTT 的公式中,《计算机网络》教材过去的版本取 $\alpha = 7/8$。但在第 6 版、第 7 版和第 8 版中取 $\alpha = 1/8$。为什么会有这么大的改变?

问题 5-22. 假定有一个应用程序需要知道报文从发送端到接收端所经历的时延，能否这样计算：从 TCP 获得往返时间 RTT 的数值，然后除以 2？

问题 5-23. 教材上的图 5-6 在计算 UDP 检验和时，为什么有人算出的"求和得出的结果"是 10010110 11101011，而不是书上的 10010110 11101101？

问题 5-24. TCP 的客户端和服务器端在交换数据时，为什么不含数据的确认报文段不消耗序号呢？

问题 5-25. TCP 在连接建立时所发送的第一个 SYN 报文段只有首部，其数据部分是空的。但为什么 SYN 报文段要消耗一个序号呢？

问题 5-26. TCP 在连接建立时，A 发送 SYN 报文段，选择了初始序号 seq = $x$。B 收到连接请求报文段后，如同意建立连接，则向 A 发送确认和 SYN 报文段，其确认号是 ack = $x + 1$，同时也为自己选择一个初始序号 seq = $y$。A 最后要发送确认报文段，其序号是 seq = $x +1$，确认号是 ack = $y + 1$。这个确认报文段消耗序号吗？

问题 5-27. TCP 连接建立采用的 Three-Way Handshaking 的准确译名应当是怎样的？

问题 5-28. TCP 报文段的长度有没有规定的最小值和最大值？

问题 5-29. 能否这样讲：当我们在互联网上传送很长的大文件时，就必须使用 TCP 协议而不是使用 UDP 协议？

问题 5-30. 本教材第 7 版在讨论 TCP 的拥塞控制问题时，使用了"传输轮次"(transmission round)的概念。但在第 8 版中，"传输轮次"改成了 RTT。这是为什么？

问题 5-31. 教材中对拥塞避免是这样讲的。执行算法后的结果大约是这样的：每经过一个往返时间 RTT，发送方的拥塞窗口 cwnd 的大小就加 1。为什么要使用"大约是这样"这种不太精确的描述？

# 常见问题与解答

问题 5-1. TCP 协议是面向连接的，但 TCP 使用的 IP 协议却是无连接的。这两种协议有哪些主要的区别？

解答：这个问题很重要，一定要弄清楚。

TCP 是面向连接的，但 TCP **所使用的网络**则可以是面向连接的（如 X.25 网络），但也可以是无连接的（如现在大量使用的 IP 网络）。选择无连接网络使得整个系统非常灵活，当然也带来了一些问题。

表 Q-5-1 是 TCP 和 IP 向上提供的功能和服务的比较。

表 Q-5-1　TCP 和 IP 向上提供的功能和服务

| TCP 提供的 | IP 提供的 |
|---|---|
| 面向连接服务 | 无连接服务 |
| 字节流接口 | IP 数据报接口 |
| 有流量控制 | 无流量控制 |
| 有拥塞控制 | 无拥塞控制 |

续表

| TCP 提供的 | IP 提供的 |
|---|---|
| 保证可靠性： | 不保证可靠性： |
| 无丢失 | 可能丢失 |
| 无重复 | 可能重复 |
| 按序交付 | 可能失序 |

显然，TCP 提供的功能和服务要比 IP 所提供的多得多。这是因为 TCP 使用了诸如确认、窗口通知、计时器等机制，因而可以检测出有差错的报文、重复的报文和失序的报文。

**问题 5-2.** 从通信的起点和终点来比较，TCP 和 IP 的不同点是什么？
**解答：** 用图 Q-5-2 就可说明。

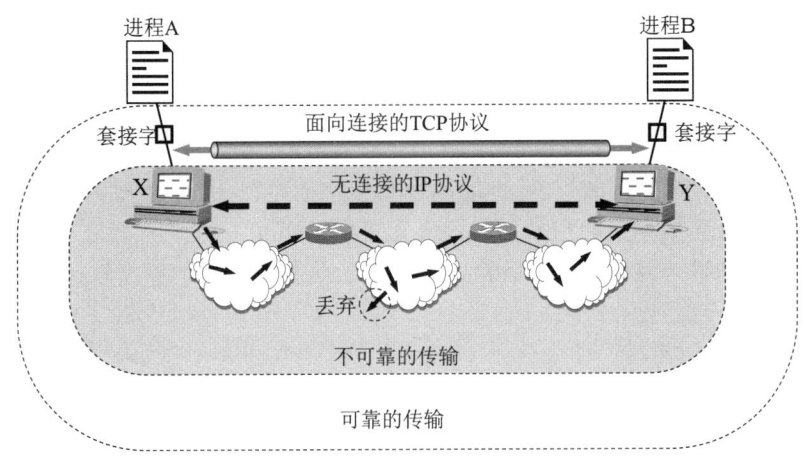

图 Q-5-2　可靠传输与不可靠传输的范围

进程 A 和进程 B 的通信使用面向连接的 TCP 提供的可靠的传输。
主机 X 和主机 Y 的通信使用无连接的 IP 提供的不可靠的传输。
请注意：对 TCP 来说，通信的起点和终点是运输层上面的两个**套接字**(socket)，而应用层的应用进程正是通过应用层和运输层之间的套接字来使用 TCP 提供的服务的。TCP 协议根据报文段首部中的端口号找到目的端口，将报文段交付**目的进程**。请注意：套接字是由 IP 地址和端口号决定的，套接字也可称为"插口"。

对 IP 来说，通信的起点和终点是连接在网络上的两个**主机**。IP 协议根据数据报首部中的目的 IP 地址找到目的主机，将数据报交付**目的主机**。

请注意，可靠传输的范围和不可靠传输的范围是不同的。

我们还应当注意的是：虽然在两个套接字之间的通信是面向连接的，但 IP 数据报在下面的网络中传输时是独立地选择路由，而**不是沿着某一条固定的路径传输的**。然而在上面的端口看来，TCP 报文段**好像都是从一个虚拟的、可靠的通信管道中传输到对方的端口的**。

**问题 5-3.** IP 和 UDP 的一个共同点就是它们都是无连接的。IP 和 UDP 最主要的区别是什么？
**解答：** IP 是主机到主机的通信协议，但 UDP 是进程到进程的通信协议。

**问题 5-4**. 端口(port)和套接字(socket)的区别是什么？

**解答**：从教材经常使用的套接字定义来看，套接字包含了端口，因为**套接字** = (IP 地址, 端口号)。套接字是 TCP 连接的端点。套接字又称为"插口"。

但我们已经讲过，**套接字**(socket)有多种意思。当使用 API 时，套接字往往被看成是操作系统的一种抽象，这时，套接字和一个文件描述符是很相似的，并且是应用编程接口 API 的一部分。套接字由应用程序产生，并指明它将由客户还是服务器来使用。当应用进程创建一个套接字时，要指明该套接字使用的端口号。

我们知道，应用层中的应用进程要通过运输层发送到互联网，必须通过在应用层和运输层之间界面上的一个抽象的"门"。这个门就叫作**端口**(port)。虽然端口的正式名称是**协议端口**(protocol port)，但一般就简称为端口。每一个端口用一个**端口号**(port number)来标志。例如万维网服务器使用的端口号是 80。主机的操作系统提供了端口机制，使得进程能够通过这种机制找到所要找的端口。

在发送数据时，应用层的数据通过端口向下交付运输层。在接收数据时，运输层的数据通过适当的端口向上交付应用层的某个应用程序。

**问题 5-5**. 一个套接字能否同时与远地的两个套接字相连？

**解答**：不行。一个套接字只能和另一个远地套接字相连。

如果许多个客户同时访问同一个服务器，那么对于这种情况，请参考教材第 6 章图 6-29 及相应的文字解释。

**问题 5-6**. 数据链路层的 HDLC 协议和运输层的 TCP 协议都使用滑动窗口技术。从这方面来进行比较，数据链路层协议和运输层协议的主要区别是什么？

**解答**：运输层的 TCP 协议是端到端（进程到进程）的协议，而数据链路层的 HDLC 协议则是仅在一段链路上的节点到节点的协议。此外，TCP 的窗口机制和 HDLC 的也有许多区别。如 TCP 是按数据部分的字节数进行确认的，而 HDLC 则是以帧为确认单位的。需要注意的是，现在使用最多的 PPP 链路层协议并不使用确认机制和窗口机制。因此像 PPP 协议这样的链路层协议就和运输层协议有相当大的区别。

**问题 5-7**. TCP 协议能够实现可靠的端到端传输。在数据链路层和网络层还有没有必要保证可靠传输呢？

**解答**：在旧的 OSI 体系中，在数据链路层使用 HDLC 协议而在网络层使用 X.25 协议，这些协议都有确认机制和窗口机制，因而能够保证可靠传输。但是技术的进步使得链路的传输已经相当可靠了，因此在数据链路层和网络层重复地保证可靠传输就显得多余了。现在互联网在链路层使用的 PPP 协议和在网络层使用的 IP 协议都没有确认机制和窗口机制。如果出现差错就由运输层的 TCP 来处理（若使用 UDP 协议则运输层也不处理出错的问题）。

然而，现在移动通信的发展特别迅速，这就使得无线链路已经成为使用得非常多的链路。由于无线链路的可靠性较差，因此必须使用确认机制来实现可靠传输。如果无线链路不使用可靠传输，那么通信的质量就会变得很差。在这种情况下，所有的可靠性都让 TCP 承担是不合理的。

**问题 5-8.** 在 TCP 报文段的首部中只有端口号而没有 IP 地址。当 TCP 将其报文段交给 IP 层时，IP 协议怎样知道目的 IP 地址呢？

**解答**：显然，仅从 TCP 报文段的首部无法得知目的 IP 地址。TCP 必须告诉 IP 层此报文段要发送给哪一个目的主机（给出其 IP 地址）。此目的 IP 地址填写在 IP 数据报的首部中。

**问题 5-9.** TCP 传送数据时，有没有规定一个最大重传次数？

**解答**：我们知道以太网规定重传 16 次就认为传输失败，然后报告上层。但 TCP 没有规定最大重传次数，而是通过设置一些计时器来解决有关传输失败的问题。

**问题 5-10.** TCP 都使用哪些计时器？

**解答**：TCP 共使用四种计时器：重传计时器、持续计时器、保活计时器和时间等待计时器。这几个计时器的主要特点如下。

**重传计时器**

当 TCP 发送报文段时，就创建该特定报文段的重传计时器。可能发生两种情况：

(1) 若在计时器截止时间到来之前收到了对此特定报文段的确认，则撤销此计时器。

(2) 若在收到了对此特定报文段的确认之前计时器截止期到，则重传此报文段，并将计时器复位。

**持续计时器**

为了对付零窗口大小通知，TCP 需要另一个计时器。假定"接收 TCP"给出的窗口大小为零，"发送 TCP"就停止传送报文段，直到"接收 TCP"发送确认并给出一个非零的窗口大小。但这个确认可能会丢失。我们知道，在 TCP 中，对确认报文段是不发送确认的。若确认丢失了，"接收 TCP"并不知道，而是会认为它已经完成任务了，并等待"发送 TCP"接着发送更多的报文段。但"发送 TCP"由于没有收到确认，就等待对方发送确认来通知窗口的大小。双方的 TCP 都在永远地等待着对方。

要打开这种死锁，TCP 为每一个连接使用一个持续计时器。当"发送 TCP"收到一个窗口大小为零的确认时，就启动持续计时器。当持续计时器期限到时，"发送 TCP"就发送一个特殊的报文段，叫作**探测**报文段。这个报文段只有一个字节的数据。它有一个序号，但它的序号永远不需要确认；甚至在计算对其他部分的数据的确认时，该序号也被忽略。探测报文段提醒接收 TCP：确认已丢失，必须重传。

持续计时器的值设置为重传时间的数值。但是，若没有收到从接收端来的响应，则需发送另一个探测报文段，并将持续计时器的值加倍和复位。发送端继续发送探测报文段，将持续计时器设定的值加倍和复位，直到这个值增大到门限值（通常是 60 秒）为止。在这以后，发送端每隔 60 秒就发送一个探测报文段，直到窗口重新打开。

**保活计时器**

保活计时器使用在某些实现中，用来防止在两个 TCP 之间的连接出现长时期的空闲。假定客户打开了到服务器的连接，传送了一些数据，然后就保持静默了。也许这个客户出故障了。在这种情况下，这个连接将永远地处于打开状态。

要解决这种问题，在大多数的实现中都是使服务器设置保活计时器。每当服务器收到客户的信息，就将计时器复位。超时通常设置为 2 小时。若服务器过了 2 小时还没有收到客户的信息，它就发送探测报文段。若发送了 10 个探测报文段（每一个相隔 75 秒）还没有响应，就假定客户出了故障，这时就终止该连接。

**时间等待计时器**

时间等待计时器是在连接终止期间使用的。当 TCP 关闭一个连接时，它并不认为这个连接马上就真正地关闭了。在时间等待期间，连接还处于一种中间过渡状态。这就可以使重复的 FIN（终止）报文段（如果有的话）可以到达目的站，从而可将其丢弃。这个计时器的值通常设置为一个报文段的寿命期待值的两倍。

**问题 5-11**. TCP 和 UDP 是否都需要计算往返时间 RTT？

**解答**：往返时间 RTT 只是对运输层的 TCP 协议才很重要，因为 TCP 要根据平均往返时间 RTT 的值来设置超时计时器的超时时间。

UDP 没有确认和重传机制，因此 RTT 对 UDP 没有什么意义。

所以，不要笼统地说"往返时间 RTT 对运输层来说很重要"，因为只有 TCP 才需要计算 RTT，而 UDP 不需要计算 RTT。

**问题 5-12**. 假定 TCP 开始进行连接建立。当 TCP 发送第一个 SYN 报文段时，显然无法利用教材 5.6.2 节中所介绍的方法计算往返时间 RTT。那么这时 TCP 又怎样设置重传计时器呢？

**解答**：这时 TCP 显然无法利用已有的公式算出往返时间 RTT。实际上，TCP 选择（也就是猜测）一个比较长的时间作为初始的往返时间 RTT。等到收到至少一个确认报文段时，才能利用公式计算出比较合理的往返时间 RTT。

**问题 5-13**. 糊涂窗口综合征产生的条件是什么？是否只有在接收方才产生这种症状？

**解答**：糊涂窗口综合征产生的条件是：发送应用程序产生数据很慢，或接收应用程序读取数据（或消耗数据）很慢，或者两者都有。这时发送方和接收方都可能产生这种症状。

不管是上述情况中的哪一种，都使得发送数据的报文段很小，从而引起操作效率的降低。例如，若 TCP 发送的报文段只包括 1 字节的数据，则意味着我们发送 41 字节的数据报（20 字节的 TCP 首部和 20 字节的 IP 首部）才传送 1 字节的数据。数据的传送效率是 1/41，表示我们在非常低效率地使用网络的容量。

**问题 5-14**. 能否更详细地讨论一下糊涂窗口综合征及其解决方法？

**解答**：详细讨论如下。

**发送端产生的症状**

如果发送端为产生数据很慢的应用程序服务，例如，一次产生 1 字节。这个应用程序一次将 1 字节的数据写入发送端的 TCP 的缓存。如果发送端的 TCP 没有特定的指令，它就产生只包括 1 字节数据的报文段。结果有很多 41 字节的 IP 数据报就在互联网中传来传去。

解决的方法是防止发送端的 TCP 逐个字节地发送数据。必须强迫发送端的 TCP 收集数据，然后用一个更大的数据块来发送。发送端的 TCP 要等待多长时间呢？如果等待时间过长，它就会使整个过程产生较长的时延。如果等待时间不够长，它就可能发送较小的报文段。Nagle 找到了一个很好的解决方法。

### Nagle 算法

Nagle 算法非常简单，但它能解决问题。这个算法是发送端的 TCP 用的：

(1) 发送端的 TCP 将它从发送应用程序收到的第一块数据发送出去，哪怕只有 1 字节。

(2) 在发送第一个报文段（即报文段 1）以后，发送端的 TCP 就在输出缓存中积累数据，并等待：接收端的 TCP 发送出一个确认，或者数据已积累到可以装成一个最大的报文段，在这个时候，发送端的 TCP 就可以发送这个报文段。

(3) 对剩下的传输，重复步骤 2。也就是说：如果收到了对报文段 $x$ 的确认，或者数据已积累到可以装成一个最大的报文段，那么就发送下一个报文段($x + 1$)。

Nagle 算法的优点就是简单，并且它考虑到了应用程序产生数据的速率，以及网络运输数据的速率。若应用程序比网络更快，则报文段就更大（最大报文段）。若应用程序比网络慢，则报文段就较小（小于最大报文段）。

### 接收端产生的症状

接收端的 TCP 可能产生糊涂窗口综合征，如果它为消耗数据很慢的应用程序服务，例如一次消耗 1 字节。假定发送应用程序产生了 1000 字节的数据块，但接收应用程序每次只读取 1 字节的数据。再假定接收端的 TCP 的输入缓存为 4000 字节。发送端先发送第一个 4000 字节的数据。接收端将它存储在其缓存中。现在缓存满了。接收端的 TCP 就通知窗口大小为零，这表示发送端必须停止发送数据。接收应用程序从接收端的 TCP 的输入缓存中读取第 1 个字节的数据。这时在输入缓存中就有了 1 字节的空间。接收端的 TCP 宣布其窗口大小为 1 字节，这表示正渴望等待发送数据的发送端的 TCP 会把这个宣布当作一个好消息，并发送只包括 1 字节数据的报文段。这样的过程一直继续下去。1 字节的数据被消耗掉，然后再发送只包含 1 字节数据的报文段。这又是一个低效率问题和糊涂窗口综合征（见图 Q-5-14）。

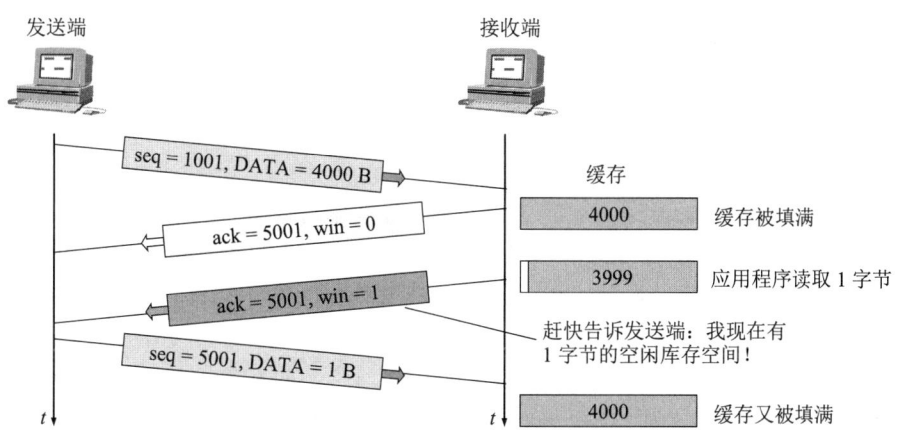

图 Q-5-14 糊涂窗口综合征

对于这种糊涂窗口综合征，即应用程序消耗数据比到达的慢，有两种建议的解决方法。

### Clark 解决方法

Clark 解决方法是只要有数据到达就发送确认，但宣布的窗口大小为零，直到缓存空间已能放入具有最大长度的报文段，或者缓存空间的一半已经空了。

**延迟的确认**

第二个解决方法是延迟一段时间后再发送确认。这表示当一个报文段到达时并不立即发送确认。接收端在确认收到报文段之前一直等待，直到缓存有足够的空间为止。延迟的确认防止了发送端的 TCP 滑动其窗口。当发送端的 TCP 发送完其数据后，它就停下来了。这样就防止了这种糊涂窗口综合征。

迟延的确认还有另一个优点：它减少了通信量。接收端不需要确认每一个报文段。但它也有一个缺点，就是有可能迫使发送端重传其未被确认的报文段。

可以用协议来平衡这个优点和缺点，例如，现在定义了确认的延迟不能超过 500 毫秒。

**问题 5-15**. 为什么 TCP 在建立连接时不能每次都选择相同的、固定的初始序号？

**解答**：如果 TCP 在建立连接时每次都选择相同的、固定的初始序号，那么设想以下的情况：

(1) 假定主机 A 和 B 频繁地建立连接，传送一些 TCP 报文段后，再释放连接，然后又不断地建立新的连接、传送报文段和释放连接。

(2) 假定每一次建立连接时，主机 A 都选择相同的、固定的初始序号，例如，选择 1。

(3) 假定主机 A 发送出的某些 TCP 报文段在网络中会滞留较长的时间，以致造成主机 A 超时重传这些 TCP 报文段。

(4) 假定有一些在网络中滞留时间较长的 TCP 报文段最后终于到达了主机 B，但这时传送该报文段的那个连接早已释放了，而到达主机 B 时的 TCP 连接是一条新的 TCP 连接。

这样，工作在新的 TCP 连接下的主机 B 就**有可能**会接受在旧的连接传送的、已经没有意义的、过时的 TCP 报文段（因为这个 TCP 报文段的序号**有可能**正好处在现在新的连接所使用的序号范围之中），结果产生错误。

因此，必须使得迟到的 TCP 报文段的序号不处在新的连接所使用的序号范围之中。

这样，TCP 在建立新的连接时所选择的初始序号，一定要和前面的一些连接所使用过的序号不一样。所以，不同的 TCP 连接不能使用相同的初始序号。

**问题 5-16**. 能否利用 TCP 发送端和接收端交换报文段的图来说明慢开始的特点？

**解答**：慢开始的特点可以用图 Q-5-16 来说明。

拥塞窗口 cwnd 的初始值是 1（为方便起见，这里将拥塞窗口的单位设为报文段）。

以后每收到一个对新的报文段的确认，就将发送端的拥塞窗口 cwnd 加 1。

从图 Q-5-16 可以看出，拥塞窗口 cwnd 按照指数规律增长。所谓"新的报文段"就是指"未被确认过的报文段"。由于报文段在互联网中传输时，有可能在某个路由器处滞留一段时间，但以后又被交付接收端（重复交付）。接收端对每一个收到的无差错的报文段都可能给出确认。因此，对同一个报文段，发送端有可能收到几个重复的确认。但除了第一个确认可以使发送端拥塞窗口 cwnd 加 1，对其余重复的报文段的确认都不能再使发送端拥塞窗口加 1。

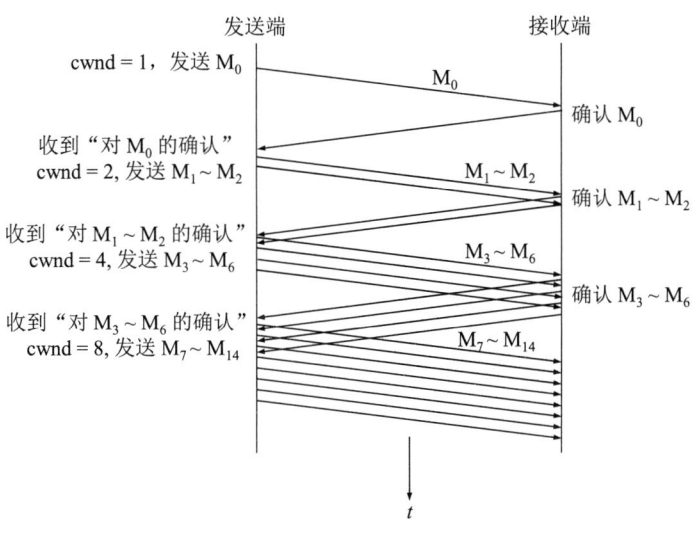

图 Q-5-16 慢开始的特点

**问题 5-17.** 对于拥塞避免是否也能够用发送端和接收端交换的报文段来说明其工作原理？

**解答：** 可以，但这只能是示意图。

因为在拥塞避免的开始，发送端的拥塞窗口 cwnd = ssthresh，这时可以发送好几个报文段。按照 RFC 2581 文档，每经过一个往返时间 RTT，拥塞窗口就增加一个 MSS（最大报文段长度）的大小（以字节为单位）。

在我们讨论原理时，以报文段个数作为窗口单位较为方便，因此在图 Q-5-17 中每经过一个 RTT，发送端拥塞窗口 cwnd 就在 ssthresh 的基础上加 1。

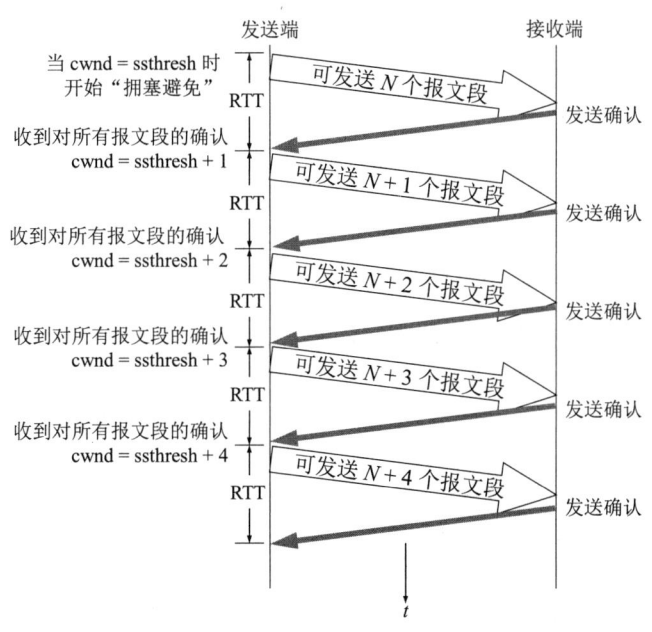

图 Q-5-17 拥塞避免的特点

在图 Q-5-17 中将发送端发送报文段用一个粗箭头表示（因为这里面包含许多个报文段，很难一个个画出），确认报文段也用一个粗箭头表示（这也可能有许多个确认报文段），因此 RTT 也是概念性的往返时间。

正因为 RTT 无法很严格地画出，因此在图中左边增加一个注释，即"收到对所有报文段的确认"。这里假定收到对所有报文段的确认所需的时间就是 RTT。

**问题 5-18**. TCP 连接很像一条连接发送端和接收端的双向管道。当 TCP 在连续发送报文段时，若要管道得到充分的利用，则发送窗口的大小应怎样选择？

**解答**：我们可以用图 Q-5-18 来说明这一问题。

图 Q-5-18(a)在发送端和接收端之间的两个白色长条表示 TCP 全双工通信的**发送管道**和**接收管道**。管道是对信道的一种抽象，便于讨论问题（可以不涉及下层互连网络的细节）。

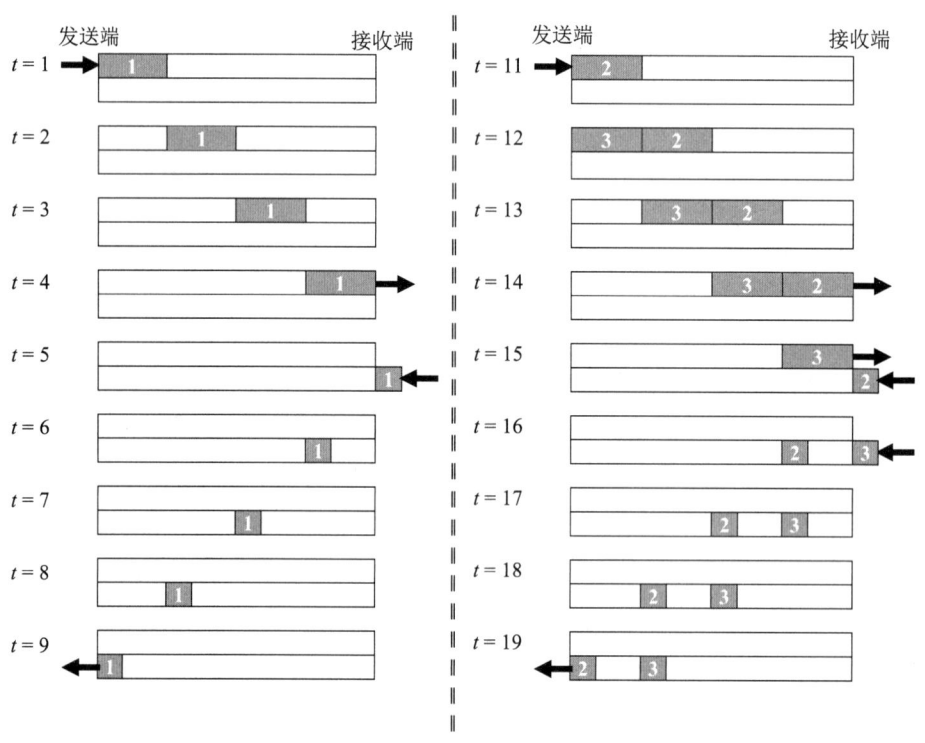

图 Q-5-18(a)　TCP 连接很像一条连接发送端和接收端的双向管道

假定在 $t = 0$ 时发送端使用**慢开始**算法来发送报文段，因此在 $t = 0$ 时只能发送一个报文段（图中标有 1 的长方条就代表报文段 1）。图中的时间都是按离散的时间单位表示的。

为简化分析，我们还假定，发送窗口仅由发送端的拥塞窗口来确定，接收端不对发送窗口加以限制。

假定在 $t = 1$ 时，报文段 1 的第一个比特正好走完四分之一的管道，同时该报文段的最后一个比特正好发送完毕。

$t = 4$ 时，报文段 1 的前沿到达接收端。

$t = 5$ 时，接收端将报文段 1 接收完毕。

假定接收端**立即发送确认报文段**。我们所用的标记是：对报文段 $n$ 的确认报文段用具有标记 n 的小长方条表示。

$t = 6$ 以及以后的几个图表示确认报文段传输的情况。

$t = 9$ 时，对报文段 1 的确认的前沿到达发送端。

$t = 10$ 时，发送端将发送窗口加 1 变为 2（可以发送报文段 2 和 3），并开始发送报文段 2（这一步图中省略了，没有画出）。

$t = 11$ 时，报文段 2 走完发送管道的四分之一，发送端开始发送报文段 3。

$t = 12$ 时，报文段 2 和 3 填满发送管道的一半。

$t = 14$ 时，报文段 2 的前沿到达接收端。

$t = 15$ 时，接收端收完报文段 2，并发送对报文段 2 的确认。

$t = 16$ 时，接收端收完报文段 3，并发送对报文段 3 的确认。

$t = 19$ 时，对报文段 2 的确认的前沿传输到发送端。

$t = 20$ 时，发送端收到对报文段 2 的确认，将发送窗口加 1 变为 3（可以发送报文段 4，5 和 6），并开始发送报文段 4（这一步图中省略了，没有画出）。对报文段 3 的确认的前沿也在这个时间传输到发送端。

再以后的过程我们用图 Q-5-18(b) 来说明。

$t = 21$ 时，发送端收到对报文段 3 的确认，将发送窗口再加 1 变为 4（可以发送报文段 4，5，6 和 7），并开始发送报文段 5。此时，报文段 4 已完全进入发送管道，前沿到了管道的四分之一处。

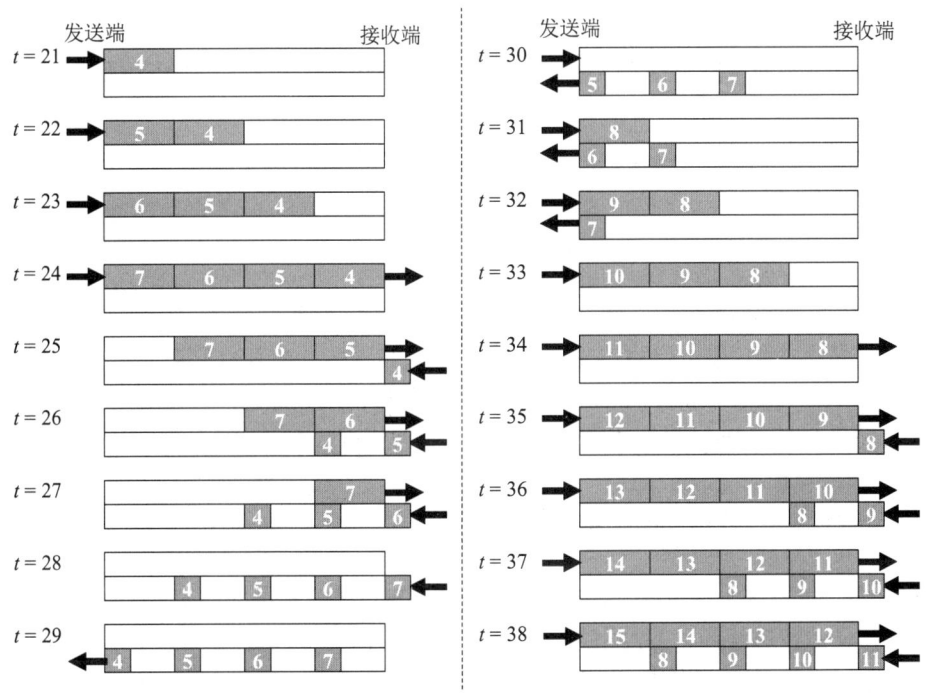

图 Q-5-18(b)　各报文段在 $t = 21$ 以及以后的时间的传输情况

以后的过程读者自己都可以看懂。这里只再提示几点。

发送端每收到一个对没有确认过的报文段的确认，就将发送窗口加 1。因此在陆续收到确认 4～7 后，将发送窗口加 4，即增大到 8，可以连续发送报文段 8～15。

管道空间是有限的。从图中表示的例子可以看出，这样的管道至多可容纳 4 个报文段。当发送窗口很小时，管道在大部分时间内是比较空的（见图 Q-5-18(a)）。这说明在 TCP 连接中传输数据的效率比较低。

当发送窗口增大时，管道逐渐被填满。可以看出，在图 Q-5-18(b)中的 $t$ = 34～38 时，发送管道一直是被填满的，这说明发送管道被利用得很充分。因为报文段的传输需要时间，因此对报文段的确认总是会滞后一段时间。上面的例子表明，在单方向发送报文段（另一个方向发送确认）的情况下，发送管道和接收管道往往不能同时被充分利用（除非发送窗口的数值较大）。但如果双向都能发送数据报文段，那么发送管道和接收管道就都能够被利用得较充分。

我们还可看出，接收管道（即接收端发送确认报文段的管道）在任何情况下都没有填满。这是因为确认报文段很短，只需很短的时间就可发送出去。但接收一个数据报文段需要较长的时间，这就造成确认报文段不可能连续地从接收端发送出去。

**问题 5-19**. 假定在互联网中，所有链路的传输都不出现差错，所有节点也都不会发生故障。试问在这种情况下，TCP 的"可靠交付"功能是否就是多余的？

**解答**：不是多余的。TCP 的"可靠交付"功能在互联网中起着至关重要的作用。

至少在以下所列举的情况下，TCP 的"可靠交付"功能是必不可少的。

(1) 每个 IP 数据报独立地选择路由，因此在到达目的主机时有可能出现失序。

(2) 由于路由选择的计算出现错误，导致 IP 数据报在互联网中兜圈子。最后数据报首部中的生存时间 TTL 的数值下降到零。这个数据报在中途就被丢弃了。

(3) 在某个路由器突然出现很大的通信量，以致路由器来不及处理到达的数据报。因此有的数据报被丢弃。

以上列举的问题表明：必须依靠 TCP 的"可靠交付"功能才能保证在目的主机的目的进程接收到正确的报文。

**问题 5-20**. TCP 是通信协议还是软件？

**解答**：协议与实现协议的软件之间的区别，类似于编程语言的定义与编译器之间的区别。与编程语言的情况类似，编程语言的定义与编程语言通过编译器在计算机上的实现之间的区别有时也会比较模糊。大家与 TCP 软件打交道的机会远远比与 TCP 协议规范打交道的机会要多，因而会很自然地把某个协议的具体实现当作是协议的标准。尽管如此，我们还是必须明确地区分两者。

总之，TCP 是通信协议，而不是软件。

**问题 5-21**. 在计算 TCP 的往返时间 RTT 的公式中，《计算机网络》教材过去的版本取 $\alpha$ = 7/8。但在第 6 版、第 7 版和第 8 版中取 $\alpha$ = 1/8。为什么会有这么大的改变？

**解答**：过去的版本参考的是国外教材，例如著名的 Comer 的《用 TCP/IP 进行网际互连》的卷 1，这本教材上把 RTT 的计算公式写为：

$$\text{平均往返时延 RTT} = \alpha \times (\text{旧的 RTT}) + (1 - \alpha) \times (\text{新的往返时延样本})$$

而取 $\alpha$ = 7/8。

在教材第 6 版、第 7 版和第 8 版中，考虑到最好和文档 RFC 6298 的写法一致，这样可能更加便于读者查阅比较权威的 RFC 文档。现在的 RTT 计算公式是：

$$\text{新的 RTT}_S = (1 - \alpha) \times (\text{旧的 RTT}_S) + \alpha \times (\text{新的 RTT 样本})$$

而取 $\alpha = 1/8$。但这两种不同的写法在实质上并无不同，得出的计算结果是一样的。

另外有些改动的地方是：

(1) RTT 以前译为"往返时延"，现在改为"往返时间"。这样更加准确一些，因为 RTT 的后面一个 T 是 Time，应当译为"时间"。以前用的"往返时延"来自"Round-Trip Delay"。

(2) 以前没有用 $\text{RTT}_S$ 这个符号，是为了使符号不要太多。现在看来，多用一个符号可能会更清楚一些（RFC 文档也有这个符号，但它使用的是文本文件，不便于用下标，因此用的符号是 SRTT，表示 Smoothed RTT（平滑的 RTT））。

**问题 5-22.** 假定有一个应用程序需要知道报文从发送端到接收端所经受的时延，能否这样计算：从 TCP 获得往返时间 RTT 的数值，然后除以 2？

**解答：** 不行。RTT 仅仅是 TCP 内部的数据，上层的应用程序无法从 TCP 获得 RTT 的数值。但应用程序可以模仿 TCP 的做法，即从应用层发送一个报文给对方，等收到确认后，就可算出报文的往返时间。把这个时间除以 2，就得出报文从发送端到接收端所经受的时延。

**问题 5-23.** 在计算 UDP 检验和（见教材上的图 5-6）时，为什么有的读者算出的"求和得出的结果"是 10010110 11101011，而不是教材上给出的 10010110 11101101？

**解答：** 我们在进行二进制反码求和时，必须仔细地把进位加进去。

例如，先把最低位（右边数起的第 1 列）相加。这里一共有 9 个 1，因此加出来的结果是 $1001_2$。把 1001 中最右边的 1 写在结果中，在它前面的 100 是进位。下面的图说明这三个进位应当放在哪一列。进位是 1 的就要和原来这一列上的数目相加。

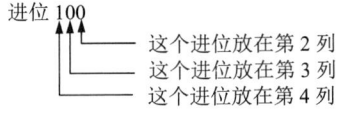

再看第 2 列的相加。第 2 列一共有 7 个 1，因此得到的和是 1，但有两个进位 11。其中一个 1 的位置应当在从右边数起的第 3 列上，另一个 1 应当在第 4 列上。

然后再把第 3 列的数（包括进位上来的数）相加。

这样下去，每一次都必须把前面得到的进位考虑进去。这样，一直加到最左边的第 16 列。

读者自己演算后就可发现，进行最左边的第 16 列的运算后，在第 17 列上（这已经超过了 16 位数的范围）有两个进位 1。这两个 1 相加后的和是 $10_2$。我们必须把这两个进位拿到最右边，再和刚才得到的、未考虑到最后的进位的初步计算结果相加，这就是"回卷"。刚才得到的计算初步结果是：

10010110 11101011

再加上 10 后，得到

10010110 11101101

这就是教材上给出的正确结果。

**问题 5-24.** TCP 的客户端和服务器端在交换数据时，为什么不含数据的确认报文段不消耗序号呢？

**解答：** 我们知道，TCP 把要传送的数据中的每一个字节都编上序号，其目的就是为了保证每一个数据字节都能正确地传送到对方。接收方按字节的编号对收到的数据进行核对。用发送确认报文段的方法保证能够收到发送方发送的每一个数据字节。

但是，一个有趣的问题来了。纯粹的确认报文段并不带有数据。可是这种确认报文段却仍有序号。之所以出现这个序号，只是因为首部中有这样一个序号字段。我们可以用图 Q-5-24 来说明这个问题。

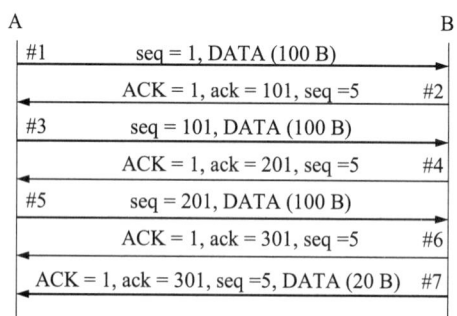

图 Q-5-24　确认报文段不消耗序号

在图 Q-5-24 中，我们假定 TCP 通信的一方 A 要发送三个报文段总共发送 300 字节给 B，每个报文段携带 100 字节的数据。A 的报文段#1 的序号是 1。B 收到后发送报文段#2。我们假定 B 现在的序号是 5。A 接着发送报文段#3。B 发送确认报文段#4，其序号仍然是 5。A 再发送报文段#5。B 发送确认报文段#6，其序号仍然是 5。我们假定 B 现在要用报文段#7 发送 20 字节的数据给 A，这个报文段的序号还是 5。

为什么 B 发送的四个报文段的序号都是 5 呢？因为 B 发送的前三个确认报文段都不消耗序号。

但如果 B 在确认报文段中还带有数据，那么这种确认报文段当然要消耗序号。所消耗的序号数就是这个报文段携带的数据的字节数。

我们可以看出，即使 B 发送的前三个确认报文段都丢失了，有 B 的第四个报文段（即报文段#7）的 ack = 301 就够了，A 就知道自己所发送的数据，在序号 300 以前（包括序号为 300）的，B 已经都收到了。可见给确认报文段编号是没有必要的。

**问题 5-25.** TCP 在连接建立时所发送的第一个 SYN 报文段只有首部，其数据部分是空的。但为什么 SYN 报文段要消耗一个序号呢？

**解答：** TCP 在连接建立时所发送的第一个 SYN 报文段是一个控制报文段，其主要目的是为了和对方建立同步，并明确自己采用的初始序号。这个报文段没有数据部分。按理说，好像这个 SYN 报文段不需要序号。但是 SYN 报文段非常重要，是不允许丢失的（传错了或丢失了就要重传，否则无法建立连接），所以必须进行编号。虽然 SYN 报文段没有数据部分，只有首部，但我们可以想象 SYN 报文段包含一个虚字节的数据，因此给 SYN 报文段一个序号，让 SYN 报文段消耗一个序号。当对方收到序号为 $x$ 的 SYN 报文段后，给出的确认就应当是 ack = $x$ + 1。发送方收到这个确认，就知道发送的 SYN 报文段已正确地传送到对方了。

**问题 5-26**. TCP 在连接建立时，A 发送 SYN 报文段，选择了初始序号 seq = $x$。B 收到连接请求报文段后，如同意建立连接，则向 A 发送确认和 SYN 报文段，其确认号是 ack = $x$ + 1，同时也为自己选择一个初始序号 seq = $y$。A 最后要发送确认报文段，其序号是 seq = $x$ + 1，确认号是 ack = $y$ + 1。这个确认报文段消耗序号吗？

**解答**：题目所说的 TCP 连接建立的过程如图 Q-5-26 所示。这就是教材上讲的"三报文握手"。

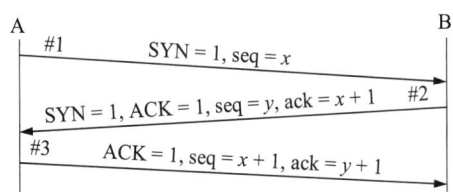

图 Q-5-26　用三个报文段建立 TCP 连接

A 所发送的确认报文段#3 是不消耗序号的。

如果 A 在确认报文段#3 之后接着发送数据报文段，那么这个数据报文段的序号就仍然是 seq = $x$ +1，因为确认报文段#3 是不消耗序号的。

但是应当注意，如果 A 所发送的确认报文段#3 携带了数据，那么这个报文段就消耗序号。例如，A 所发送的确认报文段#3 携带了 100 字节的数据，那么 A 下一次发送的数据报文段#4 的序号就应当是 seq = $x$ + 101。

**问题 5-27**. TCP 连接建立采用的 Three-Way Handshaking 的准确译名应当是怎样的？

**解答**：过去很多人（包括本教材）把 Three-Way Handshaking 译为"三次握手"，但这是不准确的。

要建立 TCP 连接，客户端和服务器端的报文段的确需要交互三次，但这三次合起来应当算是一次握手的过程。也就是说，要建立 TCP 连接，需要客户和服务器双方进行一次握手，但这种"一次"握手需要双方交换三个报文段（A 到 B，B 到 A，A 再到 B）。现在，也有一些人采用了"三向握手"这样的译名。但"三向"也有可能被理解为"三个方向"，这就不正确了。

在 RFC 793 中指出了，这种 Three-Way Handshaking 也就是"三报文握手"。因此，Three-Way Handshaking 最好是按意思译为"三报文握手"。

**问题 5-28**. TCP 报文段的长度有没有规定的最小值和最大值？

**解答**：我们首先必须明确，在谈到"TCP 报文段的长度"时，可能会有两种不同的理解。

第一种理解是：这是指 TCP 报文段的总长度（首部和数据部分的长度之和）。

第二种理解是：这是指 TCP 报文段数据字段的长度（不包括首部的长度）。

这两种理解都是合理的。从字面上看，很自然会看到第一种理解是合理的。但我们知道，

TCP 首部的选项中有一个最大报文段长度 MSS (Maximum Segment Size)。这个 MSS 指的是 TCP 报文段的**数据字段的最大长度，**并不包括首部。由于 MSS 是 TCP 协议正式使用的名词，因此第二种理解也是很合理的。

这两种不同的理解有可能产生一些模糊不清的概念。

为此，每当我们遇到"TCP 报文段长度"时，都应当弄清这里是指"TCP 报文段的总长度"还是"TCP 报文段数据字段的长度"。

由于这两种长度仅仅相差一个 TCP 报文段的首部，因此在讨论 TCP 报文段长度的最小值和最大值时，可以随便采用上面的一种理解，只要说清楚是哪一种长度即可。

下面在讨论这个问题时，我们会采用很明确的表述方法，使读者不至于感到模糊不清。

TCP 报文段的总长度显然有一个最小值，这就是当 TCP 的数据字段的长度为零时。例如，TCP 的确认报文段仅仅有一个固定长度（20 字节）的首部，其数据字段的长度是零。在这种情况下，TCP 报文段的总长度就是最小值 20 字节。这种 TCP 的首部是没有选项的首部。

TCP 报文段总长度的最大值受以下两个方面的限制：

(1) IP 数据报的总长度有一个规定的最大长度，即 65535 字节。如果使用 20 字节的固定长度 IP 首部，那么 TCP 报文段的总长度一定不能超过 65515 字节。如果超过了这个数值，必须在运输层分割报文段，使每一个 TCP 报文段不超过 65515 字节，否则无法封装成 IP 数据报。

(2) TCP 报文段数据部分的长度不能超过最大报文段长度 MSS 值。我们知道，在 TCP 连接建立阶段，每一方要向对方说明自己所能接收的数据长度是多少（因为收到的数据要先存放在 TCP 的接收缓存中，如果数据太长就会放不下）。有人说，"在 TCP 的连接建立阶段，双方要协商 MSS 的数值"。但这种说法是错误的（在 RFC 879 中专门指出这种说法是错误的，因为这里不存在什么协商）。通信的双方只是把自己的接收能力通知对方的 TCP 而已，并没有协商的过程。双方根据自己当时的具体条件给出的 MSS 值完全可以是不一样的。因此，TCP 报文段的数据部分的长度肯定不能超过对方 TCP 给出的 MSS 数值。

这样，我们可以得出下面的表达式：

TCP 报文段的总长度 $\leq$ Min[(对方给出的 MSS + TCP 首部), 65515 字节]

这里假定 IP 数据报使用 20 字节的固定长度 IP 首部。

**问题 5-29.** 能否这样讲：当我们在互联网上传送很长的大文件时，就必须使用 TCP 协议而不是使用 UDP 协议？

**解答：**上面的表述不全面。

当我们通过互联网传送很长的大文件时（例如，作为电子邮件附件的大文件，或从某个网站下载一个大文件），一般都使用 TCP 协议，为的是保证在传送过程中不出现差错。我们都知道，只要在传送过程中间有一点小差错，就会导致整个大文件无法打开，使整个文件传送失败。因此，这种大文件几乎都不使用 UDP 来传送，因为 UDP 不能保证不出差错。接收端收到有差错的 UDP 报文段时（检验和不正确），就简单地丢弃它。

但这也有例外的情况。

假设我们正在计算机上观看一个实时的流视频。这通常是个很长的文件，被分割成很多文件块并实时播送。这些文件块一个接一个地发送出去。如果运输层认为应当重传损坏或丢失的帧，那么整个传输的同步性就会丢失。观看者会突然看到一个空屏，然后需要等到第二次传输到达。这是无法忍受的。但是，如果每一小块屏幕内容都用一个 UDP 用户数据报来传送，那么接收方 UDP 就能简单地忽略损坏或丢失的分组，并将其他分组交付应用程序。部分屏幕可能会有非常短暂的空白，但大多数观看者甚至都不会注意到。这就说明，在一些特殊情况下，不保证可靠传输的 UDP 协议也是很有用的。

**问题 5-30.** 本教材第 7 版在讨论 TCP 的拥塞控制问题时，使用了"传输轮次"(transmission round)的概念。但在第 8 版中，"传输轮次"改成了 RTT。这是为什么？

**解答：** "传输轮次"这一名词来自 Kurose 和 Ross 的"自顶向下讨论计算机网络"的教材。但他们也感到这样的描述并不很好，还不如使用 RTT。于是后来的版本就改用 RTT 了。编者曾想尽量少改动使用过的名词，但一些读者来信指出，虽然传输轮次所说的时间并非固定不变的时间，但还是使用 RTT 更加清楚些。因此，从第 8 版开始改用 RTT。

**问题 5-31.** 教材中对拥塞避免是这样讲的。执行算法后的结果大约是这样的：每经过一个往返时间 RTT，发送方的拥塞窗口 cwnd 的大小就加 1。为什么要使用"大约是这样"这种不太精确的描述？

**解答：** "大约是这样"的确是一种不精确的描述。

我们知道，在拥塞控制的标准文档 RFC 5681 中规定的拥塞窗口 cwnd 的单位是字节，而不是报文段。我们知道，TCP 传输的数据特点之一就是字节流，而报文段的长短是可变的。在讲授拥塞控制的原理时，如果按照标准的规定，以字节作为拥塞窗口 cwnd 的单位，那么整个讨论就会出现大量的多位数字，这就会使我们不容易抓住问题的实质。为此，很多教材在讲授原理时就变通了一下，把报文段的个数作为拥塞窗口 cwnd 的单位。这也暗示所有报文段的字节数都是相同的。这样的假设当然是近似的，因此所得出的结果也是近似的。这就是我们使用"大约是这样"的说法的原因。

因为现在是讲原理，所以把窗口的单位改为**报文段的个数**。实际上应当是"拥塞窗口仅增加一个 MSS 的大小，**单位是字节**"。在具体实现拥塞避免算法时可以这样来完成：只要收到一个新的确认，就使拥塞窗口 cwnd 增加(MSS × MSS / cwnd)个字节。例如，假定 cwnd 等于 10 个 MSS 的长度，而 MSS 是 1460 字节。发送方可一连发送 14600 字节（即 10 个报文段）。假定接收方每收到一个报文段就发回一个确认。于是发送方每收到一个新的确认，就把拥塞窗口稍微增大一些，即增大 0.1 MSS = 146 字节。经过一个往返时间 RTT（或一个传输轮次）后，发送方共收到 10 个新的确认，拥塞窗口就增大了 1460 字节，正好是一个 MSS 的大小。

# 习题与解答

**【5-01】** 试说明运输层在协议栈中的地位和作用。运输层的通信和网络层的通信有什么重要的区别？为什么运输层是必不可少的？

**解答：** 从通信和信息处理的角度看，运输层向它上面的应用层提供通信服务，它属于面向通信部分的最高层,同时也是用户功能中的最低层。当网络的边缘部分中的两个主机使用网络的核心部分的功能进行端到端的通信时,只有主机的协议栈才有运输层,而网络核心部分中的路由器在转发分组时都只用到下三层的功能。

从网络层来说,通信的两端是两个主机。IP 数据报的首部明确地标识了这两个主机的 IP 地址。但"两个主机之间的通信"这种说法还不够清楚。这是因为,真正进行通信的实体是主机中的进程,是这个主机中的一个进程和另一个主机中的一个进程在交换数据(即通信)。因此严格地讲,两个主机进行通信就是两个主机中的应用进程互相通信。IP 协议虽然能把分组送到目的主机,但是这个分组还停留在主机的网络层而没有交付主机中的应用进程。从运输层的角度看,通信的真正端点并不是主机而是主机中的进程。也就是说,端到端的通信是应用进程之间的通信(见图 T-5-01)。因此,运输层是不可缺少的。

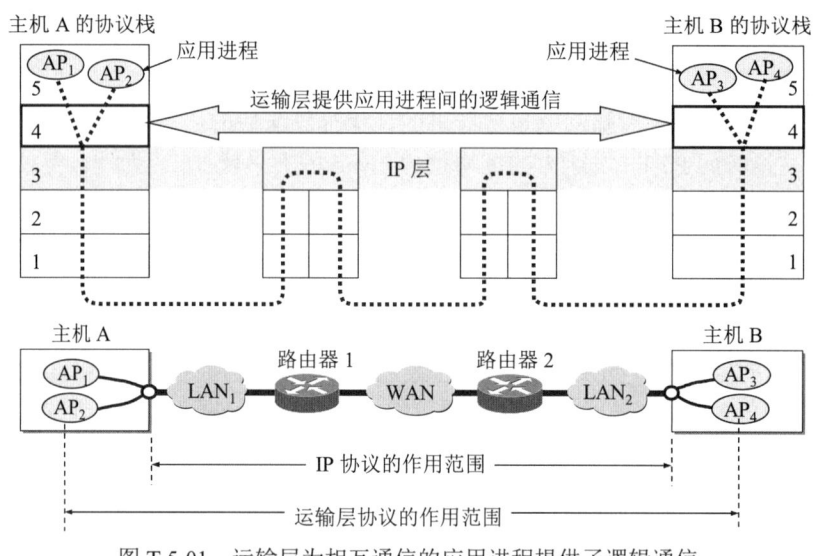

图 T-5-01　运输层为相互通信的应用进程提供了逻辑通信

运输层的通信和网络层的通信有很大的区别。网络层提供主机之间的逻辑通信,而运输层则提供应用进程之间的逻辑通信。

运输层还有复用、分用的功能,还要对收到的报文进行差错检测。

【5-02】 网络层提供数据报或虚电路服务对上面的运输层有何影响?

**解答**:网络层提供的两种服务的最大不同就是:数据报不提供可靠的交付,而虚电路服务则提供可靠的交付。初看起来,似乎是如果网络层提供了可靠的交付,那么运输层,就不需要可靠交付了,因而可以简化一些。其实不然。事实证明,即使网络层提供了可靠的交付,那也只是主机到主机的通信是可靠的,而我们需要的进程到进程的通信仍然可能出错。因此,当必须保证可靠通信时,不管网络层提供多么可靠的服务,运输层仍然必须有可靠交付的协议。因此,互联网在网络层只提供比较简单的数据报服务(这样就使得网络层大大简化,进而使得网络的造价降低),而用连接在网络上的主机中的运输层来实现可靠交付。可见对于互联网的设计,网络层的服务并没有对运输层的设计产生多大的影响。

【5-03】当应用程序使用面向连接的 TCP 和无连接的 IP 时,这种传输是面向连接的还是无连接的?

**解答**:这要在不同层次来看。在运输层是面向连接的,而在网络层则是无连接的。

【5-04】试画图解释运输层的复用。画图说明许多个运输用户复用到一条运输连接上,而这条运输连接又复用到 IP 数据报上。

**解答**:图 T-5-04 给出了这种复用的简单例子。

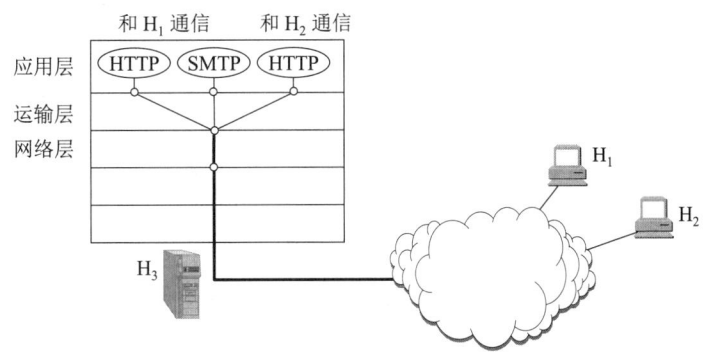

图 T-5-04　运输层复用的例子

在图 T-5-04 中,主机 $H_3$ 同时与主机 $H_1$ 和 $H_2$ 进行通信。$H_1$ 和 $H_3$ 的两个应用进程(HTTP 和 SMTP)进行通信,这需要使用两个 TCP 连接。这两个 TCP 连接所传送的报文段,使用下面的网络层的 IP 数据报传送。$H_2$ 和 $H_3$ 的应用进程(HTTP)进行通信,这需要使用一个 TCP 连接。这个 TCP 连接所传送的报文段,也要使用下面的网络层的 IP 数据报来传送。在网络层所传送的 IP 数据报已看不到运输层以上的复用情况。

【5-05】试举例说明有些应用程序愿意采用不可靠的 UDP,而不愿意采用可靠的 TCP。

**解答**:这可能有以下几种情况。

首先,在互联网上传输实时数据的分组时,有可能会出现差错甚至丢失。如果利用 TCP 协议对这些出错或丢失的分组进行重传,那么时延就会大大增加。因此,实时数据的传输在运输层就应采用用户数据报协议 UDP,而不使用 TCP 协议。这就是说,对于传送实时数据,我们宁可丢失少量分组(当然不能丢失太多,否则重放的质量就太差了),也不要等待太晚到达的分组。在连续的音频或视频数据流中,很少量分组的丢失对播放效果的影响并不大(因为这是由人来进行主观评价的),因而是可以容忍的。在这种情况下,我们愿意采用不可靠的 UDP,而不愿意采用可靠的 TCP。

其次,当网络出现拥塞时,TCP 的拥塞控制就会让 TCP 的发送方放慢报文段的发送。可能有的应用程序就不愿意放慢其报文段的发送速度。另外,可能有的应用程序不需要 TCP 的可靠传输。在这些情况下,就宁可使用 UDP 来传送。

【5-06】接收方收到有差错的 UDP 用户数据报时应如何处理?

**解答**:简单地丢弃。

【5-07】 如果应用程序愿意使用 UDP 完成可靠传输，这可能吗？请说明理由。

**解答**：这是可能的，但这要由应用层自己来完成可靠传输。例如，应用层自己使用可靠传输协议。当然，这还是需要相当大的工作量的。

【5-08】 为什么说 UDP 是面向报文的，而 TCP 是面向字节流的？

**解答**：对应用程序交下来的报文，发送方的 UDP 在添加首部后就向下交付 IP 层。UDP 对应用层交下来的报文，既不合并，也不拆分，而是保留这些报文的边界。这就是说，应用层交给 UDP 多长的报文，UDP 就照样发送，即一次发送一个报文，如教材的图 5-3 所示。对 IP 层交上来的 UDP 用户数据报，接收方的 UDP 在去除首部后就原封不动地交付上层的应用进程。也就是说，UDP 一次交付一个完整的报文。因此，应用程序必须选择合适大小的报文。若报文太长，UDP 把它交给 IP 层后，IP 层在传送时可能要进行分片，这会降低 IP 层的效率。反之，若报文太短，UDP 把它交给 IP 层后，会使 IP 数据报的首部的相对长度太大，这也降低了 IP 层的效率。

不论应用层发送的报文的长度如何，到了运输层后，TCP 总是把收到的报文看成是一串字节流，并且对每一个字节都进行编号。TCP 会根据当前网络的拥塞程度和对方接收缓存的大小，决定现在应当发送多长的报文段。TCP 关心的是：必须保证每一个字节都正确无误地传送到对方，而并不关心传送了多少个报文段和每个报文段包含多少个字节。这就表明 TCP 是面向字节流的。

【5-09】 端口的作用是什么？为什么端口号要划分为三种？

**解答**：端口是应用层的各种协议进程与运输实体进行层间交互的地点。

不同的系统，具体实现端口的方法可以是不同的（取决于系统使用的操作系统）。TCP/IP 的运输层用一个 16 位**端口号**来标志一个端口。但端口号只具有本地意义，它只是为了标志本计算机应用层中的各个进程在和运输层交互时的层间接口。在互联网中不同的计算机中，相同的端口号是**没有关联**的。这种在协议栈层间的抽象的协议端口是软件端口，和路由器或交换机上的硬件端口是完全不同的概念。硬件端口是不同硬件设备进行交互的接口，而软件端口是应用层的各种协议进程与运输实体进行层间交互的一种地址。

两个计算机中的进程要互相通信，不仅必须知道对方的 IP 地址（为了找到对方的计算机），而且还要知道对方的端口号（为了找到对方计算机中的应用进程）。

端口号有三种。不同的端口号有其特殊的用途。例如，客户端是通信的发起方，而服务器是服务的提供方。它们对端口的使用要求是不同的。这三种端口号是：

(1) 熟知端口号或系统端口号，数值为 0~1023。这些数值可在网址 www.iana.org 查到。IANA 把这些端口号指派给了 TCP/IP 最重要的一些应用程序，让所有的用户都知道。

(2) 登记端口号，数值为 1024~49151。这种端口号是为没有熟知端口号的应用程序使用的。使用这种端口号必须按照 IANA 规定的手续登记，以防止重复。

上面两种端口号是服务器端使用的端口号。下面的一种是客户端使用的端口号。

(3) 短暂端口号，数值为 49152~65535。这种端口号仅在客户进程运行时才动态选择，是留给客户进程暂时使用的。

**【5-10】** 试说明运输层中伪首部的作用。

**解答：** 所谓"伪首部"，是指这种首部并不是 UDP 用户数据报或 TCP 报文段真正的首部。只是在计算检验和时，临时添加在 UDP 用户数据报或 TCP 报文段的前面，得到一个临时的 UDP 用户数据报或 TCP 报文段。检验和就是按照这个临时的 UDP 用户数据报或 TCP 报文段来计算的。伪首部既不向下传送也不向上递交，而仅仅用于计算运输层的检验和。

**【5-11】** 某个应用进程使用运输层的用户数据报 UDP，然后继续向下交给 IP 层后，又封装成 IP 数据报。既然都是数据报，是否可以跳过 UDP 而直接交给 IP 层？哪些功能 UDP 提供了但 IP 没有提供？

**解答：** IP 数据报只能找到目的主机而无法找到目的进程。如果应用进程直接把数据交给下面的 IP 层，那么在传送到对方 IP 层后，就只能交付目的主机，但不知道应当交付哪一个应用进程。UDP 提供对应用进程的复用和分用功能，还提供对数据部分的差错检验。这些功能 IP 层没有提供。

**【5-12】** 一个应用程序用 UDP，到了 IP 层把数据报再划分为 4 个数据报片发送出去。结果前两个数据报片丢失，后两个到达目的站。过了一段时间应用程序重传 UDP，而 IP 层仍然划分为 4 个数据报片来传送。结果这次前两个到达目的站而后两个丢失。试问：在目的站能否将这两次传输的 4 个数据报片组装为完整的数据报？假定目的站第一次收到的后两个数据报片仍然保存在目的站的缓存中。

**解答：** 不行。重传时，IP 数据报的标识字段会有另一个标识符。仅当标识符相同时 IP 数据报片才能组装成一个 IP 数据报。前两个 IP 数据报片的标识符与后两个 IP 数据报片的标识符不同，因此不能组装成一个 IP 数据报。

**【5-13】** 一个 UDP 用户数据报的数据字段为 8192 字节。在链路层要使用以太网来传送。试问应当划分为几个 IP 数据报片？说明每一个 IP 数据报片的数据字段长度和片偏移字段的值。

**解答：** UDP 用户数据报的长度 = 8192 + 8 = 8200 B

以太网数据字段最大长度是 1500 B。若 IP 首部为 20 B，则 IP 数据报的数据部分最多只能有 1480 B。8200 = 1480 × 5 + 800，因此划分的数据报片共 6 个。

数据字段的长度：前 5 个是 1480 字节，最后一个是 800 字节。

第 1 个数据报片的片偏移字节是 0。

第 2 个数据报片的片偏移字节是 1480 B。

第 3 个数据报片的片偏移字节是 1480 × 2 = 2960 B。

第 4 个数据报片的片偏移字节是 1480 × 3 = 4440 B。

第 5 个数据报片的片偏移字节是 1480 × 4 = 5920 B。

第 6 个数据报片的片偏移字节是 1480 × 5 = 7400 B。

图 T-5-13 给出了以上结果。

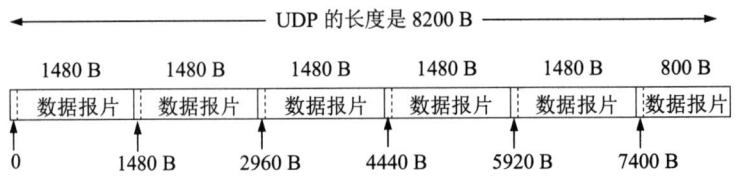

图 T-5-13 分片得出的 6 个数据报片及片偏移字节数

把以上得出的片偏移字节数除以 8，就得出片偏移字段中应当写入的数值。因此片偏移字段的值分别是：0，185，370，555，740 和 925（字节数除以 8）。

【5-14】 一个 UDP 用户数据报的首部的十六进制表示是：06 32 00 45 00 1C E2 17。试求源端口、目的端口、用户数据报的总长度、数据部分长度。这个用户数据报是从客户发送给服务器还是从服务器发送给客户？使用 UDP 的这个服务器程序是什么？

**解答**：把 UDP 首部 8 个字节的数值写成二进制表示的数值，如下所示：

| | |
|---|---|
| 00000110 | 00110010 |
| 00000000 | 01000101 |
| 00000000 | 00011100 |
| 11100010 | 00010111 |

源端口 00000110 00110010，其十进制表示是 1024 + 512 + 32 +16 + 2 = 1586。
目的端口 00000000 01000101，其十进制表示是 64 + 4 +1 = 69。
UDP 用户数据报总长度 00000000 00011100，其十进制表示是 16 + 8 + 4 = 28 字节。
数据部分长度是 UDP 总长度减去首部长度 = 28 – 8 = 20 字节。
此 UDP 用户数据报是从客户发给服务器的（因为目的端口号<1023，是熟知端口）。服务器程序是 TFTP（从教材 5.1.3 节的熟知端口号的表可查出）。

【5-15】 使用 TCP 对实时话音数据的传输会有什么问题？使用 UDP 在传送数据文件时会有什么问题？

**解答**：对实时话音数据的传输是不能使用 TCP 的。这是因为用 TCP 传输话音数据时，只要一出现差错或丢失，TCP 就要重传。这就产生了额外的时延，有时这种时延会很大，使接收方无法容忍。在实时话音通信中，我们宁可丢掉几个分组（这在重放时，还原的话音质量会差一些，但仍然可以听懂），也不愿意收到太迟来到的分组，因为这样会使重放的话音质量严重恶化。虽然 UDP 不保证可靠交付，但 UDP 比 TCP 的开销要小很多。因此只要应用程序接受这样的服务质量就可以使用 UDP。

如果话音数据不是实时播放（边接收边播放），就可以使用 TCP，因为 TCP 传输可靠。接收端用 TCP 将话音数据接收完毕后，可以在以后的任何时间进行播放。但本题目假定是实时话音数据传输，因此必须使用 UDP。

使用 UDP 传送数据文件时，如果出现了差错，UDP 仅仅是少收了这个出错的报文段，并不通知发送方重传。这样就不能保证正确地传送数据。因此在传送数据文件时，我们都是采用

TCP 来传送的。

【5-16】 在停止等待协议中如果不使用编号是否可行？为什么？

**解答：** 在停止等待协议中，如果不使用编号是不可行的。试考虑下面的例子（见图 T-5-16）。

A 发送报文段 $M_1$，B 收到后发送确认（不编号）。但这个确认很晚才传送到 A。A 在没有等到确认时，超时重传了 $M_1$。

B 发送的第一个确认最后到了 A，于是 A 发送下一个报文段 $M_2$，但 $M_2$ 丢失了。

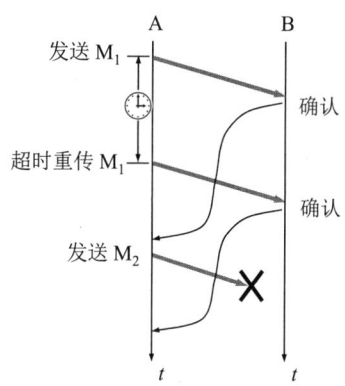

图 T-5-16 不使用编号的例子

B 收到 A 发送的重传的 $M_1$。但 B 并不知道是重传的，因为报文段没有编号。B 无法判断是重传的老报文段，还是新的报文段。B 只能把 A 发送的重传的 $M_1$ 收下，并发送确认。但这个确认使 A 认为是对其发送的 $M_2$ 的确认，于是以为发送的两个报文段 B 都收到了。

这样简单的例子使我们看出，不使用编号，A 以为发送的两个报文段都正确地传送到 B，而实际上 B 收到了两个重复的报文段。可见在停止等待协议中，如果不使用编号是不可行的。

【5-17】 在停止等待协议中，收到重复的报文段时不予理睬（即悄悄地丢弃它而其他什么也不做）是否可行？试举出具体例子说明理由。

**解答：** 不可行。试看图 T-5-17 的例子。

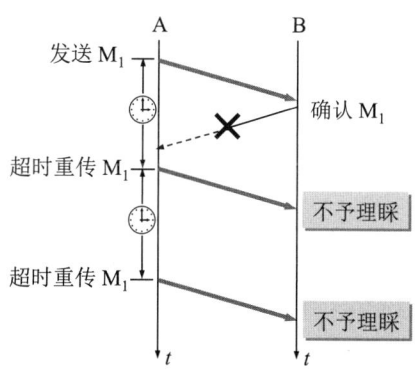

图 T-5-17 收到重复的报文段时不予理睬造成的后果

A 发送报文段 $M_1$，B 收到后发送确认，但这个确认丢失了。

A 超时重传报文段 $M_1$，B 收到后不予理睬。这就导致 A 再次超时重传报文段 $M_1$。

B 收到重复的报文段都不予理睬，A 就一直超时重传报文段 $M_1$。

可见，收到重复的报文段时不予理睬是不行的。

【5-18】假定在运输层使用停止等待协议。发送方在发送报文段 $M_0$ 后在设定的时间内未收到确认，于是重传 $M_0$，但 $M_0$ 又迟迟不能到达接收方。不久，发送方收到了迟到的对 $M_0$ 的确认，于是发送下一个报文段 $M_1$，不久就收到了对 $M_1$ 的确认。接着发送方发送新的报文段 $M_0$，但这个新的 $M_0$ 在传送过程中丢失了。正巧，一开始就滞留在网络中的 $M_0$ 现在到达接收方。接收方无法分辨出 $M_0$ 是旧的。于是收下 $M_0$，并发送确认。显然，接收方后来收到的 $M_0$ 是重复的，协议失败了。

试画出双方交换报文段的过程。

**解答：** 双方交换报文段的过程如图 T-5-18 所示。

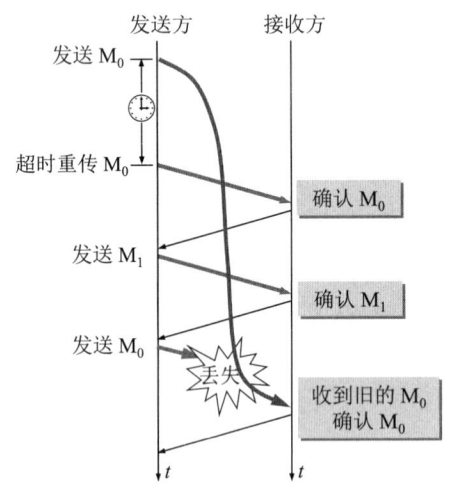

图 T-5-18 在运输层使用停止等待协议

我们可以看出，旧的 $M_0$ 被当成了新的 $M_0$！可见运输层不能使用停止等待协议（编号只有 0 和 1 两种）。

【5-19】试证明：当用 $n$ 比特进行分组编号时，若接收窗口等于 1（即只能按序接收分组），则仅在发送窗口不超过 $2^n - 1$ 时，连续 ARQ 协议才能正确运行。窗口单位是分组。

**解答：** 如图 T-5-19 所示，设发送窗口记为 $W_T$，接收窗口记为 $W_R$。假定用 3 比特进行编号。设接收窗口正好在 7 号分组处（有阴影的分组）。

发送窗口 $W_T$ 的位置不可能比②的位置更靠前。因为接收窗口的位置表明接收方正等待接收 7 号分组，而这时的发送方不可能已经收到了对 7 号分组的确认。因此发送窗口必须包括 7 号分组，也就是不可能比②的位置更靠前（前方就是图的右方）。

发送窗口 $W_T$ 的位置也不可能比③的位置更靠后。因为接收窗口的位置表明接收方已经对 6 号分组（以及以前的分组）发送了确认。如果发送窗口 $W_T$ 的位置再靠后一个分组，即在 6 号分组的左边，那就表明还没有发送 6 号分组。但接收窗口的位置表明接收方已经发送了对 6 号分组的确认。这显然是不可能的。

发送窗口 $W_T$ 的位置可能是某个中间的位置，如①。

对于①和②的情况，在 $W_T$ 的范围内必须无重复序号，即 $W_T \leqslant 2^n$。

对于③的情况，在 $W_T + W_R$ 的范围内无重复序号，即 $W_T + W_R \leqslant 2^n$。

现在 $W_R = 1$，故发送窗口的最大值 $W_T \leqslant 2^n - 1$。

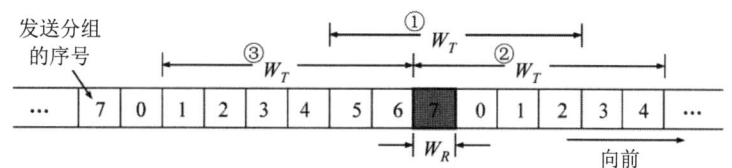

图 T-5-19 发送窗口和接收窗口示意图

【5-20】 在连续 ARQ 协议中，若发送窗口等于 7，则发送端在开始时可连续发送 7 个分组。因此，在每一分组发出后，都要置一个超时计时器。现在计算机里只有一个硬时钟。设这 7 个分组发出的时间分别为 $t_0$, $t_1$, ⋯, $t_6$，且 $t_{out}$ 都一样大。试问如何实现这 7 个超时计时器（这叫软时钟法）？

**解答**：用相对发送时间实现一个链表（见图 T-5-20）。实时时钟的初始时间为 $t_0$，发送了序号为 0 的分组。超时重传的时间设定为 $t_{out}$。当时间到达 $t_0 + t_{out}$ 时，假定没有收到确认，就重传序号为 0 的分组。这时的链表就改变为图中右边的情况。

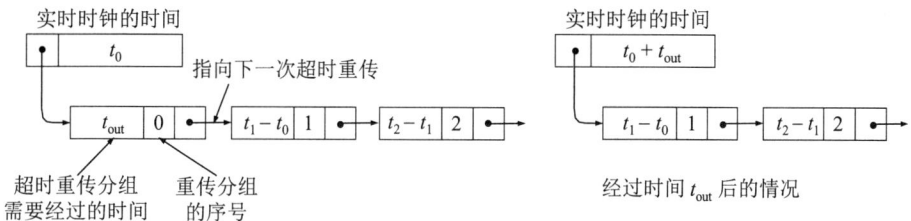

图 T-5-20 实现的链表

【5-21】 假定使用连续 ARQ 协议，发送窗口大小是 3，而序号范围是[0, 15]，而传输媒体保证在接收方能够按序收到分组。在某一时刻，在接收方，下一个期望收到的序号是 5。试问：

(1) 在发送方的发送窗口中可能出现的序号组合有哪些？

(2) 接收方已经发送出的、但仍滞留在网络中（即还未到达发送方）的确认分组可能有哪些？说明这些确认分组是用来确认哪些序号的分组。

**解答**：分别回答如下：

(1) 在接收方，下一个期望收到的序号是 5。这表明序号到 4 为止的分组都已收到。若这些确认都已到达发送方，则发送窗口最靠前，其范围是[5, 7]。

假定所有的确认都丢失了,发送方都没有收到这些确认。这时,发送窗口最靠后,应为[2, 4]。因此,发送窗口可以是[2, 4], [3, 5], [4, 6], [5, 7]中的任何一个。

(2) 接收方期望收到序号 5 的分组,说明序号为 2, 3, 4 的分组都已收到,并且发送了确认。对序号为 1 的分组的确认肯定被发送方收到了,否则发送方不可能发送 4 号分组。可见,对序号为 2, 3, 4 的分组的确认有可能仍滞留在网络中。这些确认是用来确认序号为 2, 3, 4 的分组的。

**【5-22】** 主机 A 向主机 B 发送一个很长的文件,其长度为 $L$ 字节。假定 TCP 使用的 MSS 为 1460 字节。

(1) 在 TCP 的序号不重复使用的条件下,$L$ 的最大值是多少?

(2) 假定使用上面计算出的文件长度,而运输层、网络层和数据链路层所用的首部开销共 66 字节,链路的数据率为 10 Mbit/s,试求这个文件所需的最短传输时间。

**解答**:分别求解如下:

(1) 可能的序号共 $2^{32}$ = 4294967296 个。TCP 的序号是数据字段的每一个字节的编号,而不是每一个报文段的编号。因此,这一小题与报文段的长度无关,即用不到题目给出的 MSS 值。这个文件 $L$ 的最大值就是可能的序号数,即 4294967296 字节。若 1 GB = $2^{30}$ B,则 $L$ 的最大值是 4 GB。

(2) $2^{32}$ / 1460 = 2941758.422,需要发送 2941759 个帧。

帧首部的开销是 66 × 2941759 = 194156094 字节。

发送的总字节数是 = $2^{32}$ + 194156094 = 4489123390 字节。

数据率 10 Mbit/s = 1.25 MB/s = 1250000 字节/秒。

发送 4489123390 字节所需时间为:4489123390 / 1250000 = 3591.3 秒,即 59.85 分,约 1 小时。

**【5-23】** 主机 A 向主机 B 连续发送了两个 TCP 报文段,其序号分别是 70 和 100。试问:

(1) 第一个报文段携带了多少字节的数据?

(2) 主机 B 收到第一个报文段后发回的确认中的确认号应当是多少?

(3) 如果 B 收到第二个报文段后发回的确认中的确认号是 180,试问 A 发送的第二个报文段中的数据有多少字节?

(4) 如果 A 发送的第一个报文段丢失了,但第二个报文段到达了 B。B 在第二个报文段到达后向 A 发送确认。试问这个确认号应为多少?

**解答**:分别求解如下:

(1) 第一个报文段的数据序号是 70 到 99,共 30 字节的数据。

(2) B 期望收到下一个报文段的第一个数据字节的序号是 100,因此确认号应为 100。

(3) A 发送的第二个报文段中的数据的字节数是 180 – 100 = 80 字节。

(4) B 在第二个报文段到达后向 A 发送确认,其确认号应为 70。

**【5-24】** 一个 TCP 连接下面使用 256 kbit/s 的链路,其端到端时延为 128 ms。经测试,发现吞吐量只有 120 kbit/s。试问发送窗口 $W$ 是多少?(提示:可以有两种答案,取决于接收端发出确认的时机。)

**解答:** 设发送窗口 = $W$(bit),再设发送端连续发送完窗口内的数据所需的时间 = $T$。有两种情况:

(a) 接收端在收完一批数据的最后才发出确认,因此发送端经过(256 ms + $T$)后才能发送下一个窗口的数据。

(b) 接收端每收到一个很小的报文段后就发回确认,因此发送端经过比 256 ms 略多一些的时间即可再发送数据。因此每经过 256 ms 就能发送一个窗口的数据。

图 T-5-24 给出了这两种不同情况的图解。

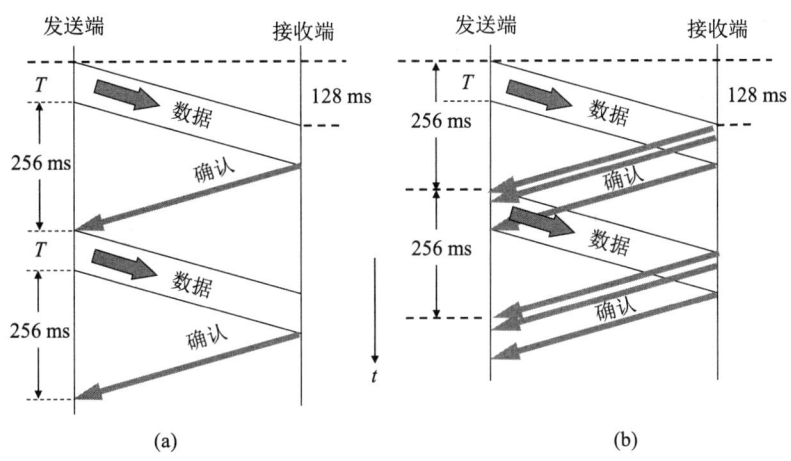

图 T-5-24 两种情况的图解

对于(a):

$$吞吐量 = \frac{W}{\dfrac{W}{256 \text{ kbit/s}} + 256 \text{ ms}} = 120 \text{ kbit/s}$$

$$W/120 = W/256 + 256$$
$$256W = 120W + 256 \times 256 \times 120$$
$$W = 256 \times 256 \times 120 / 136 = 57825.88 \text{ bit} \approx 7228 \text{B}。$$

对于(b):

$$吞吐量 = \frac{W}{256 \text{ ms}} = 120 \text{ kbit/s}$$

$$W = 256 \times 120 = 30720 \text{ bit} = 3840 \text{ B}$$

**【5-25】** 为什么在 TCP 首部中要把 TCP 的端口号放入最开始的 4 个字节?

**解答:** 在 ICMP 的差错报告报文中(见教材的图 4-29)要包含 IP 首部后面的 8 个字节的内容,而这里面有 TCP 首部中的源端口和目的端口。当 TCP 收到 ICMP 差错报告报文时,需要用这两个端口来确定是哪条连接出了差错。

【5-26】为什么在 TCP 首部中有一个首部长度字段,而 UDP 的首部中就没有这个字段?

**解答**:TCP 首部除固定长度部分外,还有选项,因此 TCP 首部长度是可变的。UDP 首部长度是固定的,不需要这个字段。

【5-27】一个 TCP 报文段的数据部分最多为多少字节?为什么?如果用户要传送的数据的字节长度超过 TCP 报文段中的序号字段可能编出的最大序号,问还能否用 TCP 来传送?

**解答**:一个 TCP 报文段的数据部分最多为 65495 字节。数据部分加上 TCP 首部的 20 字节,再加上 IP 首部的 20 字节,正好是 IP 数据报的最大长度 65535 字节。当然,若 IP 首部包含了选项,则 IP 首部长度超过 20 字节,这时 TCP 报文段的数据部分的长度将小于 65495 字节。

如果用户要传送的数据的字节长度超过 TCP 报文段中的序号字段可能编出的最大序号,仍可用 TCP 来传送。编号用完后再重复使用,但应设法保证不出现编号混乱。

【5-28】主机 A 向主机 B 发送 TCP 报文段,首部中的源端口是 $m$ 而目的端口是 $n$。当 B 向 A 发送回信时,其 TCP 报文段的首部中的源端口和目的端口分别是什么?

**解答**:当 B 向 A 发送回信时,其 TCP 报文段首部中的源端口就是 A 发送的 TCP 报文段首部中的目的端口 $n$,而 B 发送的 TCP 报文段首部中的目的端口就是 A 发送的 TCP 报文段首部中的源端口 $m$。

【5-29】在使用 TCP 传送数据时,如果有一个确认报文段丢失了,也不一定会引起与该确认报文段对应的数据的重传。试说明理由。

**解答**:还未重传就收到了对更高序号的确认。

【5-30】设 TCP 使用的最大窗口为 65535 字节,而传输信道不产生差错,带宽也不受限制。若报文段的平均往返时间为 20 ms,问所能得到的最大吞吐量是多少?

**解答**:在发送时延可忽略的情况下,每 20 ms 可发送 65535 × 8 = 524280 bit。

最大数据率 = (524280 bit) / (20 ms) ≈ 26.2 Mbit/s。

【5-31】通信信道带宽为 1 Gbit/s,端到端传播时延为 10 ms。TCP 的发送窗口为 65535 字节。试问:可能达到的最大吞吐量是多少?信道的利用率是多少?

**解答**:发送一个窗口的比特数为 65535 × 8 = 524280 bit。

所需时间为(524280 bit) / (1000000000 bit/s) = 0.524 × 0.001 s = 0.524 ms。

往返时间为 20 ms。

最大吞吐量为(0.524280 Mbit) / (20 ms + 0.524 ms) = (0.524280 Mbit) / (20.524 ms) ≈ 25.5 Mbit/s。

信道利用率为(25.5 Mbit/s) / (1000 Mbit/s) = 2.55%。

【5-32】 什么是 Karn 算法？在 TCP 的重传机制中，若不采用 Karn 算法，而是在收到确认时都认为是对重传报文段的确认，那么由此得出的往返时间样本和重传时间都会偏小。试问：重传时间最后会减小到什么程度？

**解答：** Karn 算法使 TCP 能够区分开有效的和无效的往返时间样本，从而改进了往返时间的估算。

若不采用 Karn 算法，而是在收到确认时都认为是对重传报文段的确认，那么由此得出的往返时间样本和重传时间都会偏小。如图 T-5-32 所示，TCP 发送了报文段后，没有收到确认，于是超时重传报文段。但刚刚重传了报文段后，马上就收到了确认。显然，这个确认是对原来发送的报文段的确认。

但是，根据题意，我们就认为这个确认是对重传的报文段的确认。这样得出的往返时间就会很小。这样的往返时间最后甚至可以减小到很接近于零。

因此，上述的这种做法是不可取的。

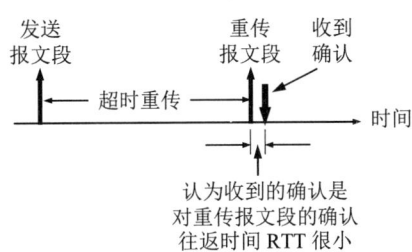

图 T-5-32 认为收到的确认是对重传的报文段的确认

【5-33】 假定 TCP 在开始建立连接时，发送方设定超时重传时间 RTO = 6s。
(1) 当发送方收到对方的连接确认报文段时，测量出 RTT 样本值为 1.5s。试计算现在的 RTO 值。
(2) 当发送方发送数据报文段并收到确认时，测量出 RTT 样本值为 2.5s。试计算现在的 RTO 值。

**解答：** RTO 值计算如下：
(1) 当第一次测量到 RTT 样本时，$RTT_S$ 值就取为这个测量到的 RTT 样本值。
因此，$RTT_S = 1.5$ s。
根据 RFC 2988 的建议，当第一次测量时，$RTT_D$ 值取为测量到的 RTT 样本值的一半。
因此，$RTT_D = (1/2) \times 1.5$ s $= 0.75$ s。
根据教材上的式(5-5)，$RTO = RTT_S + 4 \times RTT_D$
$= 1.5$ s $+ 4 \times 0.75$ s $= 4.5$ s

(2) 新的 RTT 样本 $= 2.5$ s。按 RFC 6298 的规定，应先计算式(5-6)，再计算式(5-4)。
根据式(5-6)，新的 $RTT_D = (1 - \beta) \times ($旧的 $RTT_D) + \beta \times |RTT_S -$ 新的 RTT 样本$|$
$= (1 - 1/4) \times 0.75$ s $+ 1/4 \times |1.5$ s $- 2.5$ s$| = 0.8125$ s
根据式(5-4)，新的 $RTT_S = (1 - \alpha) \times ($旧的 $RTT_S) + \alpha \times ($新的 RTT 样本$)$
$= (1 - 1/8) \times 1.5$ s $+ 1/8 \times 2.5$ s $= 1.625$ s

根据式(5-5)，RTO = $RTT_S$ + 4 × $RTT_D$
= 1.625 s + 4 × 0.8125 s = 4.875 s ≈ 4.88 s

【5-34】已知第一次测得 TCP 的往返时间 RTT 是 30 ms。接着收到了三个确认报文段，用它们测量出的往返时间样本 RTT 分别是：26 ms, 32 ms 和 24 ms。设α = 0.1。试计算每一次新的加权平均往返时间值 $RTT_S$。讨论所得出的结果。

**解答：** 按教材上的式(5-4)：新的 $RTT_S$ = (1 − α) × (旧的 $RTT_S$) + α × (新的 RTT 样本)
第一次算出：$RTT_S$ = (1 − 0.1) × 30 + 0.1 × 26 = 29.6 ms
第二次算出：$RTT_S$ = (1 − 0.1) × 29.6 + 0.1 × 32 = 29.84 ms
第三次算出：$RTT_S$ = (1 − 0.1) × 29.84 + 0.1 × 24 = 29.256 ms
三次算出加权平均往返时间分别为 29.6, 29.84 和 29.256 ms。
可以看出，RTT 的样本值变化多达 20%时((30 − 24)/30 = 6/30 = 1/5 = 20%)，加权平均往返时间 $RTT_S$ 的变化却很小。

【5-35】用 TCP 通过速率为 1 Gbit/s 的链路传送一个 10 MB 的文件。假定链路的往返时间 RTT = 50 ms。TCP 选用了窗口扩大选项，使窗口达到可选用的最大值。在接收端，TCP 的接收窗口为 1 MB（保持不变），而发送端采用拥塞控制算法，从慢开始传送。假定拥塞窗口以分组为单位计算，在一开始发送 1 个分组，而每个分组长度都是 1 KB。假定网络不会发生拥塞和分组丢失，并且发送端发送数据的速率足够快，因此发送时延可以忽略不计，而接收端每一次收完一批分组后就立即发送确认 ACK 分组。

(1) 经过多少个 RTT 后，发送窗口大小达到 1 MB？

(2) 发送端把整个 10 MB 文件传送成功共需要经过多少个 RTT？传送成功是指发送完整个文件，并收到所有的确认。TCP 扩大的窗口够用吗？

(3) 根据整个文件发送成功所花费的时间（包括收到所有的确认），计算此传输链路的有效吞吐率。链路带宽的利用率是多少？

**解答：** (1) 请注意，在本题中，K = 1024 = $2^{10}$，M = 1024 K = $2^{10}$ K = $2^{20}$。
分组长度 = 1 KB = 1024 B = $2^{10}$ B = 1 pkt。
发送窗口大小 = 1 MB = 1024 KB = $2^{10}$ KB = $2^{10}$ pkt

图 T-5-35 最上面的 RTT 坐标上的数字 *i* 表示第 *i* 个 RTT 结束的时刻。例如，数字 1 表示第 1 个 RTT 结束的时刻。在此时刻，收到了对第 1 个分组的确认，于是发送窗口就增大到 2，最下面的数字表示已传送成功的分组数。可以看出，发送窗口大小 = $2^{10}$ KB = 1 MB，发生在第 10 个 RTT 结束时。

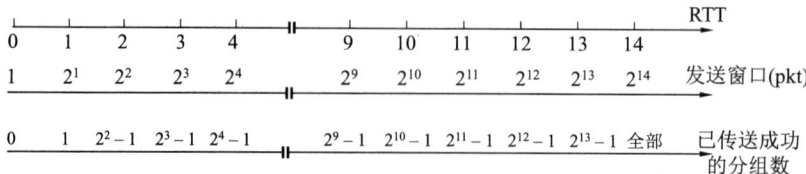

图 T-5-35 发送窗口以及已发分组数与 RTT 的关系

(2) 从图中可看出，当第 10 个 RTT 结束时，已传送成功的分组数是 $2^{10} - 1$ 个分组，正好比 1 MB 少一个分组。一个分组只有 1 KB，可先不考虑。可以这样分析：在第 10 个 RTT 结束时，发送窗口为 1 MB，已传送成功的数据量约为 1 MB（准确的是 1 MB – 1 KB），因此在此基础上，我们还需要再传送 9 MB（实际上还需要再传送 9 MB + 1 KB）。由于每经过一个 RTT，发送窗口就加倍，因此在第 11 个 RTT 结束时，又成功发送了 1 MB。第 12 个 RTT 结束时，又成功发送了 2 MB。第 13 个 RTT 结束时，又成功发送了 4 MB。至此，一共又成功传送了 1 + 2 + 4 = 7 MB。与 9 MB 相比还差 2 MB。因此还要经过一个 RTT。在第 14 个 RTT 开始时把所有剩下的数据 2 MB（实际上是 2 MB + 1 KB）都发送完毕。这样，全部 10 MB 的数据成功发送完毕需要 14 个 RTT。

在第 14 个 RTT 开始时，发送窗口是 $2^{13}$ pkt = $2^{13} \cdot 2^{10}$ = $2^{23}$ B。选用了窗口扩大选项后，窗口的最大值是 $(2^{16} – 1) \times 2^{14}$ B。因此，TCP 扩大的窗口是够用的。

(3) 14 个 RTT 占用的时间是 14 × 50 ms = 700 ms = 0.7 s。
10 MB = $10 \times 2^{20}$ B = $10 \times 2^{20} \times 8$ bit。
有效吞吐率 = $10 \times 2^{20} \times 8$ bit / 0.7 s = $119.8 \times 10^6$ bit/s = 119.8 Mbit/s。
链路带宽的利用率 = 119.8 Mbit/s / 1000 Mbit/s = 11.98%，即可用链路带宽只利用了不到 12%。

【5-36】假定 TCP 采用一种仅使用线性增大和乘法减小的简单拥塞控制算法，而不使用慢开始。发送窗口不采用字节为计算单位，而是使用分组 pkt 为计算单位。在一开始时发送窗口为 1 pkt。假定分组的发送时延非常小，可以忽略不计。所有产生的时延就是传播时延。假定发送窗口总是小于接收窗口。接收端每收到一组分组后，就立即发回确认 ACK。假定分组的编号为 $i$，在一开始发送的是 $i = 1$ 的分组。以后当 $i = 9$，25，30，38 和 50 时，发生了分组的丢失。再假定分组的超时重传时间正好是下一个 RTT 开始的时间。试画出拥塞窗口（也就是发送窗口）与 RTT 的关系曲线，画到发送第 51 个分组为止。

**解答：** 开始时拥塞窗口（发送窗口）为 1 pkt，发送编号为 1 的分组。

当 RTT = 1 时（即第 1 个 RTT 结束时），收到确认，拥塞窗口增大到 2 pkt，发送 2 个分组，其编号为 2 和 3。

当 RTT = 2 时（即第 2 个 RTT 结束时），收到确认，拥塞窗口增大到 3 pkt，发送 3 个分组，其编号为 4～6。

当 RTT = 3 时（即第 3 个 RTT 结束时），收到确认，拥塞窗口增大到 4 pkt，发送 4 个分组，其编号为 7～10。

但在 RTT = 4 时（即第 4 个 RTT 结束时），发送端发现编号为 9 的分组丢失了，没有收到相应的确认。于是这时把拥塞窗口减半，从前面的 4 减到 2。请注意，拥塞窗口的值仅在 RTT 为整数值时才有意义。因为只有在这些时刻，确定了发送端能够发送几个分组。分组一旦发送出去，发送窗口就不再起作用。只有到了下一个 RTT 结束时，发送窗口才再次起作用。

后面分组的发送就不需要更多的解释了，因为图 T-5-36 已经表示得很清楚了。但最后，在 RTT = 18 时，由于编号为 50 的分组丢失，拥塞窗口应减半，从 5 pkt 减小到 2.5 pkt。但分组不能只发送半个，因此实际上拥塞窗口就是 2。如果在图中把拥塞窗口设定为 2.5 pkt，那么在发送时也只能发送 2 个分组。因此在 RTT - 18 时，发送的分组编号是 50 和 51。

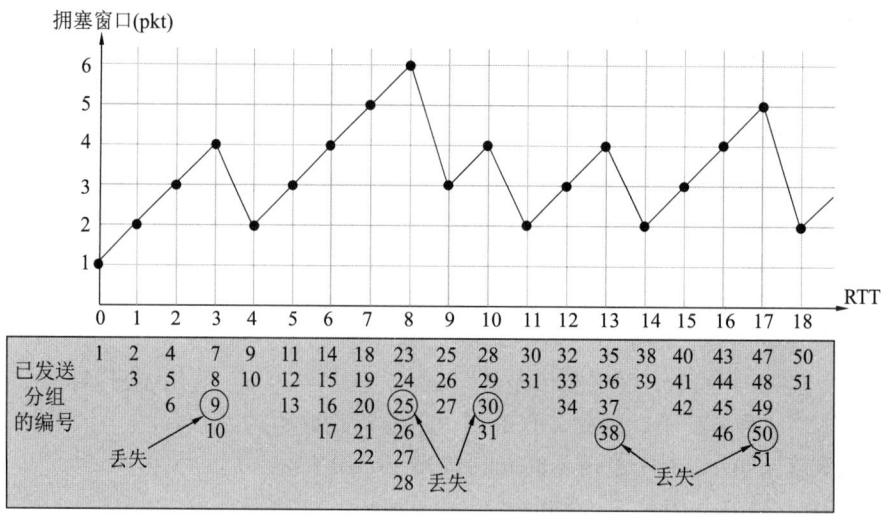

图 T-5-36 拥塞窗口与 RTT 的关系曲线

**【5-37】** 在 TCP 的拥塞控制中，什么是慢开始、拥塞避免、快重传和快恢复算法？这里每一种算法各起什么作用？"乘法减小"和"加法增大"各用在什么情况下？

**解答：** 慢开始算法的思路是这样的：当主机开始发送数据时，如果立即把大量数据字节注入到网络，那么就有可能引起网络拥塞，因为现在并不清楚网络的负荷情况。经验证明，较好的方法是先探测一下，即由小到大逐渐增大发送窗口，也就是说，由小到大逐渐增大拥塞窗口数值。通常在刚刚开始发送报文段时，先把拥塞窗口 cwnd 设置为一个最大报文段 MSS 的数值。而在每收到一个对新的报文段的确认后，把拥塞窗口增加至多一个 MSS 的数值。用这样的方法逐步增大发送方的拥塞窗口 cwnd，可以使分组注入到网络的速率更加合理。使用慢开始算法后，每经过一个 RTT，拥塞窗口 cwnd 就加倍。

为了防止拥塞窗口 cwnd 增长过大引起网络拥塞，还需要设置一个慢开始门限 ssthresh 状态变量。当 cwnd > ssthresh 时，停止使用慢开始算法而改用拥塞避免算法。

拥塞避免算法的思路是让拥塞窗口 cwnd 缓慢地增大，即每经过一个往返时间 RTT 就把发送方的拥塞窗口 cwnd 加 1，而不是加倍。这样，拥塞窗口 cwnd 按线性规律缓慢增长，比慢开始算法的拥塞窗口增长速率缓慢得多。

快重传算法首先要求接收方每收到一个失序的报文段后，就立即发出重复确认（为的是使发送方及早知道有报文段没有到达对方），而不要等待自己发送数据时才进行捎带确认。

快恢复算法，其过程有以下两个要点：

(1) 当发送方连续收到三个重复确认时，就执行"乘法减小"算法，把慢开始门限 ssthresh 减半。这是为了预防网络发生拥塞。请注意，接下去不执行慢开始算法。

(2) 由于发送方现在认为网络**很可能没有发生拥塞**，因此不执行慢开始算法，而是把 cwnd 值设置为慢开始门限 ssthresh 减半后的数值，然后开始执行拥塞避免算法（"加法增大"），使拥塞窗口缓慢地线性增大。

"乘法减小"是指不论在慢开始阶段还是拥塞避免阶段，只要出现超时（即**很可能出现了网络拥塞**），就把慢开始门限值 ssthresh 减半，即设置为当前拥塞窗口的一半（与此同时，执行慢开始算法)。当网络频繁出现拥塞时，ssthresh 值就下降得很快，以大大减少注入到网络中的分组数。

"加法增大"是指执行拥塞避免算法后，使拥塞窗口缓慢增大，以防止网络过早出现拥塞。

【5-38】设 TCP 的 ssthresh 的初始值为 8（单位为报文段）。当拥塞窗口上升到 12 时网络发生了超时，TCP 使用慢开始和拥塞避免。试分别求出 RTT = 1 到 RTT = 15 时的各拥塞窗口大小。你能说明拥塞窗口每一次变化的原因吗？

**解答：**拥塞窗口大小及变化原因见表 T-5-38。

表 T-5-38　15 个 RTT 与拥塞窗口大小及变化原因

| RTT | 拥塞窗口 | 拥塞窗口变化的原因 |
| --- | --- | --- |
| 1 | 1 | 网络发生了超时，TCP 使用慢开始算法 |
| 2 | 2 | 拥塞窗口值加倍 |
| 3 | 4 | 拥塞窗口值加倍 |
| 4 | 8 | 拥塞窗口值加倍，这是 ssthresh 的初始值 |
| 5 | 9 | TCP 使用拥塞避免算法，拥塞窗口值加 1 |
| 6 | 10 | TCP 使用拥塞避免算法，拥塞窗口值加 1 |
| 7 | 11 | TCP 使用拥塞避免算法，拥塞窗口值加 1 |
| 8 | 12 | TCP 使用拥塞避免算法，拥塞窗口值加 1 |
| 9 | 1 | 网络发生了超时，TCP 使用慢开始算法 |
| 10 | 2 | 拥塞窗口值加倍 |
| 11 | 4 | 拥塞窗口值加倍 |
| 12 | 6 | 拥塞窗口值加倍，但到达 12 的一半时，改为拥塞避免算法 |
| 13 | 7 | TCP 使用拥塞避免算法，拥塞窗口值加 1 |
| 14 | 8 | TCP 使用拥塞避免算法，拥塞窗口值加 1 |
| 15 | 9 | TCP 使用拥塞避免算法，拥塞窗口值加 1 |

【5-39】TCP 的拥塞窗口 cwnd 大小与 RTT 的关系如表 T-5-39 所示。

表 T-5-39　拥塞窗口 cwnd 大小与 RTT 的关系

| cwnd | 1 | 2 | 4 | 8 | 16 | 32 | 33 | 34 | 35 | 36 | 37 | 38 | 39 |
| --- | --- | --- | --- | --- | --- | --- | --- | --- | --- | --- | --- | --- | --- |
| RTT | 1 | 2 | 3 | 4 | 5 | 6 | 7 | 8 | 9 | 10 | 11 | 12 | 13 |
| cwnd | 40 | 41 | 42 | 21 | 22 | 23 | 24 | 25 | 26 | 1 | 2 | 4 | 8 |
| RTT | 14 | 15 | 16 | 17 | 18 | 19 | 20 | 21 | 22 | 23 | 24 | 25 | 26 |

(1) 试画出如教材的图 5-25 所示的拥塞窗口与 RTT 的关系曲线。

(2) 指明 TCP 工作在慢开始阶段的时间间隔。

(3) 指明 TCP 工作在拥塞避免阶段的时间间隔。

(4) 在 RTT= 16 和 RTT = 22 之后发送方是通过收到三个重复的确认还是通过超时检测到丢失了报文段？

(5) 在 RTT= 1，RTT = 17 和 RTT = 23 时，门限 ssthresh 分别被设置为多大？

(6) 在 RTT 等于多少时发送出第 70 个报文段？

(7) 假定在 RTT = 26 之后收到了三个重复的确认，因而检测出了报文段的丢失，那么拥塞窗口 cwnd 和门限 ssthresh 应设置为多大？

**解答：**

(1) 拥塞窗口与 RTT 的关系曲线如图 T-5-39 所示。

(2) 慢开始时间间隔：[RTT = 1, RTT = 6] 和 [RTT = 23, RTT = 26]。

(3) 拥塞避免时间间隔：[RTT = 6, RTT = 16] 和 [RTT = 17, RTT = 22]。

(4) 在 RTT = 16 之后发送方通过收到三个重复的确认检测到丢失了报文段，因为题目给出，下一个 RTT 的拥塞窗口减半了。

在 RTT = 22 之后发送方通过超时检测到丢失了报文段，因为题目给出，下一个 RTT 的拥塞窗口下降到 1 了。

(5) 在 RTT = 1 时，门限 ssthresh 被设置为 32，因此从 RTT = 6 起，就进入了拥塞避免状态，每经过一个 RTT，拥塞窗口就加 1。

在 RTT = 17 时，门限 ssthresh 被设置为当前拥塞窗口 42 的一半，即 21。

在 RTT = 23 时，门限 ssthresh 被设置为发生拥塞时拥塞窗口 26 的一半，即 13。

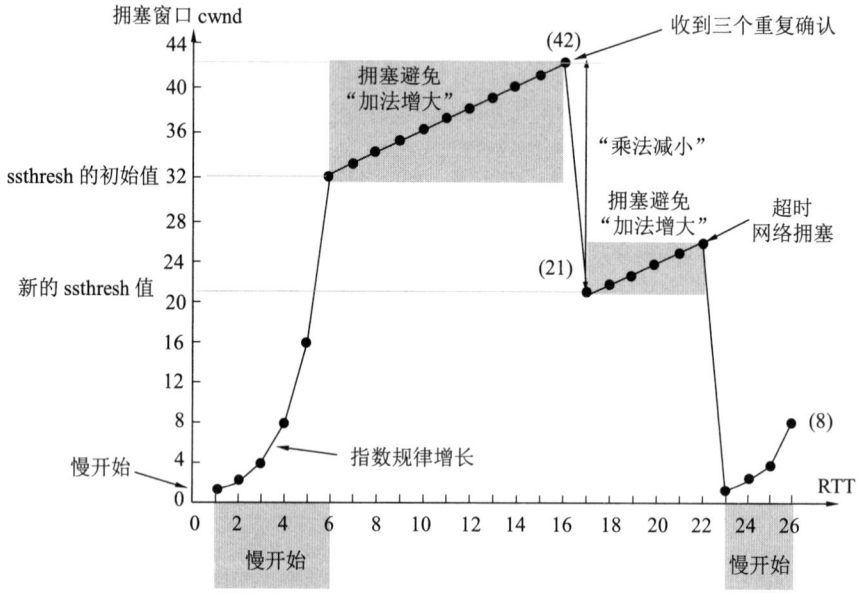

图 T-5-39 拥塞窗口与传输 RTT 的关系曲线

(6) RTT = 1 时，发送报文段 1。（cwnd = 1）
RTT = 2 时，发送报文段 2, 3。（cwnd = 2）
RTT = 3 时，发送报文段 4 ~ 7。（cwnd = 4）
RTT = 4 时，发送报文段 8 ~ 15。（cwnd = 8）
RTT = 5 时，发送报文段 16 ~ 31。（cwnd = 16）
RTT = 6 时，发送报文段 32 ~ 63。（cwnd = 32）
RTT = 7 时，发送报文段 64 ~ 94。（cwnd = 33）

因此，第 70 报文段在 RTT = 7 时发送出。

(7) 检测出报文段丢失时，拥塞窗口 cwnd 是 8，因此拥塞窗口 cwnd 的数值应当减半，等于 4，而门限 ssthresh 应设置为检测出报文段丢失时拥塞窗口 8 的一半，即 4。

请注意，只有当 RTT 为整数值时，图 T-5-39 的曲线才有意义。图中圆点之间的连线只是为了便于我们观察拥塞窗口的变化。例如，当 RTT = 3 时，cwnd = 32。当 RTT = 4 时，cwnd = 8。但是当 RTT 为 3~4 之间的任何值时，cwnd 是多少我们都无法得知。

【5-40】 TCP 在进行拥塞控制时，以分组的丢失作为产生拥塞的标志。有没有不是因拥塞而引起分组丢失的情况？如有，请举出三种情况。

**解答**：不是因拥塞而引起分组丢失的情况是有的，举例如下。

第一种情况：当 IP 数据报在传输过程中需要分片时，但其中的一个数据报片未能及时到达终点，而终点组装 IP 数据报已超时，因而只能丢弃该数据报。

第二种情况：IP 数据报已经到达终点，但终点的缓存没有足够的空间存放此数据报。

第三种情况：数据报在转发过程中经过一个局域网的网桥，但网桥在转发该数据报的帧时没有足够的存储空间而只好丢弃。

【5-41】 用 TCP 传送 512 字节的数据。设窗口为 100 字节，而 TCP 报文段每次也是传送 100 字节的数据。再设发送方和接收方的起始序号分别选为 100 和 200，试画出类似于教材图 5-28 的工作示意图。从连接建立阶段到连接释放都要画上（可不考虑传播时延）。

**解答**：要传送的 512 B 数据必须划分为 6 个报文段传送，前 5 个报文段各 100 B，最后一个报文段传送 12 B。图 T-5-41 是双方交互的示意图。下面进行简单的解释。

<u>报文段#1</u>：A 发起主动打开，发送 SYN 报文段，处于 SYN-SENT 状态，并选择初始序号 seq = 100。B 处于 LISTEN 状态。

<u>报文段#2</u>：B 确认 A 的 SYN 报文段，因此 ack = 101（是 A 的初始序号加 1）。B 选择初始序号 seq = 200。B 进入到 SYN-RCVD 状态。

<u>报文段#3</u>：A 发送 ACK 报文段来确认报文段#2，ack = 201（是 B 的初始序号加 1）。A 没有在这个报文段中放入数据。因为 SYN 报文段#1 消耗了一个序号，因此报文段#3 的序号是 seq = 101。这样，A 和 B 都进入了 ESTABLISHED 状态。

<u>报文段#4</u>：A 发送 100 字节的数据。报文段#3 是确认报文段，没有数据发送，报文段#3 并不消耗序号，因此报文段#4 的序号仍然是 seq = 101。A 在发送数据的同时，还确认 B 的报文段#2，因此 ack = 201。

<u>报文段#5</u>：B 确认 A 的报文段#4。由于收到了从序号 101 到 200 共 100 字节的数据，因此在报文段#5 中，ack = 201（所期望收到的下一个数据字节的序号）。B 发送的 SYN 报文段#2 消耗了一个序号，因此报文段#5 的序号是 seq = 201，比报文段#2 的序号多了一个序号。在这个报文段中，B 给出了接收窗口 rwnd = 100。

从报文段#6 到报文段#13 都不需要更多的解释。到此为止，A 已经传送了 500 字节的数据。值得注意的是，B 发送的所有确认报文段都不消耗序号，其序号都是 seq = 201。

<u>报文段#14</u>：A 发送最后 12 字节的数据，报文段#14 的序号是 seq = 601。

<u>报文段#15</u>：B 发送对报文段#14 的确认。B 收到从序号 601 到 612 共 12 字节的数据。因此报文段#15 的确认号是 ack = 613（所期望收到的下一个数据字节的序号）。

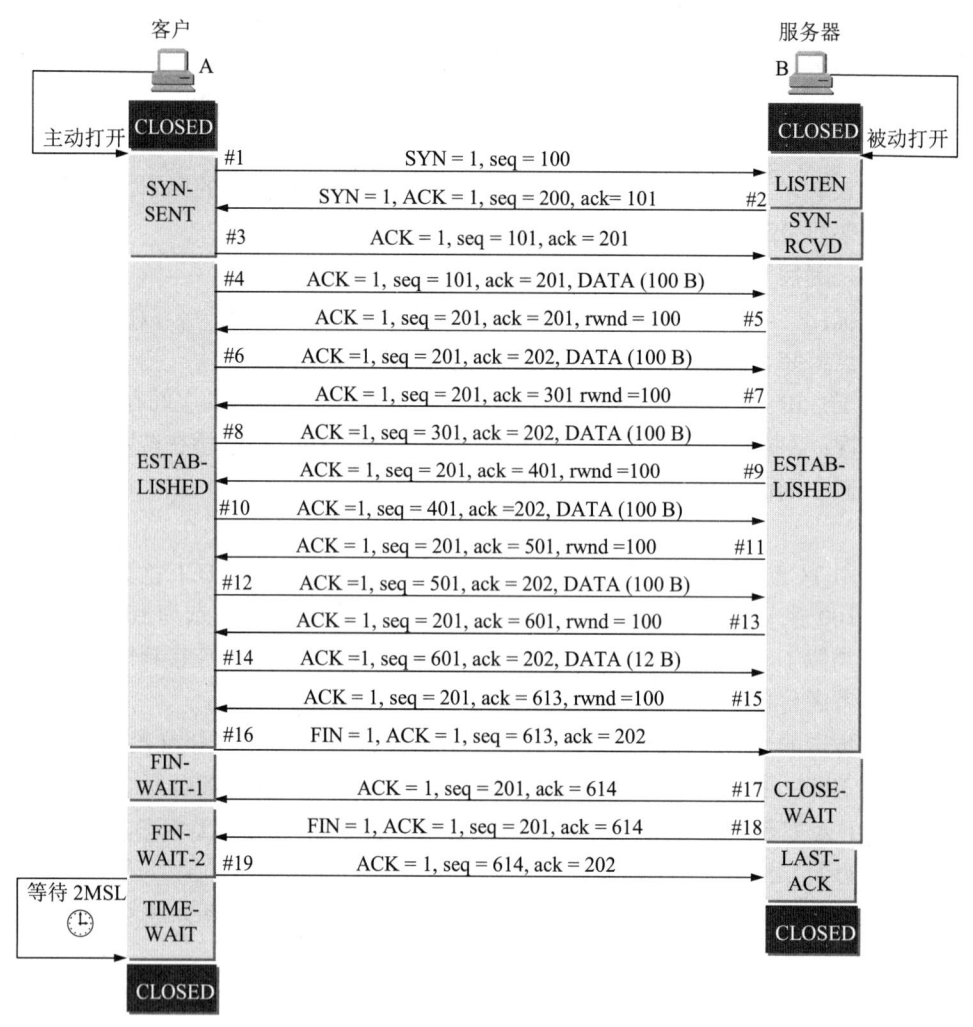

图 T-5-41 从连接建立到连接释放的全过程

需要注意的是，从报文段#5 一直到报文段#15，B 一共发送了 6 个确认，都不消耗序号，因此 B 发送的报文段#15 的序号仍然和报文段#5 的序号一样，即 seq = 201。

<u>报文段#16</u>：A 发送 FIN 报文段。前面所发送的数据报文段#14 已经用掉了序号 601 到 612，因此报文段#16 的序号是 seq = 613。A 进入 FIN-WAIT-1 状态。报文段#16 的确认号 ack = 202。

<u>报文段#17</u>：B 发送确认报文段，确认号 ack = 614，进入 CLOSE-WAIT 状态。由于确认报文段不消耗序号，因此报文段#17 的序号仍然和报文段#15 的一样，即 seq = 201。

<u>报文段#18</u>：B 没有数据要发送，就发送 FIN 报文段#18，其序号仍然是 seq = 201。这个 FIN 报文段会消耗一个序号。

<u>报文段#19</u>：A 发送最后的确认报文段。报文段#16 的序号是 613，已经消耗掉了。因此现在的序号是 seq = 614。但这个确认报文段并不消耗序号。

其他的地方不再需要更多的解释了。

【5-42】 在教材的图 5-29 中所示的连接释放过程中，在 ESTABLISHED 状态下，B 能否先不发送 ack = u + 1 的确认？（因为后面要发送的连接释放报文段中仍有 ack = u + 1 这一信息。）

**解答**：如果 B 不再发送数据了，可以把两个报文段合并成为一个，即只发送 FIN + ACK 报文段。但如果 B 还有数据要发送，那就不行，因为 A 迟迟收不到确认，就会以为刚才发送的 FIN 报文段丢失了，所以就超时重传这个 FIN 报文段，造成网络资源浪费。

【5-43】 在教材的图 5-30 中，在什么情况下会发生从状态 SYN-SENT 到状态 SYN-RCVD 的变迁？

**解答**：当 A 和 B 都作为客户时，即同时主动打开 TCP 连接时。这时每一方的状态变迁都是：

CLOSED → SYN-SENT → SYN-RCVD → ESTABLISHED

【5-44】 试以具体例子说明为什么一个运输连接可以有多种方式释放。可以设两个互相通信的用户分别连接在网络的两个节点上。

**解答**：设 A 是客户，B 是服务器。A 和 B 建立了 TCP 连接后，A 向 B 传送一个文件，当 A 收到来自 B 的确认后，文件的传送任务就完成了。A 就释放 TCP 连接，B 也随之释放 TCP 连接。这就是最简单的一种连接释放方法。

但也可以有另一种情况。A 发送一个文件，里面含有一些数据，需要 B 进行修改。B 收到文件后就发送了确认。A 收到确认报文段后，就可以释放 TCP 连接，因为 A 已经没有数据要向 B 发送了，可以向 B 发送 FIN 报文段，然后 B 给出确认。这时的 TCP 连接就处于半关闭状态。A 不能再发送数据了，但 B 可以发送数据。等 B 向 A 发送完修改后的数据，B 再向 A 发送 FIN 报文段，A 确认后，TCP 连接就释放了。这就是另一种连接释放的方法。

【5-45】 解释为什么突然释放运输连接就可能会丢失用户数据，而使用 TCP 的连接释放方法就可保证不丢失数据。

**解答**：我们假定 A 和 B 之间建立了 TCP 连接，并且已经交换了一些数据。

现在 A 应当发送的数据都已经发送完毕了。如果 A 现在突然把 TCP 连接释放掉，那么有可能出现这种情况：A 发送给 B 的某些报文段正在网络中传送，但因某种原因，报文段丢失了。A 以为 B 应当收到 A 所发送的全部报文段，但事实上，有些报文段 B 没有收到。这就是题目所说的"可能会丢失用户数据"。

我们再假定：A 已经收到了来自 B 的确认，B 向 A 确认已经收到了 A 所发送的全部数据。如果 A 现在突然把 TCP 连接释放掉，那么 A 发送给 B 的数据是不可能丢失了，因为 B 已经确认收到了 A 所发送的全部数据。现在可能会丢失的是 B 要向 A 发送的一些数据（如果 B 还有这样的数据），因为 TCP 连接已经突然释放了。

因此，必须使用 TCP 的连接释放，这样就可保证不丢失数据。

【5-46】 试用具体例子说明为什么在运输连接建立时要使用三报文握手。说明如不这样做可能会出现什么情况。

**解答：** 图 T-5-46 给出了一个例子。

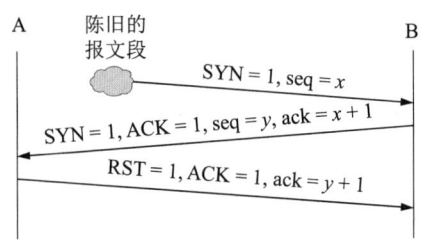

图 T-5-46 陈旧的 SYN 报文段的出现

在上一个 TCP 连接中，A 向 B 发送的连接请求 SYN 报文段滞留在网络中的某处。于是 A 超时重传，与 B 建立了 TCP 连接，交换了数据，最后也释放了 TCP 连接。

但滞留在网络中某处的陈旧的 SYN 报文段，现在突然传送到 B 了。如果不使用三报文握手，那么 B 就以为 A 现在请求建立 TCP 连接，于是就分配资源，等待 A 传送数据。但 A 并没有想要建立 TCP 连接，也不会向 B 传送数据。B 就白白等待着 A 发送数据。

如果使用三报文握手，那么 B 在收到 A 发送的陈旧的 SYN 报文段后，就向 A 发送 SYN 报文段，选择自己的序号 seq = y，并确认收到 A 的 SYN 报文段，其确认号 ack = x + 1。当 A 收到 B 的 SYN 报文段时，从确认号就可得知不应当理睬这个 SYN 报文段（因为 A 现在并没有发送 seq = x 的 SYN 报文段）。这时，A 发送复位报文段。在这个报文段中，RST = 1，ACK = 1，其确认号 ack = y + 1。我们注意到，虽然 A 拒绝了 TCP 连接的建立（发送了复位报文段），但对 B 发送的 SYN 报文段还是确认收到了。

B 收到 A 的 RST 报文段后，就知道不能建立 TCP 连接，不会等待 A 发送数据了。

【5-47】 一个客户向服务器请求建立 TCP 连接。客户在 TCP 连接建立的三报文握手中的最后一个报文段中捎带上一些数据，请求服务器发送一个长度为 $L$ 字节的文件。假定：

(1) 客户和服务器之间的数据传送速率是 $R$ 字节/秒，客户与服务器之间的往返时间是 RTT（固定值）。
(2) 服务器发送的 TCP 报文段的长度都是 $M$ 字节，而发送窗口大小是 $nM$ 字节。
(3) 所有传送的报文段都不会出现差错（无重传），客户收到服务器发来的报文段后就及时发送确认。
(4) 所有的协议首部开销都可忽略，所有确认报文段和连接建立阶段的报文段的长度都可忽略（即忽略这些报文段的传输时间）。

试证明，从客户开始发起连接建立到接收服务器发送的整个文件所需的时间 $T$ 是：

$$T = 2\,\text{RTT} + L/R \qquad \text{当 } nM > R\,(\text{RTT}) + M \text{ 时，}$$

或 $\quad T = 2\,\text{RTT} + L/R + (K-1)[M/R + \text{RTT} - nM/R] \qquad \text{当 } nM < R\,(\text{RTT}) + M \text{ 时。}$

其中，$K = \lceil L/nM \rceil$，符号 $\lceil x \rceil$ 表示若 $x$ 不是整数，则把 $x$ 的整数部分加 1。

（提示：求证的第一个等式发生在发送窗口较大的情况下，可以连续把文件发送完。求证的第二个等式发生在发送窗口较小的情况下，发送几个报文段后就必须停顿下来，等收到确认后再继续发送。建议先画出双方交互的时间图，然后再进行推导。）

**解答：**

(a) 先看图 T-5-47(a)。

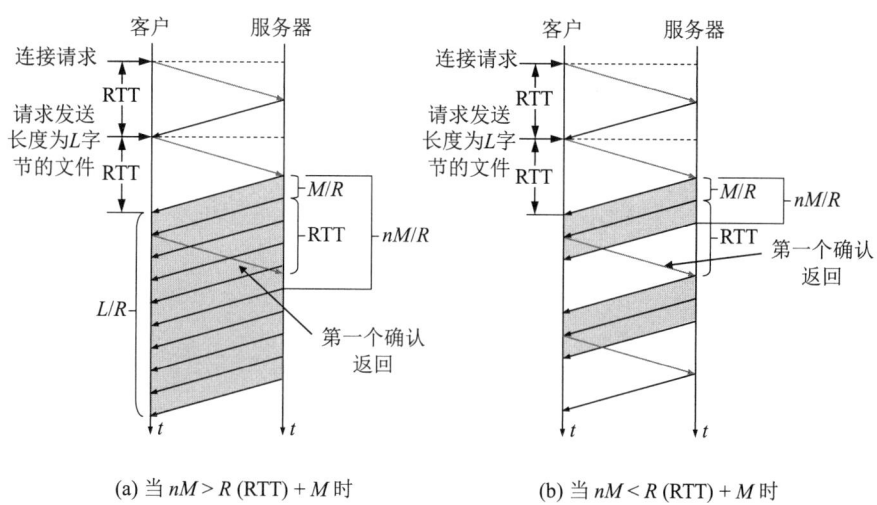

(a) 当 $nM > R(\text{RTT}) + M$ 时  　　(b) 当 $nM < R(\text{RTT}) + M$ 时

图 T-5-47　请求发送文件和接收文件的过程

$M/R$ 是一个报文段的发送时间（一个报文段的长度除以数据率）。

$nM$ 是窗口大小，$nM/R$ 是把窗口内的数据都发送完所需的时间。

如果 $nM/R > M/R + \text{RTT}$，那么服务器在发送窗口内的数据还没有发送完时就收到客户的确认，因此，服务器可以连续发送，直到全部数据发送完毕。

这个不等式两边都乘以 R，就得出等效的条件：

当 $nM > R(\text{RTT}) + M$ 时，发送窗口内的数据还没有发送完就收到确认，因此，服务器可以连续发送，直到全部数据发送完毕。

因此，客户接收全部数据所需的时间是：

$T = 2\,\text{RTT} + L/R$ 　　当 $nM > R(\text{RTT}) + M$ 时

(b) 当 $nM < R(\text{RTT}) + M$ 时，服务器把发送窗口内的数据发送完毕时还收不到确认，因此必须停止发送。从图 T-5-47(b)可看出，停止的时间间隔是 $M/R + \text{RTT} - nM/R$。

整个文件的 $L$ 字节要分为 $K = \lceil L/nM \rceil$ 次传送，停止的时间间隔有 $(K-1)$ 个。这样就证明了求证的公式：

$T = 2\,\text{RTT} + L/R + (K-1)[M/R + \text{RTT} - nM/R]$ 　　当 $nM < R(\text{RTT}) + M$ 时

【5-48】网络允许的最大报文段长度为 128 字节，序号用 8 位表示，报文段在网络中的寿命为 30 秒。求发送报文段的一方所能达到的最高数据率。

**解答：** 根据题意，本题应当有以下的一些假定。

(1) 本题不使用 TCP 协议，因为序号字段是 8 位，而不是 TCP 的 32 位。

(2) 既然不使用 TCP 协议，当然也不使用 TCP 协议的首部。现在的报文段的首部是什么样子，和我们解题没有关系，我们不必管它。我们只需要知道的是，现在的报文段的首部中有一个序号字段。

(3) 显然，现在不是给报文中的每一个字节编上序号，而是给每一个报文编一个序号。

(4) 报文段的传送应当使用滑动窗口协议（而不是停止等待协议），这样可得到较高的效率。

我们知道，在使用滑动窗口协议时，在没有收到确认的情况下，8 位的序号字段可连续发送 255 个序号（$2^n - 1$）的报文段。

这样，一共可发送的比特数是：$255 \times 128 \times 8 = 261120$ bit。

算出发送报文段的一方所能达到的最高数据率是：

(261120 bit) / (30 s) = 8704 bit/s = 8.704 kbit/s。

【5-49】下面是以十六进制格式存储的一个 UDP 首部：

CB84000D001C001C

试问：

(1) 源端口号是什么？

(2) 目的端口号是什么？

(3) 这个用户数据报的总长度是多少？

(4) 数据长度是多少？

(5) 这个分组是从客户到服务器方向的，还是从服务器到客户方向的？

(6) 客户进程是什么？

**解答**：分别回答如下：

(1) 源端口号是最前面的四位十六进制数字（$CB84_{16}$），算出十进制的源端口号是

$12 \times 16^3 + 11 \times 16^2 + 8 \times 16^1 + 4 \times 16^0 = 49152 + 2816 + 128 + 4 = 52100$。

(2) 目的端口号是第二个四位十六进制数字（$000D_{16}$），算出十进制的目的端口号是 13。

(3) 第三个四位十六进制数字（$001C_{16}$）定义了整个 UDP 分组的长度，转换成十进制数是

$1 \times 16^1 + 12 \times 16^0 = 28$ 字节。

(4) 数据的长度是整个分组的长度减去首部的长度，也就是 $28 - 8 = 20$ 字节。

(5) 因为目的端口号是 13（熟知端口），所以这个分组是从客户到服务器的。

(6) 从 RFC 867 可以得知，这个客户进程是 Daytime。当 Daytime 服务器收到客户发送的 UDP 用户数据报后，就把现在的日期和时间以 ASCII 码字符串的形式返回给客户。

【5-50】把教材上的图 5-6 计算 UDP 检验和的例子自己具体演算一下，看是否能够得出书上的计算结果。

**解答**：把教材上的图 5-6 重新画在这里，便于参考（现在是图 T-5-50）。

可以使用两种方法进行二进制反码求和的运算。一种方法是把这 14 行的 16 位数据一起从低位到高位逐位相加。另一种方法是把这 14 行的 16 位数据两行两行地相加（即二进制反码求和）。

我们这里使用后一种方法，这要相加 13 次。

第 1 行和第 2 行相加，得 10100001 01111011。

再和第 3 行相加，得 1 01001100 01111110。请注意，最左边（最高位）的 1 是进位得到的 1，要和最低位相加。因此和第 3 行相加后，得 01001100 01111111。最低位的 1 就是由最高位的进位得到的。这叫作"回卷"。

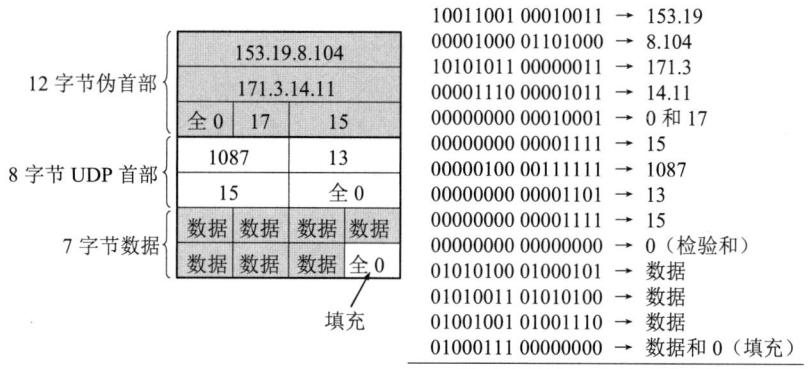

图 T-5-50　教材上的图 5-6

再和第 4 行相加，得 01011010 10001010。
再和第 5 行相加，得 01011010 10011011。
再和第 6 行相加，得 01011010 10101010。
再和第 7 行相加，得 01011110 11101001。
再和第 8 行相加，得 01011110 11110110。
再和第 9 行相加，得 01011111 00000101。
第 10 行是全 0，不用再计算。
再和第 11 行相加，得 10110011 01001010。
再和第 12 行相加，得 00000110 10011111。这里最低位的 1 是由最高位的进位回卷得到的。
再和第 13 行相加，得 01001111 11101101。
再和第 14 行相加，得 10010110 11101101。这就是二进制反码求和的结果。把这个结果求反码（1 换成 0 而 0 换成 1），得出：01101001 00010010。这就是应当写在检验和字段的数。和书上给出的结果是一样的。

UDP 用户数据报传送到接收端后，再进行检验和计算。这就是把收到的 UDP 用户数据报连同伪首部（以及可能的填充全零字节）一起，按二进制反码求这些 16 位字的和。当无差错时其结果应为全 1。否则，就表明有差错出现，接收方应丢弃这个 UDP 用户数据报（也可以上交给应用层，但附上出现了差错的警告）。

**【5-51】** 在以下几种情况下，UDP 的检验和在发送时的数值分别是多少？
(1) 发送方决定不使用检验和。
(2) 发送方使用检验和，检验和的数值是全 1。
(3) 发送方使用检验和，检验和的数值是全 0。

**解答：**
(1) UDP 规定，UDP 的上层用户可以关闭检验和的计算（即在 UDP 的传送过程中，不使用检验和这个检错功能）。这样做的好处是可以提高 UDP 的传送速度(但要牺牲一些可靠性)。如果发送方决定不使用检验和，那么发送方的检验和的值应当置为全 0。这表示这个数值不是计算出来的,而是发送方关闭了检验和这个功能。

(2) 如果发送方使用检验和,但检验和的数值是全 1。

我们可以想一想,怎么会出现这种情况。如果计算检验和最后的结果是全 1,就表明得出这个结果的前一个步骤(即进行二进制反码求和)的结果是全 0。在什么情况下,伪首部和整个 UDP 按 16 位字进行二进制反码求和的结果是全 0?这就是伪首部和整个 UDP 的所有字段都是 0。但很明显,这是不可能的。所有的地址和数据都是 0,还有什么意义?不要以为两个 1 相加就是 0。不对。两个 1 相加按二进制反码求和的结果是 1 0。这里的 1 是进位。因此按照计算检验和的规矩来计算,对真实的 UDP 用户数据报不可能得出检验和的数值是全 1。

但是,计算检验和时的倒数第二步,即按二进制反码求和的结果却有可能是全 1。在这种情况下,最后一步求反码,就会得出检验和是全 0。但是前面我们已经讲过,检验和置为全 0 表示发送方不使用检验和。这样就产生了疑问:如果检验和是全 0,是发送方不使用检验和还是使用了检验和但检验和碰巧是全 0?无法确定。于是 UDP 协议就规定:如果计算检验和的结果刚好是全 0,那么就把它人为地置为全 1。因为前面已经讲过,全 1 的检验和是不可能由计算产生出来的。因此接收方一旦收到检验和是全 1 的 UDP 用户数据报,就知道这是人为的,真正的检验和其实是全 0。

(3) 发送方使用检验和,检验和的数值是全 0。

前面已经讲过,这是不可能的。如果发送方计算出来的检验和是全 0,那也要把它变成全 1 后再发送出去。

【5-52】 UDP 和 IP 的不可靠程度是否相同?请加以解释。

**解答**:UDP 和 IP 都是无连接的协议和不可靠传输的协议。UDP 用户数据报和 IP 数据报的首部都有检验和字段。当检验出有差错时,就把收到的 UDP 用户数据报或 IP 数据报丢弃。这是它们的相同之处。

但 UDP 和 IP 的可靠性是有些区别的。UDP 用户数据报的检验和既检验 UDP 用户数据报的首部又检验整个的 UDP 用户数据报的数据部分,而 IP 数据报的检验和仅仅检验 IP 数据报的首部。UDP 用户数据报的检验和还增加了伪首部,即还检验了下面的 IP 数据报的源 IP 地址和目的 IP 地址。

【5-53】 UDP 用户数据报的最小长度是多少?用最小长度的 UDP 用户数据报构成的最短 IP 数据报的长度是多少?

**解答**:UDP 用户数据报的最小长度是 8 字节,即仅有首部而没有数据。用最小长度的 UDP 用户数据报构成的最短 IP 数据报的长度是 28 字节。此 IP 数据报具有 20 字节的固定首部,首部中没有可选字段。

【5-54】 某客户使用 UDP 将数据发送给一个服务器,数据共 16 字节。试计算在运输层的传输效率(有用字节与总字节之比)。

**解答**:UDP 用户数据报的总长度 $= 8 + 16 = 24$ 字节。

因此,在运输层的传输效率 $= 16 / 24 = 0.667$。

【5-55】 重做习题 5-54,但在 IP 层计算传输效率。假定 IP 首部无选项。

**解答**：IP 数据报的总长度 = 20 + 24 = 44 字节。

因此，在 IP 层的传输效率 = 16 / 44 = 0.364。

【5-56】 重做习题 5-54，但在数据链路层计算传输效率。假定 IP 首部无选项，在数据链路层使用以太网。

**解答**：以太网有 14 字节的首部、4 字节的尾部（FCS 字段）。但其数据字段的最小长度是 46 字节，而我们的 IP 数据报仅有 44 字节，因此还必须加上 2 字节的填充。这样，以太网的总长度 = 14 + 4 + 2 + 44 = 64 字节。

因此，在数据链路层的传输效率 = 16 / 64 = 0.25。

如果再考虑到发送以太网的帧之前还有 8 字节的前同步码。把这 8 字节计入后，在数据链路层的传输效率 = 16 / 72 = 0.222。

【5-57】 某客户有 67000 字节的分组。试说明怎样使用 UDP 数据报传送这个分组。

**解答**：一个 UDP 用户数据报的最大长度是 65535 字节。现在的长度超过了这个限度，因此不能使用一个 UDP 用户数据报来传送，必须进行分割（例如，分割成为两个 UDP 用户数据报），使其长度不超过以上的限度。

【5-58】 TCP 在 4:30:20（即 4 点 30 分 20 秒）时发送了一个报文段。由于没有收到确认，因此在 4:30:25 时重传了前面这个报文段，并在 4:30:27 时收到确认。若以前的 RTT 值是 4 秒，根据 Karn 算法，新的 RTT 值是多少？

**解答**：根据 Karn 算法，只要是 TCP 报文段重传了，就不采用其往返时间样本。本题中收到的确认是在重传后收到的，因此 RTT 值没有变化，仍然是以前的数值（4 秒）。

【5-59】 TCP 连接使用 1000 字节的窗口值，而上一次的确认号是 22001。现在收到了一个报文段，确认号是 22401。试用图来说明在这之前与之后的窗口情况。

**解答**：在这之前与之后的窗口情况如图 T-5-59 所示。

这里要注意的是，发送窗口为 1000 字节，窗口里面的序号也正好是 1000 个。号码小的在后面，即在图的左方。另外一点要注意的是，发送方收到的确认号表示接收方期望能够收到的序号，也就是发送方要发送的序号。这个序号应当在发送窗口的最前面（最右方）。

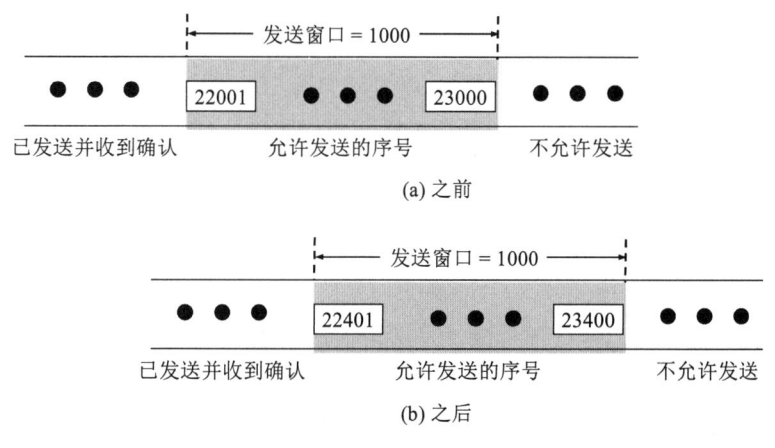

图 T-5-59　发送窗口的变化

【5-60】 同上题。但发送方收到确认号是 22401 的报文段时,其窗口字段变为 1200 字节。试用图来说明在这之前与之后的窗口情况。

**解答**:在这之前与之后的窗口情况如图 T-5-60 所示。

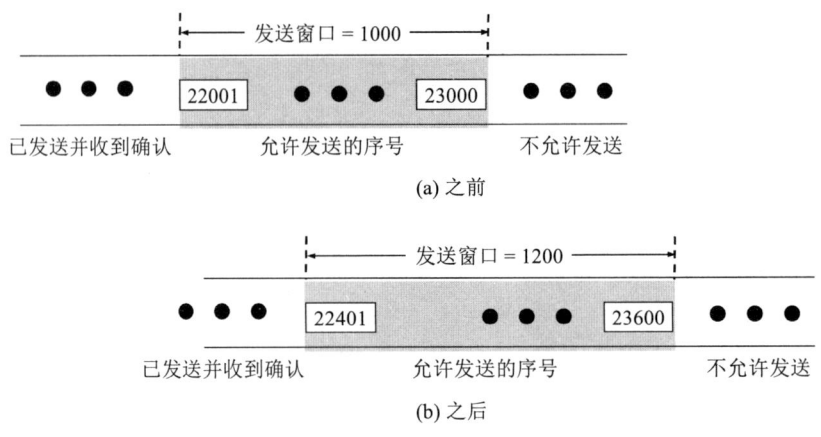

图 T-5-60 发送窗口的变化

【5-61】 在本题中列出的 8 种情况下,画出发送窗口的变化,并标明可用窗口的位置。已知主机 A 要向主机 B 发送 3 KB 的数据。在 TCP 连接建立后,A 的发送窗口大小是 2 KB。A 的初始序号是 0。

(1) 一开始 A 发送 1 KB 的数据。
(2) 接着 A 就一直发送数据,直到把发送窗口用完。
(3) 发送方 A 收到对第 1000 号字节的确认报文段。
(4) 发送方 A 再发送 850 B 的数据。
(5) 发送方 A 收到 ack = 900 的确认报文段。
(6) 发送方 A 收到对第 2047 号字节的确认报文段。
(7) 发送方 A 把剩下的数据全部都发送完。
(8) 发送方 A 收到 ack = 3072 的确认报文段。

**解答**:图 T-5-61 是发送窗口和可用窗口的变化情况。

(1) 我们应当注意到,发送窗口 = 2 KB 就是 2 × 1024 = 2048 字节。因此,发送窗口应当从 0 到第 2047 字节为止,长度是 2048 字节。A 开始就发送了 1024 字节,因此发送窗口中左边的 1024 个字节已经用掉了(窗口的这部分为灰色),而可用窗口是白色的,从第 1024 字节到第 2047 字节为止。请注意,不是到第 2048 字节为止,因为第一个字节的编号是 0 而不是 1。

(2) 发送方 A 一直发送数据,直到把发送窗口用完。这时,整个窗口都已用掉了,可用窗口的大小已经是零了,一个字节也不能再发送了。

(3) 发送方 A 收到对第 1000 号字节的确认报文段,表明 A 收到确认号 ack = 1001 的确认报文段。这时,发送窗口的后沿向前移动,发送窗口从第 1001 字节(不是从第 1000 字节)到第 3048 字节(不是第 3047 字节)为止。可用窗口从第 2048 字节到第 3048 字节。

(4) 发送方 A 再发送 850 字节,使得可用窗口的后沿向前移动 850 字节,即移动到 2898 字节。现在的可用窗口从第 2898 字节到第 3048 字节。

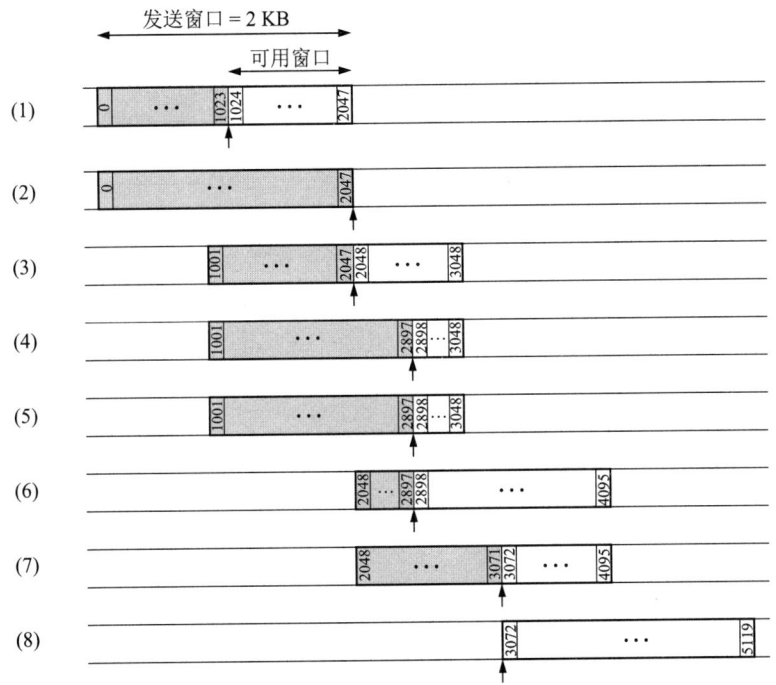

图 T-5-61 发送窗口和可用窗口的变化情况

(5) 发送方 A 收到 ack = 900 的确认报文段，不会对其窗口状态有任何影响。这是个迟到的确认。

(6) 发送方 A 收到对第 2047 号字节的确认报文段。A 的发送窗口再向前移动。现在的发送窗口从第 2048 字节开始到第 4095 字节。可用窗口增大了，从第 2898 字节到第 4095 字节。

(7) 发送方 A 把剩下的数据全部都发送完。发送方 A 共有 3 KB（即 3072 字节）的数据，其编号从 0 到 3071。因此现在的可用窗口变小了，从第 3072 字节到第 4095 字节。

(8) 发送方 A 收到 ack = 3072 的确认报文段，表明序号在 3071 和这以前的报文段都收到了，后面期望收到的报文段的序号从 3072 开始。因此新的发送窗口的位置又向前移动，从第 3072 号到第 5119 号。整个发送窗口也就是可用窗口。

【5-62】TCP 连接处于 ESTABLISHED 状态。以下的事件相继发生：
(1) 收到一个 FIN 报文段。
(2) 应用程序发送"关闭"报文。
在每一个事件之后，连接的状态是什么？在每一个事件之后发生的动作是什么？

**解答：**
(1) 处于 ESTABLISHED 状态又能够收到一个 FIN 报文段的，只有 TCP 的服务器端而不会是客户端。当这个服务器收到 FIN 报文段时，服务器就向客户端发送 ACK 报文段，并进入到 CLOSE-WAIT 状态。这是被动关闭。请注意，这时客户端不会再发送数据了，但服务器端如还有数据要发送给客户端，那么还是可以继续发送的。

(2) 应用程序发送"关闭"报文给服务器，表明没有数据要发送了。这时服务器就应当发送 FIN 报文段给客户，然后转换到 LAST-ACK 状态，并等待来自客户端的最后的确认。

以上的状态转换可参考教材上的图 5-30。

【5-63】 TCP 连接处于 SYN-RCVD 状态。以下的事件相继发生：
(1) 应用程序发送"关闭"报文。
(2) 收到 FIN 报文段。
在每一个事件之后，连接的状态是什么？在每一个事件之后发生的动作是什么？

**解答：**

(1) 处于 SYN-RCVD 状态而又能够收到应用程序发送的"关闭"报文的，只有 TCP 的客户端而不会是服务器端。这时，客户端就应当向服务器端发送 FIN 报文段，然后进入到 FIN-WAIT-1 状态。

(2) 当客户收到服务器端发送的 FIN 报文段后，就向服务器发送 ACK 报文段，并进入到 CLOSING 状态。

以上的状态转换可参考教材上的图 5-30。

【5-64】 TCP 连接处于 FIN-WAIT-1 状态。以下的事件相继发生：
(1) 收到 ACK 报文段。
(2) 收到 FIN 报文段。
(3) 发生了超时。
在每一个事件之后，连接的状态是什么？在每一个事件之后发生的动作是什么？

**解答：**

(1) 处于 FIN-WAIT-1 状态的只有 TCP 的客户。当收到 ACK 报文段后，TCP 客户不发送任何报文段，只是从 FIN-WAIT-1 状态进入到 FIN-WAIT-2 状态。

(2) 在收到 FIN 报文段后，TCP 客户发送 ACK 报文段，并进入到 TIME-WAIT 状态。

(3) 当发生超时时，也就是经过了 2 MSL 时间后，TCP 客户进入到 CLOSED 状态。

以上的状态转换可参考教材上的图 5-30。

【5-65】 假定主机 A 向 B 发送一个 TCP 报文段。在这个报文段中，序号是 50，而数据一共有 6 字节长。试问，在这个报文段中的确认字段是否应当写入 56？

**解答：** 在这个报文段中的确认字段应当写入的是 A 期望下次收到 B 发送的数据中的第一个字节的编号，而这个数值是 A 已经收到的数据中的最后一个字节的编号加 1。然而这些在题目中并未给出。题目给出的是 A 向 B 发送的数据中第一个字节的编号是 50，并且在这个报文段中共有 6 字节的数据。这些都和此报文段中的确认字段是什么毫无关系。因此，现在我们无法知道在这个报文段中的确认字段应当写入的数值。

【5-66】 主机 A 通过 TCP 连接向 B 发送一个很长的文件，因此这需要分成很多个报文段来发送。假定某一个 TCP 报文段的序号是 $x$，那么下一个报文段的序号是否就是 $x+1$ 呢？

**解答**：假定某一个 TCP 报文段的序号是 $x$，那么下一个报文段的序号应当是 $x + n$，这里的 $n$ 是这个报文段中的数据长度的字节数。如果 $n = 400$，那么下一个报文段的序号应当是 $x + 400$。若在此报文段中仅有一个字节的数据，则下一个报文段的序号才是 $x + 1$。

**【5-67】** TCP 的吞吐量应当是每秒发送的数据字节数，还是每秒发送的首部和数据之和的字节数？吞吐量应当是每秒发送的字节数，还是每秒发送的比特数？

**解答**：TCP 的吞吐量本来并没有标准的定义，可以计入首部，也可以不计入首部，但应当说清楚。不过，从拥塞控制来看，拥塞窗口和发送窗口针对的都是 TCP 报文段中的数据字段，而重要的参数 MSS 也是指 TCP 报文段中的数据字段的长度，因此，把 TCP 的吞吐量定义为每秒发送的数据字节数是比较方便的。

计算机内部的数据传送是以每秒多少字节作为单位的，而在通信线路上的数据率则常用每秒多少比特作为单位。这两种表示方法并无实质上的差别。在上面的习题中，因为 MSS 是用字节作为单位的，因此，用每秒发送多少字节作为 TCP 吞吐量的单位就比较简单。

**【5-68】** 在 TCP 的连接建立的三报文握手过程中，为什么第三个报文段不需要对方的确认？这会不会出现问题？

**解答**：关于这个问题，还不能简单地用"是"或"否"来回答。

我们假定 A 是客户端，是发起 TCP 连接建立的一方。现在假定三报文握手过程中的第三个报文段（也就是 A 发送的第二个报文段——确认报文段）丢失了，而 A 并不知道。这时，A 以为对方收到了这个报文段，以为 TCP 连接已经建立了，于是就开始发送数据报文段给 B。

B 由于没有收到三报文握手中的最后一个报文段（A 发送的确认报文段），因此 B 就不能进入 TCP 的 ESTABLISHED 状态（"连接已建立"状态）。B 的这种状态可以叫作"半开连接"，即仅仅把 TCP 连接打开了一半。在这种状态下，B 虽然已经初始化了连接变量和缓存，但是不能够接收数据。通常，B 在经过一段时间后（例如，一分钟后），如果还没有收到来自 A 的确认报文段，就终止这个半开连接状态，那么 A 就必须重新建立 TCP 连接。因此在这种情况下，第三个报文段（A 发送的第二个报文段）的丢失就导致了 TCP 连接无法建立。

但是，假定 A 在这段时间内，紧接着就发送了数据。我们知道，TCP 具有累积确认的功能。在 A 发送的数据报文段中，自己的序号没有改变，仍然和丢失的确认帧的序号一样（丢失的那个确认帧不消耗序号），并且确认位 ACK = 1，确认号也是 B 选择的初始序号加 1。当 B 收到这个报文段后，从 TCP 的首部就可以知道，A 已确认收到了 B 刚才发送的 SYN + ACK 报文段，于是就进入了 ESTABLISHED 状态（"连接已建立"状态）。接着，就接收 A 发送的数据。在这种情况下，A 丢失的第二个报文段对 TCP 的连接建立就没有影响。

大家知道，A 在发送第二个报文段时，可以有两种选择：
(1) 仅仅确认而不携带数据，数据接着在后面发送。
(2) 不仅确认，而且携带上自己的数据。

在采用第一种选择时，A 在下一个报文段发送自己的数据。但下一个报文段的首部中仍然包括了对 B 的 SYN + ACK 报文段的确认，即和第二种选择发送的报文段一样。

在采用第二种选择时，A 省略了单独发送一个确认报文段。

从这里也可以看出，A 发送的第二个仅仅是确认的报文段，是个可以省略的报文段，即使丢失了也无妨，只要下面紧接着就发送数据报文段即可。

**【5-69】** 现在假定使用类似 TCP 的协议（即使用滑动窗口可靠传送字节流），数据传输速率是 1 Gbit/s，而网络的往返时间 RTT = 140 ms。假定报文段的最大生存时间是 60 秒。如果要尽可能快地传送数据，在我们的通信协议的首部中，发送窗口和序号字段至少各应当设为多大？

**解答**：发送窗口至少应当能够容纳的比特数 = 往返时间 × 数据率 = RTT × 1 Gbit/s
$= 140 \times 10^{-3}$ s $\times 10^9$ bit/s $= 140 \times 10^6$ bit $= 17.5 \times 10^6$ 字节

我们知道，每一个字节的数据需要有一个编号。假定发送窗口一共有 $w$ 位，那么总的号码数应当大于 $17.5 \times 10^6$ 字节，即：

$$2^w \geq 17500000$$

那么，$w \geq \log_2 17500000 = \log_{10} 17500000 / \log_{10} 2 = 24.06$

可见使用 24 位的发送窗口差一点，必须使用 $w = 25$ 位的发送窗口才行。TCP 的窗口字段为 16 位。

以 1 Gbit/s 的速率 60 秒可以发送 60 s $\times 10^9$ bit/s $= 7.5 \times 10^9$ 字节的数据。

假定需要 $n$ 位的序号字段，那么总的序号数应当大于 $7.5 \times 10^9$ 字节，即：
$2^n \geq 7.5 \times 10^9$。

解出 $n \geq \log_2(7.5 \times 10^9) = \log_{10}(7.5 \times 10^9) / \log_{10} 2 = [(\log_{10} 7.5) + 9] / \log_{10} 2 = 32.8$

因此，取序号字段长度 $n = 33$ 位即可保证在报文段的最大生存时间内没有重复的序号。TCP 的序号字段为 32 位。

**【5-70】** 假定用 TCP 协议在 40 Gbit/s 的线路上传送数据。

(1) 如果 TCP 充分利用了线路的带宽，那么需要多长的时间 TCP 会发生序号绕回？

(2) 假定现在 TCP 的首部中采用了时间戳选项。时间戳占用了 4 字节，共 32 位。每隔一定的时间（这段时间叫作一个嘀嗒）时间戳的数值加 1。假定设计的时间戳是每隔 859 微秒时间戳的数值加 1。试问要经过多长时间才发生时间戳数值的绕回？

**解答**：分述如下：

(1) 在 40 Gbit/s 的线路上传送数据，每秒可传送 $5 \times 10^9$ 字节的数据。
TCP 的序号字段有 32 位，共有 $2^{32}$ 个不同序号，可以发送的时间是
$$2^{32} / 5000000000 = 0.859 \text{ s} = 859 \text{ ms}$$

即经过 859 ms 后序号就绕回，又重复以前的数值。

(2) 时间戳数值绕回的时间是 $2^{32} \times 859 \times 10^{-6}$ s $= 3.69 \times 10^6$ s $= 42.7$ 天，比原来的绕回时间大大增加了。

现在每一个 TCP 的数据报文段在其首部有两个字段用来标志这个报文段，一个是序号，另一个是时间戳。但发送方发送了 $2^{32}$ 个字节的数据后，序号又绕回到初始的数值了，但这时的时间戳还没有绕回（因为在本例中，需要经过 42.7 天才绕回），而是指在某个数值，这和一开始的时间戳初始值肯定是不一样的。这样，即使序号一样，接收方也能够根据时间戳判断这

是一个新的数据报文段，而不是以前发送过的旧的数据报文段。

**【5-71】** 教材的 5.5 节中指出：例如，若用 2.5Gbit/s 的速率发送报文段，则不到 14 秒序号就会重复。请计算验证这句话。

**解答**：在 2.5 Gbit/s 的线路上传送数据，每秒可传送 $0.3125 \times 10^9$ 字节的数据。
TCP 报文段的序号字段有 32 位，共有 $2^{32}$ 个不同序号，可以发送的时间是
$$2^{32} / 312500000 = 13.74s$$
也就是不到 14 秒数据字节的序号就会重复。

**【5-72】** 已知 TCP 的接收窗口大小是 600（单位是字节，为简单起见以后省略单位），已经确认了的序号是 300。试问，在不断地接收报文段和发送确认报文段的过程中，接收窗口也可能会发生变化（增大或缩小）吗？请用具体例子（指出接收方发送的确认报文段中的重要信息）来说明哪些情况是可能发生的，而哪些情况是不允许发生的。

**解答**：可以用图 T-5-72 来说明。

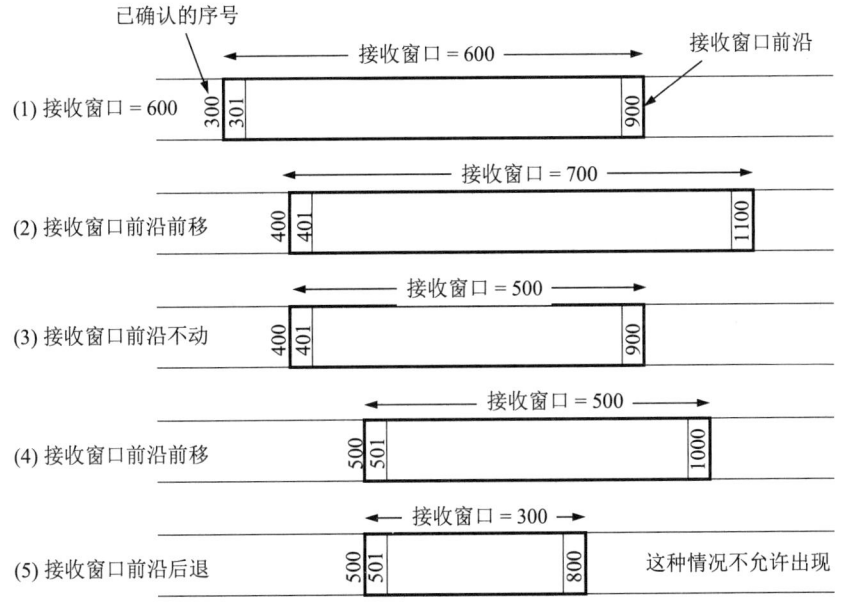

图 T-5-72　接收窗口从情况(1)变化的几种情况

(1) 这是题目开始的情况。接收方发送的确认报文段中的接收窗口 rwnd = 600。已确认的序号是 300。接收方发送的确认报文段的 ack = 301，表示期望收到开始序号为 301 的数据。我们看到，序号 301 到 900 都在接收窗口内。

(2) 接收窗口增大总是不受限制的。这就是说，只要接收端的 TCP 能够拿出更多的空间来接收发来的数据，就可以这样做。图中给出的例子是：已确认的序号是 400，接收方发送的确认报文段的 ack = 401。假定现在接收窗口从情况(1)的 600 增大到了 700，即 rwnd = 700。现在接收窗口的范围是从 401 到 1100。当接收窗口增大时，接收窗口的前沿总是向前移动的。

(3) 这种情况是接收窗口变小了，但接收窗口的前沿没有变化。例如，现在已确认的序号是 400，接收方发送的确认报文段的 ack = 401。假定现在接收窗口从情况(1)的 600 减小到了 500，即 rwnd = 500。接收窗口的范围是从 401 到 900。

(4) 这种情况是接收窗口变小了，同时接收窗口的前沿也向前移动了。例如，现在已确认的序号是 500，接收方发送的确认报文段的 ack = 501。假定现在接收窗口从情况(1)的 600 减小到了 500，即 rwnd = 500。接收窗口的范围是从 501 到 1000。

(5) 这种情况是接收窗口变小了，但接收窗口的前沿是向后退的。例如，现在已确认的序号是 500，接收方发送的确认报文段的 ack = 501。假定现在接收窗口从情况(1)的 600 减小到了 300，即 rwnd = 300。接收窗口的范围是从 501 到 800。但请注意，这种情况是不允许出现的。也就是说，接收窗口的前沿是不允许后退的。在开始时，接收窗口的前沿的编号是 900。不管接收窗口是变大还是变小，这个窗口的前沿的编号可以不动，也可以前移，但是不允许后退。

为什么不允许出现这种情况呢？可以先观察一下发送方的情况。在一开始，发送方收到接收窗口 = 600 的报文段后（其中 ack = 301），发送方就把发送窗口设置为 600，可以发送的数据的序号从 301 到 900。假定发送方发送了在发送窗口内的全部数据。这本来正好落入到接收窗口之内。但这些数据正在网络中传输时，接收方却缩小了接收窗口，只接收序号从 501 到 800 之间的数据。这就导致最后的一些数据（编号从 801 到 900）落到接收窗口之外了，使得接收方只能丢弃这些数据（编号从 801 到 900）。因此，这种情况（在发送时数据在发送窗口之内，但当到达接收端时，这些数据却落到接收窗口之外）必须避免。总之，我们要记住，接收窗口的前沿是不允许后退的。

【5-73】 在上题中，如果接收方突然因某种原因不能够再接收数据了，可以立即向发送方发送把接收窗口置为零的报文段（即 rwnd = 0）。这时会导致接收窗口的前沿后退。试问这种情况是否允许？

**解答**：这种情况是允许的。当发送方收到这样的信息时，并不是把发送窗口缩回到零，而是立即停止发送。什么时候可以再发送数据，就要等接收方重新开放接收窗口，即给出一个非零的接收窗口。详细的过程见本章的常见问题与解答 5-10 的持续计时器部分。

【5-74】 流量控制和拥塞控制的最主要的区别是什么？发送窗口的大小取决于流量控制还是拥塞控制？

**解答**：简单地说，流量控制是在一条 TCP 连接中的接收端采用的措施，用来限制对方（发送端）发送报文段的速率，以免在接收端来不及接收。流量控制只控制一个发送端。

拥塞控制用来控制 TCP 连接中发送端发送报文段的速率，以免使互联网中的某处产生过载。拥塞控制可能会同时控制许多个发送端，限制它们的发送速率。不过每一个发送端只知道自己应当怎样调整发送速率，而不知道在互联网中还有哪些主机被限制了发送速率。

我们知道，发送窗口的上限值是 Min [rwnd, cwnd]，即发送窗口的数值不能超过接收窗口和拥塞窗口中的较小的一个。接收窗口的大小体现了接收端对发送端施加的流量控制，而拥塞窗口的大小则是整个互联网的负载情况对发送端施加的拥塞控制。因此，当接收窗口小于拥塞窗口时，发送窗口的大小取决于流量控制，即取决于接收端的接收能力。但当拥塞窗口小于接收窗口时，发送窗口的大小取决于拥塞控制，即取决于整个网络的拥塞状况。

**\*【5-75】** 假定在 TCP 连接中刚刚收到的最新的往返时间 RTT 是 1 秒，那么超时重传时间 RTO 是否应当设置成大于或等于 1 秒？

**解答**：这不一定。超时重传时间 RTO 应当根据教材上的式(5-4)和式(5-5)来计算，而不是根据某一个 RTT 样本来计算。如果仅根据一个 RTT 样本就确定了超时重传时间 RTO，那么 RTO 的数值就可能会经常大幅度地波动。这就会使超时重传时间 RTO 的数值很不准确，使 TCP 的传输性能变差。

**\*【5-76】** 在教材附录 C 的[KURO17]中的运输层这一章给出了 TCP 连接的平均吞吐量 $R$ 的公式如下：

$$R = \frac{0.75\,W}{\text{RTT}}$$

这里的 RTT 是往返时间，$W$ 是发生报文段丢失时的拥塞窗口值。试推导上面的公式，并给出必要的假设条件。这里的吞吐量指的是每秒发送的数据字节（不包括首部）。

**解答**：推导这个公式需要有三个假定条件：

(1) 忽略在超时事件后（即网络开始拥塞并引起报文段的丢失）的慢开始阶段。做出这样的假定是合理的，因为慢开始阶段通常都非常短，发送方很快就会离开慢开始阶段（发送的报文段以指数增长方式进入网络）。但 TCP 的拥塞窗口增长到门限值 ssthresh 的一半时就进入拥塞避免阶段，每经过一个 RTT，拥塞窗口就增加 1 个 MSS。

(2) 假定当拥塞窗口值到达 $W$（这也就是门限值 ssthresh 的数值）时，发生报文段的丢失（而在这以前都没有发生报文段的丢失），并且每次都是当拥塞窗口值到达 $W$ 时就发生报文段的丢失。在实际的互联网中，发生报文段丢失时的拥塞窗口值应当是在变化的，这是由于整个网络的拥塞情况取决于分布在各地的所有用户的行为。一个用户无法知道其他用户在什么时候向网络注入大量的数据。但为了简化计算，只好假定拥塞窗口的数值在整个 TCP 连接期间都不变化，都是恒定的值 $W$（即门限值 ssthresh 的数值）。

(3) 假定在整个 TCP 连接期间，每一个 RTT 时间都是相同的。例如，在某一个 RTT，拥塞窗口是 4 个 MSS，那么 RTT 值就是发送方连续发送 4 个报文段，并收到对方对最后一个字节的确认所经历的时间。下一个 RTT 拥塞窗口就增加到 5。这时的 RTT 值是发送方连续发送 5 个报文段，并收到对方对最后一个字节的确认所经历的时间。这个 RTT 显然应当会有变化。但为了分析方便，我们假定所有的 RTT 值都是固定不变的。当连续发送的报文段的数目较多，发送速率较高而传播距离较远时，这样的假定还是合理的。

有了这三个假定，我们就可得出拥塞窗口变化的情况，如图 T-5-76 所示。

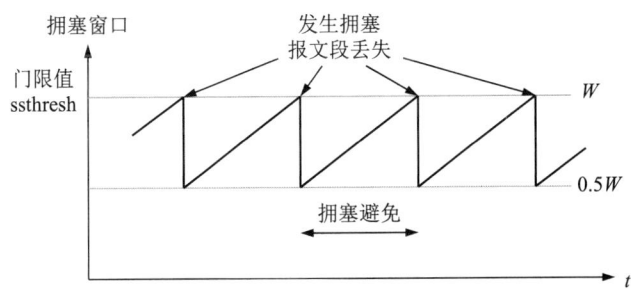

图 T-5-76　高度简化的拥塞窗口变化图

在每一个拥塞避免阶段刚开始时，拥塞窗口的数值是 $W$ 的一半，即 $0.5W$。因此在往返时间 RTT 内可以发送的数据字节数是 $0.5W$ 字节。这样就得出 TCP 在这段往返时间的吞吐量（这是吞吐量的最小值），它等于 $0.5W/\text{RTT}$。

以后每隔一个 RTT，拥塞窗口就加 1 个 MSS。这样，拥塞窗口线性地增加到 $W$ 时再次发生报文段的丢失。TCP 又进入到下一轮的拥塞避免。因此，TCP 在最后这段往返时间的吞吐量（每秒发送的数据字节数）达到最大值，即 $W/\text{RTT}$。

由于 TCP 吞吐量是线性增长的，因此 TCP 连接的平均吞吐量 $R$ 是吞吐量的最小值和最大值之和的一半，即

$$R = [(0.5 + 1)/2]W/\text{RTT} = 0.75W/\text{RTT}$$

\*【5-77】同上题一样的假定，试证明：

(1) 如果拥塞窗口线性地增加到 $W$，那么下面的公式可用来计算在拥塞避免阶段的报文段丢失率 $p$。在下面的公式中，$N$ 表示在拥塞窗口增加到 $W$ 时，在 RTT 时间内，TCP 可以发送的报文段数。

$$p = \frac{1}{\frac{3}{8}N^2 + \frac{3}{4}N}$$

(2) 如果 TCP 发送的每一个报文段的数据字段的长度都等于 MSS，那么一条 TCP 连接的平均吞吐量 $R$（每秒发送的数据字节数）可近似用下面的公式表示：

$$R \approx \frac{1.22 \times \text{MSS}}{\text{RTT} \times \sqrt{p}}$$

**解答**：分别证明如下。

(1) 在拥塞避免阶段的报文段的丢失率 $p$ 等于在拥塞避免阶段丢失的报文段与发送的报文段的总数之比。从图 T-5-76 可看出，由于报文段的丢失是周期出现的，因此我们只需计算在两次丢失之间的报文段丢失率即可。在一个拥塞避免阶段，报文段仅丢失了一个（这发生在拥塞避免阶段的最后时刻）。现在计算一下，在一个拥塞避免阶段一共发送了多少个报文段。

根据已知的条件，在拥塞避免阶段的最后，拥塞窗口是 $W$ 时，可以在 RTT 时间内发送 $N$ 个报文段，那么在拥塞避免阶段一开始，拥塞窗口是 $W/2$，可以在 RTT 时间内发送 $N/2$ 个报文段。以后每隔一个 RTT 时间，可以多发送一个报文段。这样一直线性增长到最后，在发生丢失时，在 RTT 时间内可发送 $N$ 个报文段。因此，在一个拥塞避免阶段一共能够发送的报文段数是：

$$\frac{N}{2} + \left[\frac{N}{2} + 1\right] + \cdots + \left[\frac{N}{2} + \frac{N}{2}\right] = \sum_{0}^{N/2}\left[\frac{N}{2} + n\right] = \left[\frac{N}{2} + 1\right]\frac{N}{2} + \sum_{0}^{N/2} n$$

$$= \left[\frac{N}{2} + 1\right]\frac{N}{2} + \frac{1}{2} \times \frac{N}{2}\left[\frac{N}{2} + 1\right]$$

$$= \frac{N^2}{4} + \frac{N}{2} + \frac{N^2}{8} + \frac{N}{4}$$

$$= \frac{3}{8}N^2 + \frac{3}{4}N$$

在一个拥塞避免阶段一共只丢失了一个报文段（在拥塞避免阶段的最后时刻），因此就得出在拥塞避免阶段的报文段丢失率 $p$：

$$p = \frac{1}{\frac{3}{8}N^2 + \frac{3}{4}N}$$

(2) 根据前面得出的结果，当 $N$ 远大于 1 时，上式分母中的后一项可以忽略。这样就得出

$$p \approx \frac{8}{3N^2}$$

或

$$N \approx \sqrt{\frac{8}{3p}}$$

在上一题中已经得出了 TCP 连接的平均吞吐量是

$$R = \frac{0.75\,W}{\text{RTT}}$$

但 $W = N(\text{MSS})$，再把上面推导出的 $N$ 和 $p$ 的关系代入，得出

$$R \approx 0.75 \times \sqrt{\frac{8}{3p}} \times \frac{\text{MSS}}{\text{RTT}} = \frac{1.22 \times \text{MSS}}{\text{RTT} \times \sqrt{p}}$$

*【5-78】假定在 TCP 的拥塞避免阶段要得到 TCP 的吞吐量 $R = 10$ Gbit/s，而最大报文段长度 MSS = 1460 字节，在拥塞避免阶段报文段的丢失率是 $p = 2 \times 10^{-10}$。试问对报文段的往返时间 RTT 是否应当提出什么要求？如果应当提出，那么应当提出什么要求？讨论所得结果。提示：利用习题 5-77 第(2)部分的公式：

$$R \approx \frac{1.22 \times \text{MSS}}{\text{RTT} \times \sqrt{p}}$$

**解答**：从概念上看，在拥塞避免阶段，如果 RTT 数值越大，那么就需要等待越长的时间才能发送下一个 RTT 的报文段。这就使得 TCP 的吞吐量下降。因此，要得到一定的吞吐量，报文段的往返时间 RTT 一定不能太大。

根据已知的条件，RTT 的上限值是：

$$\text{RTT}_{\max} = \frac{1.22 \times \text{MSS}}{R\sqrt{p}} = \frac{1.22 \times 1460 \times 8}{10 \times 10^9 \sqrt{2 \times 10^{-10}}} = 0.10077\text{ s} \approx 100\text{ ms}$$

我们简单讨论一下所得的结果。

一个报文段的长度是 1460 字节，等于 11680 比特。若以 10 Gbit/s 速率发送，则需要时间约为 1.17 微秒，远远小于往返时间 RTT。因此，认为在整个拥塞避免阶段的 RTT 都是一样大的假定是合理的。顺便指出，若 TCP 的吞吐量是 10 Gbit/s，那么单独考虑 TCP 每一个报文段的发送速率，还要比吞吐量 10 Gbit/s 更高一些（因为发送方还有停顿的时间）。

报文段的丢失率是 $p = 2 \times 10^{-10}$ 是个怎样的概念呢？那就是平均每发送 $5 \times 10^9$ 个报文段才

丢失一个,这是个非常小的数值。但从以上计算可以看出,若继续提高TCP的吞吐量,而RTT仍然保持不变,那么就必须增大发送窗口来更多地发送一些报文段,使报文段的丢失率 $p$ 减小。从上面的公式可看出,TCP 的吞吐量与可容忍的报文段的丢失率的平方根成反比。TCP 的吞吐量若提高到 10 倍,即提高到 100 Gbit/s,那么可容忍的报文段的丢失率就必须减小到原来数值的百分之一,即 $p = 2 \times 10^{-12}$。

\*【5-79】 TCP对拥塞控制采用的是动态调整的策略。能否给出动态调整的要点?

**解答**：TCP 的拥塞控制的动态调整策略的要点有以下三个。

(1) 探测网络的拥塞水平。慢开始就是从发送一个报文段开始探测网络的。
(2) 如果网络没有拥塞,就加快发送速率。在慢开始和拥塞避免阶段都是这样。
(3) 如果网络发生了拥塞,就降低发送速率。例如,回到慢开始,或让门限值 ssthresh 减半。

\*【5-80】 请用框图的表示方法来说明 TCP 的拥塞控制流程。

**解答**：图 T-5-80 给出了 TCP 的拥塞控制流程图。

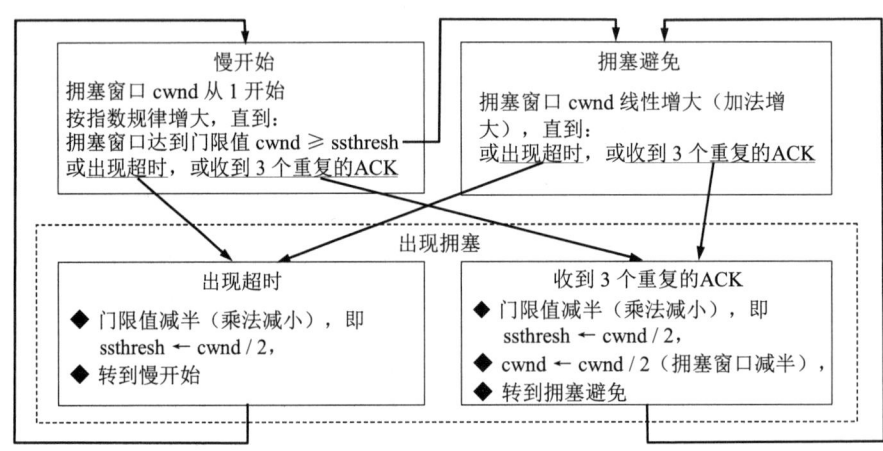

图 T-5-80　TCP 的拥塞控制流程图

整个流程图可分为三大阶段,即慢开始阶段、拥塞避免阶段和出现拥塞阶段。出现拥塞阶段在图中是最下方的虚线框,里面分为两种不同的情况,一种是出现超时,另一种是收到了 3 个重复的确认 ACK。

这里应当强调的是,当网络出现拥塞时,并没有一个什么机构来通知发送端使其降低发送速率。发送端根据能否及时收到对方发来的确认探测网络是否发生了拥塞。如果出现了超时(就是在设定的时间内收不到对方发来的确认),就说明发生了报文段的丢失。TCP 认为,报文段的丢失就是网络发生拥塞的重要信号。因此,不管 TCP 处在哪一个阶段(慢开始阶段或拥塞避免阶段),只要出现超时,就要把慢开始阶段的门限值 ssthresh 减半,然后就进入慢开始阶段。拥塞窗口从 1 开始逐渐增大。

但有时还没有到超时重传的时候,就收到了重复的确认 ACK。收到了重复的 ACK 表明某个报文段没有到达接收端,但它后续的报文段却到达了。这就有两种可能性:一种是这个报文段在途中的某个路由器处排队耽误了一些时间,过些时间就会到达接收端;而另一种可能性是这个报文段已经丢失了，以后也不会到达接收端。TCP 认为，如果只收到了一个或两个重复的 ACK，那么这个报文段还可能没有丢失，还应当再等待一下。但是，如果一连收到了 3 个重复的 ACK，那么就应当认为这个报文段大概是丢失了。于是立即重传这个报文段，并把门限值减半，然后进入拥塞避免阶段。为什么报文段丢失了还不进入慢开始阶段呢？这是因为，虽然发生了报文段的丢失，但并没有出现超时，而且接收端还能够连续收到 3 个重复的 ACK。这表明虽然出现了拥塞，但拥塞的程度并不像出现超时那样严重。因此，TCP 没有必要从一个报文段开始发送，而是可以在拥塞窗口减半的基础上把更多的报文段注入到网络中。

**\*【5-81】** 用 7 个相同的路由器与 8 个主机连接在一起（如图 T-5-81 所示）。链路带宽分为三种，最上层的最快，最下层的最慢，都是全双工，具体数值都标注在图上。所有的路由器处理数据都很快，超过链路的速率。

(1) 路由器 $R_1$ 有没有可能会发生拥塞？为什么？
(2) 试找出一种情况可以使 $R_2$-$R_4$ 链路产生拥塞。

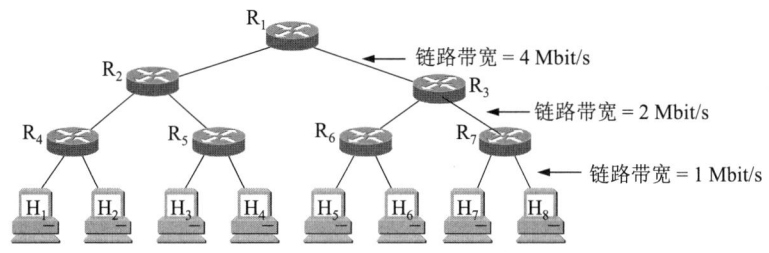

图 T-5-81　习题【5-81】中主机与路由器的连接图

**解答：**(1) 路由器 $R_1$ 没有可能会发生拥塞。因为它两边的链路上的数据率在任何时候都不可能超过 4 Mbit/s。

(2) 假定 $H_5$ 和 $H_6$ 同时以 1 Mbit/s 的速率向 $H_1$ 发送数据，$H_7$ 和 $H_8$ 同时以 1 Mbit/s 的速率向 $H_2$ 发送数据。这时，在 $R_1$ 右边的所有链路都正常工作。$R_1$-$R_2$ 链路也正常工作，因为其数据率是 4 Mbit/s，没有超过链路的带宽。但这些数据如果全部都要经过路由器 $R_1$ 转发，再通过带宽为 2 Mbit/s 的 $R_2$-$R_4$ 链路，分别传送到主机 $H_1$ 和 $H_2$，这显然是不可能的。因此，在路由器 $R_2$ 产生了拥塞，进来的数据比出去的要多，于是在路由器 $R_2$ 的输入缓存中，数据堆积得越来越多，发送不出去，产生了拥塞。链路 $R_2$-$R_4$ 没有发生拥塞，因为从路由器 $R_2$ 向 $R_4$ 的发送速率是 2 Mbit/s，没有超过链路的带宽。数据流经过路由器 $R_4$ 转发后，到达主机 $H_1$ 和 $H_2$。

# 第 6 章 应 用 层

## 常见问题索引

问题 6-1.　我们经常这样说："两台计算机进行通信"。我们应当怎样理解这句话？
问题 6-2.　能否用你的 PC 进行一个简单的实验：一台计算机同时和 5 台计算机进行通信？
问题 6-3.　互联网中计算机程序之间的通信和电信网中的电话通信有何相同或不同之处？
问题 6-4.　连接在互联网上的主机名必须是唯一的吗？
问题 6-5.　在互联网中通过域名系统查找某台主机的 IP 地址，和在电话系统中通过 114 查号台查找某个单位的电话号码相比，有何异同之处？
问题 6-6.　一个单位的 DNS 服务器可以采用集中式的一台 DNS 服务器，也可以采用分布式的多台 DNS 服务器。哪一种方案更好些？
问题 6-7.　对同一个域名向 DNS 服务器发出好几次的 DNS 请求报文后，每一次得到的 IP 地址都不一样。这可能吗？
问题 6-8.　当使用 2 Mbit/s 的调制解调器上网时，经常会发现数据下载的速率远远小于 2 Mbit/s。这是什么原因？
问题 6-9.　ARP 和 DNS 是否有些相似？它们有何区别？
问题 6-10.　"网关"和"路由器"是否为同义语？
问题 6-11.　我们常在文献上看到"远程登录"这样的名词。它的英文名字应当是 remote log-in 还是 Telnet？
问题 6-12.　电话通信和电子邮件通信都是使用客户服务器工作方式吗？
问题 6-13.　在电子邮件中，"信封""内容""首部""主体"是个什么样的关系？
问题 6-14.　在电子邮件的发展过程中，X.400 是个很有名的电子邮件系统。为什么现在不提了？
问题 6-15.　有的教科书中在讲到电子邮件系统时用到 MTA。这是怎样的概念？
问题 6-16.　能否更加细致地介绍一下 base64 编码？
问题 6-17.　能否归纳一下 HTTP 协议的主要特点？
问题 6-18.　HTTP/1.1 协议比起 HTTP/1.0 协议有哪些主要的变化？HTTP/2 有哪些特点？
问题 6-19.　抽象语法、传送语法的主要区别是什么？数据类型、编码以及编码规则的区别又是什么？
问题 6-20.　近来流行的名词 RSS 是什么意思？
问题 6-21.　使用 RSS 阅读器浏览信息和使用普通的万维网浏览器有何区别？
问题 6-22.　现在有哪些常用的 RSS 阅读器？
问题 6-23.　什么是博客？
问题 6-24.　什么是微博？
问题 6-25.　什么是播客？

问题 6-26. 什么是门户网站？

问题 6-27. 在应用层的各种应用程序中，杀手应用程序是什么意思？

问题 6-28. 在网上常常可以看到缩写词 URI。它和 URL 是一样的吗？

问题 6-29. ARP 和 DNS 都设有缓存。ARP 的缓存时间的典型数值是 10 分钟，但 DNS 的缓存时间的典型数值是几天。为什么会有这样的差别？

# 常见问题与解答

问题 6-1. 我们经常这样说："两台计算机进行通信"。我们应当怎样理解这句话？

**解答**：这个问题一定要弄清楚。

"两台计算机进行通信"是很常用的说法，我们的教材中也常常使用这种说法。这种说法的好处就是简单、方便，但是，我们必须深刻理解这句话的含义。

严格来讲，计算机之间的通信，归根到底，是计算机中**运行的程序**和另一台计算机（或本计算机）中**运行的程序**进行通信。也就是说，是计算机中的**进程**和另一个**进程**（另一台计算机中的或本计算机中的）进行通信。进程就是运行着的程序。但为简单起见，大家就常常说成是"两台计算机进行通信"。这样的简便说法并没有什么错误，但我们应当对这种说法有个正确的理解。

有时，将"计算机"和"计算机中的进程"区分开来是很必要的。因为有时在一台计算机中同时运行多个进程，而每一个进程都在和其他计算机的进程进行通信。如果笼统地说一台计算机同时和多台计算机进行通信，那么就比较含糊。在这种情况下，用进程之间的通信就容易把问题讲清楚。

当然，连接在互联网上的计算机中的进程在进行通信时，还要使用 TCP/IP 协议族。否则进程之间是无法进行通信的。

问题 6-2. 能否用你的 PC 进行一个简单的实验：一台计算机同时和 5 台计算机进行通信？

**解答**：这很容易实现。

用你的 PC 上网（用什么具体手段都行）。连续打开 PC 中的浏览器程序 5 次，这样就在 PC 的屏幕上出现 5 个浏览器的窗口。然后迅速在不同的浏览器窗口一个接着一个地访问 5 个不同的网站，并进行文件下载。这时你可以看见 5 个不同的文件同时从不同的远地服务器下载到你的 PC 的硬盘中。

你的 PC 只有一个 CPU。从微观上看，一个 CPU 在同一个时间只能做一件事。CPU 执行计算机指令的速度非常快，因此它可以**轮流处理** PC 中的 5 个进程和远地的另外 5 个进程之间的通信任务。但从我们眼睛看屏幕所得到的宏观感觉，**好像** CPU 是在同时处理这 5 件任务。

问题 6-3. 互联网中计算机程序之间的通信和电信网中的电话通信有何相同或不同之处？

**解答**：

**相同之处**：

电信网：允许一个电话机向另一个电话机发出呼叫请求（即拨打另一个电话机的号码）。

· 191 ·

互联网：允许一个程序向另一个程序发出呼叫请求（即主动发出要求通信的请求）。

**不同之处：**

电信网：两个电话机都处于**不通话状态**时（即都处于挂机状态时），主叫方摘机并拨号进行呼叫，被叫方听到铃响并摘机后，双方开始进行通话。也就是说，主叫方通过自己的振铃可以使被叫方的电话机**变为**通话状态（当然要通过被叫人的摘机动作）。

互联网：当被叫程序处于**运行状态**时，主叫程序发出通信请求，被叫程序同意进行通信后，双方程序开始进行通信。但如果被叫程序没有处在运行状态，则主叫程序无法使被叫程序变为运行状态。在这种情况下，双方的通信是不可能的。因此，计算机程序之间的通信的一个很重要的特点就是：**被叫程序必须始终处于运行状态**。通常将主叫程序称为**客户程序**，而被叫程序称为**服务器程序**。

**问题 6-4.** 连接在互联网上的主机名必须是唯一的吗？

**解答：**这是肯定的。互联网不允许有两台（或更多的）主机具有同样的主机名。

但是必须注意，这里所说的"**主机名**"指的是主机的"**全名**"(full name)，它也就是"**主机的域名**"，而不是指一台主机的"**本地名字**"。

例如，很多单位的网站服务器主机的本地名字都愿意取为 www。这主要是为了便于记忆，使人一看见这 www，就知道这个计算机是用来存放该单位网页信息的，使得人们可以利用 HTTP 协议来访问这个网站。所以当我们看到下面这样的网址：

http://www.google.com

就应当很明确，**在整个互联网范围中唯一的主机名**就是 www.google.com。

但应注意，主机名有两种，即**全名**和**本地名字**(local name)。虽然主机的**全名**在互联网上必须是唯一的，但主机的**本地名字**只需要在本级域名下是唯一的即可。例如，".google"是在顶级域名".com"下注册的二级域名。www 是这个主机在二级域名".google"下的本地名字。全世界有很多的主机使用相同的本地名字（例如，www 或 mail），但这并不会产生混乱。我们可以看出，如果 google 将其网站主机的本地名字取为其他的名字 xyz，那么它的网址就要变成：

http://xyz.google.com

但这样做并没有什么好处，只能给别人增加一些记忆上的麻烦。

我们还要指出，虽然主机名在互联网中必须是唯一的，IP 地址在互联网中也必须是唯一的，但**一个主机名却可以对应多个 IP 地址**。关于这个问题请参考问题 6-7。

**问题 6-5.** 在互联网中通过域名系统查找某台主机的 IP 地址，和在电话系统中通过 114 查号台查找某个单位的电话号码相比，有何异同之处？

**解答：**

**相同之处：**

电话系统：在电话机上只能拨打被叫用户的电话号码才能进行通信。114 查号台将被叫用户名字转换为电话号码告诉主叫用户。

互联网：在 IP 数据报上必须填入目的主机的 IP 地址才能发送出去。DNS 域名系统将目的主机名字解析为（即转换为）32 位的 IP 地址返回给源主机。

**不同之处：**

**电话系统：**必须由主叫用户拨打 114 才能进行查号。如果要查找非本市的电话号码，则必须拨打长途电话。例如，要在南京查找北京的民航售票处的电话号码，则南京的 114 台无法给你回答。你在南京必须拨打 010-114（长途电话）进行查询。

**互联网：**只要源主机上的应用程序遇到目的主机名需要转换为目的主机的 IP 地址，就由源主机**自动**向域名服务器发出 DNS 查询报文。不管最后将该主机的域名解析出来的 DNS 服务器距离源主机有多远，它都能自动将解析的结果最后返回给源主机。所有这些复杂的查询过程对用户来说都是**透明的**。用户感觉不到这些域名解析过程。

有一种方法可以使用户体会到域名解析是需要一些时间的。在使用浏览器访问某个远地网站时，将 URL 中的域名换成为它的点分十进制 IP 地址，看找到这个网站时是否会节省一些时间。

**问题 6-6.** 一个单位的 DNS 服务器可以采用集中式的一台 DNS 服务器，也可以采用分布式的多个 DNS 服务器。哪一种方案更好些？

**解答：**这要从多方面来考虑，没有简单的答案。

从解析域名的速度来看，在集中式的一台 DNS 服务器上进行域名解析应当比在多个分布式的 DNS 服务器要快些。但从管理的角度看，分层次的多级结构和分布式的 DNS 服务器要方便得多。从计算速度方面来考虑，一台服务器若负荷过重就会使计算速度变慢。一个小单位如果很少发生同时请求域名的解析，那么一台单个的域名服务器就能很好地工作。

**问题 6-7.** 对同一个域名向 DNS 服务器发出好几次的 DNS 请求报文后，每一次得到的 IP 地址都不一样。这可能吗？

**解答：**可能。

例如，对域名 www.yahoo.com 进行解析就会出现这样的结果。产生这样的结果是这个域名对应了多个 IP 地址。

一个域名为什么要对应多个 IP 地址呢？一般的域名没有这个必要。但有的网站的访问量非常大。为了使 Yahoo 这个万维网服务器的负载得到平衡（因为每天访问这个站点的次数非常多）。因此 Yahoo 网站就设有好几台计算机，每一台计算机都运行同样的服务器软件。这些计算机的 IP 地址当然都是不一样的，但它们的域名却是相同的。这样，第一个访问该网址的就得到第一台计算机的 IP 地址，而第二个访问者就得到第二台计算机的 IP 地址，等等。这样可使 Yahoo 网站所属的各服务器的负荷比较均匀。这就叫作负载平衡。

**问题 6-8.** 当使用 2 Mbit/s 的宽带调制解调器上网时，经常会发现数据下载的速率远远小于 2 Mbit/s。这是什么原因？

**解答：**从你点击的万维网服务器到你的 PC 的整个路径上，只要有一个地方出现瓶颈，数据传输的速率就要下降。

可能出现瓶颈的地方很多，如：

(1) 你所点击的万维网服务器现在访问它的用户太多，该服务器忙不过来。
(2) 路径上某个地方出现网络拥塞，在路由器的缓存队列中排队的时间过长。
(3) 你使用的 ISP 容量不够大，上网的用户太多，ISP 忙不过来。

**问题 6-9**. ARP 和 DNS 是否有些相似？它们有何区别？

**解答**：如果说 ARP 和 DNS 有相似之处，那么这仅仅在形式上都是主机发送出请求，然后从相应的服务器收到所需的回答。另外一点是这两个协议经常是连在一起使用的。但重要的是：**这两个协议是完全不同的**。

DNS 是应用层协议，用来请求域名服务器将连接在**互联网上**的某台主机的域名解析为 32 位的 IP 地址。在大多数情况下，本地的域名服务器很可能还不知道所请求的主机的 IP 地址，于是还要继续寻找其他的域名服务器。这样很可能要在互联网上寻找多次才能得到所需的结果，最后将结果发送给原来发出请求的主机（见教材的 6.1.3 节）。

ARP 是网络层协议（也有人认为它属于链路层），它采用广播方式请求将连接在**本以太网**上的某台主机或某个路由器的 32 位的 IP 地址，解析为 48 位的以太网 MAC 地址。

**问题 6-10**. "网关"和"路由器"是否为同义语？

**解答**：在问题 4-2 中我们已经讲过，当使用在"IP 网关"或"IP 路由器"中时，它们是同义语，只不过"网关"是旧的名词。在比较老的 RFC 文档中经常使用的是"网关"，实际上就是"路由器"。

但在某些情况下，则"网关"并不等于"路由器"，例如在电子邮件系统中的"e-mail gateway"就属于一种应用网关，它不是路由器。

**问题 6-11**. 我们常在文献上看到"远程登录"这样的名词。它的英文名字应当是 remote log-in 还是 Telnet？

**解答**：这个名词有一个特点，就是一个中文名词对应了几个英文名词。

在 1994 年公布的《计算机科学技术名词》[MINGCI94]中规定：

log-in 的标准译名是"注册"，又称"登录"。

因此"远程登录"应当可以理解为"remote log-in"。

然而在 1997 年 7 月 18 日发布的"全国科学技术名词审定委员会推荐名（一）"中，将 Telnet 的中文推荐名规定为"远程登录"，并在其注释中注明：

"指互联网(Internet)的远程登录服务，它允许一个用户登录到一个远程计算机系统中，就好像用户端直接与远程计算机相连一样。"

在 Comer 的"Internetworking with TCP/IP" Vol.1 中的第 25 章的标题是：

25  Applications: Remote Login (TELNET, Rlogin)

这表明"Remote Login"和"TELNET"以及简化写法"Rlogin"都具有相同的意思。但在 Comer 一书中指出了 TELNET 是远程登录服务的 TCP/IP 标准协议。因此当我们看到"远程登录"时，应当联系上下文，看它指的是一种**服务**，还是一种**协议**。应当记得，我们多次强调过，**服务和协议是很不一样的**。

**问题 6-12**. 电话通信和电子邮件通信都是使用客户服务器工作方式吗？

**解答**：互联网的电子邮件通信，当然是使用客户服务器工作方式。传统的电话通信虽然有主叫方和被叫方（主叫方先拨号，被叫方摘机，然后通话），但通信的工作方式并不是客户服务器方式。然而新型的 IP 电话（使用 H.323 协议或 SIP 协议）则使用了客户服务器的工作方式。

**问题 6-13.** 在电子邮件中，"信封""内容""首部""主体"是个什么样的关系？

**解答：** 在电子邮件中，信封和我们通过邮局寄信所用的信封的作用是很相似的。邮局投递信件是靠信封上的信息，但邮局并不阅读信封中所放入的信件（这里所说的信件就相当于电子邮件中的"内容"）。电子邮件也是这样。邮件服务器依据电子邮件**信封**上的信息，将邮件传送到目的邮件服务器。电子邮件中的"**内容**"也称为"**报文**"(message)，它就是用户所写的信件。

但电子邮件是美国人发明的，因此信件的格式也要按照他们的习惯来写。我们知道，中国人写信时，其格式较为简单，即先写收信人的称呼，再写正文，最后是发信人的署名和日期。但美国人写信时，在一开始还要有**信头**(heading)和**封内地址**(inside address)这两部分。信头是发信人的地址和日期，而封内地址是收信人的地址。因此电子邮件也必须有这两项。这两项合起来就叫作电子邮件的内容部分中的"**首部**"，而**首部**后面才是内容中的**主体**部分。人们容易搞不清楚的就是：信封上明明已经有了收信人和发信人的地址，为什么在内容部分还要重复这一部分（还要有一个首部）？其实，这只是西方国家的写信习惯和我们的有些不同而已。实际上，人家这样做是有道理的。当邮寄过程中出现信封受到损伤而看不清收信人的地址时，邮局还可从信封中的信件的"封内地址"查明收信人的地址。但中国人的信件当信封上的地址看不清时，一般从信封里面的信件内容就无法查出收信人的地址了。

总之，电子邮件 = 信封 + 内容
内容 = 首部 + 主体

用户只需将内容写好，交给用户代理。用户代理**自动地**从内容的首部中提取有关信息，写到信封上，交给邮件服务器发送邮件。

**问题 6-14.** 在电子邮件的发展过程中，X.400 是个很有名的电子邮件系统。为什么现在不提了？

**解答：** 在计算机网络发展初期就出现了电子邮件。例如，早在 1971 年（这时 TCP/IP 还没有问世），在 RFC 196 中就提出了一种最原始的电子邮件系统，叫作邮箱协议 MBP (Mail Box Protocol)。以后又更新了几次。在 1980 年，在 RFC 772 中提出了邮件传送协议 MTP (Mail Transfer Protocol)。这已经具有现代电子邮件的雏形了。

在这段时间，又有使用不同技术的电子邮件系统出现了。例如，UUCP (Unix-to-Unix Copy Protocol)提供了在 UNIX 系统中的文件传送。到了 1982 年，基于 TCP/IP 的电子邮件系统 SMTP 才被提出来[RFC 821]，并成为了互联网的正式标准，编号是 STD 10。

我们知道，在那个时期，ISO 还提出了一个 OSI 体系结构。在 OSI 的应用层也设计了一个电子邮件系统，这就是写在 CCITT 的 X.400 建议书中的报文处理系统 MHS。虽然 MHS 比 SMTP 的功能丰富得多，然而，由于 MHS 比 SMTP 也复杂得多，它最终还是和 OSI 一起被淘汰了。因此，现在用在互联网上的电子邮件系统全是 SMTP。这也再次证明了"简单者生存"的规律。达尔文的进化论中提到"适者生存"，在互联网中，"适者"就是"简单者"。

**问题 6-15.** 有的教科书中在讲到电子邮件系统时用到 MTA。这是怎样的概念？

**解答：** 实际上，MTA 的概念是 CCITT 的 X.400 提出的。MTA 是 Mail Transfer Agent 的缩写，表示"邮件传送代理"，而与所使用的电子邮件协议无关。在网络中，电子邮件都是通过 MTA 来传送的。MTA 也分客户端和服务器端。因此，在讲述电子邮件工作原理时，使用 MTA 是一种很好的通用名词。虽然 MTA 是 X.400 中提出的术语，但 IETF 还是接受了这个术语。在 1993 年发布的 RFC 1506 还专门讨论了这两个不同的邮件系统的互连问题。

因此，下面的一些意思相同的名词都有可能在有关电子邮件的文献中出现，请读者注意。
在 RFC 821 中使用的名词：
SMTP-sender, SMTP-receiver（SMTP 发送端，SMTP 接收端）
在 RFC 5321 中使用的名词：
SMTP-client, SMTP-server（SMTP 客户端，SMTP 服务器端）
使用通用的名词 MTA 时：
MTA-client, MTA-server（MTA 客户端，MTA 服务器端）

**问题 6-16.** 能否更加细致地介绍一下 Base64 编码？

**解答：** 在这里只对教材上的内容做一些补充，更详细的描述见[RFC 2045]。

首先要对二进制比特流进行 24 位到 32 位的变换（每 6 位变换为 8 位的字符），如图 Q-6-16 所示。

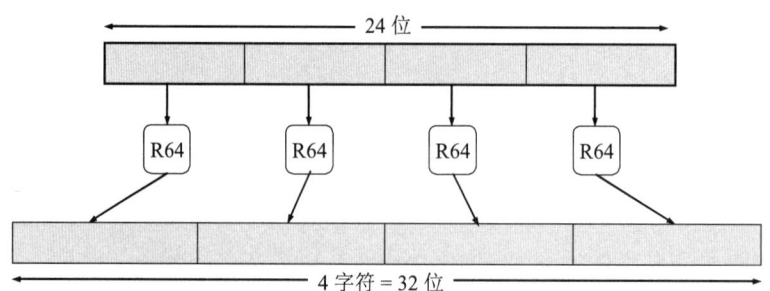

图 Q-6-16 Base64 编码的示意图

图中的 R64 表示进行 Base64 变换。Base64 变换又称为 Radix-64 编码，因此在图 Q-6-16 的白色方框中记为 R64。

Base64 变换的编码表是一个包含 65 个字符的 ASCII 码子集，如表 Q-6-16 所示。

表 Q-6-16 Base64 变换的编码表

| 6 位值 | 字符编码 | 6 位值 | 字符编码 | 6 位值 | 字符编码 | 6 位值 | 字符编码 |
|---|---|---|---|---|---|---|---|
| 0 | A | 17 | R | 34 | i | 51 | z |
| 1 | B | 18 | S | 35 | j | 52 | 0 |
| 2 | C | 19 | T | 36 | k | 53 | 1 |
| 3 | D | 20 | U | 37 | l | 54 | 2 |
| 4 | E | 21 | V | 38 | m | 55 | 3 |
| 5 | F | 22 | W | 39 | n | 56 | 4 |
| 6 | G | 23 | X | 40 | o | 57 | 5 |
| 7 | H | 24 | Y | 41 | p | 58 | 6 |

续表

| 6 位值 | 字符编码 | 6 位值 | 字符编码 | 6 位值 | 字符编码 | 6 位值 | 字符编码 |
|---|---|---|---|---|---|---|---|
| 8 | I | 25 | Z | 42 | q | 59 | 7 |
| 9 | J | 26 | a | 43 | r | 60 | 8 |
| 10 | K | 27 | b | 44 | s | 61 | 9 |
| 11 | L | 28 | c | 45 | t | 62 | + |
| 12 | M | 29 | d | 46 | u | 63 | / |
| 13 | N | 30 | e | 47 | v | | |
| 14 | O | 31 | f | 48 | w | （填充） | = |
| 15 | P | 32 | g | 49 | x | | |
| 16 | Q | 33 | h | 50 | y | | |

待编码的每一个 6 位组的值一定在 0～63 之间，因此一定可以按照上表变换为某一个可打印的 ASCII 码，这样就可以用电子邮件传送了。到接收端再进行反变换就可恢复出原来的二进制比特流。

不难看出，经过 Base64 编码后，增加了 33.3%的开销（6 位变换成 8 位），或者说，在网络上传送的数据中，有 25%的开销（8 位中的 2 位是进行编码变换时增加的）。

**问题 6-17.** 能否归纳一下 HTTP 协议的主要特点？

**解答：** 下面归纳了 HTTP 1.0 的主要特点。

(1) **应用层协议**。HTTP 是一个应用层协议。HTTP 使用可靠的、面向连接的运输协议 TCP，但 HTTP 协议本身并不提供可靠性机制和重传机制。

(2) **请求/响应**。一旦建立了运输连接（这常常称为建立了会话），浏览器端就向万维网服务器端发送 HTTP 请求，服务器收到请求后给出 HTTP 响应。

(3) **无状态**。"无状态"(stateless)就是指每一个 HTTP 请求都是独立的。万维网服务器不保存过去的请求和过去的会话记录。这就是说，同一个用户再次访问同一台服务器时，只要服务器没有进行内容的更新，服务器就给出和以前被访问时相同的响应。服务器不记录曾经访问过的用户，也不记录某个用户访问过多少次。

(4) **双向传输**。这在大多数情况下都是这样的：浏览器发出 HTTP 请求，服务器给出 HTTP 响应。

(5) **能力协商**。HTTP 允许浏览器和服务器协商一些细节,如在传送数据时使用的字符集。发送端可指明它所能够提供的能力(capability)，而接收端也能够指明它所能够接受的能力。

(6) **支持高速缓存**。为了缩短响应时间，浏览器可将读取的万维网页面暂存在其高速缓存中。如果用户再次请求该页面，则 HTTP 允许浏览器可以对服务器进行查询，以便确定自从上次缓存了该页面后页面的内容是否有变化。

(7) **支持代理服务器**。HTTP 允许在浏览器和服务器之间存在一个**代理服务器**。代理服务器将万维网页面存放在自己的缓存中，并且从这缓存中取出页面回答浏览器的请求。

**问题 6-18.** HTTP/1.1 协议比起 HTTP/1.0 协议有哪些主要的变化？HTTP /2 有哪些特点？

**解答：** HTTP/1.1 的最主要的变化就是改变了 HTTP/1.0 的"无状态"这一特点。

我们知道，当用户访问某个网站时，假定该网页上有一个文本文件和 15 个图形文件，那么用户要和这个万维网服务器建立总共 16 次的 TCP 连接，才能将这 16 个文件全部下载完。

浏览器在和服务器建立好一个 TCP 连接后，就发送 HTTP 请求，然后得到服务器的 HTTP 响应，传送过来一个文件（文字的或图形的），然后就自动断开 TCP 连接了。当点击下一个链接时，又重复以上的步骤。

HTTP/1.1 将 HTTP/1.0 的"无状态"这个特点改变了。HTTP/1.1 采用**持续连接**(persistent connection)作为默认的工作方式。当浏览器和某一万维网服务器建立 TCP 连接后，就可以在同一个 TCP 连接上，传送多次的 HTTP 请求和 HTTP 响应。当浏览器或服务器要关闭 TCP 连接时，就通知对方，然后再关闭连接。

持续连接最大的好处就是减小了开销。减小了建立 TCP 连接的次数，就减小了服务器的负担，缩短了响应时间，同时也减小了下层网络的开销，减少了缓存所占用的存储空间，也减少了使用的 CPU 时间。使用持续连接的浏览器还可以进一步优化对网站的访问。这就是采用**流水线式的请求**，即可以连续地发送请求，而不需要在收到响应后才发送下一个请求。当需要在某个页面读取多个图像文件而下层互连网络的吞吐量和时延都很大时，采用流水线式的请求就格外显得优点突出。

使用**持续连接是要付出代价的**。在建立 TCP 连接后，不论是浏览器还是服务器都不知道这个特定的 TCP 连接将要持续多长时间。这对服务器来说是个很主要的问题，因为可能有几千个浏览器要和这台服务器建立连接。我们应当注意到，只有连接的双方都关闭连接，TCP 连接才会完全关闭。服务器端应当设置一个超时计时器，以便当一定时间内没有收到请求就可关闭这个连接。客户端和服务器端都必须注意对方是否关闭了 TCP 连接。若发现对方关闭了连接，那么自己这一端也应当随即关闭这个 TCP 连接。

当客户连续发送请求并收到响应时，在 TCP 连接上传送的 HTTP 报文首部成为不小的开销。在这些首部中有很多字段是重复的。为此，HTTP/2 把所有的报文都划分为许多较小的**二进制编码的帧**，并采用了新的压缩算法，不发送重复的首部字段，大大减小了首部的开销，提高了传输效率。

**问题 6-19.** 抽象语法、传送语法的主要区别是什么？数据类型、编码以及编码规则的区别又是什么？

**解答**：下面是根据 OSI 的定义对上述名词的解释。本教材没有介绍 OSI 的表示层，而 TCP/IP 的体系结构里也没有表示层。因此在使用 TCP/IP 协议族的互联网中，通信的发送端和接收端必须在其应用层协议中解决数据格式的问题。如果在发送端和接收端使用不同的数据格式，那么至少有一方应当完成数据格式的转换问题。

| | |
|---|---|
| 抽象语法 | 抽象语法描绘了与任何表示数据的编码技术无关的通用数据结构<br>抽象语法使得人们能够定义数据类型，并指明这些类型的值 |
| 传送语法 | 当数据在两个表示层实体之间传输时，这些数据的实际比特模式表示方法就是传送语法 |
| 数据类型 | 一组具名值。一个数据类型可能是简单的，它通过指明一组值来定义；也可能是结构化的，它的定义中使用了其他一些类型 |
| 编码 | 用来表示数据值的完整的八位组序列 |
| 编码规则 | 从一个语法到另一个语法的映射规约。具体地说，编码规则从算法上定义了任何一组由抽象语法定义的数据值在传送语法中的表示 |

抽象语法只描述数据的结构形式，与具体的编码格式无关，同时也不涉及这些数据结构在计算机内如何存放。图 Q-6-19 以两个端系统通过网络交换数据为例来说明上述的一些概念。

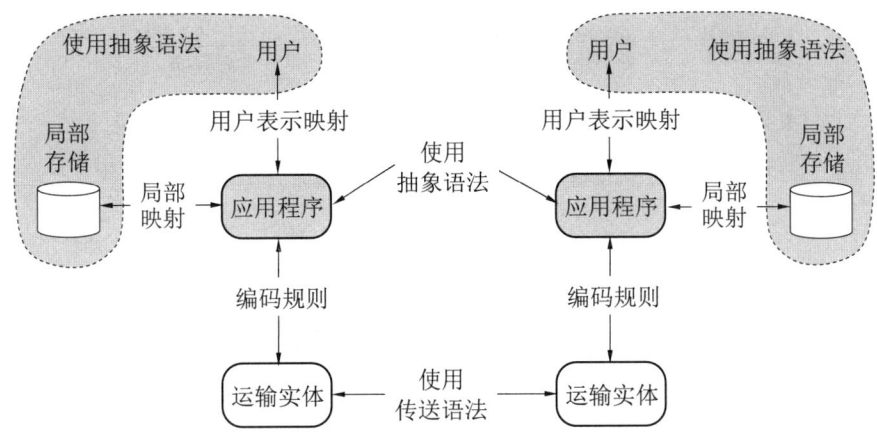

图 Q-6-19 抽象语法与传送语法的区别

运输实体所看到的数据是应用实体交下来的、根据一定的编码规则进行编码的二进制代码。但应用实体看到的则是一个用户观点的数据，通常是结构化的信息，如文本文档或可显示的图像信息。用户主要关心的是数据的语义。因此应用实体必须提供数据的表示方法，使得这些数据能够转换为二进制值。也就是说，应用实体必须考虑到数据的语法。

**问题 6-20.** 近来流行的名词 RSS 是什么意思？

**解答：** RSS 是个英文缩写词，但它有以下三种不同的解释。

(1) Rich Site Summary，即丰富的站点摘要；

(2) Really Simple Syndication，即真正简单的资源聚合；

(3) RDF Site Summary，即 RDF 站点摘要，而 RDF 表示 Resource Description Framework（资源描述框架）。

RSS 出现的背景是：网络上的信息随着互联网的普及而不断增长，从网上找到完全符合自己需求的信息变得越来越困难。RSS 就是一种新型的浏览器，用户利用 RSS 阅读器就可以高效率地在较短的时间内浏览大量的网站上的新闻信息。网络用户可以在客户端借助于支持 RSS 的新闻聚合工具软件，在不打开网站内容页面的情况下阅读支持 RSS 输出的网站内容。网站提供 RSS 输出，有利于让用户发现网站内容的更新。出版社也可利用 RSS 把更新的内容迅速分发给各用户。RSS 也可看成是一个网络出版标准。

RSS 有许多不同的版本。例如，RSS 0.90 和 RSS 0.91（Netscape 创建），RSS 1.0（RSS-DEV 工作组创建），RSS 0.9x 和 RSS 1.0，以及 RSS 2.0（这些是 UserLand Software 创建的）。几乎所有的 RSS 阅读器都可识别这些版本。0.91 和 2.0 版本最简单。但 2.0 版本并非 RSS 1.0 的改进版本。

世界多数知名新闻社网站都提供 RSS 订阅的支持，可以在不打开网站内容的情况下阅读支持 RSS 输出的内容。利用 RSS 提要(RSS Feed)可以更加方便地使别人浏览你的网站。

图 Q-6-20 给出了一些有关 RSS 的标记。XML 表示 eXtensible Markup Language（可扩展的标记语言）。

RSS 之所以使用 XML 格式，是为了便于计算机处理。

RSS 的标记　　　　RSS 文件的标记　　　　RSS 1.0 文件附有 RDF 标记

图 Q-6-20　一些有关 RSS 的标记

RSS 阅读器(RSS reader)有多种不同的名称，例如新闻阅读器(news reader)，RSS 聚合器(RSS aggregator)，新闻聚合器(news aggregator)。这些都是能够阅读 RSS 文件的程序。有时也可简称为阅读器。

**问题 6-21.** 使用 RSS 阅读器浏览信息和使用普通的万维网浏览器有何区别？

**解答：** 图 Q-6-21(a)表示普通的万维网浏览器的工作方式。当我们访问某个主页后（图中的主页 1），我们再次点击，就可以进入到下一个页面，这就是所谓的二级页面。但很可能，我们还要再使用鼠标选择一次，才能找到我们感兴趣的信息源 1。当我们想要看信息源 2 时，可能必须退到原来的二级页面，才能点击到信息源 2。然后我们要退回到二级页面，再退后到主页 1，进入另一个二级页面，才能点击到我们想找的信息源 3，等等。这样经过多次类似的操作，我们就能够通过访问 $n$ 个主页以及若干个二级页面后，找到我们所要看的 $m$ 个信息源。不难看出，这样的操作是很费时间的。

但 RSS 阅读器的工作方式却不同。图 Q-6-21(b)表示 RSS 阅读器的工作方式。只要用户打开 RSS 浏览器，就可看到已经把用户预订的 $m$ 个信息源，用链接的方式聚合到一起的 RSS 聚合站点。用户可以看见 RSS 文件，即项目表(List of items)。用户可以看到提要（也叫作频道，

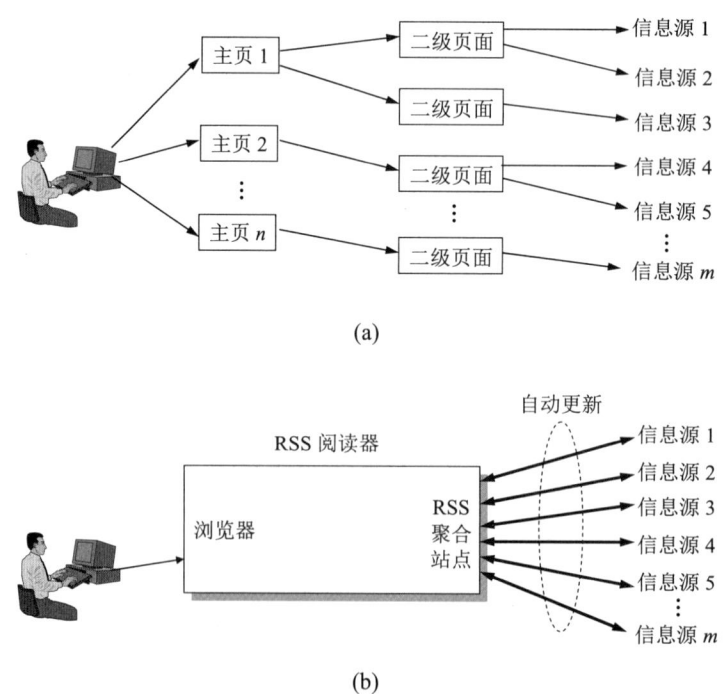

图 Q-6-21　普通的万维网浏览器的工作方式(a)与 RSS 阅读器的工作方式(b)

channel)。从选中的提要里可以看到其中的许多标题。如果再点击感兴趣的标题,就可以看到内容摘要。最后,如果还要看全文,就再点击一下来查看全文。整个操作都很方便快捷,比普通的浏览器方便得多。建议读者自己找一个新闻阅读器体验一下,就可以更加清楚地理解阅读器的好处。

最后应当强调一下,RSS 阅读器适合于阅读经常更新的新闻。如果想要在网上查找一些学术论文,那么就不宜使用这种阅读器。这是因为论文一旦发表,一般是不会更新的。而 RSS 阅读器的最主要的特点就是能够不断更新(例如,每半小时或一小时更新一次),使用户可以看到最新的新闻。由于 RSS 阅读器替用户找新闻,从而为用户节省了大量时间。

这里还要说一下,RSS 文件(RSS File)也就是 RSS 频道(RSS Channel),或 RSS 提要(RSS Feed),或 RSS 项目表(List of items)。

顺便说一下,为什么 Feed 译为"提要"呢?根据 Webster's New World Dictionary,在 Feed 的名词解释中有这样的表述:*Theater* to supply (an actor) with (cue lines),即在演戏时向演员提示的台词。因此有人按这样的意思,把 Feed 意译为"提要"。

**问题 6-22**. 现在有哪些常用的 RSS 阅读器?

**解答**:现在网上流行的 RSS 阅读器非常多,下面是一些例子。

Google 阅读器(Google Reader)

新浪点点通阅读器

爱博报刊杂志阅读器(Abot News Reader)

互动快报读报软件

91 看书阅读器

全国报纸天天读

看天下网络资讯浏览器

例如,Google 阅读器在其说明中指出:"使用 Google 阅读器,仅在一个地方即可获得所有资讯和博客文章"。Google 阅读器还指出它有以下三个优点:

(1) 随时掌握新信息。Google 阅读器定期查看用户所喜爱的新闻站点和博客,看看有没有新内容。

(2) 与好友共享。使用 Google 阅读器的内置公共页,更方便地与好友和家人共享有趣的内容。

(3) 随时随地使用,完全免费。Google 阅读器能用在绝大多数流行的浏览器上,而不需要安装任何软件。

**问题 6-23**. 什么是博客?

**解答**:博客(blog)是网络日志(weblog)的简称。也有人把 blog 进行音译,译为"部落格",或"部落阁"。还有人用"博文"来表示博客文章。

本来,网络日志是指个人撰写并在互联网上发布的、属于网络共享的个人日记。但现在它不仅可以是个人日记,而且可以有无数的形式和大小,也没有任何实际的规则。

博客其实也就是个网站,或网站的一部分。博客的作者可以源源不断地往里面填充内容。网民可以在看后在其中发表评论,也可以什么都不做。

现在博客已经极大地扩充了互联网的应用和影响，成为了所有网民都可以参与的一种新媒体，并使得无数的网民有了发言权，有了与政府、机构、企业，以及很多人交流的机会。在博客出现以前，网民是互联网上内容的消费者，但博客改变了这种情况，网民不仅是互联网上内容的消费者，而且还是互联网上内容的生产者。

从历史上看，weblog 这个新词是 Jorn Barger 于 1997 年创造的。简写的 blog（这是今天最常用的术语）则是 Peter Merholz 于 1999 年创造的。不久，有人把 blog 既当作名词，也当作动词，表示编辑博客或写博客。不久，新名词 blogger 也出现了，它表示博客的拥有者，或博客内容的撰写者和维护者，或博客用户。英文和中文的一个很大的不同点就是英文可以不断地创造新的词。但中文一般不能随便创造新的字（只有在很少的情况下，例如可以给一个新的化学元素创造一个新的字）。中文只是使用现有的字组合成一个新的词。

现在从一些著名的网站的主页上都可以很容易地进入到博客的页面，这让用户查看或发表自己的博客都是非常方便的。从图 Q-6-23 可以看出，"博客"已经成为新浪网站的二级页面。

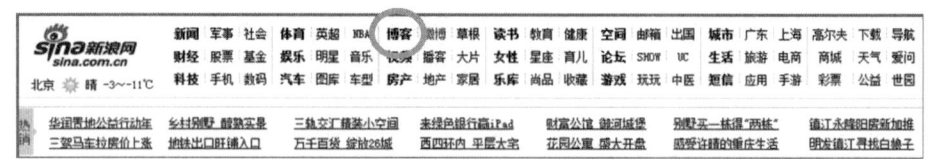

图 Q-6-23 "博客"出现在新浪网的主页上

当我们从新浪网站的主页进入到博客这个二级页面时，就可以看到各式各样的博客。也可以利用搜索工具寻找所需的博客。如果我们进行注册了，那么也可以发表自己写的博客，让别人来阅读。

**问题 6-24.** 什么是微博？

**解答：** 从字面上看，微博就是微型博客(microblog)，它的意思已经非常清楚。

但微博不同于一般的博客。微博只记录片段、碎语，三言两语，现场记录，发发感慨，晒晒心情，永远只针对一个问题进行回答。微博只是记录自己琐碎的生活，呈现给人看，而且必须很真实。微博中不必有太多的逻辑思维，很随便，很自由，有点像电影中的一个镜头。写微博比写其他东西简单多了，不需要标题，不需要段落，更不需要漂亮的词汇。

2009 年是中国微博蓬勃发展的一年，相继出现了新浪微博、139 说客、9911、嘀咕网、同学网、贫嘴等微博客。例如，新浪微博就是由中国最大的门户网站新浪网推出的微博服务，是中国目前用户数最多的微博网站，名人用户众多是新浪微博的一大特色，基本已经覆盖大部分知名文体明星、企业高管、媒体人士。用户可以通过网页、WAP 网、手机短信彩信、手机客户端、MSN 绑定等多种方式更新自己的微博。每条微博字数最初限制为 140 英文字符，但现在已增加了"长微博"的选项，可输入更多的字符。微博还提供插入图片、视频、音乐等功能。根据统计，从 2010 年 3 月到 2012 年 3 月，新浪微博的覆盖人数从 2510.9 万增长到 3 亿。

博客或微博里的朋友，常称为"博友"。微博也被人戏称为"围脖"，因此现在也有人把博友戏称为"脖友"。

从图 Q-6-24 可以看出，在新浪网的主页上点击"微博"就可以看到各种微博。

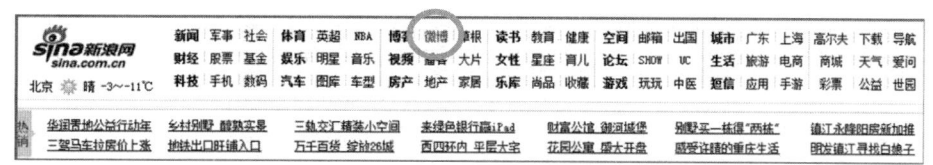

图 Q-6-24 "微博"出现在新浪网的主页上

微博是一种互动及传播性极快的工具,其实时性、现场感及快捷性,往往超过所有媒体。这是因为微博对用户的技术要求门槛很低,而且在语言的编排组织上,没有博客那么高。另外,微博开通的多种 API 使大量的用户,可以通过手机、网络等方式来即时更新自己的个人信息。微博网站的即时通信功能非常强大,可以通过 QQ 和 MSN 直接书写。

现在不少地方政府也开通了微博(即政府微博),这是信息公开的表现。政府可以通过官方微博,及时公布政情、资讯,获取与民众更多、更直接、更快的沟通,特别是在突发事件或者群体性事件发生的时候,微博已经成为政府新闻发布的一种重要手段。

我们正处在一个急剧变革的时代,人们需要用贯穿不同社会阶层的信息去了解社会、改变生活。在互联网上微博的出现正好满足了广大网民的需求。微博的发布、转发信息的功能很强大,而微博的信息发布的门槛却又很低(用手机就可以发布),这将使这种一个人的"通讯社"对整个社会的影响越来越大。

**问题 6-25.** 什么是播客?

**解答**:播客是"Podcasting"的译名,是指一种在互联网上发布文件,并允许用户订阅提要(Feed)以自动接收新文件的方法,或用此方法来制作的电台节目。播客在 2004 年下半年开始在互联网上流行,用于发布音频文件。"播客"一词来源自苹果公司的"iPod"与"广播"(broadcast)的混成词。由于英文中的 Podcast, Podcaster 或 Podcasting 等词的相关性,中文往往统称为"播客"。

播客与其他音频内容传送的区别在于其订阅模式。播客使用 RSS 2.0 文件格式传送信息。该技术允许个人进行创建与发布,这种新的传播方式使得人人可以说出他们想说的话。

订阅播客节目可以使用相应的播客软件。这种软件可以定期检查并下载新内容,并与用户的便携式音乐播放器同步内容。任何数字音频播放器或拥有适当软件的电脑都可以播放播客节目。相同的技术也可用来传送视频文件,在 2005 年上半年,已经有一些播客软件可以像播放音频一样播放视频了。

从图 Q-6-25 可以看出,在新浪网的主页上也可以点击到"播客"的页面。

图 Q-6-25 "播客"出现在新浪网的主页上

**问题 6-26.** 什么是门户网站?

**解答**:门户(portal),原意是指正门、入口。

所谓门户网站，是指通向某类综合性互联网信息资源，并提供有关信息服务的应用系统。门户网站最初提供搜索引擎和网络接入服务，后来由于市场竞争日益激烈，门户网站不得不快速地拓展各种新的业务类型，希望通过门类众多的业务来吸引和留驻互联网用户。目前门户网站的业务包罗万象，成为网络世界的"百货商场"或"网络超市"。从现在的情况来看，门户网站主要提供新闻、搜索引擎、网络接入、聊天室、电子公告牌(BBS, Bulletin Board System)、免费邮箱、影音资讯、电子商务、网络社区、网络游戏、免费网页空间，等等。

例如新浪网站、网易网站、搜狐网站等都是我国的著名门户网站。

**问题 6-27．** 在应用层的各种应用程序中，杀手应用程序是什么意思？

**解答：** 杀手应用（或杀手应用程序）的英文术语就是 killer application，有时也简称为 killer app。有人也译为王牌应用（或王牌应用程序）。但这并不是一个专业名词，而是技术人员的一个行话(jargon)。杀手应用程序表明它被迅速广泛使用，并且能够对市场起着很大的推动作用。

例如，当电子邮件被大量使用后，就推动了互联网的发展。以后万维网的问世，又使互联网更加飞速地发展。像电子邮件和万维网，都可称为 killer app。

**问题 6-28．** 在网上常常可以看到缩写词 URI。它和 URL 是一样的吗？

**解答：** 不一样。URI (Uniform Resource Identifier)是**统一资源标识符**，是为了给互联网中的每一个资源赋予一个唯一的标识符。URI 包括两个子集。即：

(1) URL (Uniform Resource locator)，即本章所介绍的**统一资源定位符**。

(2) URN (Uniform Resource Name)，即**统一资源名**。

所谓"资源"，就是在互联网内任何可以标识的东西，而"统一"就是采用统一的格式来处理多种不同类型的资源。互联网中的资源太多了，不可能给每一个资源都赋予一个不同的名字。因此很多资源并没有统一的名字。

URN 只给出了名字，但没有指出资源在什么地方。URL 不但指出了资源在什么地方，而且指出了用什么样的协议可以访问到这个资源。我们在教材第 6 章介绍的 URL 的最前面的 http，就表示用协议 HTTP 就可以访问到在://后面所指出的资源，因为在://后面就是资源所在的地点。这就是为什么 URL 叫作统一资源定位符的原因。

举个例子，我们的第 8 版教材《计算机网络》有个 URN，这就是书号：978-7-121-41174-8。这个书号在全球是唯一的。如果仅查找图书《计算机网络》，那么会有很多种不同的教材。但只要按照 URN 来查找，那么查找的结果肯定是唯一的。这种书号的正式名称是国际标准书号 ISBN (International Standard Book Number)。互联网中不同资源有不同的命名方法，因此就有了各种不同的名字空间。一个资源的 URN 必须首先指明资源的名字空间，然后再指出在这个名字空间中使用了什么名字。例如，一本图书的名字空间是 ISBN，因此第 8 版教材《计算机网络》的 URN 就应当是：

URN:<ISBN>:<978-7-121-41174-8>。

但这本书在什么地方，则需要另外指明，如在某个城市某条街道某个书店某个书架的某层。关于 URN 的详细资料可查阅 RFC 1630, 1737, 1738, 1808, 2141 等文档。

**问题 6-29．** ARP 和 DNS 都设有缓存。ARP 的缓存时间的典型数值是 10 分钟，但 DNS 的缓存时间的典型数值是几天。为什么会有这样的差别？

**解答**：ARP 的广播查询（查找和某个 IP 地址对应的 MAC 地址）永远只在一个很小的局域网范围进行。如果在本局域网中查找不到所要查找的 MAC 地址，那么就会返回本局域网上的某个路由器的 MAC 地址。因此消耗的网络资源是很少的。

相反，DNS 的查询一般都不局限在本局域网上。在许多情况下还要去 DNS 根域名服务器查找。在访问浏览器时，往往要产生很多的 DNS 查询。如果 DNS 的缓存时间太短，就必然要频繁更新数据，这样就在互联网上产生很多不必要的流量。因此，DNS 缓存时间都要比 ARP 的缓存时间长很多。

# 习题与解答

【6-01】 互联网的域名结构是怎样的？它与目前的电话网的号码结构有何异同之处？

**解答**：互联网的域名系统 DNS (Domain Name System) 被设计成为一个联机分布式数据库系统，并采用客户服务器方式。互联网的域名结构采用了层次树状结构的命名方法，就像全球邮政系统和电话系统那样。采用这种命名方法，任何一个连接在互联网上的主机或路由器，都有一个唯一的层次结构的名字，即域名。"域"是名字空间中一个可被管理的划分。域还可以划分为子域，而子域还可继续划分为子域的子域，这样就形成了顶级域、二级域、三级域，等等。

从语法上讲，每一个域名都是由标号序列组成的，而各标号之间用点隔开。

DNS 规定，域名中的标号都由英文字母和数字组成，每一个标号不超过 63 个字符，也不区分大小写字母。标号中除连字符(-)外不能使用其他的标点符号。级别最低的域名写在最左边，而级别最高的顶级域名则写在最右边。由多个标号组成的完整域名总共不超过 255 个字符。DNS 既不规定一个域名需要包含多少个下级域名，也不规定每一级的域名代表什么意思。各级域名由其上一级的域名管理机构管理，而最高的顶级域名则由 ICANN 进行管理。用这种方法可使每一个域名在整个互联网范围内是唯一的，并且也容易设计出一种查找域名的机制。

互联网的域名结构与目前的电话网的号码结构的相同点：

互联网的域名结构与目前的电话网的号码结构都是树状结构，每一个域名和每一个电话号码在系统中都是唯一的。

不同点：

打电话时按号码打即可，但在互联网中，还不能按域名直接通信，必须经过域名系统进行从域名到 IP 地址的转换（这个过程称为解析）。得到了 IP 地址，才能进行通信。

固定电话号码可以反映出地理位置。例如，固定电话号码(8625)XXXXXXXX 的地理位置肯定在中国南京，但如果使用类别域名，则域名与地理位置并无对应关系。例如，在.com 下注册的域名 abc.com，就可能位于世界上任何一个国家。如果使用行政区域名，则域名与行政区有对应关系。例如，域名 abc.js.cn 就对应于地理位置在中国江苏省的某个公司或机构。

【6-02】 域名系统的主要功能是什么？域名系统中的本地域名服务器、根域名服务器、顶级域名服务器以及权限域名服务器有何区别？

**解答**：域名系统 DNS 是互联网使用的命名系统，用来把便于人们使用的机器名字转换为 IP 地址。在域名系统中使用了层次结构的许多域名服务器。

本地域名服务器离用户较近，一般不超过几个路由器的距离。当一个主机发出 DNS 查询请求时，这个查询请求报文就发送给本地域名服务器。当所要查询的主机也属于同一个本地 ISP 时，该本地域名服务器立即就能将所查询的主机名转换为它的 IP 地址，而不需要再去询问其他的域名服务器。

根域名服务器是最高层次的域名服务器，也是最重要的域名服务器。所有的根域名服务器都知道所有的顶级域名服务器的域名和 IP 地址。根域名服务器是最重要的域名服务器，因为不管是哪一个本地域名服务器，若要对互联网上任何一个域名进行解析（即转换为 IP 地址），只要自己无法解析，就首先要求助于根域名服务器。

顶级域名服务器负责管理在该顶级域名服务器注册的所有二级域名。当收到 DNS 查询请求时，就给出相应的回答（可能是最后的结果，也可能是下一步应当找的域名服务器的 IP 地址）。

一个服务器所负责管辖的（或有权限的）范围叫作区。各单位根据具体情况来划分自己管辖范围的区。但在一个区中的所有节点必须是能够连通的。每一个区设置相应的权限域名服务器，用来保存该区中的所有主机的域名到 IP 地址的映射。因此，权限域名服务器是负责一个区的域名服务器。当一个权限域名服务器还不能给出最后的查询回答时，就会告诉发出查询请求的 DNS 客户，下一步应当找哪一个权限域名服务器。

**【6-03】** 举例说明域名转换的过程。域名服务器中的高速缓存的作用是什么？

**解答**：域名到 IP 地址的解析过程的要点如下：当某一个应用进程需要把主机名解析为 IP 地址时，该应用进程就调用解析程序，并成为 DNS 的一个客户，把待解析的域名放在 DNS 请求报文中，以 UDP 用户数据报方式发给本地域名服务器（使用 UDP 是为了减少开销）。本地域名服务器在查找域名后，把对应的 IP 地址放在回答报文中返回。应用进程获得目的主机的 IP 地址后即可进行通信。

若本地域名服务器不能回答该请求，则此域名服务器就暂时成为 DNS 中的另一个客户，并向其他域名服务器发出查询请求。这种过程直至找到能够回答该请求的域名服务器为止。

为了提高域名服务器的可靠性，DNS 域名服务器都把数据复制到几个域名服务器来保存，其中的一个是主域名服务器，其他的是辅助域名服务器。当主域名服务器出故障时，辅助域名服务器可以保证 DNS 的查询工作不会中断。主域名服务器定期把数据复制到辅助域名服务器中，而更改数据只能在主域名服务器中进行。这样就保证了数据的一致性。

主机向本地域名服务器的查询一般都采用递归查询。本地域名服务器向根域名服务器的查询通常采用迭代查询。根域名服务器通常是把自己知道的顶级域名服务器的 IP 地址告诉本地域名服务器，让本地域名服务器再向顶级域名服务器查询。顶级域名服务器在收到本地域名服务器的查询请求后，要么给出所要查询的 IP 地址，要么告诉本地域名服务器下一步应当向哪一个权限域名服务器进行查询，本地域名服务器就这样进行迭代查询。最后，知道了所要解析的域名的 IP 地址，然后把这个结果返回给发起查询的主机。当然，本地域名服务器也可以采用递归查询，这取决于最初的查询请求报文的设置是要求使用哪一种查询方式。递归查询返回的查询结果或者是所要查询的 IP 地址，或者是报错，表示无法查询到所需的 IP 地址。

图 T-6-03 给出了两种查询的区别。

假定域名为 m.xyz.com 的主机想知道另一台主机（域名为 y.abc.com）的 IP 地址。例如，主机 m.xyz.com 打算发送邮件给主机 y.abc.com，这时就必须知道主机 y.abc.com 的 IP 地址。下面是图 T-6-03(a)的几个查询步骤：

❶ 主机 m.xyz.com 先向其本地域名服务器 dns.xyz.com 进行递归查询。
❷ 本地域名服务器采用迭代查询。它先向一台根域名服务器查询。
❸ 根域名服务器告诉本地域名服务器，下一次应查询的顶级域名服务器 dns.com 的 IP 地址。

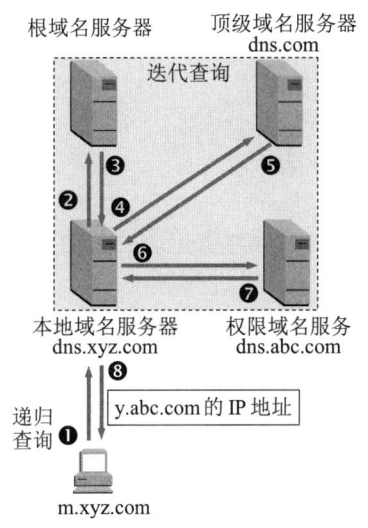 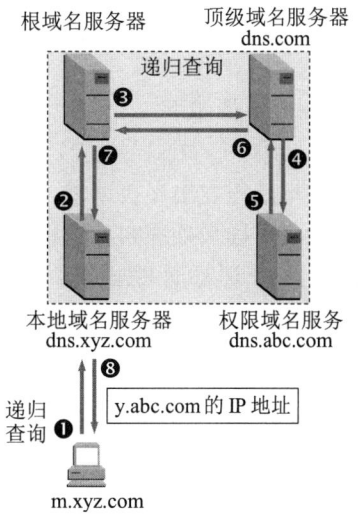

(a) 本地域名服务器采用迭代查询　　(b) 本地域名服务器采用递归查询

图 T-6-03　DNS 查询举例

❹ 本地域名服务器向顶级域名服务器 dns.com 进行查询。
❺ 顶级域名服务器 dns.com 告诉本地域名服务器，下一次应查询的权限域名服务器 dns.abc.com 的 IP 地址。
❻ 本地域名服务器向权限域名服务器 dns.abc.com 进行查询。
❼ 权限域名服务器 dns.abc.com 告诉本地域名服务器，所查询的主机的 IP 地址。
❽ 本地域名服务器最后把查询结果告诉主机 m.xyz.com。

我们注意到，这 8 个步骤总共要使用 8 个 UDP 用户数据报的报文。本地域名服务器经过三次迭代查询后，从权限域名服务器 dns.abc.com 得到了主机 y.abc.com 的 IP 地址，最后把结果返回给发起查询的主机 m.xyz.com。

图 T-6-03(b)是本地域名服务器采用递归查询的情况。在这种情况下，本地域名服务器只需向根域名服务器查询一次，后面的几次查询都是在其他几个域名服务器之间进行的（步骤❸至❻）。只是在步骤❼，本地域名服务器从根域名服务器得到了所需的 IP 地址。最后在步骤❽，本地域名服务器把查询结果告诉主机 m.xyz.com。整个的查询也是使用 8 个 UDP 报文。

为了提高 DNS 查询效率，并减轻根域名服务器的负荷和减少互联网上的 DNS 查询报文数量，在域名服务器中广泛地使用了**高速缓存**（有时也称为高速缓存域名服务器）。高速缓存用来存放最近查询过的域名，以及从何处获得域名映射信息的记录。

**【6-04】** 设想有一天整个互联网的 DNS 系统都瘫痪了（这种情况不大会出现），试问还有可能给朋友发送电子邮件吗？

**解答**：有可能，如果你能够直接使用对方的邮件服务器的 IP 地址。

**【6-05】** 文件传送协议 FTP 的主要工作过程是怎样的？为什么说 FTP 是带外传送控制信息的？主进程和从属进程各起什么作用？

**解答**：FTP 使用客户服务器方式。一个 FTP 服务器进程可同时为多个客户进程提供服务。FTP 的服务器进程由两大部分组成：一个主进程，负责接收新的请求；另外有若干个从属进程，负责处理单个请求。

主进程的工作步骤如下：

(1) 打开熟知端口（端口号为 21），使客户进程能够连接上。
(2) 等待客户进程发出连接请求。
(3) 启动从属进程来处理客户进程发来的请求。从属进程对客户进程的请求处理完毕后即终止，但从属进程在运行期间根据需要还可能创建其他一些子进程。
(4) 回到等待状态，继续接收其他客户进程发来的请求。主进程与从属进程的处理是并发进行的。

服务器端有两个从属进程：控制进程和数据传送进程。在客户端除了控制进程和数据传送进程外，还有一个用户界面进程用来和用户接口。

在进行文件传输时，FTP 的客户和服务器之间要建立两个并行的 TCP 连接："控制连接"和"数据连接"。控制连接在整个会话期间一直保持打开，FTP 客户所发出的传送请求，通过控制连接发送给服务器端的控制进程，但控制连接并不用来传送文件。实际用于传输文件的是"数据连接"。服务器端的控制进程在接收到 FTP 客户发送来的文件传输请求后，就创建"数据传送进程"和"数据连接"，用来连接客户端和服务器端的数据传送进程。数据传送进程实际完成文件的传送，在传送完毕后关闭"数据传送连接"并结束运行。由于 FTP 使用了一个分离的控制连接，因此 FTP 的控制信息是带外(out of band)传送的。我们知道，传送数据一般都是在带内传送的。FTP 的控制信息不在数据连接中传送，而是在控制连接中传送。"带外"这个名词就是这样的含义。

**【6-06】** 简单文件传送协议 TFTP 与 FTP 的主要区别是什么？各用在什么场合？

**解答**：简单文件传送协议 TFTP (Trivial File Transfer Protocol)，它是一个很小且易于实现的文件传送协议。虽然 TFTP 也使用客户服务器方式，但它使用 UDP 数据报，因此 TFTP 需要有自己的差错改正措施。FTP 使用 TCP 传送数据，因而是很可靠的。但正因如此，FTP 就比 TFTP 复杂得多。TFTP 只支持文件传输而不支持交互。TFTP 没有一个庞大的命令集，没有列目录的功能，也不能对用户进行身份鉴别。

TFTP 的主要优点有两个：第一，TFTP 可用于 UDP 环境；第二，TFTP 代码所占的内存较小。

TFTP 的工作很像停止等待协议。发送完一个文件块后就等待对方的确认，确认时应指明所确认的块编号。发完数据后在规定时间内收不到确认就要重发数据 PDU。发送确认 PDU 的一方，若在规定时间内收不到下一个文件块，也要重发确认 PDU。这样就可保证文件的传送不致因某一个数据报的丢失而告失败。

当我们只需要复制一个文件而不需要 FTP 协议的功能时，就只需要一个能够迅速复制这些文件的协议，TFTP 就是一个很好的选择。

**【6-07】** 远程登录 TELNET 的主要特点是什么？什么叫作虚拟终端 NVT？

**解答：** TELNET 是一个简单的远程终端协议，它也是互联网的正式标准。用户使用 TELNET 就可在其所在地通过 TCP 连接注册（即登录）到远地的另一台主机上。TELNET 能将用户的击键传到远地主机，同时也能把远地主机的输出通过 TCP 连接返回到用户屏幕。这种服务是透明的，因为用户感觉到好像键盘和显示器是直接连在远地主机上的。因此，TELNET 又称为终端仿真协议。

为了适应这种差异，TELNET 定义了数据和命令应怎样通过互联网。这些定义就是所谓的网络虚拟终端 NVT (Network Virtual Terminal)。客户软件把用户的击键和命令转换成 NVT 格式，并送交服务器。服务器软件把收到的数据和命令，从 NVT 格式转换成远地系统所需的格式。向用户返回数据时，服务器把远地系统的格式转换为 NVT 格式，本地客户再从 NVT 格式转换到本地系统所需的格式。

**【6-08】** 解释以下名词。各英文缩写词的原文是什么？

WWW，URL，HTTP，HTML，CGI，浏览器，超文本，超媒体，超链，页面，活动文档，搜索引擎。

**解答：**

**WWW** (World Wide Web)是万维网的英文缩写词。万维网并非某种特殊的计算机网络，它是一个大规模的、联机式的信息储藏所，英文简称为 Web。万维网用链接的方法能非常方便地从互联网上的一个站点访问另一个站点（也就是所谓的"链接到另一个站点"），从而可以获取丰富的信息。

**URL** (Uniform Resource Locator)是统一资源定位符的英文缩写词。万维网使用 URL 来标志万维网上的各种文档，并使每一个文档在整个互联网的范围内具有唯一的标识符 URL。

**HTTP** (HyperText Transfer Protocol)是超文本传送协议的英文缩写词。HTTP 是万维网客户程序与万维网服务器程序之间进行交互时必须遵守的协议。

**HTML** (HyperText Markup Language)是超文本标记语言的英文缩写词。它使得万维网页面的设计者，可以很方便地使用链接，从本页面的某处链接到互联网上的任何一个万维网页面，并且能够在自己的主机屏幕上将这些页面显示出来。

**CGI** (Common Gateway Interface)是通用网关接口的英文缩写词。CGI 是一种标准，它定义了动态文档应如何创建，输入数据应如何提供给应用程序，以及输出结果应如何使用。

**浏览器**是在用户主机上的万维网客户程序。万维网文档所驻留的主机则运行服务器程序。客户程序向服务器程序发出请求，服务器程序向客户程序送回客户所要的万维网文档。

**超文本**是包含指向其他文档的链接的文本。也就是说，一个超文本由多个信息源链接而成，这些信息源的数目实际上是不受限制的。利用一个链接可使用户找到另一个文档，而这又可链接到其他的文档（依此类推）。这些文档可以位于世界上任何一个连接在互联网上的超文本系统中。超文本是万维网的基础。

**超媒体**与超文本的区别是文档内容不同。超文本文档仅包含文本信息，而超媒体文档还包含其他表示方式的信息，如图形、图像、声音、动画，甚至活动视频图像。

**超链**(hyperlink)就是一个超文本的链接，有时也就简称为链接。在客户程序的主窗口中，超链通常用不同颜色的文字表示，有时在超链的文字下方添加了下画线。当我们把鼠标移动到有超链的地方时，鼠标的箭头就变成了一只手的形状。

**页面**(page)就是在一个客户程序主窗口上显示出的万维网文档。

**活动文档**(active document)技术是把所有的工作都转移给浏览器端。每当浏览器请求一个活动文档时，服务器就返回一段活动文档程序副本，使该程序副本在浏览器端运行。活动文档程序可与用户直接交互，并可连续地改变屏幕的显示。只要用户运行活动文档程序，活动文档的内容就可以连续地改变。由于活动文档技术不需要服务器的连续更新传送，对网络带宽的要求也不会太高。从传送的角度看，浏览器和服务器都把活动文档看成是静态文档。在服务器上的活动文档的内容是不变的，这点和动态文档是不同的。浏览器可在本地缓存一份活动文档的副本。活动文档还可处理成压缩形式，便于存储和传送。活动文档本身并不包括其运行所需的全部软件，大部分的支持软件是事先存放在浏览器中的。

**搜索引擎**(search engine)是万维网中用来进行搜索信息的工具。

【6-09】 假定一个超链从一个万维网文档链接到另一个万维网文档时，由于万维网文档上出现了差错而使得超链指向一个无效的计算机名字。这时浏览器将向用户报告什么？

**解答**：可能出现如图 T-6-09 所示的画面。

图 T-6-09　浏览器出现的画面

但有的浏览器会显示下面的信息：
404 Not Found。

【6-10】 假定要从已知的 URL 获得一个万维网文档。若该万维网服务器的 IP 地址开始时并不知道。试问：除 HTTP 外，还需要什么应用层协议和运输层协议？

**解答**：应用层协议需要的是 DNS。

运输层协议需要的是 UDP（DNS 使用）和 TCP（HTTP 使用）。

**【6-11】** 你所使用的浏览器的高速缓存有多大？请进行一个实验：访问几个万维网文档，然后将你的计算机与网络断开，然后再回到你刚才访问过的文档。你的浏览器的高速缓存能够存放多少个页面？

**解答：** 以作者使用的计算机为例。操作系统是 Windows 10。

打开 IE 浏览器（版本是 IE 11.0），点击菜单栏的 ⚙ 图标，再点击 "Internet 选项"，出现如图 T-6-11(a) 所示的画面。

在这个画面中再找 "常规" 下面的内容。一共有四项，即 "主页" "启动" "标签页" 和 "浏览历史记录"。我们在 "浏览历史记录" 的右下方找到 "设置" 按钮，点击一下，就出现如图 T-6-11(b) 所示的画面。这个画面是 "Internet 临时文件"。如果再点击 "历史记录" 或 "缓存和数据库"，那么还可以看到更多的一些信息。

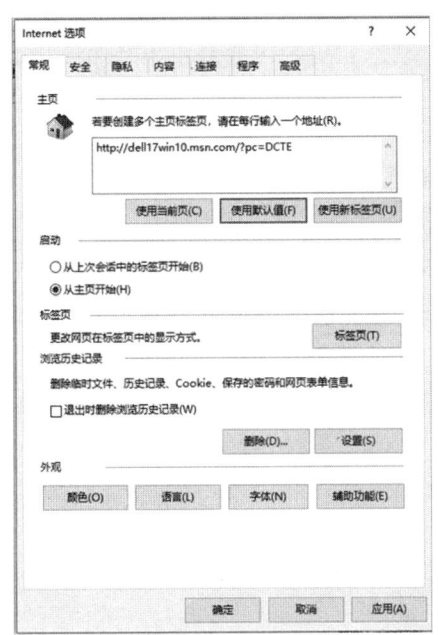 

(a) Internet 选项　　　　　　　　(b) Internet 临时文件

图 T-6-11　Internet 选项和 Internet 临时文件

这里的 Internet 临时需要使用的磁盘空间，就是浏览器的高速缓存的大小。你可以自行调整。

这里还要指出，高速缓存是 IE 浏览器所特有的，其他如 Chrome 或 Firefox 等浏览器就没有设置高速缓存。此外，万维网页面的大小并非固定值，而是与页面所含的内容、格式有关。假定我们浏览的万维网页面的平均大小是 1 MB，那么当浏览器的高速缓存被设置为 100 MB 时，这个浏览器高速缓存就可以存放 100 个万维网页面。

本题中的实验项目读者可自己进行。

**【6-12】** 什么是动态文档？试举出万维网使用动态文档的一些例子。

**解答：** 动态文档是指文档的内容是在浏览器访问万维网服务器时，才由应用程序动态创建的。当浏览器请求到达时，万维网服务器要运行另一个应用程序，并把控制转移到此应用程序。

接着，该应用程序对浏览器发来的数据进行处理，并输出 HTTP 格式的文档，万维网服务器把应用程序的输出作为对浏览器的响应。由于对浏览器每次请求的响应都是临时生成的，因此用户通过动态文档所看到的内容是不断变化的。动态文档的主要优点是具有报告当前最新信息的能力。例如，动态文档可用来报告股市行情、天气预报或民航售票情况等内容。但动态文档的创建难度比静态文档的高，因为动态文档的开发不是直接编写文档本身，而是编写用于生成文档的应用程序，这就要求动态文档的开发人员必须会编程，而所编写的程序还要通过大范围的测试，以保证输入的有效性。

动态文档的一个例子是我们使用携程网(www.ctrip.com)购买机票。当我们打开携程网时，便看到了携程网服务器的网页，这就是一种活动文档。例如，我们选择国内机票，当我们键入出发地点、到达地点、日期、人数、舱位等信息后，携程网的服务器就可以根据你键入的数据，生成出符合你需要的各航空公司的航班表。这种航班表不是静态的，而是根据用户的需求动态生成的。当某个航班的机票已经售完时，动态航班表也会显示出某个航班的机票已经无法购买了。

**【6-13】** 浏览器同时打开多个 TCP 连接进行浏览的优缺点如何？请说明理由。

**解答**：浏览器同时打开多个 TCP 连接进行浏览的优点是可以同时下载好几个对象（文件或图片），加快了下载的速度。然而，由于计算机连接到网络的线路的数据率是受限的，几个下载的数据率的总和不能超过连接到网络的线路的数据率。因此，浏览器同时打开多个 TCP 连接进行浏览，有时并不能带来太多的好处。

**【6-14】** 请判断以下论述的正误，并简述理由。

(1) 用户点击某网页，该网页有 1 个文本文件和 3 张图片。此用户可以发送一个请求就可以收到 4 个响应报文。

(2) 有以下两个不同的网页：www.abc.com/m1.html 和 www.abc.com/m2.html。用户可以使用同一个 HTTP/1.1 持续连接传送对这两个网页的请求和响应。

(3) 在客户与服务器之间进行非持续连接，只需要用一个 TCP 报文段就能够装入两个不同的 HTTP 请求报文。

(4) 在 HTTP 响应报文中的主体实体部分永远不会是空的。

**解答**：(1) 错误。对于非持续 HTTP，需要使用 4 个 TCP 连接分别来发送这 4 个（请求和响应）。对于持续 HTTP，可以在一个 TCP 连接连续传送 4 个（请求和响应）。

(2) 正确。显然，这两个网页处在同一个服务器上（两个网页的域名是一样的）。如果用户使用 HTTP/1.1 持续连接，那么可以在这个连接上传送这两个网页。

(3) 错误。对于客户与服务器之间的非持续连接，每一个新的 HTTP 请求报文必须使用一个新的 TCP 连接。

(4) 错误。在某些情况下，服务器无法找到客户所请求的文件。这时，服务器返回的响应的主体实体部分就是空的。这时，在 HTTP 响应报文的状态行中会返回一个状态码，例如 404。

**【6-15】** 假定你在浏览器上点击一个 URL，但这个 URL 的 IP 地址以前并没有缓存在本地主机上。因此需要用 DNS 自动查找和解析。假定要解析到所要找的 URL 的

IP 地址共经过 $n$ 个 DNS 服务器，所经过的时间分别为 $RTT_1, RTT_2, ..., RTT_n$。假定从要找的网页上只需要读取一张很小的图片（即忽略这张小图片的传输时间）。从本地主机到这个网页的往返时间是 $RTT_w$。试问从点击这个 URL 开始，一直到本地主机的屏幕上出现所读取的小图片，一共要经过多少时间？

**解答：** 解析 IP 地址需要的时间是：$RTT_1 + RTT_2 + ... + RTT_n$。

建立 TCP 连接和请求万维网文档需要 $2RTT_w$。

需要的总时间是：$2RTT_w + RTT_1 + RTT_2 + ... + RTT_n$。

**【6-16】** 在上题中，假定同一台服务器的 HTML 文件中又链接了三个非常小的对象。若忽略这些对象的发送时间，试计算客户点击读取这些对象所需的时间。

(1) 没有并行 TCP 连接的非持续 HTTP；
(2) 使用并行 TCP 连接的非持续 HTTP；
(3) 流水线方式的持续 HTTP。

**解答：** 分别计算如下：

(1) 所需时间 $= RTT_1 + RTT_2 + ... + RTT_n$ （解析 IP 地址）
　　　　　　$+ 2RTT_w$ （建立 TCP 连接和读取 HTML 文件）
　　　　　　$+ 3(2RTT_w)$ （读取三个对象）
　　　　　　$= RTT_1 + RTT_2 + ... + RTT_n + 8RTT_w$

$8RTT_w$ 的图解如图 T-6-16(a)所示。

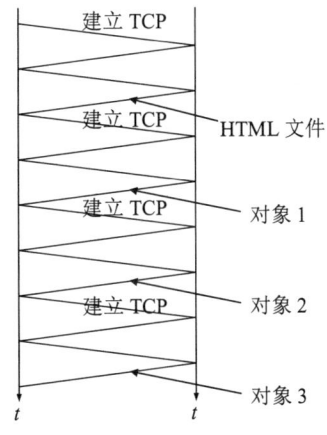

图 T-6-16(a)　$8RTT_w$ 的图解

(2) 所需时间 $= RTT_1 + RTT_2 + ... + RTT_n$ （解析 IP 地址）
　　　　　　$+ 2RTT_w$ （建立 TCP 连接和读取 HTML 文件）
　　　　　　$+ 2RTT_w$ （并行地建立 TCP 连接和并行地读取三个对象）
　　　　　　$= RTT_1 + RTT_2 + ... + RTT_n + 4RTT_w$

$4RTT_w$ 的图解如图 T-6-16(b)所示。

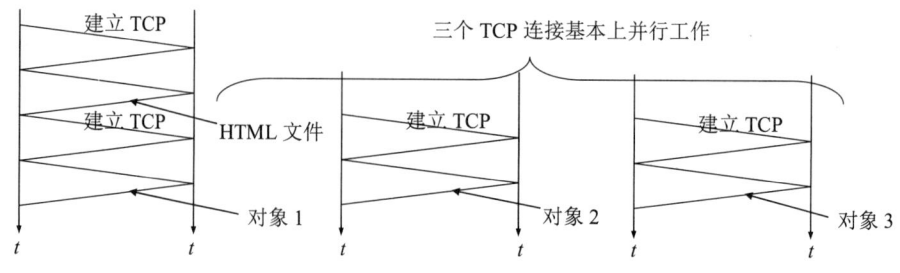

图 T-6-16(b)　$4RTT_W$ 的图解

(3) 所需时间 $= RTT_1 + RTT_2 + \ldots + RTT_n$ （解析 IP 地址）

　　　　　　$+ 2RTT_W$ （建立 TCP 连接和读取 HTML 文件）

　　　　　　$+ RTT_W$ （连续读取三个对象）

　　　　　　$= RTT_1 + RTT_2 + \ldots + RTT_n + 3RTT_W$

$3RTT_W$ 的图解如图 T-6-16(c)所示。

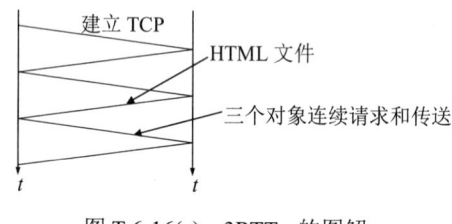

图 T-6-16(c)　$3RTT_W$ 的图解

【6-17】 在浏览器中应当有几个可选解释程序。试给出一些可选解释程序的名称。

**解答**：在浏览器中的解释程序数目并无明确规定，但一般的浏览器都有 HTML 解释程序和 Java 小应用程序解释程序。

【6-18】 一个万维网网点有 1000 万个页面，平均每个页面有 10 个超链。读取一个页面平均要 100 ms。请问：要检索整个网点所需的最少时间是多少？

**解答**：依题意，一个页面上有 10 个超链，和本题并无关系，因为题目并未指出是否还要点击这 10 个超链（也没有给出点击一个超链需要多少时间），以及是否要在点击超链后再继续点击下去，等等。本题实际上就是问，读取这 1000 万个网页需要多少时间。

既然读取一个页面平均要 100 ms，那么读取 1000 万个页面，就需要的时间为：

$T = 10^7 \times 100 \times 10^{-3} = 10^6$ s　　即约 11.6 天。

【6-19】 搜索引擎可分为哪两种类型？各有什么特点？

**解答**：搜索引擎的种类很多，但大体上可划分为两大类，即全文检索搜索引擎和分类目录搜索引擎。

全文检索搜索引擎是一种纯技术型的检索工具。它的工作原理是通过搜索软件（例如一种叫作"蜘蛛"或"网络机器人"的 Spider 程序）到互联网上的各网站收集信息，找到一个网站后，又可以从这个网站再链接到另一个网站，像蜘蛛爬行一样。然后按照一定的规则建立一个很大的在线数据库供用户查询。用户在查询时只要输入关键词，就从已经建立的索引数据库上进行查询，由于并不是实时地在互联网上检索到的信息，因此很可能有些查到的信息已经是过时的。建立这种索引数据库的网站，必须定期对已建立的数据库进行更新维护。现在最出名的全文检索搜索引擎就是 Google（谷歌）(www.google.com)的搜索引擎，它搜集的网页数量超过 80 亿个，图片超过 10 亿个，在整个搜索引擎市场中占有的份额超过 50%。在中文搜索引擎中，最出名的是百度(www.baidu.com)的搜索引擎。

分类目录搜索引擎并不采集网站的任何信息，而是利用各网站向搜索引擎提交网站信息时填写的关键词和网站描述等信息，经过人工审核编辑后，如果认为符合网站登录的条件，则输入到分类目录的数据库中，供网上用户查询。因此，分类目录搜索也叫作分类网站搜索。分类目录的好处就是，用户可根据网站设计好的目录有针对性地逐级查询所需要的信息，查询时不需要使用关键词，只需要按照分类（先找大类，再找下面的小类），因而查询的准确性较好。但分类目录查询的结果并不是具体的页面，而是被收录网站主页的 URL 地址，因而所得到的内容就比较有限。相比之下，全文检索可以检索出大量的信息（一次检索的结果是几百万条，甚至是千万条以上），但缺点是查询结果不够准确，往往是罗列出了海量的信息（如上千万个页面），使用户无法迅速找到所需的信息。在分类目录搜索引擎中，现在最著名的网站就是雅虎(www.yahoo.com)。国内著名的分类搜索引擎有雅虎中国(cn.yahoo.com)、新浪(www.sina.com)、搜狐(www.sohu.com)、网易(www.163.com)等。

**【6-20】** 试述电子邮件的最主要的组成部件。用户代理 UA 的作用是什么？没有 UA 行不行？

**解答**：一个电子邮件系统应具备三个主要组成构件，这就是用户代理、邮件服务器，以及邮件发送协议（如 SMTP）和邮件读取协议（如 POP3）。

用户代理 UA (User Agent)就是用户与电子邮件系统的接口，在大多数情况下它就是运行在用户 PC 中的一个程序。因此用户代理又称为电子邮件客户端软件。用户代理向用户提供一个很友好的接口（目前主要是用窗口界面）来发送和接收邮件。具体来讲，用户代理至少应当具有以下四个功能。

(1) 撰写：给用户提供编辑信件的环境。
(2) 显示：能方便地在计算机屏幕上显示出来信和去信。
(3) 处理：包括发送邮件和接收邮件。
(4) 通信：发信人在撰写完邮件后，要利用邮件发送协议发送到用户所使用的邮件服务器。收件人在接收邮件时，要使用邮件读取协议从本地邮件服务器接收邮件。

如果没有用户代理 UA，那么对于要使用电子邮件的用户就很不方便了。因为上面所说的 UA 的功能，就要统统由用户自己来编程实现。如果用户不会计算机编程，那么他就无法使用电子邮件。即使用户会计算机编程，那么这也将耗费他很长的时间，使他不愿意使用这样的电子邮件。因此，用户代理 UA 对电子邮件用户来说是必不可少的。

**【6-21】** 电子邮件的信封和内容在邮件的传送过程中起什么作用？和用户的关系如何？

**解答**：电子邮件由信封和内容两部分组成。

电子邮件的传输程序根据邮件信封上的信息来传送邮件。这与邮局按照信封上的信息投递信件是相似的。在邮件的信封上，最重要的就是收件人的地址，这个地址保证了电子邮件能够正确地传送到收件人的邮箱中。没有正确的收件人地址，电子邮件就不能传送。

至于收件人是否及时地从自己的邮箱中读取来信则是另一回事。如果用户不从其邮箱中读取电子邮件，那么用户就看不到这个电子邮件。

电子邮件的内容在邮件传送过程中是不暴露出来的。用户可以传送任意格式的内容，但应当让收件人能够读取这种格式的邮件。

**【6-22】** 电子邮件的地址格式是怎样的？请说明各部分的意思。

**解答：** 邮件地址的格式如下：

$$收件人邮箱名@邮箱所在主机的域名$$

在上式中，符号"@"读作"at"，表示"在"的意思。收件人邮箱名又简称为用户名，是收件人自己定义的字符串标识符。但应注意，标志收件人邮箱名的字符串在邮箱所在邮件服务器的计算机中必须是唯一的。我们知道，邮箱所在的主机的域名在互联网中是唯一的，这样就保证了这个电子邮件地址在整个互联网范围内是唯一的。这对保证电子邮件能够在整个互联网范围内的准确交付是十分重要的。电子邮件的用户一般采用容易记忆的字符串。

例如，域名 163.com 在互联网范围内是唯一的。如果我们要向网易(163.com)申请一个电子邮件地址，就可以先取一个收件人邮箱名试试看。例如，我们选择 xyz。这时可能屏幕显示此邮箱名已经有人选用了，于是我们可以在 xyz 后面加上一些字符再试试。例如，我们取 xyz2010，如果屏幕显示可以用这个邮箱名，那么以后我们就使用 xyz2010@163.com 这个电子邮件地址，可以保证在整个互联网范围内一定是唯一的。

**【6-23】** 试简述 SMTP 通信的三个阶段的过程。

**解答：** SMTP 规定了在两个相互通信的 SMTP 进程之间应如何交换信息。由于 SMTP 使用客户服务器方式，因此负责发送邮件的 SMTP 进程就是 SMTP 客户，而负责接收邮件的 SMTP 进程就是 SMTP 服务器。

SMTP 通信有以下三个阶段。

**(1) 连接建立**

发件人的邮件送到发送方邮件服务器的邮件缓存后，SMTP 客户就每隔一定时间（例如 30 分钟）对邮件缓存扫描一次。如发现有邮件，就使用 SMTP 的熟知端口号码(25)与接收方邮件服务器的 SMTP 服务器建立 TCP 连接。

**(2) 邮件传送**

邮件的传送从 MAIL 命令开始。MAIL 命令后面有发件人的地址。下面跟着一个或多个 RCPT 命令，取决于把同一个邮件发送给一个或多个收件人。RCPT 命令的作用就是：先弄清接收方系统是否已做好接收邮件的准备，然后才发送邮件。这样做是为了避免浪费通信资源，不至于发送了很长的邮件以后才发现地址错误。

再下面就是 DATA 命令，表示要开始传送邮件的内容了。

**(3) 连接释放**

邮件发送完毕后，SMTP 客户应发送 QUIT 命令。SMTP 服务器如同意释放 TCP 连接，则邮件传送的全部过程即结束。

**【6-24】** 试述邮局协议 POP 的工作过程。在电子邮件中，为什么需要使用 POP 和 SMTP 这两个协议？IMAP 与 POP 有何区别？

**解答：邮局协议** POP 是一个非常简单、但功能有限的邮件读取协议。POP 已成为互联网的正式标准。大多数的 ISP 都支持 POP。POP3 可简称为 POP。

在电子邮件系统中，SMTP 协议是用来发送电子邮件的，而 POP 协议是用户读取电子邮件的协议。因此，这两个协议都是电子邮件系统必不可少的。

在电子邮件读取协议中有 POP 和 IMAP 两种。POP 协议的一个特点就是只要用户从 POP 服务器读取了邮件，POP 服务器就把该邮件删除。这在某些情况下就不够方便。

在使用 IMAP 时，在用户的 PC 上运行 IMAP 客户程序，然后与接收方的邮件服务器上的 IMAP 服务器程序建立 TCP 连接。用户在自己的 PC 上就可以操纵邮件服务器的邮箱，就像在本地操纵一样，因此 IMAP 是一个联机协议。当用户 PC 上运行 IMAP 客户程序，并打开 IMAP 服务器的邮箱时，用户就可看到邮件的首部。若用户需要打开某个邮件，则该邮件才传到用户的计算机上。用户可以根据需要为自己的邮箱创建便于分类管理的层次式的邮箱文件夹，并且能够将存放的邮件从某一个文件夹中移动到另一个文件夹中。用户也可按某种条件对邮件进行查找。在用户未发出删除邮件的命令之前，IMAP 服务器邮箱中的邮件一直保存着。

IMAP 最大的好处就是用户可以在不同的地方使用不同的计算机，随时上网阅读和处理自己的邮件。IMAP 还允许收件人只读取邮件中的某一个部分。例如，为了节省时间，可以先下载邮件的正文部分，待以后有时间再读取或下载邮件的附件。

IMAP 的缺点是如果用户没有将邮件复制到自己的 PC 上，则邮件一直存放在 IMAP 服务器上。因此，用户需要经常与 IMAP 服务器建立连接。

**【6-25】** MIME 与 SMTP 的关系是怎样的？什么是 quoted-printable 编码和 Base64 编码？

**解答：** 电子邮件的协议 SMTP 有以下缺点：

(1) SMTP 不能传送可执行文件或其他的二进制对象。

(2) SMTP 限于传送 7 位的 ASCII 码。许多其他非英语国家的文字（如中文、俄文，甚至带重音符号的法文或德文）就无法传送。

(3) SMTP 服务器会拒绝超过一定长度的邮件。

(4) 某些 SMTP 的实现并没有完全按照 SMTP 的互联网标准。常见的问题如下：

- 回车、换行的删除和增加；
- 超过 76 个字符时的处理：截断或自动换行；
- 后面多余空格的删除；
- 将制表符 tab 转换为若干个空格。

于是，在这种情况下就提出了通用互联网邮件扩充 MIME。MIME 并没有改动或取代 SMTP。MIME 的意图是继续使用目前的 RFC 822 格式，但增加了邮件主体的结构，并定义了传送非 ASCII 码的编码规则。

MIME 主要包括以下三部分内容：

(1) 5 个新的邮件首部字段，它们可包含在 RFC 822 首部中。这些字段提供了有关邮件主体的信息。

(2) 定义了许多邮件内容的格式，对多媒体电子邮件的表示方法进行了标准化。

(3) 定义了传送编码，可对任何内容格式进行转换，而不会被邮件系统改变。

quoted-printable 编码和 Base64 编码都是 MIME 常用的内容传送编码。

quoted-printable 编码适用于当所传送的数据中只有少量的非 ASCII 码，例如汉字。这种编码方法的要点就是对于所有可打印的 ASCII 码，除特殊字符等号"="外，都不改变。等号"="和不可打印的 ASCII 码以及非 ASCII 码的数据的编码方法是：先将每个字节的二进制代码用两个十六进制数字表示，然后在前面再加上一个等号"="。例如，汉字的"系统"的二进制编码是：11001111 10110101 11001101 10110011（共有 32 位，但这四个字节都不是 ASCII 码），其十六进制数字表示为：CFB5CDB3。用 quoted-printable 编码表示为：=CF=B5=CD=B3，这 12 个字符都是可打印的 ASCII 字符，它们的二进制编码需要 96 位，和原来的 32 位相比，开销达 200%。而等号"="的二进制代码为 00111101，即十六进制的 3D，因此等号"="的 quoted-printable 编码为"=3D"。

对于任意的二进制文件，可用 Base64 编码。这种编码方法是先把二进制代码划分为一个个 24 位长的单元，然后把每一个 24 位单元划分为 4 个 6 位组。每一个 6 位组按以下方法转换成 ASCII 码。6 位的二进制代码共有 64 种不同的值，从 0 到 63。用 A 表示 0，用 B 表示 1，等等。26 个大写字母排列完毕后，接下去再排 26 个小写字母，再后面是 10 个数字，最后用"+"表示 62，而用"/"表示 63。再用两个连在一起的等号"＝＝"和一个等号"＝"分别表示最后一组的代码只有 8 位或 16 位。回车和换行都忽略，它们可在任何地方插入。

**【6-26】** 一个二进制文件共 3072 字节长。若使用 Base64 编码，并且每发送完 80 字节就插入一个回车符 CR 和一个换行符 LF，问一共发送了多少个字节？

**解答：** 3072/6 = 512 个 6 bit 单元，每一个 6 bit 转换为一个 8 bit 单元，因此共有 512 × 8 = 4096 B。

4096 = 51 × 80 + 16，最后的 16 字节也要作为一行来发送，因此共有 52 行。每行要插入 CR，LF 两个字节，总共要插入 2 × 52 = 104 B，可知一共发送 4096 B + 104 B = 4200 B。

**【6-27】** 试将数据 11001100　10000001　00111000 进行 Base64 编码，并得出最后传送的 ASCII 数据。

**解答：** 先把 24 比特的二进制数字划分为 4 个 6 位组：

110011　001000　000100　111000，得出十进制的值 51, 8, 4, 56。因为 6 位组的值在 0 到 63 之间，因此每一个值可以唯一地与一个 ASCII 代码相对应。

根据 Base64 编码表（见表 T-6-27），把上面的这些值转换成对应的 ASCII 代码：zIE4。

表 T-6-27　Base64 编码表

| 值 | 代码 | 值 | 代码 | 值 | 代码 | 值 | 代码 | 值 | 代码 | 值 | 代码 |
|---|---|---|---|---|---|---|---|---|---|---|---|
| 0 | A | 11 | L | 22 | W | 33 | h | 44 | s | 55 | 3 |
| 1 | B | 12 | M | 23 | X | 34 | i | 45 | t | 56 | 4 |
| 2 | C | 13 | N | 24 | Y | 35 | j | 46 | u | 57 | 5 |
| 3 | D | 14 | O | 25 | Z | 36 | k | 47 | v | 58 | 6 |
| 4 | E | 15 | P | 26 | a | 37 | l | 48 | w | 59 | 7 |
| 5 | F | 16 | Q | 27 | b | 38 | m | 49 | x | 60 | 8 |
| 6 | G | 17 | R | 28 | c | 39 | n | 50 | y | 61 | 9 |
| 7 | H | 18 | S | 29 | d | 40 | o | 51 | z | 62 | + |
| 8 | I | 19 | T | 30 | e | 41 | p | 52 | 0 | 63 | / |
| 9 | J | 20 | U | 31 | f | 42 | q | 53 | 1 | | |
| 10 | K | 21 | V | 32 | g | 43 | r | 54 | 2 | | |

以上的过程可用图 T-6-27 来表示。RFC 指出，Base64 不分大小写，因此 Base64，BASE64 和 bAsE64 都是同样可用的。

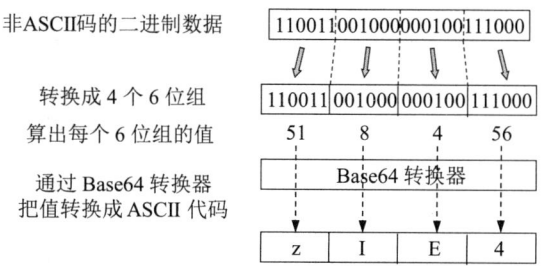

图 T-6-27　把非 ASCII 码的二进制数字转换成 ASCII 码

再查找 ASCII 编码表，得出对应的二进制代码为：

01111010　01001001　01000101　00110100

【6-28】试将数据 01001100　10011101　00111001 进行 quoted-printable 编码，并得出最后传送的 ASCII 数据。这样的数据用 quoted-printable 编码后，其编码开销有多大？

**解答**：01001100 10011101 00111001 有 3 个字节，中间的一个高位为 1，因此它不是 ASCII 码，需要使用 quoted-printable 编码。第一个和第三个字节是 ASCII 码，不变化。
10011101 的十六进制表示是：9D，前面再加上等号"="，变成"=9D"。
=，9 和 D 的八位 ASCII 码分别为
00111101　00111001 和 01000100，因此最后的结果是 5 个字节的数据：

01001100　00111101　00111001　01000100　00111001

编码开销 = 5 – 3 = 2 字节。原来只有 3 字节的数据。
用百分数表示的编码开销 = 2 / 3 = 66.7%。

【6-29】电子邮件系统需要将人们的电子邮件地址编成目录以便于查找。要建立这种目录应将人名划分为几个标准部分（例如，姓、名）。若要形成一个国际标准，那么必须解决哪些问题？

**解答**：非常困难。例如，人名的书写方法，很多国家（如英、美等西方国家）是先写名再写姓。但像中国或日本等国家则先写姓再写名。有些国家的一些人还有中间的名。称呼也有非常多种类。还有各式各样的头衔。很难有统一的格式。

【6-30】电子邮件系统使用 TCP 传送邮件。为什么有时我们会遇到邮件发送失败的情况？为什么有时对方会收不到我们发送的邮件？

**解答**：有时对方的邮件服务器不工作，邮件就发送不出去。对方的邮件服务器在收到邮件后（收信人还未读取）就出了故障，也会使邮件丢失。

【6-31】基于万维网的电子邮件系统有什么特点？在传送邮件时使用什么协议？

解答：使用基于万维网的电子邮件，不管在什么地方（网吧、宾馆或朋友家中），只要能够上网，在打开万维网浏览器后，就可以收发电子邮件。在这种情况下，邮件系统中的用户代理就是普通的万维网浏览器（例如，IE 浏览器）。这对比较忙碌的用户显然是非常方便的。

电子邮件从用户的浏览器发送到某个邮件服务器时，不是使用 SMTP 协议，而是使用 HTTP 协议。电子邮件在邮件服务器之间传送时，仍然使用 SMTP 协议。最后，收件人用浏览器从邮件服务器读取发件人发来的邮件时，是使用 HTTP 协议，而不是使用 POP3 或 IMAP 协议。

**【6-32】** DHCP 协议用在什么情况下？当一台计算机第一次运行引导程序时，其 ROM 中有没有该主机的 IP 地址、子网掩码，或某台域名服务器的 IP 地址？

**解答：** 动态主机配置协议 DHCP 提供了即插即用连网机制。这种机制允许一台计算机加入新的网络和获取 IP 地址而不用手工参与。因此，每当一台计算机加入到一个新的网络时，就需要运行 DHCP 协议来获取这台计算机的 IP 地址。

当一台计算机第一次运行引导程序时，ROM 中并没有该计算机的 IP 地址、子网掩码，或某台域名服务器的 IP 地址的任何一个。

**【6-33】** 什么是网络管理？为什么说网络管理是当今网络领域中的热门课题？

**解答：** 网络管理包括对硬件、软件和人力的使用、综合与协调，以便对网络资源进行监视、测试、配置、分析、评价和控制，这样就能以合理的价格满足网络的一些需求，如实时运行性能、服务质量等。网络管理常简称为网管。我们可以看到，网络管理并不是指对网络进行行政上的管理。

网络是一个非常复杂的分布式系统。这是因为网络上有很多不同厂家生产的、运行着多种协议的节点（主要是路由器），而这些节点还在相互通信和交换信息。网络的状态总是不断地变化着的。可见，我们必须使用一种机制来读取这些节点上的状态信息，有时还要把一些新的状态信息写入到这些节点上。

当网络的规模很小时，并不一定需要使用软件来管理网络。但是现在的互联网（网络的网络）已经发展到了非常大的规模。如果仅仅依靠人工来管理网络已不可能使网络能够正常运转。在这种情况下，网络管理就成为当今网络领域中的热门课题，而各种网络管理软件也都纷纷问世。在互联网的网络管理中，已经成为互联网标准的就是简单网络管理协议 SNMP，现在已经有了三个版本。SNMP 协议已相当庞大，一点也不"简单"，整个标准共有八个 RFC 文档[RFC 3411～3418]。

**【6-34】** 解释下列术语：网络元素、被管对象、管理进程、代理进程。

**解答：**

**网络元素：** 即被管设备，也可简称为网元。

**被管对象：** 在被管理的网络中有很多的被管设备（包括设备中的软件）。被管设备可以是主机、路由器、打印机、集线器、网桥或调制解调器等。在每一个被管设备中可能有许多被管对象。被管对象可以是被管设备中的某个硬件（例如，一块网络接口卡），也可以是某些硬件或软件（例如，路由选择协议）的配置参数的集合。

**管理进程：** 管理程序在运行时就成为管理进程。管理程序在管理站（通常是个有着良好图形界面的高性能的工作站,并由网络管理员直接操作和控制)上运行。整个网络的管理都是依靠管理进程(运行的管理程序)来完成的。

**代理进程**:在每一个被管设备中,都要运行一个程序以便和管理站中的管理程序进行通信。这些运行着的程序叫作网络管理代理程序,或简称为代理。代理程序在管理程序的命令和控制下,在被管设备上采取本地的行动。运行的代理程序就是代理进程。

【6-35】 SNMP 使用 UDP 传送报文。为什么不使用 TCP?

**解答**:SNMP 使用无连接的 UDP(要发送数据时不需要有连接建立过程,数据发送完毕后,也不需要连接释放过程),因此在网络上传送 SNMP 报文的开销较小。但 UDP 是不保证可靠交付的,有丢失的可能。好在 SNMP 使用周期性地发送探询报文段的方法,来对网络资源进行实时监视,如果丢失了一个探寻报文,则经过一段时间后,会再发送一个。这样就比使用 TCP 要快速得多。

【6-36】 为什么 SNMP 的管理进程使用探询掌握全网状态属于正常情况,而代理进程用陷阱向管理进程报告属于较少发生的异常情况?

**解答**:我们知道,SNMP 的管理进程使用**探询**掌握全网状态。现在的问题就是探询的频率应当如何选择。如果要想非常准确地掌握全网的状态,那么 SNMP 的探询频率就必须选择得非常高。打个比方,我们为了预防生病,就应当定期体检。假定每隔一天就体检一次,那么身体稍有问题,就会及时地检查出来。但这样一来,我们什么事情也不能做了,因此体检频率过高是不可行的。如果大家每隔一年或半年体检一次可能就比较合适。SNMP 也是类似的。由于网络规模相差很大,网络中网元的数目也有多有少。因此,SNMP 标准不可能规定出探询的频率统一设为多少。但合理设置的探询频率应当能够比较及时地检测出网络中的异常情况。这种由 SNMP 探询发现的网络中的问题,是属于网络管理中的正常情况。但是,SNMP 也考虑到在两次探询之间在网络中发生的问题,这时可以由**陷阱**向管理进程报告。这就属于较少发生的异常情况。如果由陷阱向管理进程报告的频率很高,就说明网络的 SNMP 探询的频率太低了,应当进行适当调整。

【6-37】 SNMP 使用哪几种操作? SNMP 在 Get 报文中设置了请求标识符字段,为什么?

**解答**:SNMP 的操作只有两种基本的管理功能,即:

(1) "读" 操作,用 Get 报文来检测各被管对象的状况;

(2) "写" 操作,用 Set 报文来改变各被管对象的状况。

请求标识符(request ID)是由管理进程设置的 4 字节整数值。SNMP 在 Get 报文中设置了请求标识符字段,而代理进程在发送响应报文时也要返回此请求标识符。由于管理进程可同时向许多代理发出请求读取变量值的报文,因此设置了请求标识符,可使管理进程能够识别返回的响应是对应于哪一个请求报文。

【6-38】 什么是管理信息库 MIB?为什么要使用 MIB?

**解答**:所谓 "管理信息" 就是指在互联网的网管框架中被管对象的集合。被管对象必须维持可供管理程序读写的若干控制和状态信息。这些被管对象构成了一个虚拟的信息存储器,所以才称为管理信息库 MIB。管理信息库在被管理的实体中创建了命名对象,并规定了其类型。管理程序就是使用 MIB 中这些信息的值对网络进行管理(如读取或重新设置这些值)。只有在 MIB 中的对象才是 SNMP 所能够管理的。例如,路由器应当维持各网络接口的状态、入分组和出分组的流量、丢弃的分组和有差错的报文的统计信息,而调制解调器则应当维持发送和接收的字符数、码元传输速率和接受的呼叫等统计信息。因此,在管理信息库 MIB 中就必须有上面这些信息。

【6-39】什么是管理信息结构 SMI?它的作用是什么?

**解答:** 管理信息结构 SMI (Structure of Management Information)是 SNMP 的重要组成部分。SMI 的功能应当有三个,即规定:

(1) 被管对象应怎样命名;
(2) 用来存储被管对象的数据类型有哪些;
(3) 在网络上传送的管理数据应如何编码。

【6-40】用 ASN.1 基本编码规则对以下 4 个数组(SEQUENCE-OF)进行编码。假定每一个数字占用 4 个字节。

2345, 1236, 122, 1236

**解答:** 依题意,要进行 ASN.1 编码的数据元素是:

SEQUENCE-OF { INTEGER 2345,
　　　　　　　INTEGER 1236,
　　　　　　　INTEGER 122,
　　　　　　　INTEGER 1236}

利用 TLV 方法进行编码的要点如图 T-6-40(a)所示。

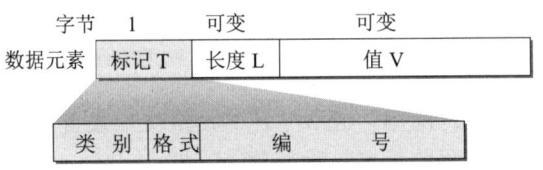

图 T-6-40(a) 用 TLV 方法进行编码

先看 INTEGER 2345 应当如何进行 ASN.1 编码(见图 T-6-40(b))。

从教材的表 6-5 可查出,INTEGER 类型的**类别**属于 ASN.1 定义的通用类(编码是 00),**格式**属于简单数据类型(编码是 0),**编号**为 00010。因此,INTEGER 2345 的 TLV 编码的标记 T 字段的二进制编码是 00000010,用十六进制写出是:0x02。

INTEGER 类型的数用 4 字节表示,因此长度字段 L 是单字节长度(1 字节),其值是十进制的 4,或用十六进制表示是 0x04。请注意,长度字段 L 的值是 4,指明了后面的值字段 V 的长度(而不是整个 TLV 编码的字节长度)是 4 字节。

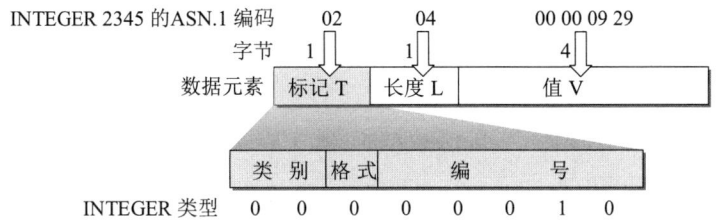

图 T-6-40(b) INTEGER 类型数字 2345 的 ASN.1 编码

很容易算出十进制数 2345 的十六进制表示（使用 4 字节表示）：

$2345 = 9 \times 16^2 + 2 \times 16^1 + 9 \times 16^0 = 0x00000929$

因此，INTEGER 2345 的 ASN.1 编码是：02 04 00 00 09 29，一共需要 6 字节。

按同样方法算出十进制数 1236 和 122 的十六进制值：

$1236 = 4 \times 16^2 + 13 \times 16^1 + 4 \times 16^0 = 0x000004D4$

$122 = 7 \times 16^1 + 10 \times 16^0 = 0x0000007A$

这样，把题目给出的 4 个 INTEGER 类型的数字的 ASN.1 编码写出如下：

INTEGER 2345 的 ASN.1 编码是：02 04 00 00 09 29

INTEGER 1236 的 ASN.1 编码是：02 04 00 00 04 D4

INTEGER 122  的 ASN.1 编码是：02 04 00 00 00 7A

INTEGER 1236 的 ASN.1 编码是：02 04 00 00 04 D4

现在回到 SEQUENCE-OF 类型的 ASN.1 编码，这可以用图 T-6-40(c)来说明。

从教材的表 6-5 可查出，SEQUENCE-OF 类型的**类别**属于 ASN.1 定义的通用类（编码是 00），**格式**属于结构化数据类型（编码是 1），**编号**为 10000。因此，SEQUENCE-OF 的 TLV 编码的标记 T 字段的二进制编码是 00110000，用十六进制写出是：0x30。

SEQUENCE-OF 类型长度 L 字段，是 4 个 INTERGER 数字的 ASN.1 编码的长度，即 24 字节，$24_{10} = 0x18$。这样就得出了图 T-6-40(c)所示的结果。

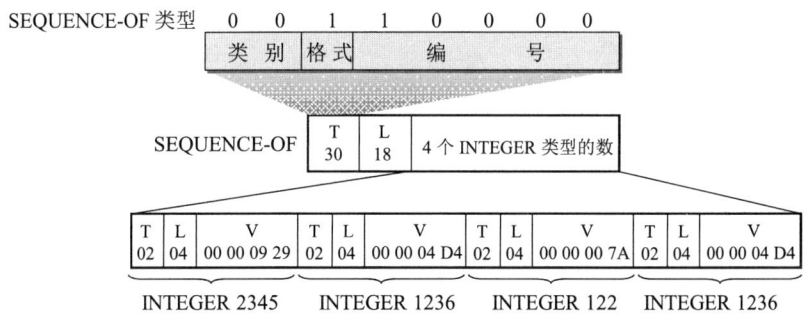

图 T-6-40(c) SEQUENCE-OF 类型的 ASN.1 编码

整个的编码如下：

30 18
    02 04 00 00 09 29
    02 04 00 00 04 D4

02 04 00 00 00 7A
02 04 00 00 04 D4

【6-41】 SNMP 要发送一个 GetRequest 报文，以便向一个路由器获取 ICMP 的 icmpInParmProbs 的值。在 icmp 中变量 icmpInParmProbs 的标号是 5，它是一个计数器，用来统计收到的类型为参数问题的 ICMP 差错报告报文的数目。试给出这个 GetRequest 报文的编码。

**解答**：本题并没有把所有的已知条件都给出来，读者可自己设定某些未给出的条件。

我们先要弄清变量 icmpInParmProbs 的对象标识符是什么（见图 T-6-41(a)）。

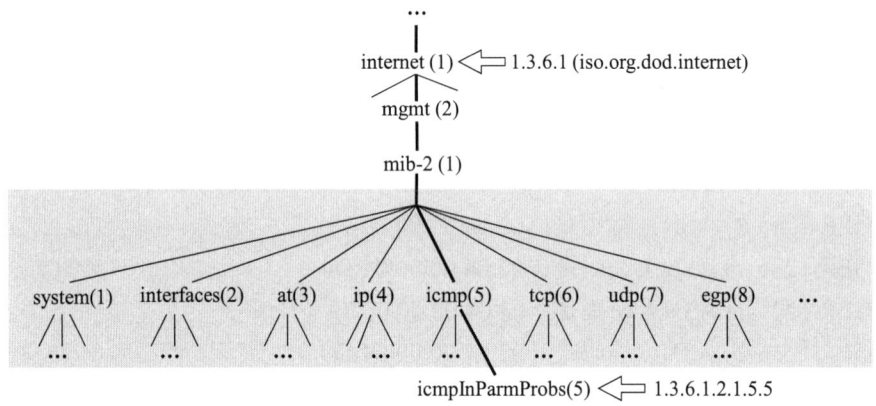

图 T-6-41(a)  变量 icmpInParmProbs 在命名树上的位置

从图 T-6-41(a)可看出，变量 icmpInParmProbs 的对象标识符是 1.3.6.1.2.1.5.5。但现在我们是要得到这个变量的值，即这个变量的一个实例(instance)。这就必须在变量的后面加上一个后缀".0"。也就是说，1.3.6.1.2.1.5.5 代表变量 icmpInParmProbs，而 1.3.6.1.2.1.5.5.0 则代表变量 icmpInParmProbs 的实例，也就是变量 icmpInParmProbs 的内容。

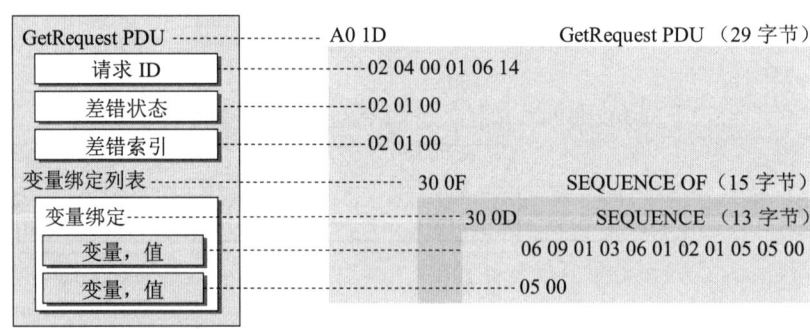

图 T-6-41(b)  GetRequest PDU 的结构与 ASN.1 编码

根据教材上的图 6-25，GetRequest 报文的结构应如图 T-6-41(b)左边的方框所示。

后面的 ASN.1 编码从后向前来分析。编码在图 T-6-41(b)的右边。

最后一个变量是 NULL（空），表示后面已经没有别的变量了。根据教材上的表 6-5，NULL

的 T 字段是 05，其长度字段 L = 00，表示后面不再有 V 字段了。这样得出最后一行的编码是 05 00。

再上面的变量就是要获取的 icmpInParmProbs 的值。变量 icmpInParmProbs 是 OBJECT IDENTIFIER 数据类型。根据教材中的表 6-5，其类别是通用类（编码是 00），简单数据类型（编码是 0），编号是 00110，因此其 T 字段是 06。由于这个变量的值是 1.3.6.1.2.1.5.5.0，需要占用 9 个字节，因此 L = 09，而后面的值是 V = 01 03 06 01 02 01 05 05 00。

（也可以采用压缩方法，把 V 字段的前两个字节压缩成为一个字节。具体的方法就是：把 V 的第一个字节的值乘以 40，再加上第二个字节的值，再转换成十六进制即可。下面是转换的过程：

$1 \times 40 + 3 = 43_{10} = 00101011_2 = 2B_{16}$。

如果进行了压缩，那么 L 字段就要少一个字节，变成了 L = 08。）

两个变量的上面一行是变量绑定，其数据类型是 SEQUENCE。从教材的表 6-5 查出其 T 字段是 30。后面的两个变量一共需要 13 字节，因此变量绑定的 $L = 13_{10} = 0D_{16}$。

再上面是变量绑定列表，其数据类型是 SEQUENCE OF。从教材的表 6-5 查出其 T 字段是 30。后面一共需要 15 字节，因此变量绑定的 $L = 15_{10} = 0F_{16}$。

再上面是差错状态和差错索引。在请求报文中，这两个变量都是零，因此其 TLV 编码都一样，都是：T = 02, L = 01, V = 00。

现在讨论请求 ID 这个变量。

请求 ID 的 TLV 编码是：T = 02　　（通用类，简单数据类型，编号 00010）

　　　　　　　　　　　L = 04　　（后面有 4 字节的数）

　　　　　　　　　　　V = 00 01 06 14

上面的 V 字段是用十六进制形式表示的。可以算出十进制的 $V_{10} = 1 \times 16^4 + 6 \times 16^2 + 1 \times 16^1 + 4 \times 16^0 = 67092$。这就是请求 ID 的十进制数值。题目的已知并没有请求 ID，这个数值是我们在这里随便假定的。

最后，从教材上的表 6-8 可以查出，GetRequest PDU 的 ASN.1 编码的 T 字段是 A0。把 A0 写成二进制形式，即 10100000。也就是说，这个变量的类别是上下文类(10)，格式是结构化数据类型(1)，编号是 00000。长度 L 字段就是后面所有的字节数（共 29 字节）。因此 $L = 29_{10} = 1D_{16}$。

最后，本题的 ASN.1 编码是:

A0 1D

　　02 04 00 01 06 14

　　02 01 00

　　02 01 00

　　30 0F

　　30 0D

　　　　06 09 01 03 06 01 02 01 05 05 00

　　　　05 00

【6-42】 对象 tcp 的 OBJECT IDENTIFIER 是什么？

解答：{1.3.6.1.2.1.6}（见教材上的图 6-21）。

【6-43】 在 ASN.1 中，IP 地址(IPAddress)的类别是应用类。若 IPAddress = 131.21.14.2，试求其 ASN.1 编码。

**解答：**
40 04 83 15 0E 02

$40_{16}$ = 01000000，01 表示应用类，04 表示长度为 4 字节，$83_{16}$ = 10000011 = 128 + 3 = 131，$15_{16}$ = 00010101 = 21，$0E_{16}$ = 14，$02_{16}$ = 2。

【6-44】 什么是应用编程接口 API？它是应用程序和谁的接口？

**解答：** 应用编程接口 API (Application Programming Interface)就是系统调用接口。它就是应用进程的控制权和操作系统的控制权进行转换的一个接口。API 从程序设计的角度定义了许多标准的系统调用函数。应用进程只要使用标准的系统调用函数，就可得到操作系统的服务。因此从程序设计的角度看，也可以把 API 看成是应用程序和操作系统之间的接口。

【6-45】 试举出常用的几种系统调用的名称，说明它们的用途。

**解答：** 下面就是几种常用的系统调用。

系统调用 `bind`（绑定）用来指明套接字的本地地址（本地端口号和本地 IP 地址）。
系统调用 `listen`（收听）用来把套接字设置为被动方式，以便随时接收客户的服务请求。
系统调用 `accept`（接受）用来把远地客户进程发来的连接请求提取出来。
系统调用 `connect`（连接）用来和远地服务器建立连接（这就是主动打开，相当于客户发出的连接请求）。
系统调用 `send`（发送）用来在 TCP 连接上传送数据。
系统调用 `recv`（接收）用来接收数据。
系统调用 `close`（关闭）用来释放连接和撤销套接字。

【6-46】 图 T-6-46 表示了各应用协议在层次中的位置。
  (1) 简单讨论一下为什么有的应用层协议要使用 TCP，而有的却要使用 UDP？
  (2) 为什么 MIME 画在 SMTP 之上？
  (3) 为什么路由选择协议 RIP 放在应用层？

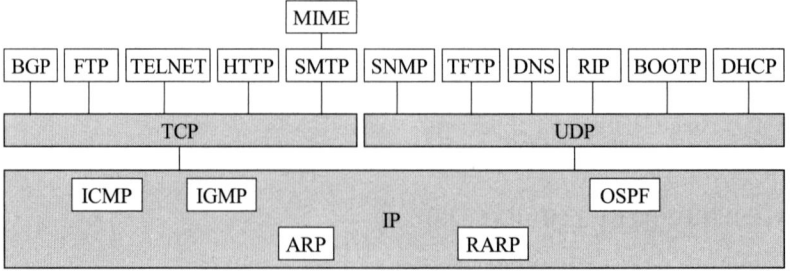

图 T-6-46　各应用协议在层次中的位置

**解答：**

(1) 凡是使用 TCP 的应用层协议，都是需要可靠传送应用层协议的数据。但为什么不是所有的应用层协议都使用 TCP 呢？这是因为 TCP 的开销太大，而有的数据并不一定要使用 TCP 来传送。用 UDP 传送数据的开销很小。例如 RIP 路由选择协议，在和相邻的路由器交换路由信息时，如果丢失了，则下一次还会再发送（每隔一定的时间发送一次）。这样就比使用 TCP 更加有利。

(2) MIME 并不是一个独立的邮件传送协议。MIME 在其邮件首部中说明了邮件的数据类型（如文本、声音、图像、视像等）。在 MIME 邮件中，可同时传送多种类型的数据，这在多媒体通信的环境下是非常有用的。但 MIME 不能单独使用，它是在 SMTP 上面的一个协议。

(3) RIP 协议使用运输层的用户数据报 UDP 进行传送（使用 UDP 的端口 520）。因此 RIP 的位置应当在应用层，在 UDP 的上面。

【6-47】 现在流行的 P2P 文件共享应用程序都有哪些特点？存在哪些值得注意的问题？

**解答：** 现在流行的 P2P 文件共享应用程序的主要特点是：

(1) 不使用集中式的文件服务器，文件的传输都使用分布式对等传输方式，每个对等方既可以是客户，也可以是服务器。这取决于向别人要文件还是把文件传送给别人。

(2) 大的文件通常都划分为很多的小文件。要得到一个大文件，往往要从很多个对等方下载。精心设计的协议可以使大文件的下载很快。

(3) 出于要保护商业利益，目前很难得到一些有关著名 P2P 软件比较具体的信息。

目前最值得注意的是对知识产权的保护。由于盗版文件已分散在非常大量的用户之间，要追查责任相当困难。

【6-48】 使用客户–服务器方式进行文件分发。一台服务器把一个长度为 $F$ 的大文件分发给 $N$ 个对等方。假设文件传输的瓶颈是各计算机（包括服务器）的上传速率 $u$。试计算文件分发到所有对等方的最短时间。

**解答：** 从服务器端考虑，$N$ 台主机共需要从服务器得到的数据总量（比特数）是 $NF$。如果服务器能够不停地以其上传速率 $u$ 向各主机传送数据，一直到各主机都收到文件 $F$，就需要时间 $NF/u$，单位是秒。由此可见，文件分发到所有对等方的最短时间是 $NF/u$。

【6-49】 重新考虑上题的文件分发任务，但采用 P2P 文件分发方式，并且每个对等方只能在接收完整个文件后才能向其他对等方转发。试计算文件分发到所有 $N$ 个对等方的最短时间。

**解答：** 传送一次文件所需的时间是 $F/u$。

第一次只能传送给 1 个对等方，第 2 次可以传送给 2 个对等方，第 3 次可以传送给 4 个对等方，到了最后的第 $n$ 次可以传送给 $2^{n-1}$ 个对等方。

因此，$1 + 2 + 2^2 + 2^3 + \ldots + 2^{n-1} = N$

即 $2^n - 1 = N$，解出 $N = [\log_2(N + 1)]$，故得出文件分发到所有 $N$ 个对等方的最短时间为 $[\log_2(N + 1)]F/u$。

**【6-50】** 再重新考虑上题的文件分发任务,但可以把这个非常大的文件划分为一个个非常小的数据块进行分发,即一个对等方在下载完一个数据块后就能向其他对等方转发,并同时可下载其他数据块。不考虑分块增加的控制信息,试计算整个大文件分发到所有对等方的最短时间。

**解答**:这个很大的文件可以划分成很多很多(例如,$N$ 个,$N$ 是对等方用户的数目)非常小的数据块。服务器把每一个小数据块分别发送给每一个对等方用户。例如,第 $k$ 个小数据块发送给第 $k$ 个对等方用户。这样,总共用时间 $F/u$ 就能够把整个大文件发送完毕。请注意,每个小数据块只需要从服务器发送一次,以后不需要再重复发送。

现在这个大文件已经分散在 $N$ 个对等方了,每个对等方只下载到其中的一个小数据块。所花费的时间是 $(F/u)/(1/N)$,$N$ 是对等方用户的数目。

然后,大量对等方用户之间互相传送数据。只要设计很好的传送规则,那么经过时间 $F/u$,所有的对等方用户就都能够把整个大文件下载完毕。例如,我们可以在以后的每一次传送时,令第 $k$ 个对等方,把刚才收到的第 $k$ 个小数据块,传送给第 $k-1$ 个对等方用户。第 1 个对等方用户则把刚刚收到的小数据块传送给第 $N$ 个对等方用户。

可见,整个大文件分发到所有对等方的最短时间是 $F/u$。

**【6-51】** 假定某服务器有一文件 $F=15$ Gbit 要分发给分布在互联网各处的 $N$ 个对等方。服务器上传速率 $u_s = 30$ Mbit/s,每个对等方的下载速率 $d=2$ Mbit/s,上传速率为 $u=300$ kbit/s。设 (1) $N=10$,(2) $N=1000$。试分别计算在客户–服务器方式下和在 P2P 方式下,该文件分发时间的最小值。

**解答**:(1) 先计算 $N=10$ 的情况。我们认为文件大小中的 $G=10^9$。

$NF/u_s = 150$ Gbit/(30 Mbit/s) $= 5\times 10^3$ s。

$F/d = 15$ Gbit/(2 Mbit/s) $= 7.5\times 10^3$ s。

根据公式(6-2),在客户–服务器方式下,文件分发的最小时间是 $7.5\times 10^3$ s。

$F/u_s = 15$ Gbit/(30 Mbit/s) $= 5\times 10^2$ s。

$F/d = 15$ Gbit/(2 Mbit/s) $= 7.5\times 10^3$ s。

$NF/u_T = 150$ Gbit/(33 Mbit/s) $\cong 4.55\times 10^3$ s。

根据公式(6-3),在 P2P 方式下,文件分发的最小时间是 $7.5\times 10^3$ s。

这两种情况的文件分发时间的最小值一样大。

(2) 再计算 $N=1000$ 的情况。

$NF/u_s = 15000$ Gbit/(30 Mbit/s) $= 5\times 10^5$ s。

$F/d = 15$ Gbit/(2 Mbit/s) $= 7.5\times 10^3$ s。

根据公式(6-2),在客户–服务器方式下,文件分发的最小时间是 $5\times 10^5$ s。

$F/u_s = 15$ Gbit/(30 Mbit/s) $= 5\times 10^2$ s。

$F/d = 15$ Gbit/(2 Mbit/s) $= 7.5\times 10^3$ s。

$NF/u_T = 15000$ Gbit/(330 Mbit/s) $\cong 45.5\times 10^3$ s。

根据公式(6-3),在 P2P 方式下,文件分发的最小时间是 $45.5\times 10^3$ s。比客户–服务器方式下小得多。

**【6-52】** 假定有 $2^n$ 个人使用比特洪流 BT 相互传送文件（$n$ 远大于 2），在传送过程中没有新加入的，也没有中途退出的。假定上传或下载一个文件块所需的时间是 1 个时间单位（这个时间包括发送时延和传播时延），而一个对等方不能同时进行上传和下载。

(1) 假定在这个 P2P 群体中只有一个人拥有 1 个文件块。试证明，要让所有的对等方都获得这个文件块至少需要的时间是 $n$。

(2) 现在假定一开始的文件长度增大到 2 个具有同样字节数文件块。试证明，要让所有人都获得这 2 个文件块的最短时间将小于 $2n$。

**解答**：(1) $t = 0$ 时只有 1 个人拥有此文件块。以后每次都是拥有文件块的人，把文件块传送给没有文件块的人。经过 1 个时间单位后，

在 $t = 1$ 时，有 2 个人（$2^1$ 个人）拥有文件块。

在 $t = 2$ 时，有 4 个人（$2^2$ 个人）拥有文件块。

在 $t = 3$ 时，有 8 个人（$2^3$ 个人）拥有文件块。

在 $t = 4$ 时，有 16 个人（$2^4$ 个人）拥有文件块。

由此可见，要让所有的 $2^n$ 个人都拥有文件块，共需时间 $n$ 个时间单位。

(2) 现在文件的长度增大到两个具有同样字节数的文件块，我们称这两个文件块分别为 A 和 B。假定最初拥有这两个文件块的人是 $P_{AB}$。$P_{AB}$ 把文件块 B 传送给任何一个对等方。这样就花费了 1 个时间单位。把第一次获得了文件块 B 的人称为 $P_B$。

现在把全体人员划分为两个人数相同的组，每个组的人数是 $2^{(n-1)}$。令 $P_{AB}$ 和 $P_B$ 各处在一个组中。$P_{AB}$ 向组内所有的人逐个发送文件块 A（不可能同时发送，只能逐个发送），与此同时，$P_B$ 向组内所有的人逐个发送文件块 B。这样就需要花费 $n - 1$ 个时间单位。

至此，一共花费了 $1 + (n - 1) = n$ 个时间单位。

现在有 $2^{(n-1)}$ 个人拥有文件块 A（但其中一个人 $P_{AB}$ 同时拥有 A 和 B）。$2^{(n-1)}$ 个人拥有文件块 B。我们让 $2^{(n-1)}$ 个拥有文件块 A 的人，同时向另一组仅拥有文件块 B 的人，一对一地发送文件块 A（可同时发送）。这要花费 1 个时间单位。我们再让 $2^{(n-1)} - 1$ 个拥有 B 的人，同时向另一组没有 B 的人（也就是把 $P_{AB}$ 这个人除外），一对一地发送文件块 B（也可同时发送）。这也要花费 1 个时间单位。这样，传送文件块 A 和 B 共再花费 2 个时间单位。

总共花费了 $n + 2$ 个时间单位。根据题意，$n$ 远大于 2，因此 $n + 2 < 2n$。

# 第 7 章 网 络 安 全

## 常见问题索引

问题 7-1. 用一个例子说明置换密码的加密和解密过程。假定密钥为 CIPHER，而明文为 attack begins at four，加密时明文中的空格去除。

问题 7-2. **拒绝服务** DoS (Denial of Service)和**分布式拒绝服务** DDoS (Distributed DoS)这两种攻击是怎样产生的？

问题 7-3. 报文的保密性和报文的完整性有何不同？保密性和完整性能否只要其中的一个而不要另一个？

问题 7-4. 常规密钥体制与公钥体制最主要的区别是什么？

问题 7-5. 能否举一个实际的 RSA 加密和解密的例子？

问题 7-6. 要进一步理解 RSA 密码体制的原理，需要知道哪些**数论**的基本知识？

问题 7-7. 怎样证明 RSA 密码体制的解码公式？也就是证明 RSA 的解密公式 $X = Y^d \bmod n$。

问题 7-8. RSA 加密能否被认为是**保证安全**的？

问题 7-9. 报文摘要并不对传送的报文进行加密。这怎么能算是一种网络安全的措施？不管在什么情况下永远将报文进行加密不是更好一些吗？

问题 7-10. 不重数(nonce)是否就是随机数？

问题 7-11. 在防火墙技术中的分组过滤器工作在哪一个层次？

## 常见问题与解答

**问题 7-1.** 用一个例子说明置换密码的加密和解密过程。假定密钥为 CIPHER，而明文为 attack begins at four，加密时明文中的空格去除。

**解答**：为了更好地说明置换密码的加密和解密过程，我们在下面的英文 26 个字母中，把密钥 CIPHER 这 6 个字母在 26 个英文字母中出现的位置用粗体大写加下画线来表示，然后将这 6 个字母按照字母表中的先后顺序加上编号 1~6：

a b **C** d **E** f g **H** **I** j k l m n o **P** q **R** s t u v w x y z
    1   2     3 4               5   6

然后在图 Q-7-1(a)中，先写下密钥 CIPHER，在密钥的每一个字母下面写下顺序号码。

|密钥|C|I|P|H|E|R|
|---|---|---|---|---|---|---|
|顺序|1|4|5|3|2|6|
|明文 ①|a|t|t|a|c|k|
|②|b|e|g|i|n|s|
|③|a|t|f|o|u|r|

图 Q-7-1(a)　置换密码的加密过程

然后**按行**写下明文（从左到右、从上到下）。如图 Q-7-1(a)中的箭头表示的先后顺序①、②和③。请注意，到现在为止，密钥起作用只是确定了明文每行是 6 个字母。

密钥起作用的地方就是在生成密文时。

在生成密文时，按照密钥给出的字母顺序，**按列**读出，如图 Q-7-1(b)所示。

|密钥|C|I|P|H|E|R|
|---|---|---|---|---|---|---|
|顺序|1①|4④|5⑤|3③|2②|6⑥|
|明文|a|t|t|a|c|k|
||b|e|g|i|n|s|
||a|t|f|o|u|r|

图 Q-7-1(b)　置换密码的解密过程

第一次读出 aba，第二次读出 cnu，第三次读出 aio，第四次读出 tet，第五次读出 tgf，第六次读出 ksr。将所有读出的结果连起来，得出密文为：

abacnuaiotettgfksr

收到密文后，先按照密钥的字母顺序，**按列**写入（根据密钥含有的字母数就知道应当写成多少列），再**按行**自上而下读出，就可得出明文来。

**问题 7-2. 拒绝服务** DoS (Denial Of Service) 和**分布式拒绝服务** DDoS (Distributed DoS)这两种攻击是怎样产生的？

**解答：**

**拒绝服务** DoS 可以由以下几种方式产生（往往使用虚假的 IP 地址）：

(1) 向一个特定服务器非常快地发送大量任意的分组，使得该服务器过负荷，从而无法正常工作。

(2) 向一个特定服务器发送大量的 TCP SYN 报文段（即建立 TCP 连接的三报文握手中的第一个报文段）。服务器还误以为是正常的互联网用户的请求，于是就响应这个请求，并分配了数据结构和状态。但攻击者不再发送后面的报文段，因而永远不能够完成 TCP 连接的建立。这样可以浪费和耗尽服务器的大量资源。这种攻击方式又称为 SYN flooding（意思是使用同步标志进行洪泛）。

(3) 重复地和一个特定服务器建立 TCP 连接，然后发送大量无用的报文段。

(4) 将 IP 数据报分片后向特定服务器发送，但留一些数据报片不发送。这就使得目的主机永远无法组装成完整的数据报，一直等待着，浪费了资源。

(5) 向许多网络发送 ICMP 回送请求报文（就是使用应用层的 PING 程序），结果使许多主机都向攻击者返回 ICMP 回送回答报文。无用的、过量的 ICMP 报文使网络的通信量急剧增加，甚至使网络瘫痪。这种攻击方式被称为 Smurf 攻击。Smurf 就是能够对网络自动发送这种 ICMP 报文攻击的程序名字。

**分布式拒绝服务 DDoS** 的特点，就是攻击者先设法得到互联网上的大量主机的用户账号，然后攻击者设法秘密地在这些主机上安装**从属程序**(slave program)，如图 Q-7-2 所示。

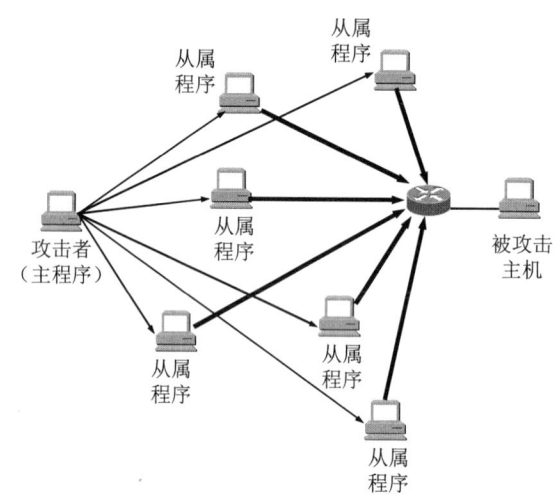

图 Q-7-2　分布式拒绝服务 DDoS 攻击一个主机的示意图

当攻击者发起攻击时，所有从属程序在攻击者的**主程序**(master program)的控制下，在**同一时刻**向被攻击主机发起拒绝服务攻击 DoS。这种经过协调的攻击具有很大的破坏性，可以使被攻击的主机迅速瘫痪。

在 2000 年 2 月美国的一些著名网站（如 eBay，Yahoo!和 CNN 等）就遭受到了这种分布式拒绝服务的攻击。

拒绝服务和分布式拒绝服务都是很难防止的。使用分组过滤器并不能阻止这种攻击，因为攻击者的 IP 地址是事先不知道的。当主机收到许多攻击的数据报时，很难区分开哪些是好的数据报，而哪些是坏的数据报。例如，当服务器收到请求建立 TCP 连接的 SYN 报文时，很难区分这是真的请求建立 TCP 连接，还是恶意消耗服务器资源的连接请求。当攻击者使用 IP 地址欺骗时，要确定攻击者真正的 IP 地址也是很难的。

**问题 7-3.** 报文的保密性和报文的完整性有何不同？保密性和完整性能否只要其中的一个而不要另一个？

**解答：** 报文的保密性和完整性是完全不同的概念。

**保密性**的特点是：即使加密后的报文被攻击者截获了，攻击者也无法了解报文的内容。

**完整性**的特点是：接收者收到报文后，知道报文没有被篡改。

保密性和完整性都很重要。

有保密性而没有完整性的例子：收到一份加密的报文"明日 8 时发起进攻"。攻击者破译不了被截获的报文，但随意更改了一些比特（攻击者也不知道更改后的密文将会使解码后得出的明文变成什么样子）。接收者收到的还是密文。他认为别人不会知道密文的内容，于是用密钥将收到的密文进行解码，但得到的明文已经不再是原来的明文了。假定原来的明文是"明日 8 时发起进攻"，现在却变成了"明日 6 时发起进攻"，提前了 2 小时。当然也可能将被篡改的密文解码后，变成看不懂意思的明文，在这种情况下也许还不致产生有危害的后果。

有完整性而没有保密性的例子是对明文加上保证其完整性的措施。接收者收到明文后，就可以相信这就是发送者发送的、没有被篡改的报文。这个报文可以让所有的人都知道（不保密），但必须肯定这个报文没有被人篡改过。

可见保密性并不是永远都需要的，但完整性往往总是需要的。这样的例子很多。大家都知道，人民日报所登载的新闻对全世界的所有人都是公开的，没有什么秘密可言。但报纸上的新闻必须保证其完整性（读者不会怀疑报纸的印刷单位擅自改动了新闻的内容）。如果新闻被恶意地篡改了就会产生极其严重的后果。现在有些情况不允许使用电子邮件（例如，导师给某个学校发送为某学生写的正式推荐信），并不是因为推荐信有多大的机密，而是因为没有使用数字签名的普通电子邮件，不能证明对方收到的电子邮件的确是某个导师写的并且没有被篡改过。而从邮局寄送的、写在纸上（特别是有水印的、只供单位使用的信纸上）有导师亲笔签名的推荐信，则一般都认为是可信赖的。

以上这些都说明了保密性和完整性不是一个概念。

总之，保密性是防止报文被攻击者窃取，而完整性是防止报文被篡改。

**问题 7-4.** 常规密钥体制与公钥体制最主要的区别是什么？

**解答：** 这可以从以下几个方面来看。

首先，从加密密钥和解密密钥是否相同来看，常规密钥体制的这两个密钥是一样的，也就是通常称之为"对称的"。发送方使用的加密密钥和接收方使用的解密密钥是完全一样的，也都必须是秘密保持的。

公钥体制的两个密钥是不一样的，即"不对称的"。发送方使用的加密密钥是公开的（因此称为公钥），但接收方的解密密钥与发送方使用的加密密钥不一样，而且是秘密的，只有接收者才知道（因此称为私钥）。

其次，从密钥的保存方式来看，这两种体制也相差很大。在使用常规密钥体制时，密钥必须是双方共享的，大家都必须把密钥保存好。但在公钥体制中，密钥不是共享的，每个人都要生成并保存自己的密钥，密钥（即私钥）是属于个人的。

最后，从加密和解密的过程来看，这两种体制也相差很大。在常规密钥体制中，明文和密文都被认为是符号的组合。加密和解密过程是将这些符号的次序打乱或用一个符号来替代另一个符号。但在公钥体制中，明文和密文都是数，加密和解密过程都是使用一些数学公式对这些数值进行运算后得到另外一些数值。

由于以上的一些区别，就使得公钥体制的加密速度较慢（因为要进行很复杂的数学运算）。但在密钥分配方面，公钥体制却比常规密钥体制要简单一些。

**问题 7-5.** 能否举一个实际的 RSA 加密和解密的例子？

**解答**：不行。我们知道，在 RSA 公钥密码体制中，加密密钥和解密密钥中都有一个大整数 $n$，而 $n$ 为两个大素数 $p$ 和 $q$ 的乘积（素数 $p$ 和 $q$ 一般为 100 位以上的十进制数）。因此，实际的 RSA 加密和解密的运算都需要非常大的运算量。

但我们可以用一个能说明 RSA 工作原理的很小的例子，使读者体会一下 RSA 计算量有多大。

假定选择 $p=5, q=7$。（显然这样小的素数根本不能用于实际的 RSA 的加密计算中。）

这时，计算出 $n = pq = 5 \times 7 = 35$。

算出 $\phi(n) = (p-1)(q-1) = 24$。

从 [0, 23] 中选择一个与 24 互素的数 $e$。现在我们选 $e = 5$。

然后根据公式 $ed = 1 \bmod \phi(n)$，得出

$$ed = 5d = 1 \bmod 24$$

找出 $d = 29$，因为 $ed = 5 \times 29 = 145 = 6 \times 24 + 1 = 1 \bmod 24$。

这样，公钥 PK $= (e, n) = \{5, 35\}$，而私钥 SK $= \{29, 35\}$。

明文必须能够用小于 $n$ 的数来表示。现在 $n = 35$。如果每一个英文字母用其在字母表中的顺序来表示，那么每一个英文字母就可以用 1 至 26 的数字来表示。例如，a 用 1 表示，b 用 2 表示，而 z 用 26 表示。

假定明文就是一个英文字母 o。由于 o 是第 15 个字母，因此明文 $X = 15$。

加密后得到的密文 $Y = X^e \bmod n = 15^5 \bmod 35 = 759375 \bmod 35$

$= (21696 \times 35 + 15) \bmod 35 = 15$。

以上的计算还是很简单的。现在看一下解密的过程。

在用私钥 SK $= \{29, 35\}$ 进行解密时，先计算 $Y^d = 15^{29}$。这个数的计算就需要很多的时间。计算的结果是：$15^{29} = 12783403948858939111232757568359375$。再进行模 35 运算，得出 $15^{29} \bmod 35 = 15$，而第 15 个英文字母就是 o。原来发送的明文就是这个字母。

在上面的例子中，明文和密文碰巧是一样的数，都是 15。但这只是很偶然的。

从以上例子可以体会到使用的 RSA 加密算法的计算量是很大的。

**问题 7-6.** 要进一步理解 RSA 密码体制的原理，需要知道哪些**数论**的基本知识？

**解答**：数论研究的重点是素数。下面是与进一步理解 RSA 密码体制原理有关的一些基本概念。有了以下的一些基本知识，我们就能够进一步理解 RSA 密码体制的原理。

**整除和因子**

如果 $a = mb$，其中 $a, b, m$ 为整数，则当 $b \neq 0$ 时，可以说 $b$ 能**整除** $a$。换句话说，$a$ 除以 $b$ 余数为 0。符号 $b|a$ 常用作表示 $b$ 能整除 $a$。当 $b|a$ 时，$b$ 是 $a$ 的一个**因子**。

**素数**

素数 $p$ 是大于 1 且因子仅为 $\pm 1$ 和 $\pm p$ 的整数。为简单起见，下面仅涉及非负整数。

**互为素数**

整数 $a$ 和 $b$ 互素，如果它们之间没有共同的素数因子（即它们只有一个公因子 1）。例如，8 和 15 互素，因为 1 是 8 和 15 仅有的公因子（8 的因子是 1, 2, 4 和 8，而 15 的因子是 1, 3, 5 和 15，可见 8 和 15 的公因子是 1）。

**模运算**

给定任一正整数 $n$ 和任一整数 $a$，如果用 $a$ 除以 $n$，得到商 $q$ 和余数 $r$，则以下关系成立：
$$a = qn + r \quad 0 \leq r < n; \quad q = \lfloor a/n \rfloor$$
其中，$\lfloor x \rfloor$ 表示小于或等于 $x$ 的最大整数。

如果 $a$ 是一个整数，而 $n$ 是一个正整数，则**定义 $a \bmod n$** 为 $a$ **除以 $n$ 的余数**。

$a \bmod n$ 也可记为 "$a$ (模 $n$)"。

例如，30 除以 7 的余数是 2（$30 = 4 \times 7 + 2$），可记为 $30 \bmod 7 = 2$。

注意：如果 $a \bmod n = 0$，则 $n$ 是 $a$ 的一个因子。

因为在模 $n$ 运算下，余数一定在 0 到 $(n-1)$ 之间。因此，模 $n$ 运算将所有整数映射到整数集合 $\{0, 1, \ldots, (n-1)\}$。这个整数集合又称为模 $n$ 的**余数集合** $Z_n$。因此余数集合
$$Z_n = \{0, 1, \ldots, (n-1)\} \tag{1}$$

如果 $(a \bmod n) = (b \bmod n)$，则称整数 $a$ 和 $b$ **模 $n$ 同余**，记为 $a \equiv b \pmod{n}$。但通常 $\bmod n$ 不必用括号括起来，也就是说，可以记为 $a \equiv b \bmod n$。

显然，$a \equiv b \bmod n$ 等价于 $b \equiv a \bmod n$。

例如，$73 \equiv 4 \bmod 23$。显然，这里 $\bmod 23$ 一定不能省略不写。

模运算有一个性质很有用，即：

如果 $n|(a-b)$（即 $n$ 能够整除 $(a-b)$），则 $a \equiv b \bmod n$。

反之，如果 $a \equiv b \bmod n$，则 $n$ 能够整除 $(a-b)$，即 $n|(a-b)$。

例如：$23 - 8 = 15$，而 15 能够被 5 整除，因此 $23 \equiv 8 \bmod 5$，即 23 和 8 是模 5 同余的。

**模运算的一些性质**

(1) $[(a \bmod n) + (b \bmod n)] \bmod n = (a + b) \bmod n$ (2)

(2) $[(a \bmod n) - (b \bmod n)] \bmod n = (a - b) \bmod n$ (3)

(3) $[(a \bmod n) \times (b \bmod n)] \bmod n = (a \times b) \bmod n$ (4)

以上的这些性质的证明都很简单，这里从略。下面举出一些例子。

例如：$11 \bmod 8 = 3$;  $15 \bmod 8 = 7$

$[(11 \bmod 8) + (15 \bmod 8)] \bmod 8 = [3 + 7] \bmod 8 = 10 \bmod 8 = 2$

$(11 + 15) \bmod 8 = 26 \bmod 8 = 2$

$[(11 \bmod 8) - (15 \bmod 8)] \bmod 8 = [3 - 7] \bmod 8 = -4 \bmod 8 = 4$

$(11 - 15) \bmod 8 = -4 \bmod 8 = 4$

$[(11 \bmod 8) \times (15 \bmod 8)] \bmod 8 = [3 \times 7] \bmod 8 = 21 \bmod 8 = 5$

$(11 \times 15) \bmod 8 = 165 \bmod 8 = 5$

指数运算可看作是多次重复乘法。

例如，计算 $17^{23} \bmod 55 = 17^{16+4+2+1} \bmod 55$

$= (17^{16} \times 17^4 \times 17^2 \times 17) \bmod 55$

$= [(17^{16} \bmod 55) \times (17^4 \bmod 55) \times (17^2 \bmod 55) \times (17 \bmod 55)] \bmod 55$

$17^2 \bmod 55 = 289 \bmod 55 = 14$

$$17^4 \bmod 55 = [(17^2 \bmod 55) \times (17^2 \bmod 55)] \bmod 55$$
$$= [14 \times 14] \bmod 55 = 196 \bmod 55 = 31$$
$$17^{16} \bmod 55 = [(17^4 \bmod 55) \times (17^4 \bmod 55) \times (17^4 \bmod 55) \times (17^4 \bmod 55)] \bmod 55$$
$$= [31 \times 31 \times 31 \times 31] \bmod 55$$
$$= [923521] \bmod 55$$
$$= [16791 \times 55 + 16] \bmod 55$$
$$= 16$$

因此 $17^{23} \bmod 55 = [16 \times 31 \times 14 \times 17] \bmod 55$
$$= [118048] \bmod 55$$
$$= [2146 \times 55 + 18] \bmod 55$$
$$= 18$$

下面的一个公式也很有用，读者可自行证明。

如果 $(a \times b) \bmod n = (a \times c) \bmod n$，则 $b \bmod n = c \bmod n$    如果 $a$ 与 $n$ 互素。     (5)

例如，$(5 \times 3) \bmod 8 = 15 \bmod 8 = 7 \bmod 8$
$(5 \times 11) \bmod 8 = 55 \bmod 8 = 7 \bmod 8$
则 $3 \bmod 8 = 11 \bmod 8$

但如果 $a$ 与 $n$ 不互素，则上述结论不能成立。

例如，$6 \times 3 = 18 = 2 \bmod 8$
$6 \times 7 = 42 = 2 \bmod 8$
但 3 和 7 并不是模 8 同余。

**费马定理**

如果 $p$ 是**素数**，$a$ 是不能被 $p$ 整除的正整数，则

$$a^{p-1} = 1 \bmod p \tag{6}$$

**证明**：这里要用到公式(1)给出的**余数集合**的概念。我们应当注意到，余数集合 $Z_p$ 中共有 $p$ 个数。如果把 0 除外，则剩下的 $(p-1)$ 个数是：

$$\{1, 2,..., (p-1)\} \tag{7}$$

将(7)式中的 $(p-1)$ 个数分别乘以 $a$ 模 $p$，就得出如下的集合：

$$\{a \bmod p, 2a \bmod p,..., (p-1) a \bmod p\} \tag{8}$$

公式(8)中的 $(p-1)$ 个数恰好是某种次序的 $\{1, 2,..., (p-1)\}$。例如，$a = 5, p = 8$，则公式(8)是：

$\{5 \bmod 8, 10 \bmod 8, 15 \bmod 8, 20 \bmod 8, 25 \bmod 8, 30 \bmod 8, 35 \bmod 8\}$

也就是 $\{5, 2, 7, 4, 1, 6, 3\}$。（要从一般意义上证明这一点也很容易。这只需要证明公式(8)中的任意两个数的模 $p$ 都是不同的数即可，读者可自行证明。）

将公式(8)中的 $(p-1)$ 个数相乘应当等于公式(7)中的 $(p-1)$ 个数相乘：

$$(a \bmod p) \times (2a \bmod p) \times ... \times ((p-1)a \bmod p) = (p-1)!$$

两端取模 $p$：

$$[(a \bmod p) \times (2a \bmod p) \times ... \times ((p-1)a \bmod p)] \bmod p = (p-1)! \bmod p$$

利用公式(4)，可得出：

$$[(a^{p-1}) \times (p-1)!] \bmod p = (p-1)! \bmod p = [1 \times (p-1)!] \bmod p$$

利用公式(5)，因为$(p-1)!$与$p$互素，因此可以从等式两端消去$(p-1)!$，即

$$a^{p-1} \bmod p = 1 \bmod p$$

或

$$a^{p-1} \equiv 1 \bmod p$$

这样就证明了费马定理。

### 欧拉函数

**欧拉函数**(Euler's totient function)记为$\phi(n)$，$\phi(n)$表示小于$n$且与$n$互素的正整数**个数**。$\phi(1)$被定义为1，但没有实际意义。

很显然，对于任一素数$p$，有

$$\phi(p) = p - 1 \tag{9}$$

例如，$p = 11$时，$\phi(p) = 10$，表示小于11且与11互素的正整数**个数**是10。

下面要证明一个有用的公式，就是假定有两个不同的**素数** $p$ 和 $q$，则对$n = pq$，有

$$\phi(n) = \phi(pq) = \phi(p) \times \phi(q) = (p-1) \times (q-1) \tag{10}$$

在证明公式(10)之前可先看一个例子。

假定$p = 7$，$q = 11$，则$n = 77$。要找出$\phi(77)$就要先找出小于77的正整数，它有76个（从1到76）。下一步就要将这76个整数中与77有大于1的公因子的正整数去除。也就是说，将7, 14, 21, ..., 11, 22, 33,...等都去除。因此下面就按照这样的思路证明公式(10)。

$$\phi(n) = (pq - 1) - (p - 1) - (q - 1) = pq - p - q + 1 = (p-1) \times (q-1) = \phi(p) \times \phi(q)$$

用上面的例子看一下，小于77且与77互素的正整数个数是$\phi(77) = \phi(7) \times \phi(11) = 6 \times 10 = 60$，而这60个小于77并且与77互素的数是：

{1, 2, 3, 4, 5, 6, 8, 9. 10, 12, 13, 15, 16, 17, 18, 19, 20, 23, 24, 25, 26, 27, 29, 30, 31, 32, 34, 36, 37, 38, 39, 40, 41, 43, 45, 46, 47, 48, 50, 51, 52, 53, 54, 57, 58, 59, 60, 61, 62, 64, 65, 67, 68, 69, 71, 72, 73, 74, 75, 76}。

### 欧拉定理

对于任何**互素的整数** $a$ 和 $n$ 有：

$$a^{\phi(n)} \equiv 1 \bmod n \tag{11}$$

可以代入一些数值看一下。

$a = 3, n = 10$，得出 $\phi(n) = \phi(10) = 4$，算出$3^4 = 81 \equiv 1 \bmod 10$。

$a = 2, n = 11$，得出 $\phi(n) = \phi(11) = 10$，算出$2^{10} = 1024 \equiv 1 \bmod 11$。

**证明：**

如果$n$为**素数**，则此时$\phi(n) = (n-1)$，根据费马定理，公式(11)为真。

如果$n$为**任意整数**，则我们也能够证明公式(11)为真。这时$\phi(n)$表示小于$n$且与$n$互素的正整数**个数**。设这样的整数集合为 **R**：

$$R = \{x_1, x_2, \ldots, x_{\phi(n)}\}$$

现在对该集合中的每个整数乘以 $a$ 模 $n$：

$$S = \{ax_1 \bmod n, ax_2 \bmod n, \ldots, ax_{\phi(n)} \bmod n\}$$

集合 $S$ 是集合 $R$ 的一个置换，原因如下：

(1) 因为 $a$ 与 $n$ 互素，$x_i$ 也与 $n$ 互素，则 $ax_i$ 一定与 $n$ 互素。因此，$S$ 中的所有数均小于 $n$ 且与 $n$ 互素。

(2) $S$ 中不存在重复的整数。因为根据公式(5)，如果 $ax_i \bmod n = ax_j \bmod n$，则 $x_i = x_j$。

因此，集合 $S$ 中所有的数的乘积应当等于集合 $R$ 中所有的数的乘积：

$$(ax_1 \bmod n) \times (ax_2 \bmod n) \times \ldots \times (ax_{\phi(n)} \bmod n) = (x_1) \times (x_2) \times \ldots \times (x_{\phi(n)})$$

两端都取模 $n$，得

$$[(ax_1 \bmod n) \times (ax_2 \bmod n) \times \ldots \times (ax_{\phi(n)} \bmod n)] \bmod n = [(x_1) \times (x_2) \times \ldots \times (x_{\phi(n)})] \bmod n$$

利用公式(4)，得出：

$$[(ax_1) \times (ax_2) \times \ldots \times (ax_{\phi(n)})] \bmod n = [(x_1) \times (x_2) \times \ldots \times (x_{\phi(n)})] \bmod n$$

$$[(a^{\phi(n)}) \times [(x_1) \times (x_2) \times \ldots \times (x_{\phi(n)})]] \bmod n = [(x_1) \times (x_2) \times \ldots \times (x_{\phi(n)})] \bmod n$$

因为 $[(x_1) \times (x_2) \times \ldots \times (x_{\phi(n)})]$ 与 $n$ 互素，因此可以消去 $[(x_1) \times (x_2) \times \ldots \times (x_{\phi(n)})]$：

$$(a^{\phi(n)}) \bmod n = 1 \bmod n$$

这样就证明了欧拉定理。

因为 $a$ 与 $n$ 互素，因此将上式两端都乘以 $a$，这样就得出欧拉定理的另一种**等价形式**：

$$(a^{\phi(n)+1}) \bmod n = a \bmod n \tag{12}$$

或写为

$$a^{\phi(n)+1} \equiv a \bmod n \tag{13}$$

**问题7-7.** 怎样证明 RSA 密码体制的解码公式？也就是证明 RSA 的解密公式 $X = Y^d \bmod n$。

**解答：** 现在回顾一下 RSA 公开密钥密码体制的要点。

① 秘密选择两个大素数 $p$ 和 $q$，计算出 $n = pq$。明文 $X < n$。

② 计算 $\phi(n) = (p-1)(q-1)$。

③ 公开选择整数 $e$。$1 < e < \phi(n)$。$e$ 与 $\phi(n)$ 互素。

④ 秘密计算 $d$，使得 $ed = 1 \bmod \phi(n)$。

⑤ 得出公开密钥（即加密密钥）$PK = \{e, n\}$，秘密密钥（即解密密钥）$SK = \{d, n\}$。

⑥ 明文 $X$ 加密后得到密文 $Y = X^e \bmod n$。

⑦ 密文 $Y$ 解密后还原出明文 $X = Y^d \bmod n$——这就是 RSA 密码体制的解码公式。

下面就来证明 RSA 密码体制的解码公式。

$$Y^d \bmod n = (X^e \bmod n)^d \bmod n = X^{ed} \bmod n \quad \text{（这里用到了问题 7-6 的公式(3)）}$$

但 $ed = 1 \bmod \phi(n)$ 表示 $ed = k\phi(n) + 1$，这里 $k$ 为任意整数。因此现在的问题就是要证明

$$X^{ed} \bmod n = X^{k\phi(n)+1} \bmod n \text{ 是否等于 } X \bmod n。$$

根据问题 7-6 中证明的欧拉定理的一个推论，就可很容易地证明上式。这个推论是这样的：

给定两个素数 $p$ 和 $q$，以及整数 $n = pq$ 和 $m$，其中 $0 < m < n$，则下列关系成立：
$$m^{k\phi(n)+1} = m^{(p-1)(q-1)+1} \equiv m \bmod n \tag{1}$$

下面就来证明公式(1)。

根据问题 7-6 中欧拉定理的公式(13)，如果 $m$ 和 $n$ 互素，则等式(1)显然成立。

但如果 $m$ 和 $n$ 不是互素，则下面我们也可以证明等式(1)仍然成立。

当 $m$ 和 $n$ 不是互素时，$m$ 和 $n$ 一定有公因子。由于 $n = pq$ 且 $p$ 和 $q$ 都是素数，因此当 $m$ 和 $n$ 不是互素时，我们一定有下面的结论：或者 $m$ 是 $p$ 的倍数，或者 $m$ 是 $q$ 的倍数。

下面我们不妨先假定 $m$ 是 $p$ 的倍数，因此可记为 $m = kp$，这里 $k$ 是某个正整数。在这种情况下，$m$ 和 $q$ 一定是互素的。因为如果不是这样，那么 $m$ 一定是 $q$ 的倍数（如果 $m$ 是 $q$ 的倍数，那么 $m$ 就同时是 $p$ 和 $q$ 的倍数，这就和 $m < n = pq$ 的假定不符）。因此我们得出以下结论：如果 $m$ 和 $n$ 不是互素，若假定 $m$ 是 $p$ 的倍数，则 $m$ 和 $q$ 一定是互素的。

既然 $m$ 和 $q$ 互素，那么根据欧拉定理，我们有
$$m^{\phi(q)} \equiv 1 \bmod q$$
显然，将左端乘以任何整数次方的模 $q$ 还是等于 1。因此
$$[m^{\phi(q)}]^{\phi(p)} \equiv 1 \bmod q$$
因为 $\phi(n) = \phi(pq) = \phi(p) \times \phi(q)$，所以上式变为
$$m^{\phi(n)} \equiv 1 \bmod q$$
可见存在某个整数 $j$ 使得
$$m^{\phi(n)} = 1 + jq$$
将等式两端同乘以 $m = kp$，并考虑到 $n = pq$，得出
$$m^{\phi(n)+1} = kp + kpjq = m + kjn$$
取模 $n$，得出
$$[m^{\phi(n)+1}] \bmod n = [m + kjn] \bmod n = m \bmod n$$
因此
$$m^{\phi(n)+1} \equiv m \bmod n$$
这样就证明了公式(1)，因而也就证明了 RSA 的解密公式 $X = Y^d \bmod n$。

**问题 7-8.** RSA 加密能否被认为是**保证安全**的？

**解答：** RSA 之所以被认为是一种很好的加密体制，是因为当选择足够长的密钥时，**在目前还没有找出**一种能够对很大的整数快速地进行因子分解的算法。这里请注意，"在目前还没有找出"**并不等于说**"理论上已经证明不存在这样的算法"。如果在某一天有人能够研究出对很大的整数快速地进行因子分解的算法，那么 RSA 加密体制就不能再使用了。

**问题 7-9.** 报文摘要并不对传送的报文进行加密。这怎么能算是一种网络安全的措施？不管在什么情况下永远将报文进行加密不是更好一些吗？

**解答：** 报文加密并非网络安全的**全部**内容。我们知道，使用 RSA 公开密钥体制进行加密时，往往需要花费很长的时间。当需要在网络上传送的报文并不要求保密但却不容许遭受篡改时，使用报文摘要就能够确保报文的完整性（因为这时仅仅对很短的报文摘要进行加密）。

**问题 7-10.** 不重数(nonce)是否就是随机数？

**解答**：它们并不完全一样。不重数是随机产生的，但只使用一次。可见要做到每次使用的不重数都不一样，这种随机数必须很大。

随机数虽然是随机产生的，但隔一段时间后再产生的随机数就可能会重复。

**问题 7-11.** 在防火墙技术中的分组过滤器工作在哪一个层次？

**解答**：分组过滤器工作在网络层，但也可以把运输层包含进来。

本来"分组"就是网络层的协议数据单元名称。防火墙中使用的分组过滤器就是安装在路由器中的一种软件。大家知道，路由器工作在网络层。从这个意义上讲，分组过滤器当然也应当是工作在网络层。分组过滤器根据所设置的规则和进入路由器的分组的 IP 地址（源地址或目的地址），决定对该分组是否进行阻拦。这样的分组过滤器当然工作在网络层。

但是，为了**增强**分组过滤器的功能，一些分组过滤器不仅检查分组首部中的 IP 地址，而且进一步检查分组的数据内容，也就是说，检查运输层协议数据单元的首部。这主要是检查**端口号**。这样做的目的是可以进一步限制所通过的分组的服务类型。例如，阻拦所有从本单位发送出去的、向计算机 192.50.2.18 请求 FTP 服务的分组。由于 FTP 的熟知端口号是 21，因此只要在分组过滤器的阻拦规则中写上"禁止到目的地址为 192.50.2.18 且目的端口号为 21 的所有分组"即可。因此，这样的分组过滤器不仅工作在网络层，而且还工作在运输层。从严格的意义上讲，这样的路由器已经不是仅仅单纯工作在网络层了。

当然，像上面给出的规则，也可以由应用网关（即代理服务器）来实现。

# 习题与解答

**【7-01】** 计算机网络都面临哪几种威胁？主动攻击和被动攻击的区别是什么？对于计算机网络的安全措施都有哪些？

**解答**：计算机网络上的通信面临以下四种威胁：
(1) 截获(interception)　　攻击者从网络上窃听他人的通信内容。
(2) 中断(interruption)　　攻击者有意中断他人在网络上的通信。
(3) 篡改(modification)　　攻击者故意篡改网络上传送的报文。
(4) 伪造(fabrication)　　攻击者伪造信息在网络上传送。

在上述情况中，截获信息的攻击称为被动攻击，而中断、篡改和伪造信息的攻击称为主动攻击。

在被动攻击中，攻击者只是观察和分析某一个协议数据单元 PDU 而不干扰信息流。即使这些数据对攻击者来说是不易理解的，他也可通过观察 PDU 的协议控制信息部分，了解正在通信的协议实体的地址和身份，研究 PDU 的长度和传输的频度，以便了解所交换的数据的某种性质。这种被动攻击又称为流量分析。

主动攻击是指攻击者对某个连接中通过的 PDU 进行各种处理。如有选择地更改、删除、延迟这些 PDU（当然也包括记录和复制它们），还可在稍后的时间将以前录下的 PDU 插入这个连接（即重放攻击）。甚至还可将合成的或伪造的 PDU 送入到一个连接中去。

对于计算机网络的安全措施有以下几种：

(1) 为用户提供安全可靠的保密通信，即把在网络上传送的数据进行加密。
(2) 设计出一种尽可能比较安全的计算机网络。
(3) 对接入网络的权限加以控制，并规定每个用户的接入权限。

【7-02】 试解释以下名词：(1)拒绝服务；(2)访问控制；(3)流量分析；(4)恶意程序。

**解答：**

(1) **拒绝服务** 指攻击者向互联网上的服务器不停地发送大量分组，使互联网或服务器无法提供正常服务。

(2) **访问控制** 对接入网络的权限加以控制，并规定每个用户的接入权限。

(3) **流量分析** 攻击者通过观察 PDU 的协议控制信息部分，了解正在通信的协议实体的地址和身份，研究 PDU 的长度和传输的频度，以便了解所交换的数据的某种性质。

(4) **恶意程序** 属于主动攻击。恶意程序种类繁多，对网络安全威胁较大的主要有以下几种：

① 计算机病毒(computer virus)，一种会"传染"其他程序的程序，"传染"是通过修改其他程序来把自身或其变种复制进去完成的。

② 计算机蠕虫(computer worm)，一种通过网络的通信功能将自身从一个节点发送到另一个节点并自动启动运行的程序。

③ 特洛伊木马(Trojan horse)，一种程序，它执行的功能并非所声称的功能而是某种恶意的功能。如一个编译程序除了执行编译任务以外，还把用户的源程序偷偷地拷贝下来，则这种编译程序就是一种特洛伊木马。计算机病毒有时也以特洛伊木马的形式出现。

④ 逻辑炸弹(logic bomb)，一种当运行环境满足某种特定条件时，执行其他特殊功能的程序。如一个编辑程序，平时运行得很好，但当系统时间为 13 日又为星期五时，它删去系统中所有的文件，这种程序就是一种逻辑炸弹。

⑤ 后门入侵(backdoor knocking)，是指利用系统实现中的漏洞通过网络入侵系统。索尼游戏网络(PlayStation Network)在 2011 年被入侵,导致 7700 万用户的个人信息,诸如姓名、生日、Email 地址、密码等被盗。

⑥ 流氓软件，一种未经用户允许就在用户计算机上安装运行并损害用户利益的软件，其典型特征是：强制安装、难以卸载、浏览器劫持、广告弹出、恶意收集用户信息、恶意卸载、恶意捆绑等。现在流氓软件的泛滥程度已超过了各种计算机病毒，成为互联网上最大的公害。

【7-03】 为什么说计算机网络的安全不仅仅局限于保密性？试举例说明,仅具有保密性的计算机网络不一定是安全的。

**解答：** 保密性就是把通信的内容进行加密，使得即使通信的内容被攻击者截获，也无法懂得所截获的内容的含义。但这仅仅是计算机网络上的通信面临的四种威胁之一。

假定某个计算机网络仅具有保密性,那么在这种计算机网络上的通信还会面临其他三种威胁（中断、篡改和伪造）。因此，安全的计算机网络还必须具有安全的网络协议，以及使用可靠的访问控制方法。

**【7-04】** 密码编码学、密码分析学和密码学都有哪些区别？

**解答**：密码编码学(cryptography)是密码体制的设计学，而密码分析学(cryptanalysis)则是在未知密钥的情况下从密文推演出明文或密钥的技术。密码编码学与密码分析学合起来即为密码学(cryptology)。

**【7-05】** "无条件安全的密码体制"和"在计算上是安全的密码体制"有什么区别？

**解答**：如果不论截取者获得了多少密文，但在密文中都没有足够的信息来唯一地确定出对应的明文，则这一密码体制称为无条件安全的，或称为理论上是不可破的。在无任何限制的条件下，目前几乎所有实用的密码体制均是可破的。也就是说，在现实世界并不存在无条件安全的密码体制。

因此，人们关心的是要研制出在计算上（而不是在理论上）是不可破的密码体制。如果一个密码体制中的密码，不能在一定时间内被可以使用的计算资源破译，则这一密码体制称为在计算上是安全的。

**【7-06】** 试破译下面的密文诗。加密采用替代密码。这种密码是把 26 个字母（从 a 到 z）中的每一个用其他某个字母替代（注意，不是按序替代）。密文中无标点符号。空格未加密。

kfd ktbd fzm eubd kfd pzyiom mztx ku kzyg ur bzha kfthcm ur mfudm zhx
mftnm zhx mdzythc pzq ur ezsszcdm zhx gthcm zhx pfa kfd mdz tm sutythc
fuk zhx pfdkfdi ntcm fzld pthcm sok pztk z stk kfd uamkdim eitdx sdruid
pd fzld uoi efzk rui mubd ur om zid uok ur sidzkf zhx zyy ur om zid rzk
hu foiia mztx kfd ezindhkdi kfda kfzhgdx ftb boef rui kfzk

**解答**：经过慢慢试探，可得出如下的明文。

the time has come the walrus said to talk of many things of ships and
shoes and sealing wax of cabbages and kings of why the sea is boiling
hot and whether pigs have wings but wait a bit the oysters cried before
we have our chat for some of us are out of breath and all of us are fat
no hurry said the carpenter they thanked him much for that
From *Through the looking glass* (Tweedledum and Tweedledee)

**【7-07】** 对称密钥体制与公钥密码体制的特点各如何？各有何优缺点？

**解答**：对称密钥密码体制，即加密密钥与解密密钥是相同的密码体制。在高度自动化的大型计算机网络中，用信使来传送密钥显然是不合适的。如果事先约定密钥，就会给密钥的管理和更换都带来极大的不便。若使用高度安全的密钥分配中心 KDC，也会使得网络成本增加。当密钥需要向远地传送时，一定要通过另一个安全信道。对称密钥密码体制的优点是比较简单，但传送密钥的安全信道却很不容易找到。

在公钥密码体制中，加密密钥 PK（即公钥）是向公众公开的，而解密密钥 SK（即私钥或密钥）则是需要保密的。加密算法 $E$ 和解密算法 $D$ 也都是公开的。

从概念上讲，这两种系统之间的区别就在于它们用何种方式来保存密钥。在对称密钥加密术中，这个密钥必须是双方共享的。而在不对称密钥加密术中，密钥属于个人（非共享的），每个人都要生成并保存自己的密钥。

在对称密钥加密术中，明文和密文都被认为是符号的组合。加密和解密过程是将这些符号的次序打乱，或用一个符号来替代另一个符号。而在不对称密钥加密术中，明文和密文都是数，加密和解密过程都是使用一些数学公式对这些数值进行运算后得到另外一些数值。

不对称密钥加密术使用数学公式进行加密和解密，这就比使用对称密钥加密术慢很多。为了加密长报文，对称密钥加密术仍然是不可取代的。另一方面，对称密钥加密术在速度上的优势，也不能抹杀不对称密钥加密术的作用。对于报文鉴别、数字签名和密钥的交换来说，不对称密钥加密术也是必不可少的。总之，要想使用今天的所有安全服务，我们既需要对称密钥加密术，也需要不对称密钥加密术。二者互相取长补短。

**【7-08】** 为什么密钥分配是一个非常重要但又十分复杂的问题？试举出一种密钥分配的方法。

**解答**：我们以对称密钥加密为例，来说明这个问题。我们知道，对称密钥加密术需要双方之间有一个共享密钥。如果有 100 万个人要互相通信，那么每个人都要掌握大约 100 万个不同的密钥，总共大约需要 10 亿个密钥。这通常被称为 $N^2$ 问题，因为对于 $N$ 个实体就大约需要 $N^2$ 个密钥。如果 A 和 B 需要互相通信，他们就需要交换一个密钥。如果 A 希望与 100 万个人通信，他又如何与这 100 万个人交换 100 万个密钥呢？派信使的办法显然不适用，而利用互联网传送密钥也肯定不是安全的办法。很显然，我们需要一种更有效的方式来维护和分发密钥。

一种实际的解决方案是利用一个可信的第三方，称为密钥分配中心 KDC。KDC 是大家都信任的机构，其任务就是给需要进行秘密通信的用户临时分配一个会话密钥（仅使用一次）。假定用户 A 和 B 都是 KDC 的登记用户。A 和 B 在 KDC 登记时，就已经在 KDC 的服务器上安装了各自和 KDC 进行通信的主密钥 $K_A$ 和 $K_B$。密钥分配分为三个步骤：

(1) 用户 A 向密钥分配中心 KDC 发送明文，说明想和用户 B 通信。在明文中给出 A 和 B 在 KDC 登记的身份。

(2) KDC 用随机数产生"一次一密"的会话密钥 $K_{AB}$，供 A 和 B 的这次会话使用，然后向 A 发送回答报文。这个回答报文用 A 的密钥 $K_A$ 加密。这个报文中包含有这次会话使用的密钥 $K_{AB}$ 和请 A 转给 B 的一个票据，它包含 A 和 B 在 KDC 登记的身份，以及这次会话将要使用的密钥 $K_{AB}$。这个票据由 KDC 用 B 的密钥 $K_B$ 加密，因此 A 无法知道此票据的内容，因为 A 没有 B 的密钥 $K_B$。当然 A 也不需要知道此票据的内容。

(3) 当 B 收到 A 转来的票据并使用自己的密钥 $K_B$ 解密后，就知道 A 要和他通信，同时也知道 KDC 为这次和 A 通信所分配的会话密钥 $K_{AB}$。

此后，A 和 B 就可使用会话密钥 $K_{AB}$ 进行这次通信了。

**【7-09】** 公钥密码体制下的加密和解密过程是怎样的？为什么公钥可以公开？如果不公开是否可以提高安全性？

**解答**：公钥密码体制的加密和解密过程如下：

(1) 密钥对产生器产生出接收者 B 的一对密钥：加密密钥 $PK_B$ 和解密密钥 $SK_B$。发送者 A 所用的加密密钥 $PK_B$ 就是接收者 B 的公钥，它向公众公开。而 B 所用的解密密钥 $SK_B$ 就是接收者 B 的私钥，对其他人都保密。

(2) 发送者 A 用 B 的公钥 $PK_B$ 通过 $E$ 运算对明文 $X$ 加密，得出密文 $Y$，发送给 B。B 用自己的私钥 $SK_B$ 通过 $D$ 运算进行解密，恢复出明文。

(3) 虽在计算机上可以容易地产生成对的 $PK_B$ 和 $SK_B$。但从已知的 $PK_B$ 实际上不可能推导出 $SK_B$，即从 $PK_B$ 到 $SK_B$ 是"计算上不可能的"。

(4) 虽然公钥可用来加密，但却不能用来解密。

公钥是可以公开的，因为即使知道了某个公钥，也不可能由此得出相对应的私钥。我们知道，加密是用公钥，而解密则是要使用私钥而不是公钥。因此公钥公开了对解密并没有什么影响。

在公钥密码体制中，提供安全的责任几乎全部由密文的接收者承担。密文的接收者需要生成两个密钥：一个私钥和一个公钥。密文的接收者负责向所有需要和他通信的人分发他的公钥，这可以通过公钥分发信道来完成。虽然不要求这个信道提供安全性，但它必须提供鉴别和完整性。不应允许任何其他人向大家发布他自己的公钥并假冒那是密文接收者的公钥。公钥公开分发是为了方便。只要能够提供鉴别和完整性，那么对安全性来说，就和不公开分发公钥没有什么区别。

这里应当指出，"公钥是可以公开的"并不是表示可以把公钥放在自己的网站上，或者通过本地或全国性的报纸来公布自己的公钥。这种方式是不安全的，因为很容易被假冒。例如，如果 B 把他的公钥放在自己的网站上，那么其他人也可以假冒 B 做类似的公告。在 B 还没有来得及行动之前，损失就已经造成了。其他人也可以用相应的假私钥来签署一份文档，使所有人都认为这个文档是由 B 签发的。

**【7-10】** 试述数字签名的原理。

**解答：** 数字签名必须保证能够实现以下三点功能：

(1) 接收者能够核实发送者对报文的签名。也就是说，接收者能够确信该报文的确是发送者发送的。其他人无法伪造对报文的签名。这就叫作报文鉴别。

(2) 接收者确信所收到的数据和发送者发送的完全一样，而没有被篡改过。这就叫作报文的完整性。

(3) 发送者事后不能抵赖对报文的签名。这就叫作不可否认。

现在已有多种实现数字签名的方法。但采用公钥算法要比采用对称密钥算法更容易实现。这种数字签名的原理是这样的。

为了进行签名，A 用其私钥 $SK_A$ 对报文 $X$ 进行 $D$ 运算。A 把经过 $D$ 运算得到的密文传送给 B。B 为了核实签名，用 A 的公钥进行 $E$ 运算，还原出明文 $X$。这里的 $D$ 运算和 $E$ 运算都不是为了解密和加密，而是为了进行签名和核实签名。

因为除 A 外没有别人持有 A 的私钥 $SK_A$，所以除 A 外没有别人能够用 A 的私钥 $SK_A$ 对报文 $X$ 进行 $D$ 运算。这样，B 就相信报文 $X$ 是 A 签名发送的。这就是报文鉴别的功能。同理，其他人如果篡改过报文，但并无法得到 A 的私钥 $SK_A$ 来对 $X$ 进行 $D$ 运算。B 对篡改过的报文进行 $E$ 运算后，将会得出不可读的明文，就知道收到的报文被篡改过。这样就保证报文完整性的功能。若 A 要抵赖曾发送报文给 B，B 可把 $X$ 以及用 A 的私钥 $SK_A$ 对报文 $X$ 进行 $D$ 运算后的结果出示给进行公证的第三者。第三者很容易用 $PK_A$ 去证实 A 确实发送 $X$ 给 B。这就是不可否认的功能。这里的关键就是没有其他人能够持有 A 的私钥 $SK_A$。

上述过程仅对报文进行了签名。对报文 $X$ 本身却未保密。只要适当把以上过程稍加修改，就可实现具有保密功能的数字签名。

【7-11】 为什么需要进行报文鉴别？鉴别和保密、授权有什么不同？报文鉴别和实体鉴别有什么区别？

**解答**：在许多情况下，我们需要鉴别发信者，即验证通信的对方的确是自己所要通信的对象，而不是其他的冒充者。这就是实体鉴别。实体可以是发信的人，也可以是一个进程（客户或服务器）。因此这也常称为端点鉴别。我们还需要鉴别报文的完整性，即对方所传送的报文没有被他人篡改过。至于报文是否需要加密，则是与"鉴别"性质不同的问题。有的报文需要加密（这要另找措施），但许多报文并不需要加密。

鉴别和加密（或保密）并不相同。鉴别是要验证通信的对方的确是自己所要通信的对象，而不是其他的冒充者。

鉴别与授权是不同的概念。授权涉及的问题是：所进行的过程是否被允许（如是否可以对某文件进行读或写）。

报文鉴别包括了实体鉴别（即端点鉴别）和完整性鉴别。实体鉴别是要确认发信者的身份（人或机器），完整性鉴别是要确认报文没有被篡改过。

【7-12】 试分别举例说明以下情况：(1)既需要保密，也需要鉴别；(2)需要保密，但不需要鉴别；(3)不需要保密，但需要鉴别。

**解答**：(1) 指挥员下达的作战命令，既要保密，也要确认是否是真正的指挥员下达的。
(2) 私人的银行存款属于个人隐私，需要保密。如果是自己到银行柜台办理的，就没有必要鉴别存折或银行卡是否是伪造的。
(3) 在网上传送非保密的公开文件（例如，请别人传送一份我国的《道路交通安全法》），但要确认此文件确实是真的，是未经过他人篡改的。

【7-13】 A 和 B 共同持有一个只有他们二人知道的密钥（使用对称密码）。A 收到了用这个密钥加密的一份报文。A 能否出示此报文给第三方，使 B 不能否认发送了此报文？

**解答**：不行。A 如果出示此报文给第三方，第三方可以对 A 说："因为你也有和 B 同样的密码，因此你也完全能够编造出这样的报文！"也就是说，A 无法证明世界上只有 B 才是该报文的唯一发送方。

【7-14】 教材上的图 7-5 所示的具有保密性的签名与使用报文鉴别码相比较，哪一种方法更有利于进行鉴别？

**解答**：如果要传送的报文很长（例如，一本很厚的书），使用如教材上的图 7-5 的方法，需要花费很长的时间进行 $D$ 运算和 $E$ 运算。但使用报文鉴别码就要快得多，因而更加有利于进行鉴别。

**【7-15】** 试述实现报文鉴别和实体鉴别的方法。

**解答**：报文摘要 MD 是进行报文鉴别的简单方法。下面是其原理。

A 把较长的报文 $X$ 经过报文摘要算法运算后，得出很短的报文摘要 $H$。然后用自己的私钥对 $H$ 进行 $D$ 运算，即进行数字签名。得出已签名的报文摘要 $D(H)$ 后，将其追加在报文 $X$ 后面发送给 B。B 收到报文后首先把已签名的 $D(H)$ 和报文 $X$ 分离。然后再做两件事。第一，用 A 的公钥对 $D(H)$ 进行 $E$ 运算，得出报文摘要 $H$。第二，对报文 $X$ 进行报文摘要运算，看是否能够得出同样的报文摘要 $H$。如一样，就能以极高的概率断定收到的报文是 A 产生的。否则就不是。报文摘要的优点就是：仅对短得多的定长报文摘要 $H$ 进行数字签名，比对整个长报文进行数字签名要简单得多，所耗费的计算资源也小得多，但对鉴别报文 $X$ 来说，效果是一样的。也就是说，报文 $X$ 和已签名的报文摘要 $D(H)$ 合在一起，是不可伪造的，是可检验的和不可否认的。

报文摘要算法是精心选择的一种单向函数。我们知道，检验和算法也是单向的。这就是说，给出一个很长的报文，我们可以非常容易地计算出它的检验和。检验和的长度固定，而且很短。但我们不可能进行逆计算，由检验和把原始的报文计算出来。报文摘要也有类似的性质。我们可以很容易地计算出一个长报文 $X$ 的报文摘要 $H$，可是要想从报文摘要 $H$ 反过来找到原始的报文 $X$，则实际上是不可能的。此外，若想找到任意两个报文，使得它们具有相同的报文摘要，那在实际上也是不可能的。

上述的概念表明：若 $(M, H)$ 是发送者产生的"报文和报文摘要对"，则攻击者不可能伪造出另一个报文，使得该报文与 $M$ 具有同样的报文摘要 $H$。发送者还可以对报文摘要 $H$ 进行数字签名，使报文成为可检验的及不可否认的。

实体鉴别和报文鉴别不同。报文鉴别是对每一个收到的报文都要鉴别报文的发送者，而实体鉴别是在系统接入的全部持续时间内，对和自己通信的对方实体只验证一次。

最简单的实体鉴别过程可用下面的例子说明。A 向远端的 B 发送有自己的身份 A（例如，A 的姓名）和口令的报文，并且使用双方约定好的共享对称密钥 $K_{AB}$ 进行加密。B 收到此报文后，用共享对称密钥 $K_{AB}$ 进行解密，因而鉴别了实体 A 的身份。

**【7-16】** 结合教材上第 5 章图 5-6 计算 UDP 的检验和的例子，说明这种检验和不能用来鉴别报文。

**解答**：可以非常容易地更改 UDP 中的数据，使得最后得出的检验和仍然保持不变。

例如，在教材上的图 5-6 的计算检验和的最后 4 行的数据代码中，

  01010100 01000101
  01010011 01010100
  01001001 01001110
  01000111 00000000

我们随意把第 1 行的第 6 个 1 改为 0，而把第 2 行的第 6 个 0 改为 1。在这种情况下，检验和是不会变化的。因此这种简单的检验和是不能用来鉴别报文的。在使用报文鉴别码时，你实际上不可能伪造出另一个报文能够得出同样的报文鉴别码。

**【7-17】** 报文的保密性与完整性有何区别？什么是 MD5？

**解答：** 简单地说，报文的保密性就是对未授权的访问是掩蔽的，即不让未授权的人知道报文的内容，甚至不让未授权的人知道有这样的一个报文。报文的完整性则是不让未授权的人修改报文的内容。报文的内容可以是不保密的。

MD5 是在 RFC 1321 中提出的报文摘要算法，它已获得了广泛的应用。MD5 算法大致的过程如下：

(1) 先把任意长的报文按模 $2^{64}$ 计算其余数（64 位），追加在报文的后面。

(2) 在报文和余数之间填充 1~512 位，使得填充后的总长度是 512 的整数倍。填充的首位是 1，后面都是 0。

(3) 把追加和填充后的报文分割为一个个 512 位的数据块，每个 512 位的报文数据再分成 4 个 128 位的数据块，依次送到不同的散列函数进行 4 轮计算。每一轮又都按 32 位的小数据块进行复杂的运算。一直到最后计算出 MD5 报文摘要代码（128 位）。

这样得出的 MD5 报文摘要代码中的每一位都与原来报文中的每一位有关。Rivest 提出一个猜想，即根据给定的 MD5 报文摘要代码找出原来报文的难度，其所需的操作量级为 $2^{128}$。到目前为止，还没有任何分析可以证明这种猜想是错误的。

**【7-18】** 什么是重放攻击？怎样防止重放攻击？

**解答：** 重放攻击是这样的。某个入侵者 C 可以从网络上截获 A 发给 B 的报文。但 C 并不需要破译这个报文（因为这可能要花很多时间，也许 C 也没有破译这个报文的能力），而可以直接把这个由 A 加密的报文发送给 B，使 B 误认为 C 就是 A。然后 B 就向伪装是 A 的 C 发送许多本来应当发给 A 的报文。这样，A 就收不到本来应当得到的报文，而 C 却得到了很多 B 发送给 A 的报文。虽然这些报文是加密的。但 C 可以想办法来破译。这就叫作重放攻击。

为了对付重放攻击，可以使用不重数(nonce)。不重数就是一个不重复使用的大随机数，即"一次一数"。在鉴别过程中，不重数可以使 B 能够把重复的鉴别请求和新的鉴别请求区分开。不重数(nonce)是由 number once 这两个字组合而成的。

例如，如图 T-7-18 所示，A 首先用明文发送其身份 A 和一个不重数 $R_A$ 给 B。接着，B 响应 A 的查问，用共享的密钥 $K_{AB}$ 对 $R_A$ 加密后发回给 A，同时也给出了自己的不重数 $R_B$。最后，A 再响应 B 的查问，用共享的密钥 $K_{AB}$ 对 $R_B$ 加密后发回给 B。B 解密收到的报文。如果解密得到的不重数等于他发送给 A 的那个不重数，那么就可以鉴别 A 的身份是真。这里很重要的一点是 A 和 B 对不同的会话必须使用不同的不重数集。由于不重数不能重复使用，所以 C 在进行重放攻击时无法重复使用所截获的不重数。

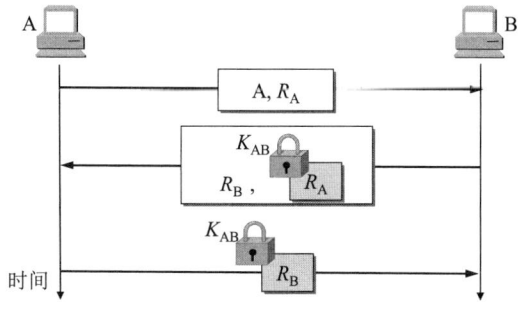

图 T-7-18　对付重放攻击的示意图

【7-19】 教材上的图 7-11 的鉴别过程也有可能被骗子利用。假定 A 发送报文和 B 联系，但不巧被骗子 P 截获了，于是 P 发送报文给 A："我是 B"。接着，A 就发送图 7-11 中的第一个报文 "A, $R_A$"，这里 $R_A$ 是不重数。本来，P 必须也发给 A 另一个不重数，以及发回使用两人共同拥有的密钥 $K_{AB}$ 加密的 $R_A$，即 $K_{AB}(R_A)$。但 P 根本不知道 $K_{AB}$，只好就发送同样的 $R_A$ 作为自己的不重数。A 收到 $R_A$ 后，发给 P 报文 "$K_{AB}(R_A)$"，P 仍然不知道密钥 $K_{AB}$，也照样发回报文 "$K_{AB}(R_A)$"。接着 A 就把一些报文发送给 P 了。虽然 P 不知道密钥 $K_{AB}$，但可以慢慢设法攻破。试问 A 能否避免这样的错误？

**解答**：教材中已经强调了，"这里很重要的一点是 A 和 B 对不同的会话必须使用不同的不重数集。"P 发回同样的 $R_A$ 作为自己的不重数，A 一看就应当知道，这不是自己人发来的报文。

【7-20】 什么是"中间人攻击"？怎样防止这种攻击？

**解答**：图 T-7-20 是"中间人攻击"的示意图。

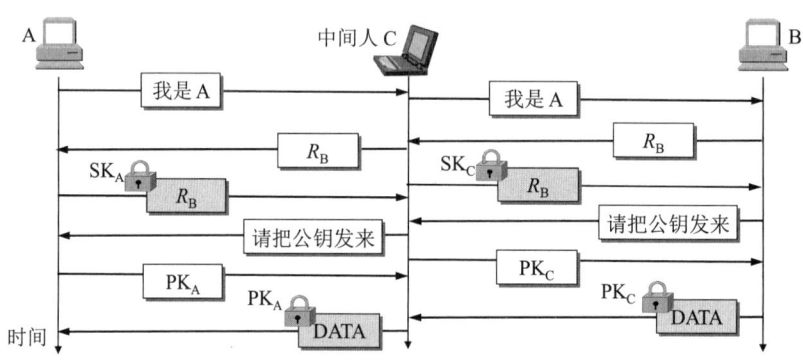

图 T-7-20 "中间人攻击"的示意图

从图 T-7-20 可看出，A 想和 B 通信，向 B 发送"我是 A"的报文，并给出了自己的身份。这个报文被"中间人"C 截获，C 把这个报文原封不动地转发给 B。B 选择一个不重数 $R_B$ 发送给 A，但同样被 C 截获后也照样转发给 A。

中间人 C 用自己的私钥 $SK_C$ 对 $R_B$ 加密后发回给 B，使 B 误以为是 A 发来的。A 收到 $R_B$ 后也用自己的私钥 $SK_A$ 对 $R_B$ 加密后发回给 B，但中途被 C 截获并丢弃。B 向 A 索取其公钥，这个报文被 C 截获后转发给 A。

C 把自己的公钥 $PK_C$ 冒充是 A 的发送给 B，而 C 也截获到 A 发送给 B 的公钥 $PK_A$。

B 用收到的公钥 $PK_C$（以为是 A 的）对数据 DATA 加密，并发送给 A。C 截获后用自己的私钥 $SK_C$ 解密，复制一份留下，然后再用 A 的公钥 $PK_A$ 对数据 DATA 加密后发送给 A。A 收到数据后，用自己的私钥 $SK_A$ 解密，以为和 B 进行了保密通信。其实，B 发送给 A 的加密数据已被中间人 C 截获并解密了一份。但 A 和 B 却都不知道。

要防止这种"中间人攻击"，就需要解决公钥的分发方法，不能在通信的双方直接传送公钥。Kerberos 可以解决"中间人攻击"的问题。

【7-21】 试讨论 Kerberos 协议的优缺点。

**解答**：Kerberos 协议的第 5 个版本，即 Kerberos V5 是目前最出名的密钥分配协议，是美国麻省理工学院 MIT 开发出的。Kerberos 既是鉴别协议，同时也是 KDC，它已经变得很普及。

Kerberos 的优点是：

(1) 安全性好。Kerberos 系统对用户的口令进行加密后作为用户的私钥，从而避免了用户的口令在网络上显示传输，使得窃听者难以在网络上取得相应的口令信息。

(2) 透明性高。用户在使用过程中，仅在登录时要求输入口令，与平常的操作完全一样，Kerberos 的存在对于合法用户来说是透明的。

Kerberos 的缺点是：

(1) Kerberos 的身份鉴别是采用对称加密机制，加密和解密使用相同的密钥，交换密钥时的安全性还有待于提高。

(2) Kerberos 服务器与用户共享的服务会话密钥是用户的口令，服务器在响应时不需验证用户的真实性，而是直接假设只有合法用户才拥有该口令。如果攻击者截获了响应报文，就很容易形成密码攻击。

(3) Kerberos 中的 AS 和 TGS 是集中式管理，容易形成瓶颈，系统的性能和安全也严重依赖于 AS 和 TGS 的性能和安全。

**【7-22】** 互联网的网络层安全协议族 IPsec 都包含哪些主要协议？

**解答**：在 IPsec 中最主要的两个协议就是：鉴别首部 AH 协议和封装安全有效载荷 ESP 协议。AH 提供源点鉴别和数据完整性，但不能保密。而 ESP 比 AH 复杂得多，它提供源点鉴别、数据完整性和保密。IPsec 支持 IPv4 和 IPv6。但在 IPv6 中，AH 和 ESP 都是扩展首部的一部分。

虽然 AH 协议的功能都已包含在 ESP 协议中，但 AH 协议早已使用在一些商品中，因此 AH 协议还不能废弃。

在使用鉴别首部协议 AH 时，把 AH 首部插在原数据报数据部分的前面，同时将 IP 首部中的协议字段置为 51。当目的主机检查到协议字段是 51 时，就知道在 IP 首部后面紧接着的是 AH 首部。在传输过程中，中间的路由器都不查看 AH 首部。当数据报到达终点时，目的主机才处理 AH 字段，以鉴别源点和检查数据报的完整性。

使用 ESP 时，将 IP 数据报首部的协议字段置为 50。当目的主机检查到协议字段是 50 时，就知道在 IP 首部后面紧接着的是 ESP 首部，同时在原 IP 数据报后面增加了两个字段，即 ESP 尾部和 ESP 数据。在 ESP **首部**中，有标志一个安全关联的安全参数索引 SPI（32 位）和序号（32 位）。在 ESP 尾部中有下一个首部（8 位，作用和 AH 首部的一样）。ESP 尾部和原来数据报的数据部分一起进行加密，因此攻击者无法得知所使用的运输层协议（它在 IP 数据报的数据部分中）。ESP **鉴别**和 AH 中的鉴别数据的作用是一样的。因此，用 ESP 封装的数据报既有鉴别源点和检查数据报完整性的功能，又能提供保密。

**【7-23】** 用户 A 和 B 使用 IPsec 进行通信。A 需要向 B 接连发送 6 个分组。是否需要在每发送一个分组之前，都先建立一次安全关联 SA？

**解答**：不对。建立一次安全关联 SA 后，接着发送的 6 个分组都使用这同一个安全关联。

**【7-24】** 在教材上的图 7-18 中,公司总部和业务员之间先建立了 TCP 连接,然后使用 IPsec 进行通信。假定有一个 TCP 报文段丢失了。后来在重传该序号的报文段时,相应的 IPsec 安全数据报是否也要使用同样的 IPsec 序号呢?

**解答:** 不是。IPsec 每次发送一个 IPsec 数据报都要使用一个新的序号,新的序号是"上次使用过的序号加 1"。

**【7-25】** 试简述协议 TLS 的工作过程。

**解答:** 协议 TLS 在大多数情况下使用的是单向鉴别,即客户端(浏览器)鉴别服务器。例如,浏览器 A 要确信即将访问的网站服务器 B 是安全和可信的。这必须要有两个前提。首先,服务器 B 必须有一个证书来证明自己是安全和可信的。现在假定服务器 B 已经持有了有效的 CA 证书。其次,浏览器 A 应具有一些手段来证明服务器 B 是安全和可信的。

协议 TLS 的工作过程分为握手阶段和会话阶段。

在浏览器和服务器双方建立了 TCP 连接后,就进入协议 TLS 的握手阶段。握手阶段要验证服务器是安全可信的,同时生成在后面的会话阶段所需的共享密钥,以保证双方交换的数据的私密性和完整性。在刚开始执行协议 TLS 时,通信双方的信道是不安全的。因此双方要通过不安全的信道得到会话时所需的共享密钥。这里是采用自己生成共享密钥的方法。以后在传送数据时也采用了能够保证数据机密性与完整性的措施。

A 先向 B 发送自己选定的加密算法。B 把自己的数字证书和确认的加密算法发送给 A。A 用数字证书中 CA 的公钥对数字证书进行验证鉴别,然后按照双方确定的密钥交换算法生成主密钥 MS,并用 B 的公钥加密后发送给 B。B 用自己的私钥把主密钥解密出来。这样,A 和 B 都拥有了共同的主密钥 MS。

随后,主密钥被分割成 4 个不同的密钥,即会话密钥。这样,每一方都拥有这样 4 个密钥(这些都是对称密钥,加密和解密用的是同一个密钥)。具体就是:

- A 发送数据时使用的会话密钥 $K_A$
- A 发送数据时使用的 MAC 密钥 $M_A$
- B 发送数据时使用的会话密钥 $K_B$
- B 发送数据时使用的 MAC 密钥 $M_B$

在协议 TLS 的会话阶段。会话阶段要保证传送数据的机密性和完整性。客户或服务器在发送数据时,把长的数据划分为许多较小的数据块(叫作记录)。每个记录都要进行鉴别运算和加密运算。TLS 的记录协议还对每一个记录按发送顺序赋予序号。

当 A 向 B 发送一个明文记录时,A 先把 MAC 密钥 $M_A$ 和该记录当前的序号一起拼接在此明文记录之后,然后进行散列运算,得出 MAC。再把得出的 MAC 和明文记录拼接起来,用会话密钥 $K_A$ 进行加密,发送给服务器 B。B 使用同样的会话密钥 $K_A$ 进行解密,然后分离出明文记录和 MAC。B 把同样的 MAC 密钥 $M_A$ 和该记录应有的序号拼接在此明文记录之后,进行散列运算,看得出的结果与前面得出的 MAC 值是否一致,以鉴别收到的明文记录的完整性(内容和顺序均无误)。

**【7-26】** 在教材上的图 7-21 中,假定在第一步,顾客(客户 A)发送报文给经销商(服务器 B)时,误将报文发送到一个骗子处,而骗子就接着冒充经销商继续下面的

步骤。试问在报文交互到第几个步骤时，顾客可以发现对方并不是真正的经销商？

**解答**：顾客在第❹步，用 CA 发布的公钥鉴别 B 的证书时，即可发现 B 是骗子。

**【7-27】** 电子邮件的安全协议 PGP 主要都包含哪些措施？

**解答**：PGP 是一个完整的电子邮件安全软件包，包括加密、鉴别、电子签名和压缩等技术。PGP 并没有使用什么新的概念，它只是把现有的一些加密算法（如 RSA 公钥加密算法或 MD5 报文摘要算法）综合在一起而已。虽然 PGP 已被广泛使用，但 PGP 并不是互联网的正式标准。

PGP 的工作原理并不复杂。它提供电子邮件的安全性、发送方鉴别和报文完整性。

假定 A 向 B 发送电子邮件明文 $X$，现在用 PGP 进行加密（图 T-7-27）。A 有三个密钥：自己的私钥、B 的公钥和自己生成的一次性密钥。B 有两个密钥：自己的私钥和 A 的公钥。

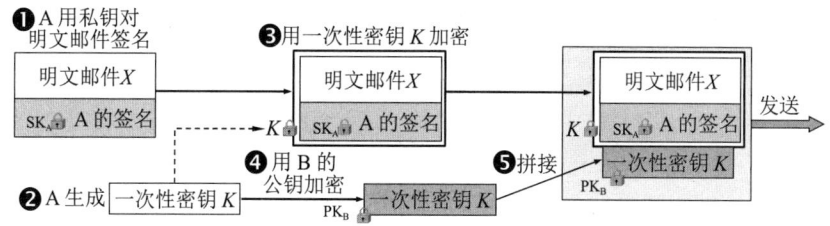

图 T-7-27 在发送方 A 的 PGP 处理过程

❶ 用 A 的私钥 $SK_A$ 对明文邮件 $X$ 进行签名。把签名拼接在明文邮件 $X$ 后面。
❷ 利用随机数 A 生成一次性密钥 $K$（共享的对称密钥）。
❸ 用 A 生成的一次性密钥 $K$ 对已签名的邮件加密。
❹ 用 B 的公钥 $PK_B$ 对 A 生成的一次性密钥 $K$ 进行加密。
❺ 把已加密的一次性密钥和已加密的签名邮件，拼接在一起发送给 B。

B 收到加密的报文后要做以下几件事：

(1) 在文档 RFC 4880 中，对加密邮件的各种格式（如仅加密但不鉴别，或仅鉴别但不加密，或加密加上鉴别），均有详细的规定。因此 B 可以根据邮件的种类，准确地把已加密的一次性密钥和已加密的签名报文分离开。

(2) 用 B 私钥 $SK_B$ 解出一次性密钥 $K$（这是对称密钥，加密和解密都需要各使用一次）。

(3) 用导出的一次性密钥 $K$ 对加密的签名邮件进行解密，分离出明文邮件 $X$ 和 A 的数字签名。

(4) 用 B 手中的 A 的公钥 $PK_A$ 对 A 的数字签名进行解密。然后即可接着验证邮件的完整性。

PGP 很难被攻破。因此在目前可以认为 PGP 是足够安全的。

**【7-28】** 试述防火墙的工作原理和所提供的功能。什么叫作网络级防火墙和应用级防火墙？

**解答**：防火墙是一种特殊编程的路由器，安装在一个网点和网络的其余部分之间，目的是实施访问控制策略。这个访问控制策略是由使用防火墙的单位自行制定的。这种安全策略应当最适合本单位的需要。防火墙位于互联网和内部网络之间。互联网这边是防火墙的外面，而内部网络这边是防火墙的里面。一般都把防火墙里面的网络称为"可信的网络"，而把防火墙外面的网络称为"不可信的网络"。

防火墙的功能有两个：一个是阻止，另一个是允许。"阻止"就是阻止某种类型的流量通过防火墙（从外部网络到内部网络，或反过来）。"允许"的功能与"阻止"恰好相反。可见防火墙必须能够识别流量的各种类型。不过在大多数情况下，防火墙的主要功能是"阻止"。

但是，"绝对阻止所不希望的通信"和"绝对防止信息泄露"一样，是很难做到的。直接使用一个商用的防火墙往往不能得到所需要的保护，但适当地配置防火墙则可将安全风险降低到可接受的水平。

网络级防火墙是用来防止整个网络出现外来非法的入侵。属于这类的有分组过滤和授权服务器。前者检查所有流入本网络的信息，然后拒绝不符合事先制定好的一套准则的数据，而后者则是检查用户的登录是否合法。

应用级防火墙是从应用程序来进行访问控制。通常使用应用网关或代理服务器来区分各种应用。例如，可以只允许通过访问万维网的应用，而阻止 FTP 应用的通过。

# 第 8 章 互联网上的音频/视频服务

## 常见问题索引

问题 8-1. 为什么说**传统的互联网本身是非等时**的？

问题 8-2. IP 协议是不保证服务质量的。可是互联网的成功可以说在很大的程度上得益于 IP 协议。那么 IP 协议最主要的优点是什么？

问题 8-3. **端到端时延**(end-to-end delay)和**时延抖动**(delay jitter)有什么区别？

问题 8-4. 能否简单归纳一下，为了适应多媒体信息的传输，目前对互联网应如何演进，都有哪三种主要观点？

问题 8-5. 在教材第 8 章图 8-2 中的缓存（其作用是将非恒定速率的分组变为恒定速率的分组）是否就是在运输层中的接收缓存？

问题 8-6. 假定在教材第 8 章图 8-20 中对应于三种分组流的权重分别为 0.5, 0.25 和 0.25，并且所有的分组流都有大量分组在缓存中。试问这三种分组流被服务的顺序可能是怎样的（对于轮流服务的情况，被服务的顺序是 1 2 3 1 2 3 1 2 3…）？

问题 8-7. 假定在问题 8-6 中，只有第一类和第二类分组流有大量分组在缓存中，而第三类分组流目前暂时没有分组在缓存中。试问这三种分组流被服务的顺序可能是怎样的？

问题 8-8. 在教材的图 8-3 中，是否只要在接收端设置足够长的缓存时间，就可以获得没有丢失分组的等时输出？

## 常见问题与解答

**问题 8-1. 为什么说传统的互联网本身是非等时的？**

**解答**：这里的"传统的互联网"指的是传送数据的互联网，而不是指传送话音或视频信息的互联网。因为数据可以在任何时候发送出去（异步发送），前后发送出去的 IP 数据报的时间间隔可以是任意的数值，因此，传送这种 IP 数据报的传统互联网就属于非等时的网络。

传统的、使用模拟技术的电信网也是非等时的。因为传送的是模拟信号，因此不存在"等时"的问题。

"等时"是在将模拟传输改为数字传输时才产生的名词。对模拟信号进行采样后，就得到了周期性的信号样本。对于标准的 PCM 通信，采样频率是 8 kHz，采样后得到的信号样本的重复频率也是 8 kHz，即每隔 125 μs 出现一个采样后得到的样本。于是就有现在使用的"等时信号"这样的名词。经过 PCM 编码,就变成了可传输的数字信号。因此,传送 PCM 话音信号的网络也就称为"等时网络"。传统的互联网由于不是等时的,因此在传送数字化的话音或视频信息时,就遇到了麻烦。

**问题 8-2.** IP 协议是不保证服务质量的,可是互联网的成功可以说在很大的程度上得益于 IP 协议。那么 IP 协议最主要的优点是什么?

**解答:** IP 协议不保证服务质量,这是 IP 协议的一个不足之处。但是 IP 协议的优点却远远超过其不足之处。

我们知道,IP 协议非常灵活。例如,
(1) IP 可以使用广域网技术,也可以使用局域网技术。
(2) IP 可以使用最高速率的网络,也可以使用速率很低的网络。
(3) IP 可以使用无分组丢失的网络,也可使用仅提供尽最大努力交付的网络。
(4) IP 可以使用铜线网络、光纤网络,也可以使用无线网络。
(5) IP 可以使用具有以上任意组合的网络。

实际上,IP 协议的这种灵活性可以归结为一种"**宽容的处理方法**"(tolerant approach)。这就是说,IP 协议**对下面构成互联网的网络硬件并没有太多的要求**。只要下面的网络具有传送比特的能力即可。反过来看看 OSI 体系。OSI 对构成互联网的各网络都要求是面向连接的。直到后来,OSI 才认识到必须增加无连接的网络,但这已经太晚了。

虽然 IP 协议对下面的网络没有太多的要求,但 IP 协议本身却是十分严格的。例如,IP 对所有连接在 IP 虚拟网络上的主机,都要求必须使用合法的 IP 地址,并且每一个主机的 IP 地址在互联网中也必须是唯一的。又如,路由器怎样转发数据报,这都要用标准的路由选择协议安装到路由器中。

**问题 8-3.** **端到端时延**(end-to-end delay)和**时延抖动**(delay jitter)有什么区别?

**解答:** **端到端时延**是指 IP 数据报从离开源点时算起一直到抵达终点时为止一共经历了多长时间的时延。

**时延抖动**则是指端到端时延的**变化**,即对于同样的源点和终点,一个 IP 数据报的端到端时延和下一个 IP 数据报的端到端时延的**差别**。

如果在一对源点和终点的通信过程中,所有的 IP 数据报的端到端时延都是完全一样的,则这时的时延抖动就是零。但这种情况在互联网中几乎是不可能发生的(尤其是通信的路径要经过很多的路由器时),因为每一个 IP 数据报都是独立地在互联网中选择自己的路由,并且互联网上通信量的分布以及网络的拥塞程度也都是时刻在动态变化的。

**问题 8-4.** 能否简单归纳一下,为了适应多媒体信息的传输,目前互联网应如何演进,都有哪些主要观点?

**解答:** 目前关于互联网演进主要有以下三种观点。
观点 1:对 TCP/IP 协议族不进行大的改动,主要是增加网络链路的带宽,并使用多播技术。
观点 2:对 TCP/IP 协议族进行较大的改动,让应用程序向网络提出预留所需的传输带宽。
观点 3:尽量不对 TCP/IP 进行大的改动,在网络的边沿对数据报进行简单的分类和管制,以便区分网络所提供的服务。这样在路由器中，就根据数据报的不同服务类别，提供不同等级的服务。

**问题 8-5.** 在教材第 8 章图 8-2 中的缓存（其作用是将非恒定速率的分组变为恒定速率的分组）是否就是在运输层中的接收缓存？

**解答**：不是。图 8-2 中的缓存在应用层，它和运输层中的接收缓存不一样，不能弄混。

**问题 8-6.** 假定在教材第 8 章图 8-20 中对应于三种分组流的权重分别为 0.5, 0.25 和 0.25，并且所有的分组流都有大量分组在缓存中。试问这三种分组流被服务的顺序可能是怎样的（对于轮流服务的情况，被服务的顺序是 1 2 3 1 2 3 1 2 3 ...）？

**解答**：这有两种可能的服务顺序。
一种顺序是： 1 2 1 3 1 2 1 3 1 2 1 3 ...
另一种顺序是：1 1 2 3 1 1 2 3 1 1 2 3 1 1 2 3 ...

**问题 8-7.** 假定在问题 8-6 中，只有第一类和第二类分组流有大量分组在缓存中，而第三类分组流目前暂时没有分组在缓存中。试问这三种分组流被服务的顺序可能是怎样的？

**解答**：服务顺序是：1 1 2 1 1 2 1 1 2 ...

第一类和第二类分组被服务的时间比例仍为 0.5 : 0.25，而第三类分组的服务时间是零（被跳过去）。

**问题 8-8.** 在教材的图 8-3 中，是否只要在接收端设置足够长的缓存时间，就可以获得没有丢失分组的等时输出？

**解答**：我们先看一下典型的分组到达分布情况（图 Q-8-8）。图中的分组到达分布曲线有这样几个特点：

(1) 只有经过一定的时间后才可能有分组到达。这就表明，在互联网上分组的传输需要一定的时间，不可能瞬间到达。

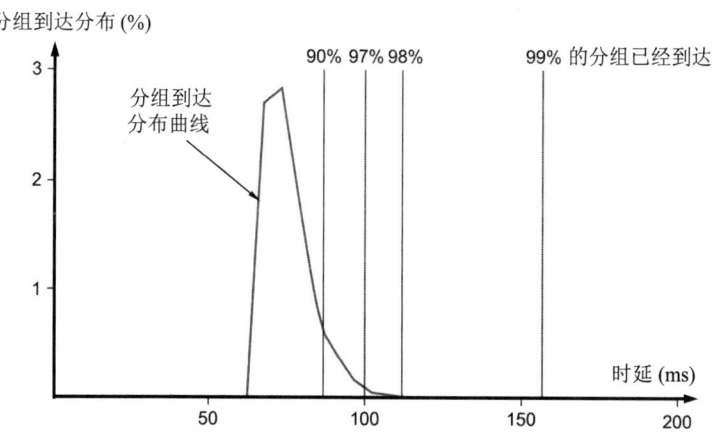

图 Q-8-8 典型的分组到达分布曲线

(2) 分组到达曲线与横坐标时间之间的面积就是分组到达的百分数。图中画出了几个百分数。例如，分组的到达可能在开始时相对集中，在经过时延为 100 ms 时，已经发送出的分组中有 97%的到达了接收端。但是到了时延为 150 ms 时，还有超过 1%的分组尚未到达接收端。

(3) 实际上，分组到达曲线可能有一个很长的尾巴。这表明即使经过了很长的时间，仍有极少数的分组可能还没有到达接收端（这很可能已经在途中丢失了）。这就是说，如果再等很多时间，也不一定达到 100%的到达。

其实，在进行实时的音频或视频通信时，丢失少量的分组并没有什么关系。我们不能为了收到 100%的分组，而故意把接收端的缓存时间设置得非常大，这样对实时通信是很不利的。只要设置适当的缓存时间，哪怕丢失很少的一些分组，我们仍可获得比较满意的通信质量。

# 习题与解答

**【8-01】** 音频/视频数据和普通的文件数据都有哪些主要的区别？这些区别对音频/视频数据在互联网上传送所用的协议有哪些影响？既然现有的电信网能够传送音频/视频数据，并且能够保证质量，为什么还要用互联网来传送音频/视频数据呢？

**解答：** 首先应当强调的是，这里所说的音频/视频数据，隐含地指实时音频/视频数据。因为如果不是实时的音频/视频数据，那么就没有必要来讨论这个问题。在传送非实时的音频/视频数据时，和传送普通的文件数据并没有什么本质上的区别。例如，一张 DVD 电影光盘上的数据（可能有 4.4 GB），它应当属于音频/视频数据。如果我们把整个 DVD 光盘上的文件在互联网上传送（当然要使用 TCP 可靠传输协议），那么就慢慢传吧。也许经过十几个小时后传送到了对方，收件人再打开欣赏。这种在网上传送方式和从邮局寄送 DVD 光盘，对收件人观看光盘上的电影，并无实质上的差别。

实时音频/视频数据和普通的文件数据相比主要的区别是：
(1) 实时音频/视频数据的信息量往往很大。
(2) 在传输实时多媒体数据时，对时延和时延抖动均有较高的要求。

这些区别对在互联网上传送实时音频/视频数据所用的协议有很大的影响。上面提到的主要区别导致新的流式存储音频/视频和流式实况音频/视频等传送方式的出现。不管采用哪一种方式来传送，对时延和时延抖动均有较好的解决方法。

现有的电信网完全可以传送实时音频/视频数据，并且能够保证质量。但我们还宁愿用互联网来传送实时音频/视频数据。原因主要有两个：一是方便和灵活，二是出于经济方面的原因，使用互联网传送实时音频/视频数据非常便宜。使用电信网的普通电话线高速传送实时音频/视频数据是不现实的，因为发件人和收件人一般都没有在电信网上传送实时音频/视频数据的设备（仅仅使用家中的电话机并不能用来传送数据）。在电信网上传送实时音频/视频数据需要租用电信局的专用宽带线路和使用专门的设备。

**【8-02】** 端到端时延与时延抖动有什么区别？产生时延抖动的原因是什么？为什么说在传送音频/视频数据时对时延和时延抖动都有较高的要求？

**解答：** 我们知道从互联网上传送数据要经历一定的时延。但互联网是不等时的，在同样的源点和终点之间传送的数据，其不同的分组经过互联网产生的时延可以是各不相同的。这种时延的差别称为时延抖动。

如果这种时延仅仅是若干秒的数量级，那么传送实时音频/视频数据仍然可以认为是实时的。但如果时延太大，就不能认为是实时的。时延抖动会使重放失真增大，因此必须采取措施，减少时延抖动的影响。

**【8-03】** 目前有哪几种方案改造互联网，使互联网能够适合于传送音频/视频数据？

**解答：** 一般认为，现在主要有以下三种改造互联网的方案。

(1) 大量使用光缆，使网络的时延和时延抖动大大减小，同时使用具有大容量高速缓存的高速路由器，以便在互联网上传送实时数据。

(2) 需要将互联网改造成为能够对端到端的带宽实现预留，从而根本改变互联网的协议栈——从无连接的网络转变为面向连接的网络。

(3) 部分改动互联网的协议栈。这样所付出的代价较小，而且也能够使多媒体信息在互联网上的传输质量得到改进。

**【8-04】** 实时数据和等时的数据是一样的意思吗？为什么说互联网是不等时的？实时数据都有哪些特点？试说明播放时延的作用。

**解答：** 不一样。实时数据往往是等时的数据，但等时的数据不一定是实时数据。例如，已经录制在 CD 盘中的音乐是等时的数据，但却不是实时的。

图 T-8-04 说明了互联网的不等时特点。图中画出了信号源是模拟信号，经过采样和编码后得出的分组是等时的。这些分组都是以恒定速率发送到互联网上的。因此，发送到互联网的分组是等时的（即分组之间的时间间隔都是相同的）。

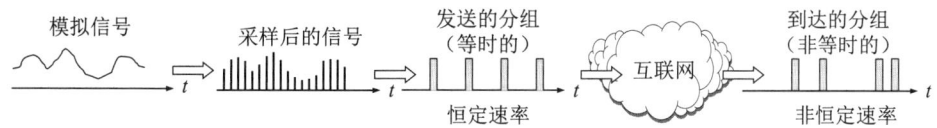

图 T-8-04　互联网是非等时的

我们知道，使用 IP 协议的互联网中，每一个分组是独立地传送的，因而这些分组在到达接收端时就变成为非等时的。如果我们在接收端对这些以非恒定速率到达的分组边接收边还原，那么就一定会产生很大的失真。

要解决这一问题，可以在接收端设置适当大小的缓存，当缓存中的分组数达到一定的数量后，再以恒定速率按顺序将这些分组读出，进行还原播放。缓存实际上就是一个先进先出的队列。从最初的分组开始到达缓存算起，经过播放时延后就按固定时间间隔把缓存中的分组按先后顺序依次读出。因此缓存使所有到达的分组都经受了迟延。由于分组以非恒定速率到达，因此早到达的分组在缓存中停留的时间较长，而晚到达的分组在缓存中停留的时间就较短。从缓存中取出分组是按照固定的时钟节拍进行的，因此，到达的非等时的分组，经过缓存后再以恒定速率读出，就变成了等时的分组（时延太大的分组就丢弃了），这就在很大程度上消除了时延的抖动。但我们付出的代价是增加了时延。

**【8-05】** 流式存储音频/视频、流式实况音频/视频和交互式音频/视频都有何区别？

**解答：**

(1) 流式存储音频/视频。这种类型是先把已压缩的录制好的音频/视频文件（如音乐、电影等）存储在服务器上。用户通过互联网下载这样的文件。请注意，用户不是把文件全部下载完毕后再播放，因为这往往需要很长时间，而用户一般也不大愿意等待太长的时间。流式存储音频/视频文件下载的特点是边下载边播放，即在文件下载后不久（例如，几秒钟到几十秒钟后）就开始连续播放。名词"流式"(streaming)就是这样的含义。

(2) 流式实况音频/视频。这种类型和无线电台或电视台的实况广播相似，不同之处是音频/视频节目的广播是通过互联网来传送的。流式实况音频/视频是一对多（而不是一对一）的通信。它的特点是：音频/视频节目不是事先录制好并存储在服务器中的，而是在发送方边录制边发送（不是录制完毕后再发送）。在接收时也要求能够连续播放。接收方收到节目的时间和节目中事件的发生时间可以认为是同时的（相差仅仅是电磁波的传播时间和很短的信号处理时间）。流式实况音频/视频按理说应当采用多播技术才能提高网络资源的利用率，但目前实际上还是使用多个独立的单播。流式实况音频/视频现在还不普及。

(3) 交互式音频/视频。这种类型是用户使用互联网和其他人进行实时交互式通信。现在的互联网电话或互联网电视会议就属于这种类型。

**【8-06】** 媒体播放器和媒体服务器的功能是什么？请用例子说明。媒体服务器为什么又称为流式服务器？

**解答：** 一般的浏览器是不能播放音频/视频文件的，这是因为这种音频/视频文件播放器并没有集成在万维网浏览器中。因此，必须使用一个单独的应用程序来播放音频/视频节目。这个应用程序通常被称为媒体播放器(media player)。

现在流行的媒体播放器有 Real Networks 的 RealPlayer、微软的 Windows Media Player 和苹果公司的 QuickTime。媒体播放器具有的主要功能是：管理用户界面、解压缩、消除时延抖动和处理传输带来的差错。

如果媒体播放器使用 HTTP 的服务，那么就会出现一个问题。我们知道，HTTP 是在 TCP 连接上运行的。TCP 要重传出错的或丢失的报文段，这就不适合流式音频/视频文件的传送。当网络出现拥塞时，流式音频/视频文件的播放就会暂停（因为在缓存中存放的数据已经用完了）。可见，我们应当不使用 TCP 而使用 UDP。由于万维网服务器都是使用 HTTP 协议的，因此我们需要另外的一种服务器，即媒体服务器(media server)。

媒体服务器也称为流式服务器(streaming server)。媒体服务器和万维网服务器可以运行在一个端系统内，也可以运行在两个不同的端系统中。媒体服务器与普通的万维网服务器的最大区别就是，媒体服务器支持流式音频和视频的传送。媒体播放器与媒体服务器的关系是客户与服务器的关系。现在媒体播放器不是向万维网服务器而是向媒体服务器请求音频/视频文件。媒体服务器和媒体播放器之间采用另外的协议进行交互。

**【8-07】** 实时流式协议 RTSP 的功能是什么？为什么说它是个带外协议？

**解答：** 实时流式协议 RTSP (Real-Time Streaming Protocol)是 IETF 的 MMUSIC 工作组开发

的协议，现已成为互联网建议标准。RTSP 是为了给流式过程增加更多的功能而设计的协议。

RTSP 协议以客户服务器方式工作，它是一个应用层的多媒体播放控制协议，用来使用户在播放从互联网下载的实时数据时能够进行控制（像在影碟机上那样的控制），如：暂停/继续、快退、快进等。因此 RTSP 又称为"互联网录像机遥控协议"。

RTSP 本身并不传送数据，而仅仅是使媒体播放器能够控制多媒体流的传送（有点像文件传送协议 FTP 有一个控制信道），因此 RTSP 又称为带外协议(out-of-band protocol)。

**【8-08】** 狭义的 IP 电话和广义的 IP 电话都有哪些区别？IP 电话都有哪几种连接方式？

**解答**：狭义的 IP 电话就是指在 IP 网络上打电话。所谓"IP 网络"就是"使用 IP 协议的分组交换网"的简称。这里的网络可以是互联网，也可以是包含有传统的电路交换网的互联网，不过在互联网中至少要有一个 IP 网络。

广义的 IP 电话则不仅仅是电话通信，而且还可以在 IP 网络上进行交互式多媒体实时通信（包括话音、视像等），甚至还包括即时传信 IM (Instant Messaging)。即时传信是在上网时就能从屏幕上得知有哪些朋友也正在上网。若有，则彼此可在网上即时交换信息（文字的或声音的），也包括使用一点对多点的多播技术。目前流行的即时传信应用程序有 QQ 和微信，很受网民的欢迎。IP 电话可看成是一个正在演进的多媒体服务平台，是话音、数据、视像综合的基础结构。在某些条件下（例如使用宽带的局域网)，IP 电话的话音质量甚至还优于普通电话。

IP 电话有多种连接方式。最简单的是两个 PC 用户之间通过互联网通话。这不需要经过 IP 电话网关，但必须是双方都同时上网才能进行通话。另一种情况是 PC 通过互联网到固定电话之间的通话。还有一种情况是两个固定电话之间通过互联网打 IP 电话，这时需要经过两个 IP 网关。

**【8-09】** IP 电话的通话质量与哪些因素有关？影响 IP 电话话音质量的主要因素有哪些？为什么 IP 电话的通话质量是不确定的？

**解答**：IP 电话的通话质量主要由两个因素决定，一个是通话双方端到端的时延和时延抖动，另一个是话音分组的丢失率。

IP 电话端到端时延是由以下几个因素造成的：

(1) 话音信号进行模数转换要产生时延。

(2) 已经数字化的话音比特流要积累到一定的数量才能够装配成一个话音分组，这也产生时延。

(3) 话音分组的发送需要时间，此时间等于话音分组长度与通信线路的数据率之比。

(4) 话音分组在互联网中经过许多路由器的存储转发时延。

(5) 话音分组到达接收端在缓存中暂存所引起的时延。

(6) 将话音分组还原成模拟话音信号的数模转换也要产生一定的时延。

(7) 话音信号在通信线路上的传播时延。

(8) 由终端设备的硬件和操作系统产生的接入时延。由 IP 电话网关引起的接入时延约为 20~40 ms，而用户 PC 声卡引起的接入时延为 20~180 ms。有的调制解调器（如 V.34）还会再增加 20 ~ 40 ms 的时延（由于进行数字信号处理、均衡等）。

话音信号在通信线路上的传播时延一般都很小（卫星通信除外），通常可不予考虑。当采用高速光纤主干网时,上述的第三项时延也不大。

第一、第二和第六项时延取决于话音编码的方法。

接收端缓存空间和播放时延的大小对话音分组丢失率和端到端时延也有很大的影响。

IP 电话的通话质量是不确定的,这是因为一个用户使用 IP 电话的通话质量取决于当时其他的许多用户的行为。若网络上的通信量非常大以致发生了网络拥塞,那么端到端时延和时延抖动以及分组丢失率都会很高,这就导致 IP 电话的通话质量下降。

**【8-10】** 为什么 RTP 协议同时具有运输层和应用层的特点?

**解答:**实时运输协议 RTP (Real-time Transport Protocol) 是 IETF 的 AVT 工作组开发的协议。

RTP 为实时应用提供端到端的运输,但不提供任何服务质量的保证。需要发送的多媒体数据块(音频/视频)经过压缩编码处理后,先送给 RTP 封装成为 RTP 分组(也可称为 RTP 报文),RTP 分组再装入运输层的 UDP 用户数据报,然后再向下递交给 IP 层。RTP 现已成为互联网正式标准,并且已被广泛使用。RTP 同时也是 ITU-T 的标准(H.225.0)。

实际上,RTP 是一个协议框架,因为它只包含了实时应用的一些共同功能。RTP 自己并不对多媒体数据块做任何处理,而只是向应用层提供一些附加的信息,让应用层知道应当如何进行处理。

RTP 协议同时具有运输层和应用层的特点。从应用开发者的角度看,RTP 应当是应用层的一部分。在应用程序的发送端,开发者必须编写用 RTP 封装分组的程序代码,然后把 RTP 分组交给 UDP 套接字接口。在接收端,RTP 分组通过 UDP 套接字接口进入应用层后,还要利用开发者编写的程序代码从 RTP 分组中把应用数据块提取出来。

然而 RTP 的名称又隐含地表示它是一个运输层协议。这样划分也是可以的,因为 RTP 封装了多媒体应用的数据块,并且由于 RTP 向多媒体应用程序提供了服务(如时间戳和序号),因此也可以把 RTP 看成是在 UDP 之上的一个运输层子层协议。

**【8-11】** RTP 协议能否提供应用分组的可靠传输?请说明理由。

**解答:**RTP 协议不能提供应用分组的可靠传输。这是因为 RTP 是用 UDP 来传送的。我们知道,UDP 和 TCP 不一样,它不是可靠传输。而 RTP 协议本身也不提供任何机制来确保数据的交付,或者提供其他服务质量的保证。

**【8-12】** 在 RTP 分组的首部中为什么要使用序号、时间戳和标记?

**解答:**在 RTP 协议中,对每一个发送出的 RTP 分组,其序号字段的值加 1。在一次 RTP 会话开始时的初始序号是随机选择的。序号使接收端能够发现丢失的分组,同时也能将失序的 RTP 分组重新按序排列好。例如,在收到序号为 60 的 RTP 分组后又收到了序号为 65 的 RTP 分组。那么就可推断出,中间还缺少序号为 61~64 的 4 个 RTP 分组。

在 RTP 协议中,时间戳字段反映了 RTP 分组中的数据第一个字节的采样时刻。在一次会话开始时,时间戳的初始值也是随机选择的。即使是在没有信号发送时,时间戳的数值也要随着时间而不断增加。接收端使用时间戳可准确知道应当在什么时间还原哪一个数据块,从而消除时延的抖动。时间戳还可用来使视频应用中声音和图像的同步。在 RTP 协议中并没有规定时间戳的粒度,这取决于有效载荷的类型。因此 RTP 的时间戳又称为媒体时间戳,以强调这种时间戳的粒度取决于信号的类型。例如,对于 8 kHz 采样的话音信号,若每隔 20 ms 构成一个数据块,则一个数据块中包含有 160 个样本($0.02 \times 8000 = 160$)。因此发送端每发送一个 RTP 分组,其时间戳的值就增加 160。

**【8-13】** RTCP 协议使用在什么场合?RTCP 使用的五种分组各有何主要特点?

**解答:** 实时运输控制协议 RTCP (RTP Control Protocol)是与 RTP 配合使用的协议。实际上,RTCP 协议也是 RTP 协议不可分割的部分。

RTCP 协议的主要功能是:服务质量的监视与反馈、媒体间的同步(如某一个 RTP 发送的声音和图像的配合),以及多播组中成员的标志。RTCP 分组(也可称为 RTCP 报文)也使用 UDP 来传送,但 RTCP 并不对音频/视频分组进行封装。由于 RTCP 分组很短,因此可把多个 RTCP 分组封装在一个 UDP 用户数据报中。RTCP 分组周期性地在网上传送,它带有发送端和接收端对服务质量的统计信息报告(如已发送的分组数和字节数、分组丢失率、分组到达时间间隔的抖动等)。

发送端报告分组 SR 用来使发送端周期性地向所有接收端用多播方式进行报告。发送端每发送一个 RTP 流,就要发送一个发送端报告分组 SR。SR 分组的主要内容有:该 RTP 流的 SSRC;该 RTP 流中最新产生的 RTP 分组的时间戳和绝对时钟时间(或墙上时钟时间 wall clock time);该 RTP 流包含的分组数;该 RTP 流包含的字节数。

接收端报告分组 RR 用来使接收端周期性地向所有的点用多播方式进行报告。接收端每收到一个 RTP 流(一次会话包含有许多的 RTP 流)就产生一个接收端报告分组 RR。RR 分组的内容有:所收到的 RTP 流的 SSRC;该 RTP 流的分组丢失率(若分组丢失率太高,发送端就应当适当降低发送分组的速率);在该 RTP 流中最后一个 RTP 分组的序号;分组到达时间间隔的抖动等。

源点描述分组 SDES 给出会话中参加者的描述,它包含参加者的规范名 CNAME (Canonical NAME)。规范名是参加者的电子邮件地址的字符串。

结束分组 BYE 表示关闭一个数据流。

特定应用分组 APP 使应用程序能够定义新的分组类型。

**【8-14】** IP 电话的两个主要信令标准各有何特点?

**解答:** IP 电话有两套信令标准。一套标准是 ITU-T 定义的 H.323 协议,另一套标准是 IETF 提出的会话发起协议 SIP (Session Initiation Protocol)。

H.323 是 ITU-T 于 1996 年制定的为在局域网上传送话音信息的建议书(它的名称很长)。1998 年第二个版本改用的名称是"基于分组的多媒体通信系统"。基于分组的网络包括互联网、局域网、企业网、城域网和广域网。H.323 是互联网的端系统之间进行实时声音和视像会议的标准。请注意,H.323 不是一个单独的协议而是一组协议。H.323 包括系统和构件的描述、呼叫模型的描述、呼叫信令过程、控制报文、复用、话音编解码器、视像编解码器,以及数据协议等。图 T-8-14 给出了 H.323 的体系结构。可以看出,H.323 是一个协议族,它可以使用不同的运输协议。

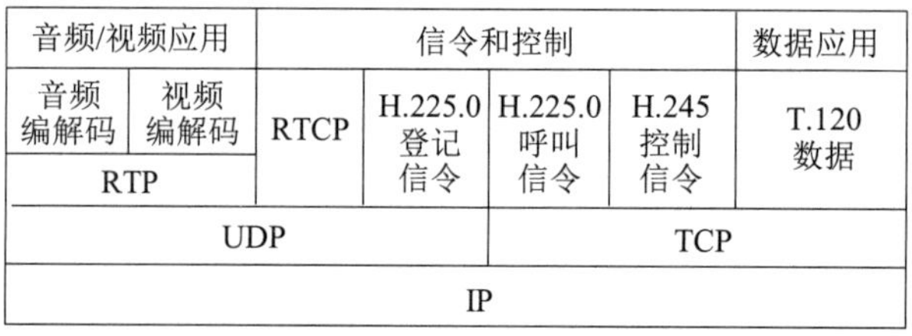

| 音频/视频应用 | | | 信令和控制 | | | 数据应用 |
|---|---|---|---|---|---|---|
| 音频编解码 | 视频编解码 | RTCP | H.225.0 登记信令 | H.225.0 呼叫信令 | H.245 控制信令 | T.120 数据 |
| RTP | | | | | | |
| UDP | | | | TCP | | |
| IP | | | | | | |

图 T-8-14  H.323 的协议体系结构

H.323 包括以下一些组成部分：

(1) 音频编解码器 —— H.323 要求至少要支持 G.711（64 kbit/s 的 PCM）。建议支持如 G.722（16 kbit/s 的 ADPCM），G.723.1（5.3/6.3 的 LPC），G.728（16 kbit/s 的低时延 CELP）和 G.729（8 kbit/s 的 CS-ACELP）等。

(2) 视频编解码器 —— H.323 要求必须支持 H.261 标准（176×144 像素）。

(3) H.255.0 登记信令，即登记/接纳/状态 RAS (Registration/Admission/Status)。H.323 终端和网闸使用 RAS 来完成登记、接纳控制和带宽转换等功能。

(4) H.225.0 呼叫信令 —— 用来在两个 H.323 端点之间建立连接。

(5) H.245 控制信令 —— 用来交换端到端的控制报文，以便管理 H.323 端点的运行。

(6) T.120 数据传送协议 —— 这是与呼叫相关联的数据交换协议。用户在参加音频/视频会议时，可以和其他与会用户共享屏幕上的白板。由于使用 TCP 协议，因此能够保证数据传送的正确（在传送音频/视频文件时使用的是 UDP，因此不能保证服务质量）。

(7) 实时运输协议 RTP 和实时运输控制协议 RTCP。

H.323 的出发点是以已有的电路交换电话网为基础，增加了 IP 电话的功能（即远距离传输采用 IP 网络）。H.323 的信令也沿用原有电话网的信令模式，因此与原有电话网的连接比较容易。

虽然 H.323 系列现在已被大部分生产 IP 电话的厂商采用，但由于 H.323 过于复杂（整个文档多达 736 页），不便于发展基于 IP 的新业务，因此 IETF 就制定了另一套较为简单且实用的标准，即会话发起协议 SIP，目前已成为互联网的建议标准。

SIP 协议的出发点是以互联网为基础，而把 IP 电话视为互联网上的新应用。因此 SIP 协议只涉及到 IP 电话所需的信令和有关服务质量的问题，而没有提供像 H.323 那样多的功能。SIP 没有强制使用特定的编解码器，也不强制使用 RTP 协议。然而实际上，大家还是选用 RTP 和 RTCP 作为配合使用的协议。

SIP 使用文本方式的客户服务器协议。SIP 系统只有两种构件，即用户代理(user agent)和网络服务器(network server)。用户代理包括两个程序，即用户代理客户 UAC (User Agent Client) 和用户代理服务器 UAS (User Agent Server)，前者用来发起呼叫，后者用来接收呼叫。网络服务器分为代理服务器(proxy server)和重定向服务器(redirect server)。代理服务器接收来自主叫用户的呼叫请求（实际上是来自用户代理客户的呼叫请求），并将其转发给被叫用户或下一跳代理服务器，然后下一跳代理服务器再把呼叫请求转发给被叫用户（实际上是转发给用户代理服务器）。重定向服务器不接收呼叫，它通过响应告诉客户下一跳代理服务器的地址，由客户按此地址向下一跳代理服务器重新发送呼叫请求。

SIP 的地址十分灵活，它可以是电话号码，也可以是电子邮件地址、IP 地址或其他类型的地址。

SIP 的会话共有三个阶段：建立会话、通信和终止会话。

虽然 SIP 问世比 H.323 晚三年，现在这两种协议都占有相当的市场份额。

【8-15】 携带实时音频信号的固定长度分组序列发送到互联网。每隔 10 ms 发送一个分组。前 10 个分组通过网络的时延分别是 45 ms, 50 ms, 53 ms, 46 ms, 30 ms, 40 ms, 46 ms, 49 ms, 55 ms 和 51 ms。

(1) 用图表示出这些分组发出时间和到达时间。
(2) 若接收端还原时的端到端时延为 75 ms，试求出每个分组在接收端缓存中应增加的时延。
(3) 画出接收端缓存中的分组数与时间的关系。

**解答：**

(1) 横坐标的时间单位是毫秒。上面横线是分组发出的时间，下面的横线是分组到达的时间。图 T-8-15(a)给出了分组发出时间和到达时间。

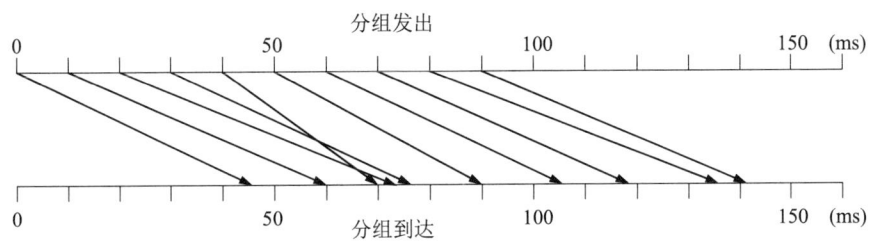

图 T-8-15(a)　分组的发出时间和到达时间

(2) 表 T-8-15 中的时间单位都是毫秒(ms)。

表 T-8-15　各分组经受的不同时延

| 分组编号 | 0 | 1 | 2 | 3 | 4 | 5 | 6 | 7 | 8 | 9 |
|---|---|---|---|---|---|---|---|---|---|---|
| 分组发送时间 | 0 | 10 | 20 | 30 | 40 | 50 | 60 | 70 | 80 | 90 |
| 分组经受的时延 | | 45 | 50 | 53 | 46 | 30 | 40 | 46 | 49 | 55 | 51 |
| 分组到达时间 | | 45 | 60 | 73 | 76 | 70 | 90 | 106 | 119 | 135 | 141 |
| 经过 75 ms 开始重放，分组的重放时间 | | 75 | 85 | 95 | 105 | 115 | 125 | 135 | 145 | 155 | 165 |
| 分组在接收端缓存中增加的时延 | | 30 | 25 | 22 | 29 | 45 | 35 | 29 | 26 | 20 | 24 |

在表 T-8-15 中，第 1 行是分组的编号。

第 2 行是分组的发送时间，可以看出，分组是等时地发送出去的。

第 3 行是分组在互联网中实际经受的时延。这些时延并不都是一样的。

第 4 行是分组的到达时间。

如果分组在接收端重放的开始时间选择在第 1 个分组发送后的 75 ms 之后，也就是在第 1 个分组到达接收端 30ms 之后，那么各分组在接收端应当重放的时间就如表 T-8-15 中的第 5 行所示。

第 6 行是分组在接收端缓存中应增加的时延。这些时延分别为（单位为 ms）：30, 25, 22, 29, 45, 35, 29, 26, 20 和 24。

(3) 图 T-8-15(b)画出了缓存中的分组数和时间的关系。

$t < 45, N = 0$；  　　　　　　　　$45 \leqslant t < 60, N = 1$；
$60 \leqslant t < 70, N = 2$；  　　　　$70 \leqslant t < 73, N = 3$；
$73 \leqslant t < 75, N = 4$；  　　　　$75 \leqslant t < 76, N = 3$；
$76 \leqslant t < 85, N = 4$；  　　　　$85 \leqslant t < 90, N = 3$；
$90 \leqslant t < 95, N = 4$；  　　　　$95 \leqslant t < 105, N = 3$；
$105 \leqslant t < 106, N = 2$；  　　　$106 \leqslant t < 115, N = 3$；
$115 \leqslant t < 119, N = 2$；  　　　$119 \leqslant t < 125, N = 3$；
$125 \leqslant t < 135, N = 2$；

$t = 135$ 很特殊。正好同时发生了到达缓存和从缓存读取。

$135 \leqslant t < 141, N = 2$；　　$141 \leqslant t < 145, N = 3$；
$145 \leqslant t < 155, N = 2$；　　$155 \leqslant t < 165, N = 1$；
$t > 165, N = 0$。

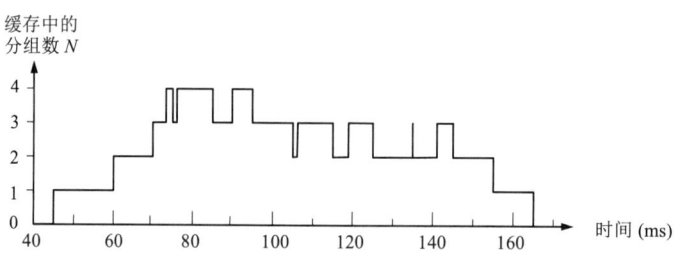

图 T-8-15(b)　缓存中的分组数和时间的关系

【8-16】话音信号的采样速率为 8000 Hz。每隔 10 ms 将已编码的话音采样装配成话音分组。每一个话音分组在发送之前要加上一个时间戳。假定时间戳是从一个时钟得到的，该时钟每隔Δ秒将计数器加 1。试问能否将Δ取为 9 ms？如果行，请说明理由。如果不行，你认为Δ应取为多少？

**解答**：显然，Δ应小于话音分组长度 10 ms。如果将Δ取为 9 ms，则有：

| 时钟时间(ms) | 0 | 9 | 18 | 27 | 36 | 45 | 54 | 63 | 72 | 81 | 90 | 99 | 108 | … |
|---|---|---|---|---|---|---|---|---|---|---|---|---|---|---|
| 计数器值(ms) | 0 | 1 | 2 | 3 | 4 | 5 | 6 | 7 | 8 | 9 | 10 | 11 | 12 | … |

话音分组每隔 10 ms 产生一个，对应的时间戳值（即计数器值）为：

| 话音分组产生时间(ms) | 0 | 10 | 20 | 30 | 40 | 50 | 60 | 70 | 80 | 90 | 100 | 110 | … |
|---|---|---|---|---|---|---|---|---|---|---|---|---|---|
| 应加上的时间戳值 | 0 | 1 | 2 | 3 | 4 | 5 | 6 | 7 | 8 | 10 | 11 | 12 | … |

上面表格中的时间戳值是这样得到的。例如，当时间是 9 ms 时计数器值是 1。在 10 ms 产生了话音分组，此计数器值仍然是 1。因此，这时加上的时间戳值就是 1。

当时间是 18 ms 时计数器值是 2。在 20 ms 时产生了话音分组，此计数器值是 2。因此这时加上的时间戳值就是 2。

当时间是 27 ms 时计数器值是 3。在 30 ms 时产生了话音分组，此计数器值是 3。因此这时加上的时间戳值就是 3。

现在看当时间是 72 ms 时计数器值是 8 的情况。在 80 ms 时产生了话音分组，此计数器值是 8。因此，这时加上的时间戳值就是 8。

当时间是 81 ms 时计数器值是 9。但在时间是 90 ms 时计数器值更新为 10。在时间小于 90 ms 时没有话音分组产生。因此计数器值 9 并没有被任何话音分组读取。

正好在 90 ms 时产生了话音分组，而计数器值也更新为 10。因此这时加上的时间戳值就是 10。话音分组的时间戳值在 8 到 10 之间缺了一个"9"。

可见将 Δ 取为略小于话音分组长度 10 ms 是不行的。

正确的做法是使 2Δ 或 3Δ 等于话音分组长度。当话音分组丢失时，时间戳值会相差 4Δ 或 5Δ，由此来判定是否发生了分组丢失。

**【8-17】** 在传送音频/视频数据时，接收端的缓存空间的上限由什么因素决定？实时数据流的数据率和时延抖动对缓存空间上限的确定有何影响？

**解答：** 接收端缓存空间的上限取决于还原播放时所容许的时延。当还原播放时所容许的时延已确定时，缓存空间的上限与实时数据流的数据率成正比。时延抖动越大，缓存空间也应更大。

**【8-18】** 什么是服务质量 QoS？为什么说"互联网根本没有服务质量可言"？

**解答：** 根据 ITU-T 在建议书 E.800 中给出的定义，服务质量 QoS 是服务性能的总效果，此效果决定了一个用户对服务的满意程度。因此在最简单的意义上，有服务质量的服务就是能够满足用户应用需求的服务，或者说，可提供一致的、可预计的数据交付服务。

在涉及一些具体问题时，服务质量可用若干基本的性能指标来描述，包括可用性、差错率、响应时间、吞吐量、分组丢失率、连接建立时间、故障检测和改正时间等。服务提供者可向其用户保证某一种等级的服务质量。

互联网的网络本身只能提供"尽最大努力交付"的服务。因此，有关服务质量的各种基本性能指标，互联网都有可能无法达到。"尽最大努力"实际上就是"不能保证服务质量"。

**【8-19】** 在讨论服务质量时，管制、调度、呼叫接纳各表示什么意思？

**解答：** 管制(policing)是指路由器对某个数据流的通信量大小进行监视和管理，使得这个数据流不要影响其他正常的数据流在网络中通过（相当于对不同的数据流进行隔离，使其互不影响）。我们知道，一个路由器转发数据的能力是有限的，如果同时有多个数据流通过某个路由器，在一般的情况下，应当是路由器轮流转发各数据流中的分组，而不应当是某个数据流垄断了路由器的转发能力。

调度(scheduling)是指路由器明确地给不同的数据流分配固定的传输带宽，使得不同的数据流都能够得到相应的服务质量保证。

呼叫接纳(call admission)是借用了电话网的术语。在使用呼叫接纳机制时，一个数据流要预先声明它所需的服务质量，然后或者被准许进入网络（能得到所需的服务质量），或者被拒绝进入网络（当所需的服务质量不能得到满足时）。

**【8-20】** 试比较先进先出(FIFO)排队、公平排队(FQ)和加权公平排队(WFQ)的优缺点。

**解答**：如果不采用专门的调度机制，那么在路由器的队列采用的默认排队规则就是先进先出 FIFO (First In First Out)。当队列已满时，后到达的分组就被丢弃。先进先出的优点是很简单，但它的最大缺点就是不能区分时间敏感分组和一般数据分组，并且也不是非常公平，因为这使得排在长分组后面的短分组要等待很长的时间。

公平排队 FQ (Fair Queuing)是对每种类别的分组流设置一个队列，然后轮流使每一个队列一次只能发送一个分组，对于空的队列就跳过去，这样就比较公平一些，这就是公平排队 FQ 的优点。但公平排队也有不公平的地方，这就是长分组得到的服务时间长，而短分组就比较吃亏，并且公平排队并没有区分分组的优先级。

加权公平排队 WFQ (Weighted Fair Queuing) 增加队列"权重"的概念，可以使高优先级队列中的分组有更多的机会得到服务，但也最复杂。

**【8-21】** 假定有一个支持三种类别的缓存运行加权公平排队 WFQ 的调度策略，并假定这三种类别的权重分别是 0.5, 0.25 和 0.25。如果采用循环调度，那么这三个类别接受服务的顺序是 123123123⋯。

(1) 如果每种类别在缓存中都有大量的分组，试问这三种类别的分组可能以何种顺序接受服务？

(2) 如果第一类和第三类在缓存中有大量的分组，但缓存中没有第二类的分组，试问这两类分组可能以何种顺序接受服务？

**解答**：
(1) 这三个类别接受服务的顺序是 123123123⋯。

根据权重的不同，第一个类别接受服务的时间占总时间的 1/2，第二和第三个类别接受服务的时间各占总时间的 1/4。

因此，接受服务的顺序可能是 121312131213⋯，也可能是 11231123112311231123⋯。

(2) 缓存中没有第二类的分组，因此就跳过去，接受服务的顺序是 113113113113⋯。

第一和第三个类别接受服务的时间分别占总时间的 2/3 和 1/3，都比相应的权重要大一些。

**【8-22】** 漏桶管制器的工作原理是怎样的？数据流的平均速率、峰值速率和突发长度各表示什么意思？

**解答**：漏桶是一种抽象的机制（图 T-8-22）。在漏桶中可装入许多权标(token)，但最多装入 $b$ 个权标。只要漏桶中的权标数小于 $b$，新的权标就以每秒 $r$ 个权标的恒定速率加入到漏桶中。但若漏桶已装满了 $b$ 个权标，则新的权标就不再装入（把它忽略掉），而漏桶的权标数达到最大值 $b$。

漏桶管制分组流进入网络的过程如下：分组进入网络前先要进入一个队列，等候漏桶中的权标。只要漏桶中有权标，就可以从漏桶取走一个权标，然后就准许一个分组从队列进入到网络。若漏桶已经空了（无权标），就要等新的权标注入漏桶后，再把这个权标拿走才能准许下一个分组进入网络。请注意："准许进入网络"并不等于说"已经进入了网络"，因为分组进入网络还需要时间，这取决于输出链路的带宽和分组在输出端的排队情况。

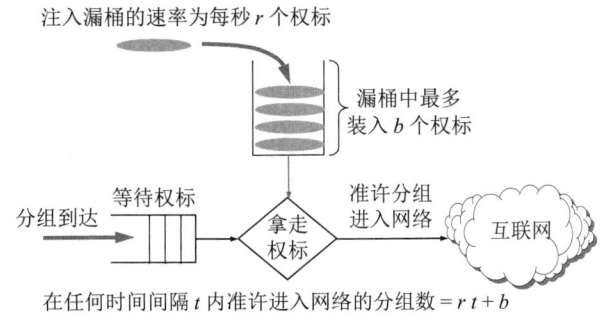

图 T-8-22 漏桶管制器的工作原理

假定在时间间隔 $t$ 中把漏桶中的全部 $b$ 个权标都取走,但在这个时间间隔内漏桶又装入了 $rt$ 个新的权标,因此在任何时间间隔 $t$ 内准许进入网络的分组数的最大值为 $rt + b$。控制权标进入漏桶的速率 $r$,就可对分组进入网络的速率进行管制。

下面是几个名词的解释。

(1) 平均速率——网络需要控制一个数据流的平均速率。这里的平均速率是指在一定的时间间隔内通过的分组数。但这个时间间隔的选择也说明了这个指标的严格程度。例如,限定数据流的平均速率为每秒 50 个分组和平均速率为每分钟 3000 个分组,虽然这两个指标的平均值都一样,但其严格程度却不同。假定有一个数据流,有一秒钟通过了 1000 个分组,但一分钟平均下来仍不超过 3000 个,那么这个数据流的平均速率符合后面一个指标,但却远远不满足前面的指标。

(2) 峰值速率——峰值速率限制了数据流在非常短的时间间隔内的流量。数学上的"瞬时值"在实际网络中无法测定。因此这里所说的"非常短的时间间隔"需要指明时间间隔是多少。例如,限定数据流的平均速率为每分钟 3000 个分组,但同时限定其峰值速率不超过每秒 1000 个分组。峰值速率也同时受到链路带宽的限制。

(3) 突发长度——网络也限制在非常短的时间间隔内连续注入到网络中的分组数。

【8-23】 采用漏桶机制可以控制达到某一数值的、进入网络的数据率的持续时间。设漏桶最多可容纳 $b$ 个权标。当漏桶中的权标数小于 $b$ 时,新的权标就以每秒 $r$ 个权标的恒定速率加入到漏桶中。设分组到达速率为 $N$ pkt/s(pkt 代表分组),试推导以此速率进入网络所能持续的时间 $T$。讨论一下为什么改变权标加入到漏桶中的速率就可以控制分组进入网络的速率。

**解答**:在时间 $T$ 内进入漏桶的权标数为 $rT$,假定桶内有 $b$ 个权标(最大值),则在时间 $T$ 内准许进入网络的分组数 $= rT + b$。

分组到达速率为 $N$ pkt/s,在时间 $T$ 内到达的分组数为 $NT$。在平衡时,这个数值应当等于在时间 $T$ 内准许进入网络的分组数,即时间 $T$ 内到达的分组数 = 在时间 $T$ 内准许进入网络的分组数:

$$NT = rT + b$$

因此,在分组到达速率为 $N$ pkt/s 时,以此速率进入网络所能持续的时间是:

$$T = b / (N - r)$$

请注意，$N$ 和 $r$ 的单位看似不同，一个是"权标/秒"，一个是"分组/秒"。但实际上它们是一样的。这是因为，从漏桶中拿走一个权标就可以进入网络一个分组，因此 $N$ 和 $r$ 的单位都是"个/秒"。我们写成"pkt/s"主要是为了强调这个单位是每秒多少个分组，而"token/s"主要是为了强调这个单位是每秒多少个权标。

从 $NT = rT + b$ 可以看出，分组进入网络的速率是：
$$N = r + b/T$$
因此，当 $b = 0$ 时，分组进入网络的速率 $N$ 等于权标加入到漏桶中的速率 $r$。

但当 $b > 0$ 时，分组进入网络的速率 $N$ 将大于权标加入到漏桶中的速率 $r$。不过究竟大多少，还取决于时间 $T$ 和桶内的最大权标数 $b$ 的大小。如果时间 $T$ 取得很大（因而 $b/T$ 远小于 $r$），那么分组进入网络的速率 $N$ 将基本上等于权标加入到漏桶中的速率 $r$（仅略大一点）。这种情况和 $b = 0$ 的情况差不多。换言之，从长期的角度看（即时间 $T$ 取得非常之大），分组进入网络的速率 $N$ 基本上就是权标加入漏桶中的速率 $r$。但如果时间 $T$ 取得很小（因而 $b/T$ 远大于 $r$），那么分组进入网络的速率 $N$ 将会远远大于权标加入到漏桶中的速率 $r$。

**【8-24】** 在上题中，设 $b = 250$ token，$r = 5000$ token/s，$N = 25000$ pkt/s。试求分组用这样的速率进入网络能够持续多长时间？若 $N = 2500$ pkt/s，重新计算本题。

**解答：** 当 $N = 25000$ pkt/s 时，$T = 250 / (25000 - 5000) = 250 / 20000 = 12.5$ ms。分组用这样的速率进入网络能够持续 12.5 ms。

当 $N = 2500$ pkt/s 时，$T = 250 / (2500 - 5000) = 250 / (-2500)$。我们看到，计算 $T$ 的分式中的分母为负值。这表示分组用这样的速率进入网络能够持续任意长的时间。

从物理概念上看，当 $r = 5000$ token/s，而 $N = 2500$ pkt/s 时，由于分组进入网络的速率 $N$ 小于权标加入到漏桶中的速率 $r$，在这种情况下，当漏桶被权标装满后就不再增加权标，后到的权标被简单地丢弃掉。而分组用这样的速率可以不受限制地进入网络。

**【8-25】** 试推导公式(8-2)。

**解答：** 教材中的(8-2)式如下：

$$d_{\max} = \frac{b_i \Sigma w_j}{R \times w_i}$$

公式中的符号：
$R =$ 路由器输出链路的数据率（即带宽）；
$w_i =$ 队列 $i$ 的权重；
$\Sigma w_j =$ 所有的队列权重之和；
$b_i =$ 漏桶 $i$ 已经装满的权标数；
$d_{\max} =$ 传输 $b_i$ 个分组所需的时间。
现在考虑分组流 $i$。

假定漏桶 $i$ 已经装满了 $b_i$ 个权标。这就表示分组流 $i$ 不需要等待就可从漏桶中拿走 $b_i$ 个权标，因此 $b_i$ 个分组可以马上从路由器输出。在教材上已经导出了分组流 $i$ 得到的数据率是由教材中的公式(8-1)给出，即：

$$R_i = \frac{R \times w_i}{\Sigma w_j}$$

这 $b_i$ 个分组中的最后一个分组所经受的时延最大,它等于传输这 $b_i$ 个分组所需的时间 $d_{max}$。可见 $d_{max} = b_i/R_i$。把上面公式中的 $R_i$ 代入,即导出了教材中的(8-2)式。

**【8-26】** 假定教材图 8-23 中分组流 1 的漏桶权标装入速率 $r_1 < Rw_1 / (\Sigma w_i)$,试证明:教材(8-2)式给出的 $d_{max}$ 实际上是分组流 1 中任何分组在 WFQ 队列中所经受的最大时延。

**解答**:现在把教材上的图 8-23 画在下面的图 T-8-26 中。我们观察分组流 1。假定分组流 1 的漏桶的权标装入速率 $r_1 < Rw_1 / (\Sigma w_i)$。

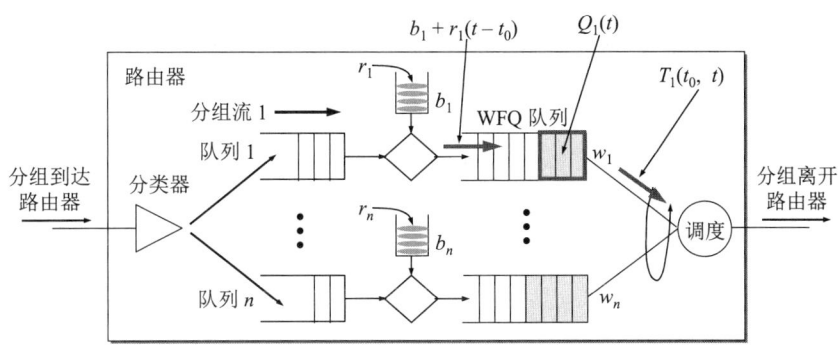

图 T-8-26　用漏桶机制进行管制

分组流 1 的发送速率 $\geqslant w_1R / (\Sigma w_i)$。如果所有的流的队列中都有分组,那么前面公式中的"$\geqslant$"就应当取为"="。如果有的队列中没有分组,WFQ 就跳过这个队列,因此这个流得到的服务时间就会多一些。

现在设:

$t_0 =$ 队列刚刚积累了分组需要排队等待的时刻(从这时起到达的分组就要排队了);
$t =$ 分组流 1 的队列处于忙状态,$t > t_0$(队列忙就是队列中有排队的分组);
$T_1(t_0, t) =$ 在时间间隔$[t_0, t]$内,分组流 1 发送到网络的分组数。
显然,

$$T_1(t_0, t) \geqslant w_1R(t-t_0) / (\Sigma w_i)$$

令 $Q_1(t) =$ 在时间 $t$ 时分组流 1 在 WFQ 队列中排队的分组数。
显然,

$$Q_1(t) = b_1 + r_1(t-t_0) - T_1(t_0, t)$$
$$Q_1(t) \leqslant b_1 + r_1(t-t_0) - w_1R(t-t_0) / (\Sigma w_i)$$
$$Q_1(t) \leqslant b_1 + (t-t_0)[\,r_1 - w_1R / (\Sigma w_i)]$$

因为 $r_1 < Rw_1 / (\Sigma w_i)$,$Q_1(t) \leqslant b_1$,因此分组流 1 在 WFQ 队列中排队的最大分组数是 $b_1$。这些分组被服务的速率的最小值是 $w_1R / (\Sigma w_i)$,因此分组流 1 中任何分组的最大时延是:

$$b_1(\Sigma w_i) / w_1R = d_{max}$$

**【8-27】** 考虑教材 8.4.2 节讨论的管制分组流的平均速率和突发长度的漏桶管制器。现在我们限制其峰值速率为 $p$ pkt/s。试说明怎样把一个漏桶管制器的输出流入到第二个漏桶管制器的输入，以便用这样串接的两个漏桶能够管制分组流的平均速率、峰值速率以及突发长度。第二个漏桶的大小和权标产生的速率应当是怎样的？

**解答：** 从图 T-8-27 可看出，第二个漏桶的大小是 1，权标产生的速率是 $p$/s。

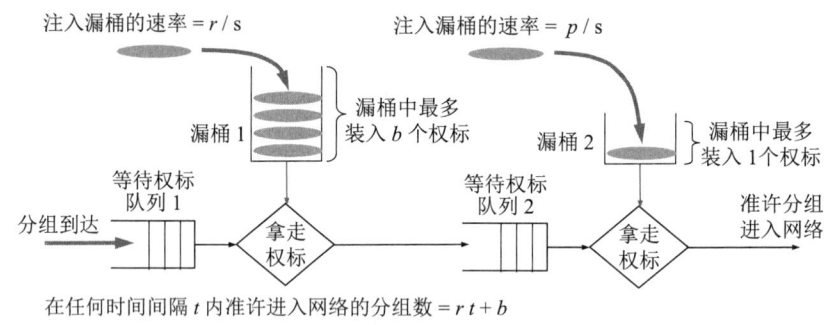

图 T-8-27　两个漏桶串接起来

先看第二个漏桶。第二个漏桶的权标注入速率是 $p$/s，因此，从长时间来看，进入网络的分组流的最高速率为 $p$ pkt/s。这个漏桶最多只能装入一个权标，因此不能有更大的突发分组流产生。

再看第一个漏桶。第一个漏桶的权标注入速率是 $r$/s，因此，从长时间来看，最后进入第二个漏桶的分组流的最高速率也只能有这样大，即速率为 $r$ pkt/s。

显然，如果 $r > p$，那么后面的第二个漏桶输入端的队列 2 一定会溢出，即一定会丢失一些分组，而最后进入网络的分组流的速率一定不会超过 $p$ pkt/s。可见使 $r > p$ 是不行的。

正确的做法是使 $r < p$。在这种情况下，从长时间来看，最后进入网络的分组流的速率应为 $r$ pkt/s。

因此，在 $r < p$ 的情况下，可以取第一个漏桶的权标注入速率 $r$/s 等于进入网络的分组流的平均速率，而第二个漏桶的权标注入速率 $p$/s 等于进入网络的分组流的峰值速率。

在时间 $T$ 内，第一个漏桶输出的分组最多应当等于第二个漏桶所能接纳的分组数。用公式写出即：

$$rT + b = pT$$

解出 $T = b/(p - r)$，这就是突发长度。

我们用简单的数据说明一下。设第一个漏桶的权标注入速率是 2/s，$b = 16$，第二个漏桶的权标注入速率是 10/s。这样，进入网络的分组流的平均速率是 2 pkt/s，进入网络的分组流的峰值速率是 10 pkt/s，突发长度 $T = b/(p - r) = 16/(10 - 2) = 16/8 = 2$ s。

我们演算一下。在 2 秒钟之内，有 4 个权标注入到第一个漏桶。假定第一个漏桶中原来已经有了 16 个权标（这是最大值）。因此，在 2 秒钟之内，可以拿走 20 个权标，即可以有 20 个分组进入到第二个漏桶。但在 2 秒钟之内可以有 20 个权标注入到第二个漏桶中，这就表明，可以有 20 个分组在 2 秒内进入网络。所以，在峰值速率 10 pkt/s 下，突发长度 $T = 2$ s。

**【8-28】** 综合服务 IntServ 由哪几个部分组成？有保证的服务和受控负载的服务有何区别？

**解答：** IntServ 可对单个的应用会话提供服务质量的保证，其主要特点如下。

(1) 资源预留。一个路由器需要知道不断出现的会话已经预留了多少资源（即链路带宽和缓存空间）。

(2) 呼叫建立。一个需要服务质量保证的会话，必须首先给在源点到终点的路径上的每一个路由器预留足够的资源，以保证其端到端的服务质量的要求。因此在一个会话开始之前，必须先有一个呼叫建立（又称为呼叫接纳）过程，它需要在其分组传输路径上的每一个路由器都参加。每一个路由器都要确定该会话所需的本地资源是否够用，同时还不要影响到已经建立的会话的服务质量。

IntServ 共有以下四个组成部分：

(1) 资源预留协议 RSVP，它是 IntServ 的信令协议。

(2) 接纳控制(admission control)，用来决定是否同意对某一资源的请求。

(3) 分类器(classifier)，用来把进入路由器的分组进行分类，并根据分类的结果把不同类别的分组放入特定的队列。

(4) 调度器(scheduler)，根据服务质量要求决定分组发送的前后顺序。

IntServ 定义了两类服务：

(1) 有保证的服务(guaranteed service)，可保证分组在通过路由器时的排队时延有严格的上限。

(2) 受控负载的服务(controlled-load service)，可以使应用程序得到比通常的"尽最大努力"更加可靠的服务。或者说，可以使分组以很高的概率通过路由器而不被丢弃。

**【8-29】** 试述资源预留协议 RSVP 的工作原理。

**解答：** 资源预留协议 RSVP 是 IntServ 的信令协议。

一个会话必须首先声明它所需的服务质量，以便使路由器能够确定是否有足够的资源来满足该会话的需求。资源预留协议 RSVP 在进行资源预留时，采用了多播树的方式。发送端发送 PATH 报文（即存储路径状态报文），给所有的接收端指明通信量的特性。每个中间的路由器都要转发 PATH 报文，而接收端用 RESV 报文（即资源预留请求报文）进行响应。路径上的每个路由器对 RESV 报文的请求都可以拒绝或接受。当请求被某个路由器拒绝时，路由器就发送一个差错报文给接收端，从而终止这一信令过程。当请求被接受时，链路带宽和缓存空间就被分配给这个分组流，而相关的流(flow)状态信息就保留在路由器中。"流"是在多媒体通信中一个常用的名词，一般定义为"具有同样的源 IP 地址、源端口号、目的 IP 地址、目的端口号、协议标识符及服务质量需求的一连串分组"。

IntServ/RSVP 使得互联网的体系结构发生了根本的变化，因为这使互联网不再是提供"尽最大努力交付"的服务。

**【8-30】** 区分服务 DiffServ 与综合服务 IntServ 有何区别？区分服务的工作原理是怎样的？

**解答**：由于综合服务 IntServ 和资源预留协议 RSVP 都较复杂，很难在大规模的网络中实现，因此，针对 IntServ 的缺点，IETF 提出了区分服务 DiffServ，其目标是提供可扩展的和灵活的区分服务。我们知道，互联网主干网的路由器可同时有几十万个流通过。使用 RSVP 对每个流进行资源预留，并要为每个流维持每个流的状态，就构成了很大的开销。这很不利于互联网规模的进一步扩展。DiffServ 的"可扩展的"服务是把所有的复杂性放在边界节点中，而使核心路由器工作得尽可能简单。另一方面，IntServ 仅提供少量预先规定的范围，因此不够灵活。DiffServ "灵活的"服务提供了功能组件，而服务可以通过这些组件来构造，这样就很灵活。

DiffServ 力图不改变网络的基础结构，但在路由器中增加区分服务的功能。DiffServ 将 IP 协议中原有 8 位的 IPv4 服务类型字段和 IPv6 通信量类字段重新定义为区分服务 DS 字段。路由器根据 DS 字段的值来处理分组的转发。利用 DS 字段的不同数值就可提供不同等级的服务质量。区分服务 DiffServ 比较灵活，因为它并没有定义特定的服务或服务类别。当新的服务类别出现而旧的服务类别不再使用时，DiffServ 仍然可以工作。

DiffServ 中边界路由器的功能较多，可分为分类器和通信量调节器两大部分。调节器又由标记器、整形器和测定器三个部分组成。分类器根据分组首部中的一些字段（如源地址、目的地址、源端口、目的端口或分组的标识等）对分组进行分类，然后将分组交给标记器。标记器根据分组的类别设置 DS 字段的值。以后在分组的转发过程中，就根据 DS 字段的值使分组得到相应的服务。测定器根据事先商定的服务等级协定 SLA，不断地测定分组流的速率（与事前商定的数值相比较），然后确定应采取的行动，例如，可重新打标记或交给整形器进行处理。整形器中设有缓存队列，可以将突发的分组峰值速率平滑为较均匀的速率，或丢弃一些分组。在分组进入内部路由器后，路由器就根据分组的 DS 值进行转发。

DiffServ 还提供了一种聚合功能。DiffServ 不是为网络中的每一个流维持供转发时使用的状态信息，而是把若干个流根据其 DS 值聚合成少量的流。路由器对相同 DS 值的流都按相同的优先级进行转发。这就大大简化了网络内部的路由器的转发机制。区分服务 DiffServ 不需要使用 RSVP 信令。

**【8-31】** 在区分服务 DiffServ 中的每跳行为 PHB 是什么意思？EF PHB 和 AF PHB 有何区别？它们各适用于什么样的通信量？

**解答**：每跳行为 PHB 是 Per-Hop Behavior 的意思。

所谓"行为"（B 表示 Behavior）就是指在转发分组时路由器对分组是怎样处理的。"行为"的例子可以是："首先转发这个分组"或"最后丢弃这个分组"。

所谓"每跳"（PH 表示 Per-Hop）是强调这里所说的行为，只涉及本路由器转发的这一跳的行为，而下一台路由器再怎样处理与本路由器的处理无关。这和 IntServ/RSVP 考虑的服务质量是"端到端"很不一样。

EF PBH (Expedited Forwarding PHB) 是迅速转发每跳行为，它指明离开一个路由器的通信量的数据率必须等于或大于某一数值。因此 EF PHB 用来构造通过 DS 域的一个低丢失率、低时延、低时延抖动、确保带宽的端到端服务（即不排队或很少排队）。这种服务对端点来说，像点对点连接或"虚拟租用线",又称为 Premium 服务。对应于 EF 的 DSCP 的值是 101110。

AF PHB (Assured Forwarding PHB) 是确保转发每跳行为。AF PHB 用 DSCP 的第 0~2 位把通信量划分为四个等级(分别为 001, 010, 011 和 100),并给每一种等级提供最低数量的带宽和缓存空间。对于其中的每一个等级,再用 DSCP 的第 3~5 位划分出三个"丢弃优先级"(分别为 010, 100 和 110,从最低丢弃优先级到最高丢弃优先级)。当发生网络拥塞时,对于每一个等级的 AF,路由器就首先把"丢弃优先级"较高的分组丢弃。

【8-32】假定一个发送端向 $2^n$ 个接收端发送多播数据流,而数据流的路径是一个完全的二叉树,在此二叉树的每一个节点上都有一个路由器。若使用 RSVP 协议进行资源预留,问总共要产生多少个资源预留报文 RESV(有的在接收端产生,也有的在网络中的路由器产生)?

**解答**:按题意,此二叉树的叶节点有 $2^n$ 个,故二叉树的深度为 $n+1$。每一个节点向其上游节点发送一个 RESV 报文,故总共发送 $2^{n+1}-1$ 个 RESV 报文,见图 T-8-32。

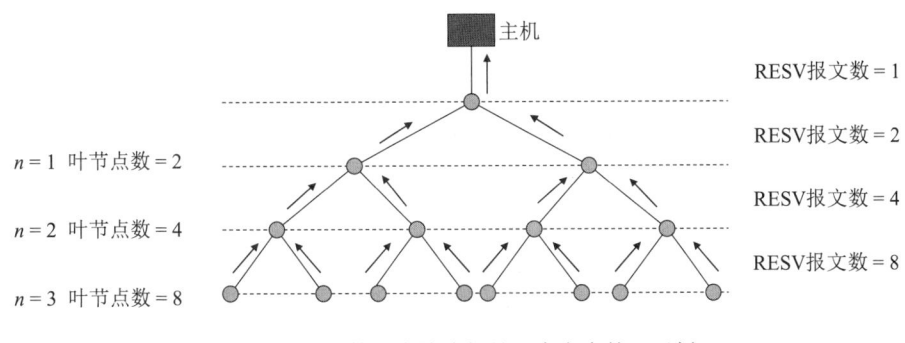

图 T-8-32 数据流的路径是一个完全的二叉树

【8-33】假定 IP 电话的发送方在讲话时,每秒钟产生 8000 字节的话音数据。每隔 20 毫秒把得到的数据块加上 RTP 首部和 UDP 首部后,交给 IP 层发送出去。假定 RTP 首部和 IP 首部都没有选项,试计算发送方在发送这种 IP 数据报时的数据率(kbit/s)。这个数据率比原始的话音数据率增加了百分之多少?

**解答**:每秒钟产生 8000 B 的话音数据。20 ms(即 0.02 s)所产生的数据是:

$$8000 \text{ (B/s)} \times 0.02 \text{ (s)} = 160 \text{ B}$$

RTP 首部为 12 B,UDP 首部为 8 B,IP 首部为 20 B,共计 40 B。

三个首部加上数据所构成的 IP 数据报共有 160 + 40 = 200 B = 1600 bit,这些都要在 20 ms 发送出去,因此发送这种 IP 数据报的数据率是 1600/20 = 80 kbit/s。

这个数据率高于原来的数据率,是因为增加了三个首部 40 B,话音数据部分 160 B 增加了 1/4。因此这个数据率比原始的话音数据率增加了 25%。

【8-34】如图 T-8-34 所示,发送方在 $t=1$ 时发送话音分组 8 个(等时发送,时间间隔是一个时间单位)。第 1 个分组在 $t=8$ 时到达接收方,后续的话音分组的到达时间见图所示。

(1) 分组 2 到分组 8 的时延(从发送方到接收方)各为多少?

(2) 如果接收方在 $t=8$ 时就开始播放,问这 8 个分组中有哪几个未能按时到达赶上播放?

(3) 如果要所有的 8 个分组都能按时赶上播放,那么接收方应在什么时间开始播放?

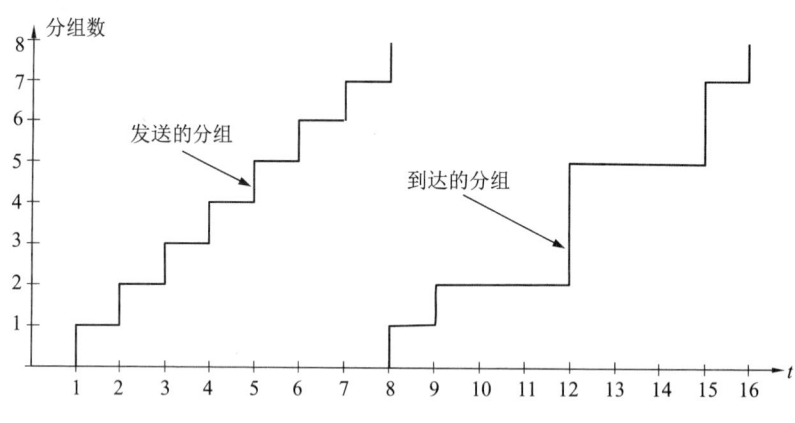

图 T-8-34　各分组的发送时间与到达时间

**解答:** (1) 分组 2 到达的时间为 9,时延为 7。

分组 3 到达的时间为 12,时延为 9。

分组 4 到达的时间为 12,时延为 8。

分组 5 到达的时间为 12,时延为 7。

分组 6 到达的时间为 15,时延为 9。

分组 7 到达的时间为 15,时延为 8。

分组 8 到达的时间为 16,时延为 8。

(2) 未能按时到达赶上播放的分组是:3,4,6,7,8。

(3) 要所有的 8 个分组都能按时赶上播放,那么接收方应在 $t=10$ 时开始播放。

【8-35】 有一个 RTP 会话包括四个用户,他们都和同一个多播地址进行通信:发送和接收分组。每个用户发送视频的速率是 100 kbit/s。

(1) RTCP 的通信量将被限制在多少(kbit/s)?

(2) 每一个用户能够分配到的 RTCP 带宽是多少?

**解答:**

(1) 通常是使 RTCP 分组的通信量不超过网络中数据分组的通信量的 5%。四个用户的会话带宽共有 400 kbit/s,其 5%是 20 kbit/s。

(2) 每个用户能够分配到的带宽是 20 kbit/s 的四分之一,即 5 kbit/s,用来接收报告和发送报告等。

【8-36】 在教材图 8-7 中,客户机的应用程序缓存容量为 100 Mbit。假定只要当应用程序缓存没有存满数据,TCP 接收缓存就要向应用程序缓存传送视频数据,并且数据率是 2 Mbit/s,而播放器从应用程序缓存读取数据的速率是 3 Mbit/s。当应用程序缓存所存储的数据达到 30 Mbit

时,播放器就开始从应用程序缓存中读取数据,开始播放视频。

(1) 播放器播放多少时间后就暂停了(无数据可读取了)?暂停多久后才能继续播放?

(2) 现在把假定条件改变一个,即把 TCP 接收缓存向应用程序缓存传送视频数据的数据率改为 4 Mbit/s。试计算从 TCP 接收缓存向应用程序缓存传送数据开始,然后播放器播放视频,到应用程序缓存存满了数据为止,总共花费多少时间?

**解答:**

(1) 应用程序缓存中的数据减少的速率是 (3 – 2) Mbit/s = 1 Mbit/s。

应用程序缓存中的数据耗尽所需的时间是 30 Mbit / (1 Mbit/s) = 30 s。

应用程序缓存中的数据从耗尽到再存储到 30 Mbit 所需的时间是 30 Mbit / (2 Mbit/s) = 15 s。

这就是,每播放 30 秒钟就要卡壳 15 秒,然后再次播放。原因就是视频数据来得太慢。

(2) 现在 TCP 接收缓存向应用程序缓存传送视频数据的数据率改为 4 Mbit/s。

应用程序缓存先存储 30 Mbit,需要时间 30 Mbit / (4 Mbit/s) = 7.5 s。

开始播放后,缓存增加数据的速率是 (4 – 3) Mbit/s = 1 Mbit/s。

缓存剩下空间为 (100 – 30) Mbit = 70 Mbit。

填满这 70 Mbit 需要的时间是 70 Mbit / (1 Mbit/s) = 70 s。

因此,从开始播放到缓存被填满共需时间为 70 + 7.5 = 77.5 s。

*【8-37】 如图 T-8-37 所示,假定一视频中有 7 个分组,在时间为 $t_0$ 时开始发送第 1 个分组,然后每隔时间Δ发送一个分组。在接收端,在时间为 $t_1$ 时开始接收第 1 个分组,但后续分组的到达则是非等时的。每个分组具体的到达时间如图所示。当接收端开始播放后,就必须严格按照每隔时间Δ从缓存中读出一个分组。

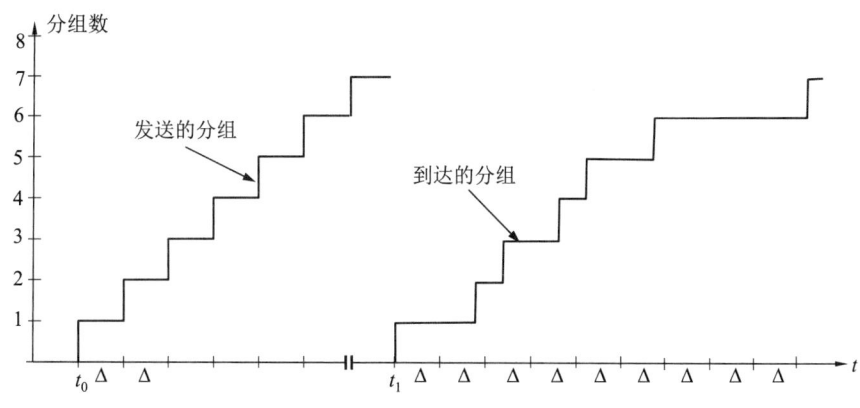

图 T-8-37  7 个分组的发送时间与到达时间

(1) 假定在 $t = t_1$ 时(即第 1 个分组到达接收端时)就立即开始播放。试问有哪些分组能够在应当播放该分组时,就已经到达接收端了?

(2) 假定接收端在 $t = t_1 + \Delta$ 时开始播放。试问有哪些分组能够在接收端应当播放该分组时,就已经到达接收端了?

(3) 在上面题(2)的情况下,接收端缓存中所存放的分组最多有几个?

(4) 如果想要在播放时没有迟到的分组(范围是从分组 1 到分组 7),那么接收端应在什么时间开始播放？

**解答：** (1) 能够按时到达（即在播放时已经到达）的分组是 1, 4, 5, 6。

(2) 能够按时到达的分组是 1, 2, 3, 4, 5, 6。

(3) 正在播放分组 1 时，分组 2 到达。正在播放分组 2 时，分组 3 到达。后面情况类似。因此接收端缓存中所存放的分组最多有 2 个。一个正在播放，另一个在缓存中等待发送。

(4) 接收端在 $t = t_1 + 4\Delta$ 时开始播放才行。

\*【8-38】一路由器有三个输入数据流和一个输出端。三个数据流几乎同时到达路由器，但这时路由器正在处理其他数据的输出，因此这三个数据流（如表 T-8-38 所示）必须依次进入输入端的缓存中等待处理。三个缓存开始时都是空的。现在有两种排队方法：

(1) 公平排队。每次在三个输入缓存中轮流读取一个字节的数据。在读完一个分组后就立即发送该分组。

(2) 加权公平排队。设数据流 2 的权重为 4，而另外两个数据流的权重都是 1。

试分别给出上述两种情况下，在输出端发送分组的顺序。

表 T-8-38 习题【8-38】的三个输入数据流

| 分组的编号 | 分组的长度（字节） | 数据流的编号 |
| --- | --- | --- |
| 1 | 100 | 1 |
| 2 | 100 | 1 |
| 3 | 100 | 1 |
| 4 | 100 | 1 |
| 5 | 190 | 2 |
| 6 | 200 | 2 |
| 7 | 110 | 3 |
| 8 | 50 | 3 |

**解答：** (1) 如图 T-8-38 所示，我们可以把这三个数据流想象是一起等速向前（即向右方）移动，离开缓存，等待发送出去。某个分组一旦完全离开缓存，就立即发送出去。因此，我们根据分组所在的位置范围，很容易看出分组的发送顺序是：1, 7, 8, 5, 2, 3, 6, 4。

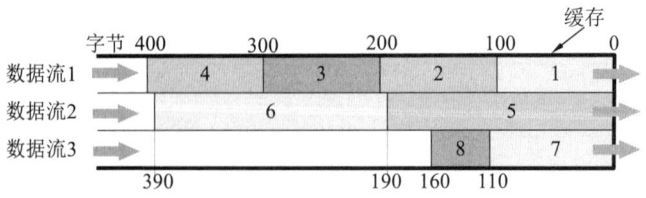

图 T-8-38 三个输入缓存中的情况

(2) 现在采用加权公平排队。设路由器依次读取三个输入缓存中数据的时间为 1 个单位时间（即在此时间内读取数据流 1 的 1 个字节，数据流 2 的 4 个字节，数据流 3 的 1 个字节）。现在仍使用上一小题的思路。但不同之处是数据流 2 离开缓存的速率是另外两个数据流的 4 倍。因此，如果分组 1 离开缓存的时间是 $t = 100$，那么分组 2 离开缓存的时间是 $t = 200$，分组 3 离开缓存的时间是 $t = 300$，分组 4 离开缓存的时间是 $t = 400$，分组 5 离开缓存的时间是 $t = 190/4 = 47.5$，分组 6 离开缓存的时间是 $t = 390/4 = 97.5$（请注意，这两个分组离开缓存的速率提高了），分组 7 离开缓存的时间是 $t = 110$，分组 8 离开缓存的时间是 $t = 160$。

根据以上结果可以看出，输出端发送分组的顺序是：5，6，1，7，8，2，3，4。

*【8-39】 路由器及三个数据流的进出连接同上题，但具体的分组长度不同，见表 T-8-39。

表 T-8-39  习题【8-39】的三个输入数据流

| 分组的编号 | 分组的长度（字节） | 数据流的编号 |
|---|---|---|
| 1 | 200 | 1 |
| 2 | 200 | 1 |
| 3 | 160 | 2 |
| 4 | 120 | 2 |
| 5 | 160 | 2 |
| 6 | 210 | 3 |
| 7 | 150 | 3 |
| 8 | 50 | 3 |

(1) 公平排队。每次在三个输入缓存中轮流读取一个字节的数据。在读完一个分组后就立即发送该分组。

(2) 加权公平排队。设数据流 1 的权重为 1，数据流 2 的权重为 2，而数据流 3 的权重为 1.5。

试分别给出上述两种情况下，在输出端发送分组的顺序。

**解答**：(1) 如图 T-8-39 所示，仍使用上题的解题方法，可以很容易得出输出端发送分组的顺序是：3，1，6，4，7，2，5，8。

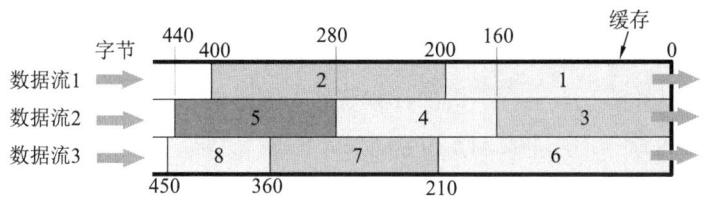

图 T-8-39  三个输入缓存中的情况

(2) 现在采用加权公平排队。仍使用上题的解题方法。设分组 1 离开缓存的时间是 $t = 200$，那么分组 2 离开缓存的时间是 $t = 400$。数据流 2 的权重为 2，相当于离开缓存的速率加倍了，因此分组 3 离开缓存的时间是 $t = 160/2 = 80$，分组 4 离开缓存的时间是 $t = 280/2 = 140$，分组 5 离开缓存的时间是 $t = 440/2 = 220$。数据流 3 的权重为 1.5，相当于离开缓存的速率加倍了，因此分组 6 离开缓存的时间是 $t = 210/1.5 = 140$，分组 7 离开缓存的时间是 $t = 360/1.5 = 240$，分组 8 离开缓存的时间是 $t = 450/1.5 = 300$。

根据以上结果可以看出，输出端发送分组的顺序是：3，4，6，1，5，7，8，2。

# 第 9 章  无线网络和移动网络

## 常见问题索引

问题 9-1： 怎样才能够在自己的计算机中看见周围无线局域网的 SSID？

问题 9-2： 无线传感器网络 WSN (Wireless Sensor Network)是物联网吗？

问题 9-3： 物联网和 M2M 通信的关系是怎样的？

问题 9-4： 在 802.11 标准中，给出了四个地址的使用方法（见表 Q-9-4）。试举例说明表中第 1 行和第 4 行的使用情况。

表 Q-9-4  802.11 标准中四个地址的使用方法

| 去往 AP | 来自 AP | 地址 1 | 地址 2 | 地址 3 | 地址 4 |
| --- | --- | --- | --- | --- | --- |
| 0 | 0 | 接收地址 = 目的地址 | 发送地址 = 源地址 | BSSID | — |
| 0 | 1 | 接收地址 = 目的地址 | 发送地址 = BSSID | 源地址 | — |
| 1 | 0 | 接收地址 = BSSID | 发送地址 = 源地址 | 目的地址 | — |
| 1 | 1 | 接收地址 | 发送地址 | 目的地址 | 源地址 |

问题 9-5： Wi-Fi 是无线局域网，其工作范围仅数十米。但我们用手机通过 Wi-Fi 却能够和数千公里以外的友人进行手机的视频通话。因此，能否认为 Wi-Fi 也可以算是广域网？

问题 9-6： 在教材的表 9-1 中，802.11n 和 802.11ac 的最高数据率分别为 600 Mbit/s 和 7 Gbit/s，但在问题 9-5 的图 Q-9-5 中（见后面的 282 页），802.11n 和 802.11ac 的数据率虽然是个大概数值，但和教材中给出的数值相差较大，这是什么原因？

问题 9-7： 手机通过 Wi-Fi 接入到互联网是没有流量因而是免费的吗？

问题 9-8： 既然手机通过 Wi-Fi 可以接入到互联网，并且在许多情况下不需要缴纳额外的费用，那么是否可以不购买手机的 SIM 卡，而仅使用 Wi-Fi 接入到互联网？

问题 9-9： 试比较手机通过蜂窝移动通信网和通过 Wi-Fi 接入到互联网的优缺点。

问题 9-10： 能否在家庭中不使用有线宽带接入到互联网，而直接使用 Wi-Fi 接入到互联网？

问题 9-11： 每一代蜂窝移动通信网的许多重要名词都要改变一下名称。这有必要吗？

问题 9-12： 在第 8 章讲过，IP 电话有分组丢失的问题。现在的 4G 蜂窝移动通信网已经全部采用分组交换。这时的 VoLTE 是否就是第 8 章介绍的 VoIP 或 IP 电话？

# 常见问题与解答

**问题 9-1**：怎样才能够在自己的计算机中看见周围无线局域网的 SSID？

**解答**：SSID (Service Set IDentifier)就是 IEEE 802.11 无线局域网中的服务集标识符。由于服务集常常扩大为扩展的服务集 ESS，因此 SSID 也常记为 ESSID。

SSID 用来区分无线局域网中的不同网络，最多可以有 32 个字符，无线网卡设置了不同的 SSID 就可以进入不同的网络，SSID 通常由 AP 广播出来，个人计算机通过 Windows 自带的扫描功能可以查看当前区域内的 SSID。SSID 就是一个局域网的名称。

如果用户使用的操作系统是微软公司的 Windows 10，可点击"开始"→"Windows 系统"→"控制面板"→"网络和 Internet"→"网络和共享中心"，下面有三个选项，点击"连接到网络"，就可以看见在每个无线局域网的覆盖范围内的网络名 SSID。这些网络名都是网络的拥有者自己命名的。

如果这个无线局域网是对公众免费开放的(例如，在一些机场的候机室内或一些快餐店内)，那么点击这个无线局域网的名字就能够进入这个网络，从而连接到互联网上。但如果遇到非免费的无线局域网，下一步就必须输入密码，待验证通过后方能接入。

**问题 9-2**：无线传感器网络 WSN (Wireless Sensor Network)是物联网吗？

**解答**：无线传感器网络 WSN 是由大量微型传感器通过自组织网络以协作方式进行实时监测和采集各种对象的信息。这当然不是人对人的通信，而是物对物的通信。现在无线传感器网络常常简称为传感网。

在 1999 年，物联网 IoT (Internet of Things)这个新的名词出现了。

传感网虽然与物联网很相似，但传感网与物联网还并不完全等同。

物联网完全是新概念，国内外对物联网的内涵和产业发展仍处在研究探讨阶段，还没有形成共识。目前对物联网尚无权威的定义。

2005 年 11 月 17 日，在突尼斯举行的信息社会世界峰会（WSIS）上，国际电信联盟发布了《ITU 互联网报告 2005：物联网》，引用了"物联网"的概念。报告指出，无所不在的"物联网"通信时代即将来临，世界上所有的物体从轮胎到牙刷，从房屋到纸巾都可以通过互联网主动进行交换。射频识别技术（RFID, Radio Frequency IDentification）、传感器技术、纳米技术、智能嵌入技术将得到更加广泛的应用。

但从目前的文献看来，物联网是这样的网络：把大量物体通过射频识别（RFID）、红外感应器、全球定位系统 GPS、激光扫描器等信息传感设备，按约定的协议，使这些物体进行信息交换和通信，以实现对物体的智能化识别、定位、跟踪、监控和管理的一种网络。国际电信联盟 2005 年的一份报告曾描绘"物联网"时代的图景：当司机出现操作失误时汽车会自动报警；公文包会提醒主人忘带了什么东西；衣服会"告诉"洗衣机对颜色和水温的要求，等等。

物联网产业链可以细分为标识、感知、处理和信息传送四个环节，每个环节的关键技术分别为 RFID、传感器、智能芯片和电信运营商的无线传输网络。不难看出，物联网离不开无线传感技术，但物联网感知物的手段，除了传感器，还有 RFID 和条码等。可见物联网的范围更大些，包含了传感网。

物联网是通过智能感知、识别技术与普适计算、泛在网络的融合应用，被称为继计算机、互联网之后世界信息产业发展的第三次浪潮。物联网是互联网的应用拓展。与其说物联网是网络，不如说物联网是网络的一种业务和应用。因此应用创新是物联网发展的核心。

欧盟对物联网的定义是：物联网是一个动态的全球网络基础设施，它具有基于标准和互操作通信协议的自组织能力，其中物理的和虚拟的"物"具有身份标识、物理属性、虚拟的特性和智能的接口，并与信息网络无缝整合。物联网将与媒体互联网、服务互联网和企业互联网一道，构成未来互联网。

2008 年 11 月在北京大学举行的第二届中国移动政务研讨会"知识社会与创新 2.0"提出移动技术、物联网技术的发展代表着新一代信息技术的形成，并带动了经济社会形态、创新形态的变革，推动了面向知识社会的以用户体验为核心的下一代创新（创新 2.0）形态的形成，创新与发展更加关注用户，注重以人为本。而创新 2.0 形态的形成，又进一步推动新一代信息技术的健康发展。

2009 年 1 月 28 日，奥巴马就任美国总统后，与美国工商业领袖举行了一次"圆桌会议"，作为仅有的两名代表之一，IBM 首席执行官彭明盛首次提出"智慧地球"(Smart Planet)这一概念，建议新政府投资新一代的智慧型基础设施。此概念一经提出，即得到美国各界的高度关注。IBM 认为，信息技术产业下一阶段的任务是把新一代信息技术充分运用在各行各业之中，具体地说，就是把感应器嵌入和装备到电网、铁路、桥梁、隧道、公路、建筑物、供水系统、大坝、油气管道等各种物体中，并且被普遍连接，形成物联网。因此，物联网就是这些所谓智慧型基础设施中间的一个概念。现在，"智慧地球"战略被不少美国人认为与当年的"信息高速公路"有许多相似之处，同样被他们认为是振兴经济、确立竞争优势的关键战略，因而为世界所关注。

2009 年 8 月之后，物联网被正式列为我国五大新兴战略性产业之一，写入《政府工作报告》，物联网在中国受到了全社会极大的关注。

**问题 9-3**：物联网和 M2M 通信的关系是怎样的？

**解答**：M2M (Machine to Machine)通信指的是"机对机"通信。

M2M 通信是物与物通信中的一种，主要指机器对机器（包括机器对移动电话或移动电话对机器）的无线通信，为的是在设备之间传输实时数据。不难看出，M2M 通信应当是属于物联网技术中的一个环节，或物联网概念的一种形态。这样看来，物联网与 M2M 通信并不等同。所以认为物联网就是 M2M 通信是不正确的。

M2M 已被正式纳入国家《信息产业科技发展十一五规划》的重点扶持项目。在这个规划中，有这样一段话：

"智能信息处理及无处不在通信网络研发与产业化　　进行智能信息处理和无处不在通信网络技术的研发与产业化。重点研究以车载通信（包括汽车、船舶等）为代表的智能信息处理和物与物（M2M）通信技术，解决其中的移动通信与网络、定位、多媒体通信、导航关键技术问题；研究 RFID 和传感器网络等无处不在的网络技术，研究 RFID、传感器网络与信息通信网络的无缝结合和应用;形成一大批有示范效应的应用范例,形成国际一流的产品能力和较为完善的产业链。"

在以上的规划中,"M2M 通信技术"被译为"物与物通信技术"(把英文的 Machine 译为"物"),可见目前 M2M 也还没有一个标准的译名。

**问题 9-4**:在 802.11 标准中,给出了四个地址的使用方法(见表 Q-9-4)。试举例说明表中第 1 行和第 4 行的使用情况。

表 Q-9-4  802.11 标准中四个地址的使用方法

| 去往 AP | 来自 AP | 地址 1 | 地址 2 | 地址 3 | 地址 4 |
| --- | --- | --- | --- | --- | --- |
| 0 | 0 | 接收地址 = 目的地址 | 发送地址 = 源地址 | BSSID | — |
| 0 | 1 | 接收地址 = 目的地址 | 发送地址 = BSSID | 源地址 | — |
| 1 | 0 | 接收地址 = BSSID | 发送地址 = 源地址 | 目的地址 | — |
| 1 | 1 | 接收地址 | 发送地址 | 目的地址 | 源地址 |

**解答**:对于表中第 1 行的情况,站点既不向 AP 发送信息,也不从 AP 接收信息。这就是两个站点不经过 AP 而直接通信的情况。这种直接通信的方式很少使用。虽然两个站点之间的通信不经过 AP,但也仍要把 AP 的地址 BSSID 填入地址 3 的字段。编者查了 802.11 标准,的确是这样规定的,然而没有查到这样规定的理由。

对于表中第 4 行的情况,可以用图 Q-9-4 来说明。

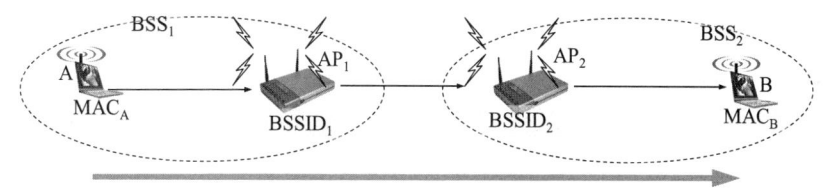

图 Q-9-4  A 通过 $AP_1$ 和 $AP_2$ 给 B 发送数据

假定站点 A 给站点 B 发送数据。在数据帧从接入点 $AP_1$ 转发到接入点 $AP_2$ 的这段链路,在 MAC 帧的首部中有关地址字段的值如下:

| 去往 DS | 来自 DS | 地址 1 | 地址 2 | 地址 3 | 地址 4 |
| --- | --- | --- | --- | --- | --- |
| 1 | 1 | $AP_2$ 的地址 $BSSID_2$ | $AP_1$ 的地址 $BSSID_1$ | B 的地址 $MAC_B$ | A 的地址 $MAC_A$ |

**问题 9-5**:Wi-Fi 是无线局域网,其工作范围仅数十米。但我们用手机通过 Wi-Fi 却能够和数千公里以外的友人进行手机的视频通话。因此,能否认为 Wi-Fi 也可以算是广域网?

**解答**:不可。这是因为我们通过 Wi-Fi 接入到互联网,而我们在数千公里以外的友人也通过当地的 Wi-Fi 接入到互联网。

可以这样来表示:手机→Wi-Fi→互联网→Wi-Fi→手机。在通信的两端都是作用距离很短的 Wi-Fi,但处于之间的互联网则可跨越数千公里。因此 Wi-Fi 不能算是广域网。

下面的图 Q-9-5 明确地表示了 Wi-Fi 的工作范围属于局域网的范围。

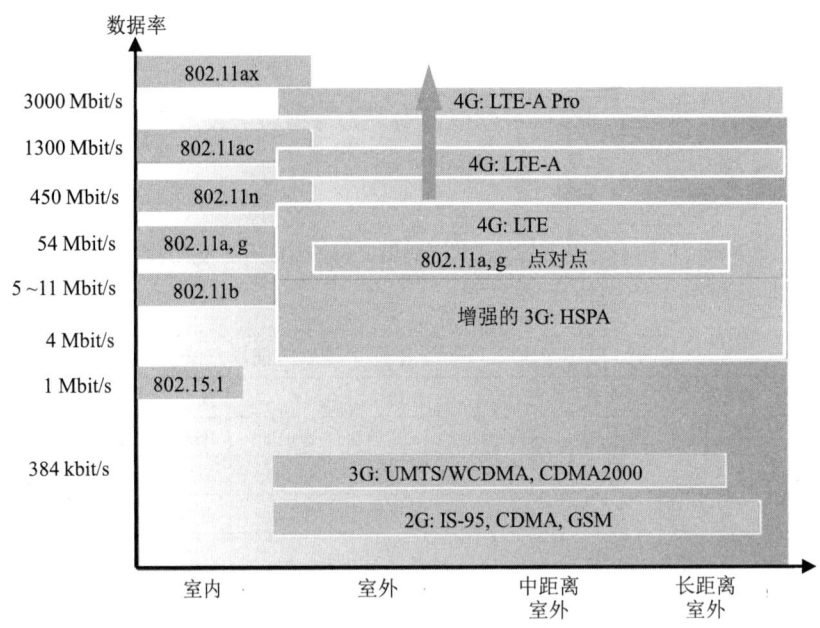

图 Q-9-5 无线局域网和蜂窝移动通信网的比较

**问题 9-6**：在教材的表 9-1 中，802.11n 和 802.11ac 的最高数据率分别为 600 Mbit/s 和 7 Gbit/s，但在问题 9-5 的图 Q-9-5 中，802.11n 和 802.11ac 的数据率虽然是个大约数值，但和教材中给出的数值相差还较大，这是什么原因？

**解答**：请注意，教材中表 9-1 给出的是最高数据率，而图 Q-9-5 中的数据率是一般的典型数据率。这是有差别的。Wi-Fi 的数据率在不同的条件下，可以有不同的数值。

例如，802.11n 采用了 MIMO 技术。在使用 40 MHz 带宽的信道时，使用一个天线就可以达到 150 Mbit/s 的数据率。如果采用两个天线，数据率就可以加倍，达到 300 Mbit/s。当采用 4 个天线时，数据率又可再加倍，因此就达到 600 Mbit/s 的水平。教材上的表 9-1 给出的就是这个最高数据率。最高数据率也就是峰值数据率。但问题 9-4 的图 Q-9-5 给出的 802.11n 的数据率不是最高数据率。

再看 802.11ac 的情况。802.11ac 使用的 MIMO 最多可以使用 8 个天线来收发数据，并且使用带宽更大的信道，如 80 MHz 或 160 MHz。在调制方面支持 256QAM，可以获得更高的数据率。因此，802.11ac 的数据率在一个天线的情况下可达 867 Mbit/s。使用两个天线就能达到 1734 Mbit/s。使用 8 天线即基本上达到了 7 Gbit/s。这就是教材上给出的数值。

**问题 9-7**：手机通过 Wi-Fi 接入到互联网是没有流量因而是免费的吗？

**解答**：在家中或办公室里通过 Wi-Fi 接入到互联网，是不用缴纳额外费用的。这是因为家中或办公室的无线路由器（同时也充当接入点 AP），一般都是使用宽带接入到互联网的（在我国大都是使用光纤接入），而这种宽带接入都已经向 ISP 付费了，计费方式是按接入的带宽多少并按月或按年付费的，计费不考虑消耗了多少数据流量。因此，在已经具备了宽带接入的前提下，即已经向 ISP 付费的前提下，另外再用手机接入到互联网，运营接入网的 ISP **是不再收取任何额外费用**的。这就很容易造成一种错觉，就是"手机使用 Wi-Fi 上网是免费的"。有时甚至还有"手机使用 Wi-Fi 上网不消耗数据流量"的说法。必须明确,通常大家所说的"数据流量"实际上就是"3G 或 4G LTE 收费的数据流量"的代名词。因此,"手机使用 Wi-Fi 上网不消耗数据流量",是指不消耗 3G 或 4G LTE 数据流量,但这时在无线局域网上显然不可能没有数据流量的很多酒店声称提供免费 Wi-Fi,这是因为顾客已经付了房费,而房费中已经包含了上网费用。实际上,当顾客在酒店使用 Wi-Fi 上网时,虽然不需要付额外的费用,但要在登录 Wi-Fi 时键入顾客的房号和姓名等信息。这就表明,不在酒店入住者并不能在酒店大堂享受免费 Wi-Fi。

在机场或火车站的休息大厅里往往有免费的 Wi-Fi,但能够享受免费 Wi-Fi 的前提是你必须持有机票或火车票。然而在旅客比较拥挤的环境下,大家共享有限的无线带宽,每个旅客实际上能获得的可用带宽是很小的,浏览网页可能会很慢,收看视频很可能要经常卡壳。

在许多城市中的一些地方,政府也会提供免费的 Wi-Fi 供民众使用。在这种公众场所的 Wi-Fi 上网,其安全性是较差的。有关个人的敏感信息不应在这种环境中传送。

**问题 9-8**:既然手机通过 Wi-Fi 可以接入到互联网,并且在许多情况下不需要缴纳额外的费用,那么是否可以不购买手机的 SIM 卡,而仅使用 Wi-Fi 接入到互联网?

**解答**:在我国,手机上的 SIM 卡必须向某个蜂窝移动通信网的运营商(中国电信、中国移动或中国联通)实名购买(必须携带身份证)。但是,一旦使用 Wi-Fi 接入到互联网,不但可以浏览网页,下载视频和音频文件,还可以使用微信和朋友进行电话交流(话音通信或视频通信),因此可以不用购买 SIM 卡也能够使用手机实现主要的通信功能。

但是,当你需要进行通信时,一个可用的 Wi-Fi 是否能够很容易地找到呢?离开家中或办公室后,在户外许多地方,不一定能够找到可用的 Wi-Fi。在城市中的很多地方往往没有可使用的 Wi-Fi。有些商店虽然有 Wi-Fi,但并不对公众免费使用。

即使是在家中,当我们下载微信 App 并进行登记时,为了核实身份,也要填入自己的手机号码,以便接收验证码,这就需要有一个合法的 SIM 卡。如果使用家中的 Wi-Fi 登录到银行的个人网站进行网上转账,那么银行要发送短信验证码来核实用户身份。但若手机没有装入 SIM 卡,就没有手机号码,因而无法收到银行发来的短信,可见仅仅使用 Wi-Fi 还不能进行银行的转账。有时我们使用 Wi-Fi 进行网上约车。这时网约车公司往往会发送短信验证码来核实用户身份。当预约到网约车了,网约车司机有时还要和用户通电话联系,这同样需要在手机中装入 SIM 卡。因此,如果手机仅使用 Wi-Fi 而不能接入到蜂窝移动通信网,仍然无法实现许多重要的功能。

更加重要的就是,如果你的手机不使用 SIM 卡,那么你就无法呼叫想要联系的人,也不能给他发手机短信。这是很不方便的。因此,尽管微信这种即时通信工具非常方便,但手机装上 SIM 卡还是很有必要的。

**问题 9-9**:试比较手机通过蜂窝移动通信网和通过 Wi-Fi 接入到互联网的优缺点。
**解答**:下面的图 Q-9-9 可用来说明两种手机上网的区别。

如果是在家中或在办公室中,手机通过 Wi-Fi 上网应优先采用。好处是不需要付另外的费用。此外,在速率上可能会比较快些(都采用目前速率最高的硬件)。

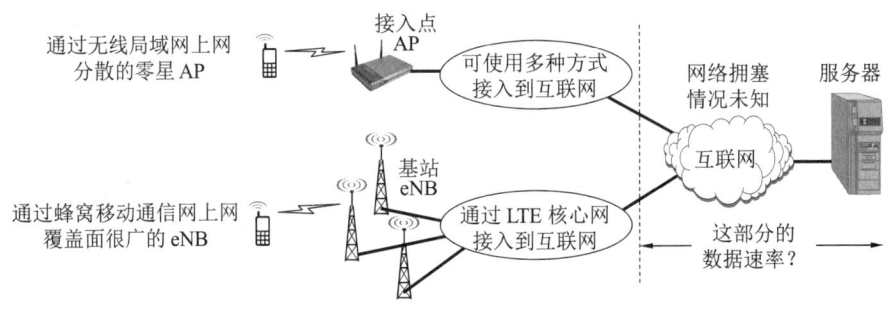

图 Q-9-9　两种上网方式的比较

但到了户外，并不是随时可以找到可用的 Wi-Fi。这时唯一的选择就是通过蜂窝移动通信网接入到互联网。蜂窝移动通信网最大的好处，就是网络的覆盖面非常大，只要不是人烟稀少的非常偏僻区域，基本上都可以保证用户随时能够接入到互联网。当然这不排除某些地方会有盲区。可能在某个大商场的角落里，或在某个电梯中，手机上会显示没有信号。但在这种地方，Wi-Fi 也往往是无法使用的。

关于上网的速率问题，需要指出，用户所感受到的网速实际上是无法事先知晓的。这是因为在互联网中的某处是否发生网络拥塞，用户是不清楚的。即使家中安装了千兆无线路由器，也不能保证在互联网中能够获得这样高的数据率。图中虚线右边部分往往是网速的瓶颈部分。

在大海中航行的邮轮周围不可能有蜂窝移动通信网的基站。这时接入到互联网的方法是通过邮轮上的 Wi-Fi，连接到邮轮上的卫星通信站，利用卫星信道接入到互联网。这种连接方式有三个特点。首先是按数据流量计费，而且相当昂贵。若发送或接收视频文件，则将会消耗较大的数据流量。其次是在大量游客同时上网时，每个游客能够分到的网速是很慢的。最后就是不利的气候条件有时会使通信中断。这些情况与陆地上的情况有很大的差别。但邮轮上的 Wi-Fi 提供许多免费服务（只要这些服务不通过卫星信道接入到互联网），例如，可以通过 Wi-Fi 免费查询自己在邮轮上的账单或邮轮餐厅的食谱。

**问题 9-10**：能否在家庭中不使用有线宽带接入到互联网，而直接使用 Wi-Fi 接入到互联网？

**解答**：如果在家庭中不使用有线宽带接入到互联网，那么就无法在家中安装一个无线路由器。家中没有接入点 AP（无线路由器具有 AP 的功能），就无法在家中实现用自家的 Wi-Fi 接入到互联网。要蹭邻居的 Wi-Fi 也有困难，因为你没有人家的口令。有的家中可以收到某个免费 Wi-Fi 的信号，这样当然可以接入到互联网。不过这种接入方式的安全性很不好，而且也很难遇到这种情况。因此，每个家庭还应购买 ISP 的一种合适的有线宽带接入。

**问题 9-11**：每一代蜂窝移动通信网的许多重要名词都要改变一下名称。这有必要吗？

**解答**：很有必要。这是因为当蜂窝移动通信网进行更新换代后，在许多技术资料中，如果不区分新旧，就容易产生混乱。例如，在 2G 中的基站简称为 BS (Base Station)。在 3G 中就改称为节点 B，即 Node-B，简写为 NB。在 4G 中又变为 eNB。这样，当我们看到这些缩写词时，就很清楚地知道这是哪一代网络中的基站。

当新一代的网络问世后，并不能把整个旧的网络立即更换掉。手机用户往往还需要较长的时间来更新手机。有些用户由于种种原因，甚至在很长的时间内仍然愿意继续使用旧的手机。这样就使得新旧网络体制必须在一定的时期内并存。新的网络必须能够和旧的网络互通，因此就需要定义许多的接口，这就必须把新旧体制中的构件命名为不同的名称。当然，我们也要记住更多的名词，要多花一些时间。

**问题 9-12**：在第 8 章讲过，IP 电话有分组丢失的问题。现在的 4G 蜂窝移动通信网已经全部采用分组交换。这时的 VoLTE 是否就是第 8 章介绍的 VoIP 或 IP 电话？

**解答**：VoLTE 是在 4G 全 IP 网络上实现的，因此 VoLTE 应当是一种 VoIP 或 IP 电话。但由于 VoLTE 采用了一些针对话音业务的控制机制，因此 VoLTE 的话音质量比起一般的 IP 电话有了明显的提升。

传统的电路交换话音业务在接通电话后，相当于使用专用的信道资源，虽能较好保证话音质量，但资源调整不灵活，承载效率不高。而 VoLTE 能够快速调度实现话音与其他业务共享信道资源，提高系统容量，此外还能提供更高的信道带宽，实现更高速率的话音编码方式，获得更好的话音质量。

可以用下面一些数据来说明这点。

电路交换的传统固定电话传送的话音频率范围是 300～3400 Hz。2G 或 3G 的蜂窝移动通信系统的话音频率范围更窄些，是 300～2400 Hz。但 VoLTE 的话音频率范围要宽很多，是 50～7000 Hz。这就使得 VoLTE 的高音部分可以更清楚地呈现出来，使得话音的清晰度有明显的改善。VoLTE 还支持高清视频电话，其分辨率为 320×240 ppi（ppi 是 pixels per inch 的缩写，表示每英寸的像素），每秒 20 帧。3G 的视频电话的分辨率为 176×144 ppi，每秒 15 帧。

通话前拨号时，3G 网络的接通时间约为 6～8 秒，而 VoLTE 电话则仅需 3 秒左右。

两个用户终端 UE 进行 VoLTE 通话时，中间要经过 IP 多媒体子系统 IMS。IMS 对话音分组采用服务质量 QoS 控制，优先转发话音分组，使得 VoLTE 有更短的分组时延和更小的分组丢失率。对于一般的会话，QoS 可控制话音分组的时延为 100 ms，而话音分组丢失率为 $10^{-2}$。

VoLTE 还采用很好的分组首部压缩技术，即 ROHC (Radio Over head Compression)。VoLTE 的话音分组的数据部分是 20 B。但使用的 RTP 首部是 12 B，UDP 首部是 8 B，IPv4 首部是 20 B（如用 IPv6 则首部为 60 B），这三个首部加起来共 40 B，是数据部分 20 B 的两倍。在一连串的话音分组中，这些首部的大部分内容是重复的。采用 ROHC 压缩后的首部可以只有 1 B，因此传输效率明显提高很多。

# 习题与解答

**【9-01】** 无线局域网由哪几部分组成？无线局域网中的固定基础设施对网络的性能有何影响？接入点 AP 是否就是无线局域网中的固定基础设施？

**解答**：无线局域网可分为两大类。第一类是有固定基础设施的，第二类是无固定基础设施的。

第一类无线局域网的最小构件是基本服务集 BSS (Basic Service Set)。一个基本服务集 BSS

包括一个基站和若干个移动站,所有的站在本 BSS 以内都可以直接通信,但在和本 BSS 以外的站通信时都必须通过本 BSS 的基站。BSS 的基站也叫作接入点 AP (Access Point)。一个基本服务集可以是孤立的,也可通过接入点 AP 连接到一个分配系统 DS (Distribution System),然后再连接到另一个基本服务集,这样就构成了一个扩展的服务集 ESS (Extended Service Set)。第二类无固定基础设施的无线局域网中没有接入点 AP,而是由一些处于平等状态的移动站之间相互通信组成的临时网络。本题只讨论第一类无线局域网的问题。

无线局域网中的固定基础设施对网络性能有很大的影响。实际上,接入点 AP 是无线局域网中最为重要的构件。如果这个固定基础设施出故障,那么在该基础设施覆盖的地理范围内所有要通过 AP 进行转接的通信都要中断。接入点 AP 的功率大小对它能够覆盖的地理面积有很大的影响。如果需要覆盖较大的地理范围,接入点 AP 就必须能够输出较大的功率。

接入点 AP 当然是无线局域网中的固定基础设施,但无线局域网中的固定基础设施不仅仅是接入点 AP,互连 AP 和路由器以及互连几个 AP 的有线以太网也属于基础设施。但基础设施中最重要的当然就是接入点 AP。

**【9-02】** Wi-Fi 与无线局域网 WLAN 是否为同义词?请简单说明一下。

**解答**:凡使用 IEEE 802.11 系列协议的局域网又称为 Wi-Fi,是 Wi-Fi 联盟的缩写。在许多文献中,Wi-Fi 几乎成为了无线局域网 WLAN 的同义词。从理论上讲,不采用 IEEE 802.11 协议的无线局域网就不能称为 Wi-Fi,但实际上现在流行的无线局域网都是采用 IEEE 802.11 系列协议的,因此 Wi-Fi 与无线局域网 WLAN 可以认为是事实上的同义词。

**【9-03】** 服务集标识符 SSID 与基本服务集标识符 BSSID 有什么区别?ESSID 是什么意思?

**解答**:当网络管理员安装 AP 时,必须为该 AP 分配一个 1~32 字节的服务集标识符 SSID (Service Set IDentifier)和一个信道。SSID 就是一个无线局域网的名字。SSID 通常是由可读懂的字符组成的,这是为了方便用户,使用户一看就知道哪一个无线局域网是自己使用的。接入点 AP 的拥有者有权更改名字 SSID。

基本服务集标识符 BSSID 则是一个基本服务集 BSS 的唯一标识符,它就是接入点 AP 的 MAC 地址。BSSID 长度是固定的 6 字节,即 48 位二进制数字。在 802.11 帧中的 AP 地址就是这里所说的 BSSID,而不是前面说的 SSID。接入点 AP 的拥有者无权更改 BSSID。

几个相互连接的基本服务集 BSS 构成了扩展服务集 ESS,而 ESSID 就是 ESS 的名字,是不超过 32 字符的字符串,不是二进制数字。

**【9-04】** 在无线局域网中的关联(association)的作用是什么?

**解答**:一个移动站若要加入到一个基本服务集 BSS,就必须先选择一个接入点 AP,并与此接入点建立关联(association)。建立关联就表示这个移动站加入了选定的 AP 所属的子网,并和这个接入点 AP 之间创建了一条虚拟线路。只有关联的 AP 才向这个移动站发送数据帧,而这个移动站也只有通过关联的 AP 才能向其他站点发送数据帧。移动站与接入点 AP 建立关联的方法有两种,即主动扫描和被动扫描。

**【9-05】** 固定接入、移动接入、便携接入和游牧接入的主要特点是什么？

**解答：**

**固定接入**(fixed access)——在作为网络用户期间，用户设置的地理位置保持不变。

**移动接入**(mobility access)——用户设备能够以车辆速度（一般取为每小时 120 公里）移动时进行网络通信。当发生切换（即用户移动到不同蜂窝小区）时，通信仍然是连续的。

**便携接入**(portable access)——在受限的网络覆盖面积中，用户设备能够在以步行速度移动时进行网络通信，提供有限的切换能力。

**游牧接入**(nomadic access)——用户设备的地理位置至少在进行网络通信时保持不变。如果用户设备移动了位置（改变了蜂窝小区），那么再次进行通信时可能还要寻找最佳的基站。

也有的文献把便携接入和游牧接入当作一样的，定义为可以在通信时以步行速度移动。这点在阅读文献时应加以注意。

**【9-06】** 无线局域网的物理层主要有哪几种？

**解答：** 常用无线局域网物理层及其优缺点如表 T-9-06 所示。

表 T-9-06　常用无线局域网物理层及其优缺点

| 标准 | 别名 | 频段 | 最高数据率 | 物理层[1] | 优缺点 |
| --- | --- | --- | --- | --- | --- |
| 802.11b<br>(1999 年) | Wi-Fi 1 | 2.4 GHz | 11 Mbit/s | 扩频 | 最高数据率较低，价格最低，信号传播距离最远，且不易受阻碍 |
| 802.11a<br>(1999 年) | Wi-Fi 2 | 5 GHz | 54 Mbit/s | OFDM | 最高数据率较高，支持更多用户同时上网，价格最高，信号传播距离较短，且易受阻碍 |
| 802.11g<br>(2003 年) | Wi-Fi 3 | 2.4 GHz | 54 Mbit/s | OFDM | 最高数据率较高，支持更多用户同时上网，信号传播距离最远，且不易受阻碍，价格比 802.11b 贵 |
| 802.11n<br>(2009 年) | Wi-Fi 4 | 2.4 / 5 GHz | 600 Mbit/s | MIMO<br>OFDM | 使用多个发射和接收天线达到更高的数据传输率，当使用双倍带宽(40 MHz)时速率可达 600 Mbit/s |
| 802.11ac<br>(2014 年) | Wi-Fi 5 | 5 GHz | 7 Gbit/s | MIMO<br>OFDM | 完全遵循 802.11i 安全标准的所有内容，使得无线连接能够在安全性方面达到企业级用户的需求 |
| 802.11ax<br>(2019 年) | Wi-Fi 6 | 2.4 / 5 GHz | 9.6 Gbit/s | MIMO<br>OFDM | 侧重解决密集环境下（如火车站、机场）提高吞吐量密度（即单位面积的吞吐量） |

无线局域网最初还使用过调频扩频 FHSS (Frequency Hopping Spread Spectrum)和红外技术 IR (InfraRed)，但现在已经很少使用了。

**【9-07】** 为什么在无线局域网中不能使用 CSMA/CD 协议而必须使用 CSMA/CA 协议？

**解答：**

在无线局域网中不能使用 CSMA/CD 协议的理由是：

(1) 要在局域网中实现碰撞检测，就必须在发送数据的同时也进行接收。这对有线以太网来说是很容易的事。但在无线局域网的适配器上，接收信号的强度往往会远远小于发送信号的强度（信号强度可能相差百万倍）。因此在无线局域网的适配器无法实现碰撞检测。

---

[1] 注：在物理层使用的 OFDM 是 Orthogonal Frequency Division Multiplexing（正交频分复用）的缩写。MIMO 是 Multiple Input Multiple Output（多入多出）的缩写，即空间分集，使用多空间通道，即利用物理上完全分离的最多 4 个发射天线和 4 个接收天线，对不同数据进行不同的调制/解调，因而提高了数据的传输速率。

(2) 以太网的碰撞检测是假定了所有的站点都能够听到其他站点是否在发送数据。但在无线局域网的工作环境中，这个假定是不能成立的。当无线局域网中的一个站点要发送数据时，如果检测到信道空闲，那么在这个站点的信号覆盖范围内，信道的实际情况未必是空闲的。

有线的以太网在发送数据时，如果检测到碰撞，就立即停止发送。但无线局域网无法实现碰撞检测，因此无线局域网的一个站点在发送数据时，只能是把它发送完毕。如果没有收到确认，就表明刚才发送的数据帧出了差错（也许是发生了碰撞，也许是其他的原因），这时就重传前面的数据帧。显然，这样对信道资源的浪费就较大。为了减少碰撞的概率，无线局域网就采用碰撞避免的策略。当然，这里的"避免"也只是"尽量减少碰撞的概率"，而并非能够保证发生碰撞的概率是零。

【9-08】为什么无线局域网的站点在发送数据帧时，即使检测到信道空闲也仍然要等待一小段时间？为什么在发送数据帧的过程中，不像以太网那样继续对信道进行检测？

**解答：** 无线局域网的站点在发送数据帧时，即使检测到信道空闲也仍然要等待一小段时间。这是为了避免和其他发送数据的站发生碰撞。

在有些情况下，如①收到 RTS 帧，要响应 CTS 帧；②收到 CTS 后发送数据帧；③收到数据帧后发送 ACK，应当不需要等待一段时间。但由于从发送状态转换到接收状态（或反过来）总是需要耽误一定的时间（这段时间不可能是零），因此 802.11 就规定了一个最短的等待时间 SIFS。在上述这些情况下，等待 SIFS 时间就不会发生碰撞，因为其他的站如果要发送数据，将要等待更长的时间（DIFS），结果这些站就必定发现信道忙，因而不会发送数据，最终避免了碰撞。

在发送数据帧的过程中，站点无法像以太网那样继续对信道进行检测。所以，无线局域网的站点在发送数据时，都不能同时接收数据，因此不可能实现碰撞检测。此外，即使检测到信道空闲，那么在这个站点的信号覆盖范围内，信道的实际情况也未必是空闲的。因此在无线局域网中，在发送数据帧的过程中，站点不能像以太网那样继续对信道进行检测。

【9-09】结合隐蔽站问题说明 RTS 帧和 CTS 帧的作用。RTS/CTS 是强制使用还是选择使用？请说明理由。

**解答：**

图 T-9-09-Ⅰ中的(a)表示站点 A 和 C 都想和 B 通信，但 A 和 C 相距较远，彼此都听不见对方。当 A 和 C 同时检测到信道空闲时，就都向 B 发送数据，结果发生了碰撞。

T-9-09-Ⅰ中的(b)表示站点 A 和 C 都想和 B 通信，但 A 和 C 中间有高楼相隔，彼此都听不见对方。当 A 和 C 同时检测到信道空闲时，就都向 B 发送数据，结果发生了碰撞。

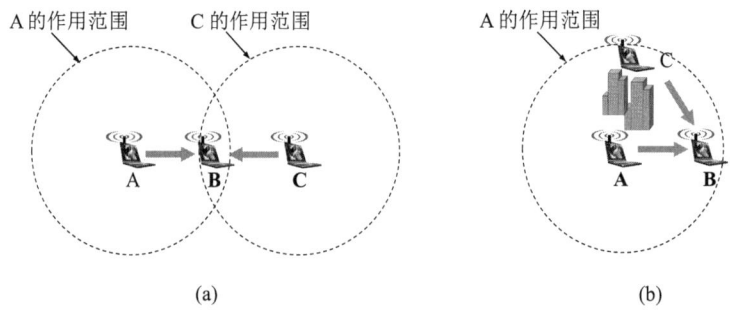

图 T-9-09-Ⅰ A 和 C 同时向 B 发送数据，发生碰撞

这种未能检测出信道上其他站点信号的问题叫作隐蔽站问题。

使用 RTS 帧和 CTS 帧就可以解决这个问题。以图 T-9-09（a）中的(a)为例来说明。

如图 T-9-09-Ⅱ 中的(a)所示，源站 A 在发送数据帧之前先发送一个短的控制帧，叫作请求发送 RTS (Request To Send)，它包括源地址、目的地址和这次通信（包括相应的确认帧）所需的持续时间。若信道空闲，则目的站 B 就响应一个控制帧，叫作允许发送 CTS (Clear To Send)，如图 T-9-09-Ⅱ 的(b)所示，它也包括这次通信所需的持续时间（从 RTS 帧中把这个持续时间复制到 CTS 帧中）。A 收到 CTS 帧后就可发送其数据帧。

从图 T-9-09-Ⅱ 可以看出，C 在收到 B 发送的响应 CTS 帧后，知道有站点要占用信道了，因此在一段时间内就不会发送数据干扰 A 和 B 的通信。

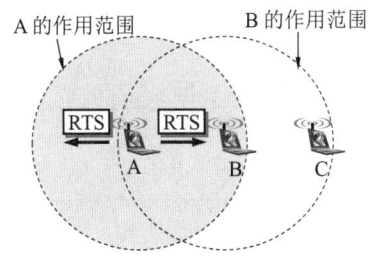

(a) A 发送 RTS 帧　　　　　　(b) B 响应 CTS 帧，C 在一段时间内不发送数据

图 T-9-09-Ⅱ　CSMA/CA 协议中的 RTS 和 CTS 帧

RTS/CTS 帧并非强制使用的。因为使用 RTS/CTS 帧，显然就增加了开销，不一定能够得到更好的效果。如果无线局域网工作的环境较好，碰撞的产生也不多，那么也可以不采用这个选项。如果不选用 RTS/CTS 帧，那么发生碰撞时，发送的帧越长，碰撞产生的影响就越大。因此，每一个站在用 RTS/CTS 帧时，可以有三种选择，即永远使用、永远不使用、或仅当帧的长度超过了某个给定值后才使用。

【9-10】 为什么在无线局域网上发送数据帧后，要对方必须发回确认帧，而以太网就不需要对方发回确认帧？

**解答**：这是因为无线信道的通信质量远不如有线信道的，各站发送的帧在传输过程中比较容易出错。因此无线站点通过无线局域网发送完每一帧后，要等到收到对方的确认帧后，才能继续发送下一帧。这叫作链路层确认。

以太网使用的是有线信道，各站发送的帧在传输过程中很少出错。如果在发送过程中发生了碰撞，那么根据 CSMA/CD 协议，发送方将立即停止发送，进行退避，然后再重传。因此以太网就不需要对方发回确认帧。

【9-11】 无线局域网的 MAC 协议中的 SIFS 和 DIFS 的作用是什么？

**解答**：SIFS 表示短帧间间隔。SIFS 是帧间间隔中最短的一个，用来分隔开属于一次对话的各帧（例如，RTS 帧和 CTS 帧之间，CTS 帧和数据帧之间，数据帧和 ACK 帧之间）。在这段时间内，一个站应当能够从发送方式**来得及**切换到接收方式。图 T-9-11 给出了 SIFS 和 DIFS 的示意图。

从图 T-9-11 可以看出，一个站从接收数据状态要转换到发送状态，必须要经历一小段时间（这个时间不是零）。在 802.11 中把这段时间规定为 SIFS，这就是所有的帧间间隔中最短的一个。在这段时间内，网络中所有的站都能检测到信道空闲，但只有具有最高的优先级的站才能得到发送权。更具体些，获得最高的优先级的情况是：

(1) 收到 RTS 帧的站响应 CTS 帧。
(2) 发送 RTS 帧的站，收到响应 CTS 帧后，发送数据帧。
(3) 收到数据帧的站发送 ACK 帧。

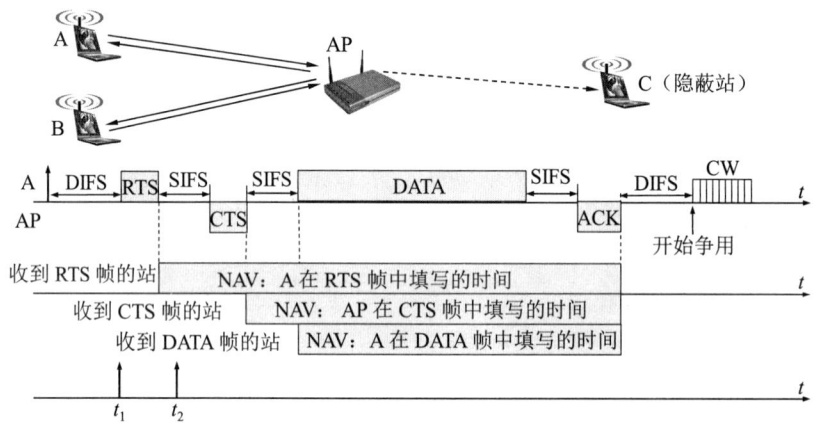

图 T-9-11　SIFS 与 DIFS 的示意图

时隙的长短在不同 802.11 标准中可以有不同数值。例如，802.11g 规定一个时隙时间为 9 μs，SIFS = 10 μs，DIFS = 28 μs。

【9-12】试解释无线局域网中的名词：BSS, ESS, AP, BSA, DCF, PCF 和 NAV。
**解答：**
BSS (Basic Service Set)，基本服务集，是无线局域网的最小构件。一个基本服务集 BSS 包括一个基站和若干个移动站。

ESS (Extended Service Set)，扩展的服务集。一个基本服务集可以通过接入点 AP 连接到一个分配系统 DS (Distribution System)，然后再连接到另一个基本服务集，这样就构成了一个扩展的服务集。

AP (Access Point)，接入点，是基本服务集内的基站。基本服务集 BSS 可通过接入点 AP 连接到分配系统 DS，然后再连接到另一个基本服务集，这样就构成了一个扩展的服务集。

BSA (Basic Service Area)，基本服务区，即一个基本服务集 BSS 所覆盖的地理范围。

DCF (Distributed Coordination Function)，分布协调功能，是 802.11 标准的 MAC 层中的靠下面的一个子层。DCF 子层向上提供争用服务，它让各个站通过争用信道来获取发送权。

PCF (Point Coordination Function)，点协调功能，是选项，为的是使接入点 AP 集中控制整个 BSS 内的活动，因此自组网络就没有 PCF 子层。PCF 使用集中控制的接入算法，用类似于探询的方法把发送数据权轮流交给各个站，从而避免了碰撞的产生。

NAV (Network Allocation Vector)，网络分配向量。NAV 指出了信道处于忙状态的持续时间。

**【9-13】** 冻结退避计时器剩余数值的做法是为了使协议对所有站点更加公平。请进一步解释。

**解答：** 冻结退避计时器剩余数值就是若检测到信道空闲，退避计时器就继续倒计时，但若检测到信道忙，就使退避计时器停止倒计时（即冻结退避计时器），等到信道变为空闲时并再经过时间 DIFS 后，再继续倒计时。

　　如果不这样的话，那么很可能在退避计时器的时间减小到零时，又遇到信道忙（即其他站发送数据）。这时又要再次等待，推迟发送，然后重新设置退避计时器。根据退避算法，当退避的次数增大时，退避的时间就要在更大的时间范围内随机地选择一个，因而很可能要等待更长的时间。这种做法对等待发送数据的站就显得不太公平。相当于原来花时间排队都白排了。因此，采用冻结退避计时器的方法是更加公平的。

**【9-14】** 为什么站点在检测到信道空闲后，在等待时间 DIFS 内还不能立即发送数据？为什么在等待时间 DIFS 后，有时可立即发送数据，而有时必须执行退避算法？

**解答：** 站点在检测到信道空闲后，在等待时间 DIFS 内还不能立即发送数据帧，是为了保证具有更高优先级的帧能够发送。例如，收到 RTS 帧的站点要发送 CTS 帧，收到 CTS 帧的站点要发送数据帧，收到数据帧的站点要发送 ACK 帧，这些帧的发送是在信道空闲后经过时间 SIFS 后就发送。由于 SIFS < DIFS，这就保证了具有更高的优先级的帧能够优先发送。

　　如果一个站点开始要发送数据，检测到信道空闲，在等待时间 DIFS 后，信道仍然空闲，那么这很可能是本站所处的基本服务区内，只有自己这个站点要发送数据，因此可以立即发送数据帧，不必执行退避算法。但如果检测到信道是**由忙转为空闲**，那么这就表明很可能还有其他站点想发送数据，因此执行退避算法，可以保证公平竞争。如果一个站点连续发送数据，为了防止此站点垄断信道，那么后续的数据帧在发送之前，也都应执行退避算法，这样做也是为了公平争用信道。

**【9-15】** 试用简单的例子说明无线局域网的 MAC 帧首部中地址 3 的作用。

**解答：** 假定站点 A 通过接入点 AP（其 MAC 地址为 BSSID），向站点 B 发送数据帧。

　　在 A→AP 的链路上的数据帧的首部，

　　　　地址 1 = BSSID，地址 2 = $MAC_A$，地址 3 = $MAC_B$。

　　在 AP→B 的链路上的数据帧的首部，

　　　　地址 1 = $MAC_B$，地址 2 = BSSID，地址 3 = $MAC_A$。

可以看出，由于发送地址和接收地址中的一个，必须是接入点 AP 的地址，因此一定要有一个地址 3，用来填入源地址或目的地址。

**【9-16】** 试比较 IEEE 802.3 和 IEEE 802.11 局域网，找出它们之间的主要区别。

**解答：** IEEE 802.3 和 IEEE 802.11 局域网的主要区别如表 T-9-16 所示。

表 T-9-16　两种局域网的主要区别

| 比较项目 | IEEE 802.3 局域网（以太网） | IEEE 802.11 无线局域网 |
|---|---|---|
| 使用的协议 | CSMA/CD | CSMA/CA |
| 要发送数据时检测到信道空闲 | 立即发送数据 | 推后一段帧间间隔 DIFS，再根据情况，立即发送或执行退避算法 |
| 执行退避算法的时机 | 仅在检测到碰撞后要进行重传时 | 信道忙推迟接入，进行争用期；未收到确认进行重传；发送后续帧 |
| 发送数据的过程中 | 边发送边检测信道，检测到碰撞就中止发送 | 发送过程中不能检测碰撞，不能中止发送，必须把整个数据帧发完 |
| 收到正确的帧 | 不发送确认 | 要发送确认 |
| 传输媒体 | 有线，必须是有线接入 | 无线，接入很方便 |
| 当一个站发送数据 | 局域网内所有站都能检测到 | 局域网内并非所有站都能检测到 |
| 目前常用速率 | 1 Gbit/s | 1 Gbit/s |
| 是否需要接入点 AP | 不需要 | 必须使用接入点 AP |
| 安全性 | 很好 | 不如有线局域网好 |

**【9-17】** 无线个人区域网 WPAN 的主要特点是什么？现在已经有了什么标准？

**解答：** 无线个人区域网 WPAN (Wireless Personal Area Network)就是在个人工作的地方把属于个人使用的电子设备（如便携式笔记本电脑、掌上电脑、便携式打印机以及蜂窝电话等）用无线技术连接起来自组网络，不需要使用接入点 AP，整个网络的范围大约在 10 m 左右。

WPAN 可以是一个人使用，也可以是若干人共同使用（例如，一个外科手术小组的几位医生把几米范围内使用的一些电子设备组成一个无线个人区域网）。这些电子设备可以很方便地进行通信，就像用普通电缆连接一样。请注意，无线个人区域网 WPAN 和个人区域网 PAN (Personal Area Network)并不完全等同，因为 PAN 不一定都是使用无线连接的。

WPAN 和 WLAN 不一样。WPAN 是以个人为中心来使用的无线个人区域网，它实际上就是一个低功率、小范围、低速率和低价格的电缆替代技术。

现在使用较多的 WPAN 有以下几种：

(1) 蓝牙系统，其标准现在由蓝牙技术联盟负责维护和更新其技术标准、认证制造厂商。第一代蓝牙的数据率仅为 720 kbit/s，通信范围在 10m 左右。但现在的蓝牙 4.0 的传送距离已增大到 30 m，数据率可达 1 Mbit/s。

(2) 低速 WPAN，主要用于工业监控组网、办公自动化与控制等领域，其通信距离短（10～80 m），速率低（2～250 kbit/s）。低速 WPAN 的标准是 IEEE 802.15.4。最近新修订的标准是 IEEE 802.15.4—2020。在低速 WPAN 中最重要的就是 ZigBee。

(3) 高速 WPAN，其标准是 IEEE 802.15.3，是专为在便携式多媒体装置之间传送数据而制定的。这个标准支持 11～55 Mbit/s 的数据率。IEEE 802.15.3a 工作组还提出了更高数据率的物理层标准的超高速 WPAN。这种网络使用超宽带 UWB (Ultra-Wide Band)技术。超宽带技术使用了瞬间高速脉冲，因此信号的频带很宽，能支持 100～400 Mbit/s 的数据率，可用于小范围内高速传送图像或 DVD 质量的多媒体视频文件。

**【9-18】** 试举例说明怎样知道一个用作无线路由器的接入点 AP 的 SSID 和 BSSID？

**解答：** 可以找一个无线路由器，在其底部或后面会有图 T-9-18 所示的字样。可以看出，服务集标识符 SSID 是该设备的 Wi-Fi 名称：HUAWEI-WP3RFX，用户在购买了该设备后，可以自己更改此名称（小于 32 字符即可），而基本服务集标识符 BSSID 是该设备的 MAC 地址，即用十六进制数写的：1CB79661FEFF。

图 T-9-18　无线路由器的 SSID 和 BSSID

【9-19】第二代蜂窝移动通信网与第一代蜂窝移动通信网的主要区别是什么？第三代蜂窝移动通信网与第二代蜂窝移动通信网的主要区别是什么？

**解答：**第一代蜂窝移动通信网采用模拟技术，第二代蜂窝移动通信网采用数字技术，除了打电话，还可以发送短信。这两代的蜂窝移动通信都是采用电路交换技术。

第二代蜂窝移动通信网的代表是 GSM 体制。第三代蜂窝移动通信网的代表是 UMTS。在这两代之间还出现了使用分组交换的 GPRS 和 EDGE。UMTS 的核心网分为电路交换域（负责话音通信）和分组交换域（负责数据通信）。UMTS 的数据率提高了，可收发电子邮件和上网浏览网页。

【9-20】第四代蜂窝移动通信网与第三代蜂窝移动通信网的主要区别是什么？

**解答：**第四代蜂窝移动通信网的代表是 4G-LTE。与第三代蜂窝移动通信网的主要区别是：取消了电路交换域。无论传送数据还是话音，全部使用分组交换技术，或称为全网 IP 化。LTE 的体系结构由三大部分组成，即：用户设备 UE、演进的无线接入网 E-UTRAN 和演进的分组核心网 EPC。核心网 EPC 又可划分为用户层面（传送数据）和控制层面（传送信令）。

在数据率方面，4G-LTE 比 3G 的 UMTS 有了显著的提高。4G-LTE 在信道带宽为 20 MHz 时，其下行和上行数据率分别达到 100 Mbit/s 和 50 Mbit/s，而 3G 的 UMTS 的下行和上行的数据率仅仅是要求超过 384 kbit/s。当然 3G UMTS 也不断提高数据率，例如，WCDMA 引入**高速分组接入增强型版本** HSPA+ (High Speed Packet Access+)来传输数据后，其下行数据率可达到 21 Mbit/s（5 MHz 带宽），大大超过了 3G 最初设定的指标。

在观看视频节目方面，LTE 可以进行高清视频会议，下载高清视频文件也比 3G 快得多。

【9-21】我们在第 1 章中就讲过，电路交换适合于话音通信，分组交换适合于数据通信。为什么现在第四代蜂窝移动通信网 LTE 全部使用分组交换进行话音通信和数据通信？

**解答：**在 LTE 的网络中不再保留电路交换的原因是，现在**移动通信流量中的主流已是数据通信**（如用手机浏览网页，阅读微信，利用微信进行音频或视频通信等）。为少量的手机电话通信业务而保留电路交换的构件，将使网络变得更加复杂，会大大增加网络的建设成本和运行费用。

【9-22】 在教材图 9-21 的例子中，若从百度网站服务器发送数据分组到用户设备，请写出每一段路径的分组首部中的目的地址和源地址。

**解答**：从百度网站服务器发送数据分组到用户设备，每一段路径的分组首部中的目的地址和源地址如下所示：

互联网百度网站发送的分组：目的地址= UE，源地址= BD。

在 P-GW→S-GW 隧道传送的分组：目的地址= S-GW，源地址= P-GW。

在 S-GW→eNB 隧道传送的分组：目的地址= eNB，源地址= S-GW。

【9-23】 在蜂窝移动通信网中，移动站的漫游所产生的切换，对正在工作的 TCP 连接有什么影响？

**解答**：在移动用户的情况下，TCP 报文段的丢失，既可能是由于移动用户切换引起的，也可能是由于网络发生了拥塞。由于移动用户更新相关联的基站需要一定的时间（即不可能在数学上的瞬间完成），这就可能造成 TCP 报文段的丢失。但 TCP 并不知道现在出现的分组丢失的确切原因。只要出现 TCP 报文段频繁丢失，TCP 的拥塞控制就会采取措施，减小其拥塞窗口，从而使 TCP 发送方的报文段发送速率降低。这种措施显然是默认了报文段丢失是由网络拥塞造成的。可见，当无线信道出现严重的比特差错，或由于切换产生了报文段丢失，减小 TCP 发送方的拥塞窗口对改善网络性能并不会有任何好处。

为此，可以采取几种措施，例如：(1) 本地恢复；(2) 让 TCP 发送方知道什么地方使用了无线链路；(3) 拆分 TCP 连接。

【9-24】 某餐馆中有两个 ISP 分别设置了接入点 $AP_1$ 和 $AP_2$，并且都使用 802.11b 协议。两个 ISP 都分别有自己的 IP 地址块。

(1) 假定两个 ISP 在配置其接入点时都选择了信道 11。如果有用户 A 和 B 分别使用接入点 $AP_1$ 和 $AP_2$，那么这两个无线网络能够正常工作吗？

(2) 若这两个 AP 一个工作在信道 1，而另一个工作在信道 11，题目的答案有变化吗？

**解答**：

(1) 一般来说，两个无线网络的名字是各自独立设置的，不太可能一样。如果 A 和 B 两人中只有一个人在通话，那么这是可以正常工作的。虽然两个 AP 都能同时收到信号，但其中的一个会丢弃地址错误的帧。如果两人同时进行通话，由于信道 11 是共同使用的，就必然产生冲突，两个 AP 无法正常工作。

(2) 两个 AP 可以正常工作。

【9-25】 为什么采用预约信道的方法可以较好地解决隐蔽站的问题？

**解答**：我们可以用下面的图 T-9-25 来说明这一问题。

假定站点 A 发送数据时，站点 B 可以收到，但站点 C 收不到。C 发送数据时，A 收不到，但 B 可以收到，因此对 A 来说，C 就是 A 的隐蔽站。当 B 接收 A 发送的数据时，C 无法检测出来信道忙。如果这时 C 也发送数据（不管发送给哪个站点），那么 B 就能收到。这对 B 接收 A 发送给 B 的数据就造成了干扰。

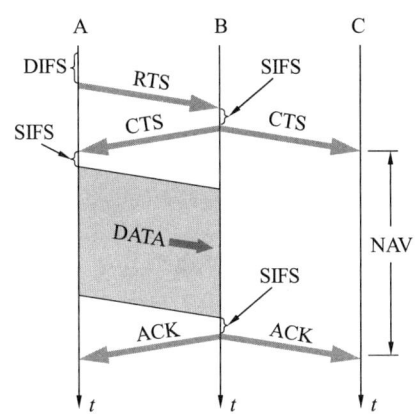

图 T-9-25　隐蔽站 C 在时间间隔 NAV 内不会发送数据

现在采用预约信道的方法，B 响应 A 发送的 RTS 帧，就向 A 发送 CTS 帧。但这个 CTS 帧，C 是能够收到的。C 根据 CTS 帧中的 A 所预约的时间 NAV，知道在这段时间信道忙，不要给任何站点发送数据。这样就避免了对 B 接收 A 的数据产生干扰。但 C 在收到 NAV 之前，C 不知道有站点要发送数据。如果 C 发送了数据，那么 C 发送的数据会到达 B，有可能干扰 B 接收 A 发送的 RTS 帧。不过 RTS 帧很短，即使被干扰后，再重传一次即可。信道资源的浪费并不会很大。

因此我们说，采用预约信道的方法可以**较好地**解决隐蔽站的问题，但**不是彻底**解决隐蔽站的问题。

【9-26】假定有一个使用 802.11b 协议的站要发送 1000 字节长的数据帧（已包括了首部和尾部），并使用 RTS 和 CTS 帧。试计算，从决定发送帧一直到收到确认帧所经历的时间（以微秒计），忽略传播时间和误码率。

**解答：** 这个站要发送的信息共有以下一些：

DIFS + RTS + SIFS + CTS + SIFS + 1000 字节的数据帧 + SIFS + ACK
= DIFS + 3× SIFS + 1048 字节（RTS 是 20 字节，CTS 和 ACK 各为 14 字节）。
DIFS 是 128 μs，SIFS 是 28 μs，802.11b 的数据速率是 11 Mbit/s。

1048 字节是 8384 比特，发送时间需要 $8384/11 \cong 762.2$ μs，因此，从决定发送帧一直到收到确认帧所经历的时间约为 $128 + 3 \times 28 + 762.2 = 974.2$ μs。

【9-27】有如图 T-9-27 所示的四个站点使用同一无线频率通信，每个站点的无线电覆盖范围都是如图所示的椭圆形。也就是说，A 发送时，仅仅 B 能够接收；B 发送时，A 和 C 都能够接收；C 发送时，B 和 D 都能够接收；D 发送时，仅仅 C 能够接收。现假定每个站点都有无限多的报文要向每一个其他站点发送。若无法直接发送，则由中间的站点接收后再转发。例如，A 发送报文给 D 时，就必须经过 A→B，B→C 和 C→D 这样三次发送和转发。时间被划分成等长的时隙，每个报文的发送时间恰好等于一个时隙长度。在一个时隙中，一个站点可以做以下事情中的一个：①发送一个报文；②接收一个发给自己的报文；③什么也不做。再假定传输无差错，在无线电覆盖范围内都能正确接收。

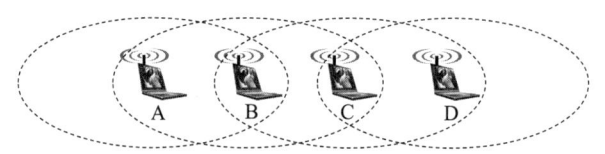

图 T-9-27　四个站点的无线电覆盖范围

(1) 假定有一个全能的控制器，能够命令各站点的发送或接收。试计算从 C 到 A 的最大数据报文传输速率（单位为报文/时隙）。

(2) 假定现在 A 向 B 发送报文，D 向 C 发送报文。试计算从 A 到 B 和从 D 到 C 的最大数据报文传输速率（单位为报文/时隙）。

(3) 假定现在 A 向 B 发送报文，C 向 D 发送报文。试计算从 A 到 B 和从 C 到 D 的最大数据报文传输速率（单位为报文/时隙）。

(4) 假定本题中的所有无线链路都换成为有线链路。重做以上的(1)至(3)小题。

(5) 现在再回到无线链路的情况。假定在每个目的站点收到报文后都必须向源站点发回 ACK 报文，而 ACK 报文也要用掉一个时隙。重做以上的(1)至(3)小题。

**解答：**

(1) 从 C 到 A 的最大数据报文传输速率是 1 报文/2 时隙，即 C→B，然后 B→A。

(2) 从 A 到 B 和从 D 到 C 的最大数据报文传输速率是 2 报文/1 时隙，因为 A 和 D 的发送可以同时进行。

(3) 从 A 到 B 和从 C 到 D 的最大数据报文传输速率是 1 报文/1 时隙。当 C→D 时，B 也能收到信号，因此 C→D 和 A→B 不能同时进行。

(4) ①1 报文/1 时隙。C→B 和 B→A 这两个传输可同时进行。除了第一个报文外，以后都是 A 每一个时隙可收到一个报文。

　　②2 报文/1 时隙。同时传输。

　　③2 报文/1 时隙。同时传输。

(5) ①1 报文/4 时隙。发送报文 C→B，然后 B→A，用两个时隙。发送 ACK 同样要用掉两个时隙。

　　②时隙 1：报文 A→B，报文 D→C；
　　　时隙 2：ACK B→A；
　　　时隙 3：ACK C→D。
　　　得出 2 报文/3 时隙。

　　③时隙 1：报文 C→D；
　　　时隙 2：ACK D→C，报文 A→B；
　　　时隙 3：ACK B→A。
　　　得出 2 报文/3 时隙。

# 反侵权盗版声明

电子工业出版社依法对本作品享有专有出版权。任何未经权利人书面许可,复制、销售或通过信息网络传播本作品的行为;歪曲、篡改、剽窃本作品的行为,均违反《中华人民共和国著作权法》,其行为人应承担相应的民事责任和行政责任,构成犯罪的,将被依法追究刑事责任。

为了维护市场秩序,保护权利人的合法权益,我社将依法查处和打击侵权盗版的单位和个人。欢迎社会各界人士积极举报侵权盗版行为,本社将奖励举报有功人员,并保证举报人的信息不被泄露。

举报电话:(010)88254396;(010)88258888
传　　真:(010)88254397
E-mail:dbqq@phei.com.cn
通信地址:北京市万寿路 173 信箱
　　　　　电子工业出版社总编办公室
邮　　编:100036